선형대수학과 응용

김홍철 지음

KM 경문사

머리말

선형대수학은 이차원 데이터를 병렬로 배열하는 행렬의 수학적 모형을 통해 데이터를 효율적으로 관장하기 위한 행렬의 분해와 대응하는 벡터 공간에서의 선형사상에 관한 성질과 응용을 다루는 학문으로서, 현대사회의 복합적인 여러 현상과 연계하고 아울러 컴퓨터의 연산능력이 대폭 향상됨에 따라 수치해석과 더불어 과학기술의 복합적인 수요에 부응하기 위한 지표와 표준을 모색하는 주요한 통로로 인식되고 있다. 선형대수학은 행렬을 모태로 이루어지는 변환과 이에 관련된 여러 응용현상을 주요 학습주제로서 다루며, 현대사회에서 각광을 받고 있는 계산학, 암호학, 금융수학 등 융합과학의 여러 장르를 연결하는 디딤돌 및 고리의 역할을 수행하고 있다. 또한 자연과학뿐만 아니라, 공학 등의 교육 및 연구에 있어서도 필수적인 교육과정으로 자리하고 있으며 응용과학과 수학을 접맥하는 중요한 인터페이스가 되고 있다.

선형대수학은 학부 학생들의 교육역량과 관련하여 각 대학교에서 미분적분학에 버금하여 다루는 주요 학습소재이다. 오래도록 대각화와 조르당 표준형 등 전통적인 기법에 의한 해석이 주요 통로가 되어 왔으나, 1990년대 이후 이론에 치우친 편향적인 교육을 탈피하고 실험에 기반을 둔 보다 실용적인 교육을 강화해 나가고 있는 추세이다. 그러나 이를 적극적으로 반영한 교재개발은 아직 걸음마 수준에 머물러 있다. 또한 정보해석에 대한 다양한 기법과 필요성이 대두됨에 따라 융합과학의 기저로서 행렬기법의 재표현과 재해석 등 융합과학의 견인차로서 관련 교과의 중요성이 강조되고 있다. 이에 따라 선형대수학의 주요 핵심 소재들을 체계적으로 정비하여 학생들이 보다 수월하게 주제를 이해하고 여러 실용적인 목적에 이를 활용할 수 있도록 도움을 주고자 하는 취지에서 이 책을 집필하게 되었다. 그리고 이러한 목적에 부합하도록 되도록이면 추상적인 서술을 지양하고, 비교적 간결하고도 구체적인 논리전개와 내용을 적절하게 반영하는 예제와 연습문제를 배치하여 보다 쉽게 주제를 이해하는데 도움을 줄 수 있도록 책을 구성하려고 노력하였다.

이 책은 모두 7장으로 이루어져 있다. 제1장은 선형대수학의 기초과정으로서 연립일차방정식의 해법에 관한 내용을 중심으로, 가우스 소거법을 토대로 역행렬과 행렬의 LU 분해를 다루었다. 제2장에서는 행렬식의 주요한 성질을 다루고, 크레이머 규칙을 이용하여 연립일차방정식의 해를 구하는 방법이나 역행렬을 구하는 방법 등을 소개하였다. 제3장에서는 n차원 실수공간을 기반으로 벡터와 벡터공간, 기저 및 좌표, 그리고 연립일차방정식과 관련된 행렬의 행공간과 열공간의 주요 관점을 언급하였다. 제4장은 선형사상과 연계하여 행렬 및 기저의 변환과 행렬의 닮음을 주요한 소재로 다루었다. 내적공간은 벡터에 직교성을 부여하는 주요한 기재이다. 제5장에서는 내적공간에서 그람-슈미트 직교화 과정 및 하우스홀더 변환과 이에 따른 행렬의 QR 분해를 이용하여 데이터 해석에 관한 최적화의 기법에 이를 활용하는 방법을 다루었다. 행렬의 고유값과 고유벡터는 행렬의 구조적인 특성을 견인하는 핵심적인 장치이다. 제6장에서는 행렬의 고유값문제를 알아보고 이를 이용하여 주어진 행렬을 대각화하는 기법과 여러 응용문제, 그리고 이차형식의 기하학적 표현 및 양의 정부호 행렬에 대한 특성과 촐레스키 분해를 다루었다. 마지막으로 제7장에서는 복소벡터공간에서 에르미트, 유니타리, 정규행렬 등에 관한 스펙트럼 정리와 행렬의 조르당 표준형을 기반으로 하는 행렬의 닮음 관계, 그리고 행렬의 특이값분해와 유사역원을 취급하였다.

이 책은 자연계나 공과대학의 분야에 따른 특성과 필요에 맞추어 일부 소재를 선택적으로 조정함으로서 일주일에 3시간 정도로 1~2학기에 학습할 수 있도록 편성되었다. 학생들이 쉽게 원리를 이해하고 문제풀이 능력을 키워나갈 수 있도록 단계별로 필요한 예제를 제시하였고, 각 절의 끝에 적절히 연습문제를 배치함으로서 학생들이 자율적으로 학습내용을 검토하고 이를 기반으로 심화된 탐구활동을 수행하도록 배려하였다. 그리고 이 책에서는 대한수학회의 수학 용어의 표준화에 부응하여 가급적 이에 준한 한글 용어를 사용하였다. 모쪼록 이 책을 통해 학생들이 선형대수학의 핵심 주제를 보다 쉽게 이해하고 이를 토대로 수학에 좀 더 자신감과 친밀감을 느껴 전공에 대한 포괄적인 이해를 돕고 아울러 학업에서도 큰 성취감을 이루는 자그마한 동기가 되기를 바라마지 않는다. 선형대수학에 대한 오랜 지도와 그에 따른 여러 가지 성찰을 거쳐 이 책을 엮어내게 되어 미력하나마 작은 보람을 느끼며, 끝으로 원고를 읽고 오류를 바로잡는데 많은 도움을 주신 임계수와 김선규 선생님께 고마운 마음을 전한다. 그리고 이 책을 꾸미는데 도움을 아끼지 않으신 동료교수들과 세심하게 편집하여 좋은 도서로 꾸며주신 도서출판 경문사 여러분께 깊은 감사를 드린다.

차례

제 1 장

01

연립일차방정식과 행렬

1.1 연립일차방정식

과학이나 공학에서 발생하는 중요한 수학적 모형으로 여러 개의 미지수를 포함하는 연립일차방정식의 해를 구하는 문제가 자주 거론된다. 연립일차방정식의 해의 구조와 해법에 관한 문제는 선형대수학의 가장 중요한 주제이다.

n개의 미지수를 갖는 일차방정식은 다음과 같이 주어진다.

$$a_1x_1 + a_2x_2 + \cdots + a_nx_n = b$$

여기서 b와 a_i는 주어진 실수이고 x_i는 미지수이다. 이때 a_i를 미지수 x_i의 **계수**(coefficient)라고 한다. 일반적으로 n개의 미지수 $x_1,\ x_2,\ \cdots,\ x_n$에 대한 m개의 일차방정식으로 구성된 다음과 같은 방정식의 모임을 $m \times n$ **연립일차방정식**(simultaneous linear equations)이라고 한다.

$$\begin{aligned}
a_{11}x_1 + a_{12}x_2 + \cdots + a_{1n}x_n &= b_1 \\
a_{21}x_1 + a_{22}x_2 + \cdots + a_{2n}x_n &= b_2 \\
\vdots \qquad \vdots \qquad\quad \vdots \quad &\quad \vdots \\
a_{m1}x_1 + a_{m2}x_2 + \cdots + a_{mn}x_n &= b_m
\end{aligned}$$

$b_1 = b_2 = \cdots = b_m = 0$이면 이 방정식을 **제차방정식**(homogeneous equations)이라 하고, 그렇지 않으면 **비제차방정식**(inhomogeneous equations)이라고 한다.

$x_1 = s_1,\ x_2 = s_2,\ \cdots,\ x_n = s_n$이 주어진 방정식을 만족시키면 이것을 **방정식의 해**(solution), 또는 **특수해**(particular solution)라고 하고 방정식의 해 전체의 집합을 **일반해**(general solution)라고 한다. 제차방정식의 경우 명백히 $x_1 = x_2 = \cdots = x_n = 0$은 방정식의 해가 된다. 이것을 제차방정식의 **자명한 해**(trivial solution)라 하고 모두는 0이 아닌 제차방정식의 해를 **자명하지 않은 해**(nontrivial solution)라고 한다. 다음의 간단한 예들을 통해서 연립일차방정식의 해의 여러 형태에 대해서 살펴보자.

예제 1.1 다음 각 연립일차방정식의 해를 구하라.

(1) $\begin{cases} x_1 + x_2 = 3 \\ x_1 - x_2 = 1 \end{cases}$

(2) $\begin{cases} 2x_1 - x_2 - 3x_3 = -1 \\ -2x_1 + 2x_2 + 5x_3 = 3 \end{cases}$

(3) $\begin{cases} x_1 + x_2 = 3 \\ 2x_1 + 2x_2 = 1 \end{cases}$

풀이 (1) 첫째 식에서 둘째 식을 빼서 미지수 x_1을 소거하면 방정식은

$$\begin{aligned} x_1 + \ \ x_2 &= 3 \\ 2x_2 &= 2 \end{aligned}$$

로 정리되므로 둘째 식으로부터 $x_2 = 1$을 얻고 이것을 첫째 식에 대입하여 $x_1 = 2$를 얻는다. 따라서 주어진 연립일차방정식은 유일한 해 $x_1 = 2$, $x_2 = 1$을 갖는다.

(2) 방정식을 x_3에 대해 풀면

$$x_1 = \frac{1}{2} + \frac{x_3}{2}, \quad x_2 = 2 - 2x_3$$

를 얻는다. 따라서 $x_3 = t$라 두면

$$x_1 = \frac{1}{2}(1+t), \ x_2 = 2(1-t), \ x_3 = t, \ (t \in \mathbb{R})$$

은 모두 주어진 연립방정식의 해가 된다. 따라서 주어진 연립방정식은 무한히 많은 해를 갖는다.

(3) 연립방정식의 해가 존재한다면 $1 = 2(x_1 + x_3) = 2(3) = 6$이 되어 모순이다. 따라서 주어진 방정식은 해를 갖지 않는다. ■

예제 1.1에서 연립일차방정식의 해가 유일한 경우, 무한히 많은 경우, 해가 존재하지 않는 경우가 있음을 살펴보았다. (1), (2)의 경우와 같이 해가 존재할 때 방정식은 **무모순**(consistant)이라 하고 (3)과 같이 해가 존재하지 않을 때 방정식을 **모순**(inconsistent)이라고 한다. (2)에서는 방정식의 수보다 미지수의 개수가 많아 남는 미지수 x_3를 임의의 변수로 처리하였다. 이와 같이 방정식의 해를 기술하기 위해 쓰이는 임의 변수를 **자유변수**(free variable)라고 한다.

다음과 같이 계수가 $a_{ij} \neq 0$인 두 변수의 연립일차방정식의 해에 대한 기하학적 의미를 살펴보자.

$$\begin{cases} a_{11}x_1 + a_{12}x_2 = b_1 \\ a_{21}x_1 + a_{22}x_2 = b_2 \end{cases}$$

각 방정식은 평면상에서 직선을 나타내며 연립방정식의 해는 두 직선의 교점에 해당한다. 따라서 다음의 세 가지 가능성이 존재한다.

[1] $a_{11}a_{22}-a_{12}a_{21}\neq 0$일 경우 :

두 직선은 한 점에서 만난다. 따라서 유일한 해가 존재한다.

[2] $\dfrac{a_{11}}{a_{21}}=\dfrac{a_{12}}{a_{22}}=\dfrac{b_1}{b_2}$일 경우 :

두 직선은 서로 일치한다. 따라서 무한히 많은 해가 존재한다.

[3] $\dfrac{a_{11}}{a_{21}}=\dfrac{a_{12}}{a_{22}}\neq\dfrac{b_1}{b_2}$일 경우 :

두 직선은 서로 평행하다. 따라서 해가 존재하지 않는다.

예제 1.2 다음 각 연립일차방정식의 기하학적 의미를 조사하라.

(1) $\begin{cases} x_1+x_2=3 \\ x_1-x_2=1 \end{cases}$ (2) $\begin{cases} x_1+\ x_2=2 \\ 2x_1+2x_2=4 \end{cases}$

(3) $\begin{cases} x_1+x_2=2 \\ x_1+x_2=1 \end{cases}$

풀이 각 연립방정식의 기하학적 표현은 그림 1.1에 예시되어 있다.

(1) 두 직선은 한 점 (2, 1)에서 만난다.

따라서 연립방정식은 $\begin{cases} x_1=2 \\ x_2=1 \end{cases}$ 을 유일한 해로 갖는다.

(2) 두 직선은 서로 일치한다. 따라서 직선상의 모든 점이 해가 되므로 무한히 많은 해가 존재한다. $x_2=t$를 자유변수로 쓰면 해집합은 $\{(-t+2,\ t)\mid t\in\mathbb{R}\}$로 나타낼 수 있다.

(3) 두 직선은 서로 평행하므로 만나지 않는다. 따라서 해가 없다. ■

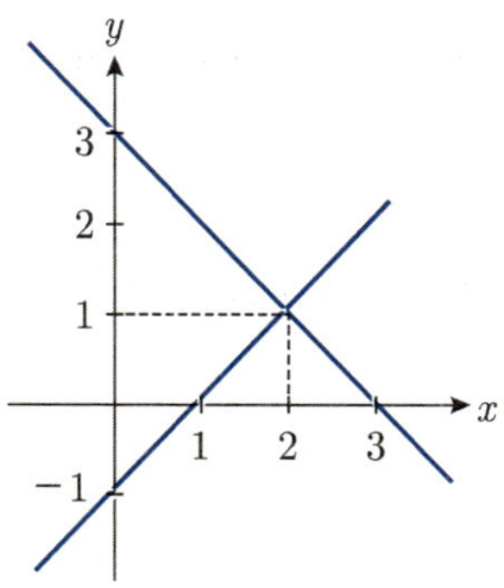

(1) 만나는 두 직선

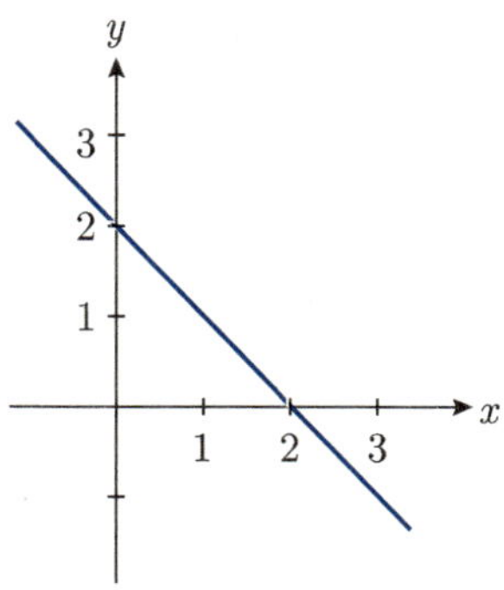

(2) 일치하는 두 직선

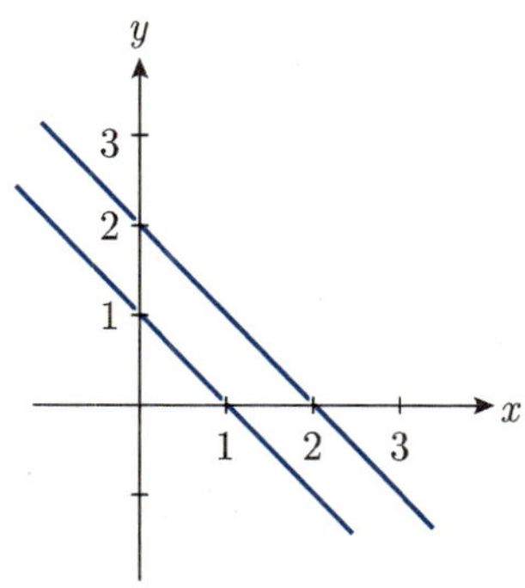

(3) 평행한 두 직선

그림 1.1 연립일차방정식의 기하학적 상태

참고로 세 변수의 일차방정식은 공간에서 평면을 구성하므로 세 변수의 연립일차방정식의 해는 기하학적으로는 세 평면의 교점, 또는 교선에 관한 사항으로 해석할 수 있다.

같은 미지수를 포함하는 두 연립방정식의 해가 일치하면 두 연립방정식은 서로 **동치**(equivalent)라고 한다. 연립방정식의 해는 방정식을 동치인 방정식으로 전환하여 해를 구하는 방법을 쓴다. 이와 같이 방정식을 동치인 방정식으로 단순화하기 위해 다음과 같은 기본연산을 사용한다.

> $S_i \leftrightarrow S_j$: i 번째 방정식과 j 번째 방정식을 서로 교환한다.
> cS_i : i 번째 방정식에 0이 아닌 상수 c를 곱한다.
> $S_i + cS_j$: i 번째 방정식에 j 번째 방정식의 c 배를 더한다.

이러한 기본연산을 반복 적용하여 $m \times n$ 연립일차방정식을 다음과 같은 형태의 동치인 $r \times n$ 연립일차방정식으로 전환할 수 있다.

$$\begin{aligned} a'_{11}x_1 + a'_{12}x_2 + a'_{13}x_3 + \cdots + a'_{1n}x_n &= b'_1 \\ a'_{22}x_2 + a'_{23}x_3 + \cdots + a'_{2n}x_n &= b'_2 \\ \cdots \quad \cdots\cdots\cdots \quad \cdots \quad & \cdots \\ a'_{rr}x_r + \cdots + a'_{rn}x_n &= b'_r \end{aligned}$$

여기서 $r \le m$이고 $a'_{11} \ne 0,\ a'_{22} \ne 0,\ \cdots,\ a'_{rr} \ne 0$이다. 이때 x_r을 나머지 변수 x_{r+1}, $\cdots$, x_n으로 풀어 해를 기술하고, 다음 x_{r-1}을 구하고, 이와 같은 과정을 x_1을 구할 때까지 단계적으로 거꾸로 풀어나가는 방법으로 연립방정식의 해를 기술할 수 있다. 이를 연립방정식의 해를 구하기 위한 **거꾸로 풀기**(backward solving)라고 한다. 이때 맨 처음에 나타나지 않는 미지수는 해를 기술하기 위한 자유변수로 활용된다.

예제 1.3 다음 연립일차방정식의 해를 구하라.

$$\begin{aligned} 2x_2 + x_3 &= 3 \\ -2x_1 + 2x_2 + x_3 &= 4 \\ x_1 - x_2 + x_3 &= 1 \end{aligned}$$

풀이 다음과 같이 단계적으로 기본연산을 수행한다.

$$S_1 \leftrightarrow S_3 \ :: \quad \begin{aligned} x_1 - x_2 + x_3 &= 1 \\ -2x_1 + 2x_2 + x_3 &= 4 \\ 2x_2 + x_3 &= 3 \end{aligned}$$

$$S_2 + 2S_1 \ :: \quad \begin{aligned} x_1 - x_2 + x_3 &= 1 \\ 3x_3 &= 6 \\ 2x_2 + x_3 &= 3 \end{aligned}$$

$$S_2 \leftrightarrow S_3 \ :: \quad \begin{aligned} x_1 - x_2 + x_3 &= 1 \\ 2x_2 + x_3 &= 3 \\ 3x_3 &= 6 \end{aligned}$$

마지막 식을 거꾸로 풀어서 해 $x_3 = 2,\ x_2 = \frac{1}{2},\ x_1 = -\frac{1}{2}$을 얻는다. ■

예제 1.4 다음 연립일차방정식의 해를 구하라.

$$\begin{aligned} x_1 + 2x_2 - 2x_3 + 3x_4 &= 2 \\ 2x_1 + 4x_2 - 3x_3 + 4x_4 &= 5 \\ 5x_1 + 10x_2 - 8x_3 + 11x_4 &= 12 \end{aligned}$$

풀이 다음과 같이 단계적으로 기본연산을 수행한다.

$$S_2 - 2S_1,\ S_3 - 5S_1 \ :: \quad \begin{aligned} x_1 + 2x_2 - 2x_3 + 3x_4 &= 2 \\ x_3 - 2x_4 &= 1 \\ 2x_3 - 4x_4 &= 2 \end{aligned}$$

$$S_3 - 2S_2 \ :: \quad \begin{aligned} x_1 + 2x_2 - 2x_3 + 3x_4 &= 2 \\ x_3 - 2x_4 &= 1 \end{aligned}$$

이에 따라 처음에 나타나지 않는 미지수 x_2와 x_4는 자유변수로서 $x_2 = s$, $x_4 = t$라 놓고 해를 구하면

$$\begin{aligned} &x_3 = 1 + 2x_4 = 1 + 2t, \\ &x_1 = 2 - 2x_2 + 2x_3 - 3x_4 = 2 - 2s + 2(1+2t) - 3t = 4 - 2s + t \end{aligned}$$

가 되어 주어진 연립방정식의 해는

$$x_1 = 4 - 2s + t,\ x_2 = s,\ x_3 = 1 + 2t,\ x_4 = t,\ (s,\ t \in \mathbb{R})$$

로서 무한히 많은 해를 갖는다. ■

1.2절에서 논의할 행렬을 쓰면 이와 같은 과정을 좀 더 체계적이고 간결하게 기술할 수 있다.

1.1 • 연습문제

1. 그래프를 그려서 다음 연립방정식이 유일한 해를 갖는지, 해가 존재하지 않는지, 또는 무한히 많은 해를 갖는지를 조사하라.

(1) $\begin{aligned} x + 2y &= 5 \\ x - \ \ y &= 1 \end{aligned}$

(2) $\begin{aligned} x + 2y &= -1 \\ 2x + 4y &= \ \ 3 \end{aligned}$

(3) $\begin{aligned} 3x + 2y &= \ \ 5 \\ 6x + 4y &= 10 \end{aligned}$

(4) $\begin{aligned} 2x + \ \ y &= 5 \\ x - \ \ y &= 1 \\ x + 3y &= 9 \end{aligned}$

(5) $\begin{aligned} x + 2y &= 1 \\ y &= 3 \end{aligned}$

(6) $\begin{aligned} x + y &= 0 \\ x - y &= 0 \\ 3x + y &= 0 \end{aligned}$

2. 다음 연립방정식을 거꾸로 풀어 해를 기술하라.

(1) $\begin{aligned} 2x_1 - x_2 + x_3 &= 4 \\ 3x_2 - 2x_3 &= 1 \\ -5x_3 &= 10 \end{aligned}$

(2) $\begin{aligned} x_1 + 2x_2 - 3x_3 + x_4 &= 3 \\ x_2 - x_3 + x_4 &= 5 \\ x_3 - x_4 &= 0 \end{aligned}$

(3) $\begin{aligned} x_1 - x_2 + 3x_3 + x_4 &= 3 \\ x_2 \qquad\quad + x_4 &= 1 \end{aligned}$

(4) $\begin{aligned} x_1 - x_2 + 2x_3 - 5x_4 + x_5 &= 3 \\ 2x_2 - x_3 - x_4 - 3x_5 &= -7 \\ x_4 + 2x_5 &= 3 \end{aligned}$

3. 기본연산을 적용하여 다음 연립일차방정식의 해를 구하라.

(1) $\begin{aligned} x_1 - x_2 + x_3 &= 1 \\ 2x_1 + x_2 + 3x_3 &= 4 \\ 3x_1 - x_2 - x_3 &= -5 \end{aligned}$

(2) $\begin{aligned} x + 2y + 2z &= 2 \\ 3x - 2y - z &= 5 \\ 2x - 5y + 3z &= -4 \\ x + 4y + 6z &= 0 \end{aligned}$

(3) $\begin{aligned} x_2 + x_3 - x_4 &= 0 \\ x_1 - x_2 + 3x_3 - x_4 &= -2 \\ x_1 + x_2 + x_3 + x_4 &= 2 \end{aligned}$

(4) $\begin{aligned} 2x_1 + x_2 - 2x_3 + 3x_4 &= 1 \\ 3x_1 + 2x_2 - x_3 + 2x_4 &= 4 \\ 3x_1 + 3x_2 + 3x_3 - 3x_4 &= 5 \end{aligned}$

4. 다음 연립방정식이 무모순이 되기 위한 상수 a, b, c의 조건을 구하라.

$$\begin{aligned} x + 2y - 3z &= a \\ 2x + 6y - 11z &= b \\ x - 2y + 7z &= c \end{aligned}$$

5. 다음 방정식이 각각 다음 경우를 만족하도록 실수 k의 값을 구하라.

① 유일한 해	② 무한히 많은 해	③ 해가 없음

(1) $\begin{aligned} kx + y + z &= 1 \\ x + ky + z &= 1 \\ x + y + kz &= 1 \end{aligned}$

(2) $\begin{aligned} x + y + kz &= 2 \\ 2x + 3y - z &= 1 \\ 3x + 4y + 2z &= k \end{aligned}$

(3) $\begin{aligned} x \qquad - 3z &= -3 \\ x + 2y + kz &= -1 \\ 2x + ky - z &= -2 \end{aligned}$

(4) $\begin{aligned} x + 2y + kz &= 1 \\ 2x + ky + 8z &= 3 \end{aligned}$

6. 평면에서 원은 다음과 같은 방정식으로 주어진다.

$$x^2 + ax + y^2 + by + c = 0$$

세 점 $A(1,\ 0)$, $B(1,\ 1)$, $C(3,\ 2)$를 지나는 원의 중심과 원의 반지름을 구하라.

7. 다음에서 두 개의 평면이 서로 만나는지, 아니면 평행한지 결정하고 만나면 두 평면의 교선의 방정식을 구하라.

(1) $\begin{aligned} x + 2y - z &= 1 \\ x + y + z &= 1 \end{aligned}$

(2) $\begin{aligned} 2x + y + z &= 3 \\ -2x + y - z &= 1 \end{aligned}$

8. x_1, x_2, x_3이 연립방정식 $\begin{cases} x_1 + x_2 - x_3 = 3 \\ x_1 + 2x_2 \qquad = 5 \end{cases}$을 만족할 때 다음을 구하라.

(1) $x_1 \ge 0$, $x_2 \ge 0$일 때 $y = x_1 + 3x_2 - x_3$의 최대값과 최소값

(2) $y = (x_1 - 2)^2 + (x_2 + 1)^2 + (x_3 - 3)^2$의 최소값

1.2 행렬과 행렬연산

수를 직사각형 형태로 배열한 것을 **행렬**(matrix)이라고 한다. 예를 들면

$$\begin{bmatrix} 1 & 3 & -1 & 2 \\ 3 & 4 & 0 & 2 \\ 0 & 1 & 3 & 2 \end{bmatrix}, \quad \begin{bmatrix} 1 & 2 \\ -4 & 3 \\ 0 & 5 \end{bmatrix}, \quad \begin{bmatrix} 1 & 2 \\ 3 & 4 \end{bmatrix}$$

등은 행렬의 예이다.

일반적으로 $m \times n$ 행렬은 직사각형 내에 m개의 행과 n개의 열을 지어 수를 다음과 같이 배열한 것을 나타낸다. 행렬을 하나의 수학적 대상으로 표기하고자 할 경우에는 아래와 같이 알파벳 대문자를 사용하는 것이 관례이다.

$$A = \begin{bmatrix} a_{11} & a_{12} & \cdots & a_{1n} \\ a_{21} & a_{22} & \cdots & a_{2n} \\ \vdots & \vdots & & \vdots \\ a_{m1} & a_{m2} & \cdots & a_{mn} \end{bmatrix}$$

각 $a_{11}, a_{12}, \cdots, a_{mn}$을 **행렬 A의 원소**(element), 또는 **성분**(entry)이라 하고, 행렬 A의 가로줄을 **행**(row), 세로줄을 **열**(column)이라고 한다. 이때 행의 수와 열의 수를 가지고 **행렬의 크기**(size)를 나타낸다. 따라서 $m \times n$은 위 행렬 A의 크기이다. a_{ij}는 행렬 A의 i번째 행과 j 번째 열이 만나는 곳에 위치하는 원소로서 행렬 A의 (i, j)-원소라고 한다. 행렬 A를 표기하는 방법은 모든 원소를 나열하든지, 아니면 A의 각 원소가 놓인 위치에 따라 어떤 규칙성을 가지고 있으면 그 규칙성을 가지고 행렬의 표기를 단순화할 수 있다. 이를테면 위 행렬 A는 A의 크기가 명시되면 (i, j)-원소 a_{ij}를 써서

$$A = [a_{ij}]$$

로 간결하게 표현할 수 있다.

예제 1.5 $A = [a_{ij}]$, $a_{ij} = \dfrac{1}{i+j-1}$인 3×3 행렬을 나열하라.

풀이 $A = \begin{bmatrix} \frac{1}{1+1-1} & \frac{1}{1+2-1} & \frac{1}{1+3-1} \\ \frac{1}{2+1-1} & \frac{1}{2+2-1} & \frac{1}{2+3-1} \\ \frac{1}{3+1-1} & \frac{1}{3+2-1} & \frac{1}{3+3-1} \end{bmatrix} = \begin{bmatrix} 1 & \frac{1}{2} & \frac{1}{3} \\ \frac{1}{2} & \frac{1}{3} & \frac{1}{4} \\ \frac{1}{3} & \frac{1}{4} & \frac{1}{5} \end{bmatrix}.$

이러한 유형의 행렬을 **힐베르트 행렬** (Hilbert matrix)이라고 한다. ■

$1\times n$ 행렬 $[a_{i1}\,a_{i2}\cdots\,a_{in}]$을 n차원 **행벡터** (row vector)라고 하고 $m\times 1$ 행렬 $\begin{bmatrix} a_{1j} \\ a_{2j} \\ \vdots \\ a_{mj} \end{bmatrix}$을 m차원 **열벡터** (column vector)라고 한다. 행렬의 표기와 행렬 연산의 수월성을 위해 $m\times n$ 행렬 $A=[a_{ij}]$의 i 번째 행벡터를 $A_{(i)}$로, j 번째 열벡터를 $A^{(j)}$로 표기하기로 하면 행렬 A는 행벡터와 열벡터로 각각

$$A_{(i)} = [a_{i1}\,a_{i2}\cdots\,a_{in}]\ ;\ A = \begin{bmatrix} A_{(1)} \\ A_{(2)} \\ \vdots \\ A_{(m)} \end{bmatrix}$$

와

$$A^{(j)} = \begin{bmatrix} a_{1j} \\ a_{2j} \\ \vdots \\ a_{mj} \end{bmatrix}\ ;\ A = [A^{(1)}\,A^{(2)}\cdots\,A^{(n)}]$$

으로 나타낼 수 있다.

행렬의 각 원소가 실수로 구성되어 있고 크기가 $m\times n$인 행렬의 집합을 $M_{m,\,n}$이라고 정의하자. 특히 행의 수와 열의 수가 같은 행렬, 즉 $m=n$일 때 $M_{m,\,n}$에 있는 행렬을 **정사각행렬** (square matrix)이라고 하고 $n\times n$ 정사각행렬의 집합을 간단히 M_n으로 정의한다. $A=[a_{ij}]$, $B=[b_{ij}]$를 $M_{m,\,n}$에 있는 두 행렬이라면 모든 i, j에 대해 $a_{ij}=b_{ij}$일 때 두 행렬은 **상등하다** (equal)고 하고 $A=B$로 나타낸다. 즉 행렬의 크기와 대응하는 원소가 서로 같을 때 오직 그때에 한하여 두 행렬은 서로 상등하다. 모든 원소가 0으로 이루어진 행렬을 **영행렬** (zero matrix)이라 하고 O으로 표기한다.

이제 행렬을 수학적 대상으로 다루기 위해 필요한 덧셈과 곱셈 등 행렬의 기본연산을 소개하자.

$A=[a_{ij}]$, $B=[b_{ij}]\in M_{m,\,n}$일 때 $(i,\ j)$-원소가 $a_{ij}+b_{ij}$인 $m\times n$ 행렬을 두 **행렬** A와 B의 **합**(sum)으로 정의하고 $A+B$로 쓴다. 즉

$$A+B=[a_{ij}]+[b_{ij}]=[a_{ij}+b_{ij}].$$

행렬의 합은 크기가 같은 행렬에 대해서만 적용된다는 것에 유의하라.

O이 $m\times n$ 영행렬이라면 모든 $m\times n$ 행렬 A에 대해

$$A+O=O+A=A$$

가 성립함은 자명하다.

예제 1.6 $A=\begin{bmatrix}2 & -1 & 3\\ 1 & 4 & -5\end{bmatrix}$, $B=\begin{bmatrix}-3 & 1 & 2\\ 3 & -2 & 4\end{bmatrix}$, $C=\begin{bmatrix}1 & 2\\ 3 & 0\end{bmatrix}$일 때 각 행렬의 합을 구하라.

풀이 A와 B는 크기가 같으므로 합이 가능하고 그 합은

$$A+B=\begin{bmatrix}2-3 & -1+1 & 3+2\\ 1+3 & 4-2 & -5+4\end{bmatrix}=\begin{bmatrix}-1 & 0 & 5\\ 4 & 2 & -1\end{bmatrix}$$

이다. 한편 C는 크기가 다르므로 $A+C$와 $B+C$는 정의되지 않는다. ■

행렬의 스칼라 배(scalar multiple)를 다음과 같이 정의한다. c가 실수이고 $A=[a_{ij}]$가 $m\times n$ 행렬이면 c와 A의 곱 cA는 $(i,\ j)$-원소가 ca_{ij}로 구성된 $m\times n$ 행렬이며

$$cA=[ca_{ij}]$$

로 쓴다. A와 B가 $m\times n$ 행렬일 때 $(-1)B=-B$로 쓰고, $A+(-1)B=A-B$로 정의한다. 즉 두 행렬의 뺄셈을

$$A-B=[a_{ij}]-[b_{ij}]=[a_{ij}-b_{ij}]$$

으로 정의한다.

예제 1.7 $A=\begin{bmatrix}2 & -1 & 3\\ 1 & 4 & -5\end{bmatrix}$, $B=\begin{bmatrix}-3 & 1 & 2\\ 3 & -2 & 4\end{bmatrix}$일 때 $3A-\frac{1}{2}B$를 구하라.

풀이 $3A-\frac{1}{2}B=\begin{bmatrix}3(2) & 3(-1) & 3(3)\\ 3(1) & 3(4) & 3(-5)\end{bmatrix}-\begin{bmatrix}\frac{1}{2}(-3) & \frac{1}{2}(1) & \frac{1}{2}(2)\\ \frac{1}{2}(3) & \frac{1}{2}(-2) & \frac{1}{2}(4)\end{bmatrix}$

$$=\begin{bmatrix}6 & -3 & 9\\ 3 & 12 & -15\end{bmatrix}-\begin{bmatrix}-\frac{3}{2} & \frac{1}{2} & 1\\ \frac{3}{2} & -1 & 2\end{bmatrix}$$

$$=\begin{bmatrix}6+\frac{3}{2} & -3-\frac{1}{2} & 9-1\\ 3-\frac{3}{2} & 12+1 & -15-2\end{bmatrix}$$

$$=\begin{bmatrix}\frac{15}{2} & -\frac{7}{2} & 8\\ \frac{3}{2} & 13 & -17\end{bmatrix}.$$

■

행렬 A의 행과 열을 바꾸어 얻은 행렬을 A의 **전치행렬**(transpose matrix)이라고 하고 A^t로 표기한다. 다시 말해서

$$A=[a_{ij}]\in M_{m,\,n} \iff A^t=[a'_{ij}]\in M_{n,\,m},\ a'_{ij}=a_{ji}$$

전치행렬에 대해서 $A, B\in M_{m,\,n}$이고 c가 실수일 때

$$(A+B)^t=A^t+B^t,\quad (cA)^t=cA^t$$

임을 보이는 것은 쉽다.

예제 1.8 $A=\begin{bmatrix}2 & -1 & 3\\ 1 & 4 & -5\end{bmatrix}$, $B=\begin{bmatrix}-3 & 1 & 2\\ 3 & -2 & 4\end{bmatrix}$일 때 $(A+B)^t=A^t+B^t$와 $(cA)^t=cA^t$가 성립함을 보여라.

풀이 $A+B=\begin{bmatrix}-1 & 0 & 5\\ 4 & 2 & -1\end{bmatrix}$, 따라서 $(A+B)^t=\begin{bmatrix}-1 & 4\\ 0 & 2\\ 5 & -1\end{bmatrix}$.

한편,

$$A^t+B^t=\begin{bmatrix}2 & 1\\ -1 & 4\\ 3 & -5\end{bmatrix}+\begin{bmatrix}-3 & 3\\ 1 & -2\\ 2 & 4\end{bmatrix}=\begin{bmatrix}-1 & 4\\ 0 & 2\\ 5 & -1\end{bmatrix}=(A+B)^t$$

이다. 또한

$$(cA)^t = \begin{bmatrix} 2c & -c & 3c \\ c & 4c & -5c \end{bmatrix}^t = \begin{bmatrix} 2c & c \\ -c & 4c \\ 3c & -5c \end{bmatrix} = c\begin{bmatrix} 2 & 1 \\ -1 & 4 \\ 3 & -5 \end{bmatrix} = cA^t$$

이다. ■

이제 행렬의 곱을 소개하자. $A=[a_{ij}]$를 $m\times p$ 행렬, $B=[b_{ij}]$를 $p\times n$ 행렬이라 할 때 다음과 같이 $(i,\ j)$-원소가 A의 i행의 각 성분과 B의 j열의 각 성분의 곱의 합으로 이루어진 $m\times n$ 행렬을 A와 B의 **행렬의 곱**(multiplication of matrices) AB라 정의한다.

$$AB=[c_{ij}],\ c_{ij}=a_{i1}b_{1j}+a_{i2}b_{2j}+\cdots+a_{ip}b_{pj}$$

두 행렬의 곱은 A의 열과 B의 행의 수가 일치할 때 그 때에 한해 정의된다. 편의와 표현상의 간결함을 위해 곱 AB의 $(i,\ j)$-원소를 $(AB)_{(ij)}$로 나타내고, A의 i행과 B의 j열과의 곱을 다음과 같이 정의하자.

$$A_{(i)}B^{(j)}=[a_{i1}\, a_{i2}\cdots\, a_{ip}]\begin{bmatrix} b_{1j} \\ b_{2j} \\ \vdots \\ b_{pj} \end{bmatrix}=\sum_{k=1}^{p}a_{ik}b_{kj}$$

그러면 $m\times p$ 행렬 A와 $p\times n$ 행렬 B의 곱 AB는 다음과 같은 원소로 구성된 $m\times n$ 행렬로 나타낼 수 있다.

$$(AB)_{(ij)}=A_{(i)}B^{(j)};\ AB=\begin{bmatrix} A_{(1)}B^{(1)} & A_{(1)}B^{(2)} & \cdots & A_{(1)}B^{(n)} \\ A_{(2)}B^{(1)} & A_{(2)}B^{(2)} & \cdots & A_{(2)}B^{(n)} \\ \vdots & \vdots & & \vdots \\ A_{(m)}B^{(1)} & A_{(m)}B^{(2)} & \cdots & A_{(m)}B^{(n)} \end{bmatrix}$$

다음은 행렬의 곱으로부터 자연스럽게 얻어지며 행렬의 여러 연산들을 다룰 때 유용하게 활용할 수 있다.

$$(AB)_{(i)}=A_{(i)}B,\quad (AB)^{(j)}=AB^{(j)}$$

예제 1.9 다음 두 행렬의 곱이 정의되면 그 곱을 구하라.

$$A=\begin{bmatrix} 2 & 1 & -1 \\ 3 & 1 & 0 \\ 0 & -2 & -3 \end{bmatrix},\quad B=\begin{bmatrix} 3 & 2 \\ -1 & 1 \\ 6 & 4 \end{bmatrix}$$

풀이 A의 열의 수 $=3=B$의 행의 수이므로 AB는 잘 정의되고 곱 AB의 크기는 3×2이다. 곱의 각 성분을 구하면

$$\begin{aligned}
(AB)_{(11)} &= A_{(1)}B^{(1)} = (2)(3)+(1)(-1)+(-1)(6) = -1,\\
(AB)_{(12)} &= A_{(1)}B^{(2)} = (2)(2)+(1)(1)+(-1)(4) = 1,\\
(AB)_{(21)} &= A_{(2)}B^{(1)} = (3)(3)+(1)(-1)+(0)(6) = 8,\\
(AB)_{(22)} &= A_{(2)}B^{(2)} = (3)(2)+(1)(1)+(0)(4) = 7,\\
(AB)_{(31)} &= A_{(3)}B^{(1)} = (0)(3)+(-2)(-1)+(-3)(6) = -16,\\
(AB)_{(32)} &= A_{(3)}B^{(2)} = (0)(2)+(-2)(1)+(-3)(4) = -14
\end{aligned}$$

이다. 따라서

$$AB = \begin{bmatrix} A_{(1)}B^{(1)} & A_{(1)}B^{(2)} \\ A_{(2)}B^{(1)} & A_{(2)}B^{(2)} \\ A_{(3)}B^{(1)} & A_{(3)}B^{(2)} \end{bmatrix} = \begin{bmatrix} -1 & 1 \\ 8 & 7 \\ -16 & -14 \end{bmatrix}.$$

그러나 B의 열의 수와 A의 행의 수가 일치하지 않으므로 BA는 정의되지 않는다. ■

정리 1.1

행렬의 곱에 대해 다음 사실이 성립한다.

(1) $A,\ B\in M_{m,\,p}$이고 $C\in M_{p,\,n}$이면 $(A+B)C=AC+BC$. (분배법칙)

(2) $A\in M_{m,\,p}$, $B\in M_{p,\,q}$이고 $C\in M_{q,\,n}$이면 $(AB)C=A(BC)$. (결합법칙)

(3) $A\in M_{m,\,p}$, $B\in M_{p,\,n}$이면 $(AB)^t=B^tA^t$. (곱의 전치)

| 증명 | (1)

$$\begin{aligned}
((A+B)C)_{(ij)} &= (A+B)_{(i)}C^{(j)} = \left(A_{(i)}+B_{(i)}\right)C^{(j)}\\
&= A_{(i)}C^{(j)}+B_{(i)}C^{(j)} = (AC)_{(ij)}+(BC)_{(ij)}\\
&= (AC+BC)_{(ij)}.
\end{aligned}$$

이것이 모든 $(i,\ j)$에 대해 성립하므로 $(A+B)C=AC+BC$.

(2) $A=[a_{ij}]$, $B=[b_{ij}]$, $C=[c_{ij}]$라고 하면

$$((AB)C)_{(ij)} = (AB)_{(i)}C^{(j)}$$

$$= \left[A_{(i)}B^{(1)}\ A_{(i)}B^{(2)} \cdots\ A_{(i)}B^{(q)}\right]\begin{bmatrix} c_{1j} \\ c_{2j} \\ \vdots \\ c_{qj} \end{bmatrix}$$

$$= \sum_{k=1}^{q} c_{kj}\left(A_{(i)}B^{(k)}\right) = \sum_{k=1}^{q} c_{kj}\left(\sum_{\ell=1}^{p} a_{i\ell}b_{\ell k}\right)$$

$$= \sum_{k=1}^{q}\sum_{\ell=1}^{p} c_{kj}a_{i\ell}b_{\ell k} = \sum_{\ell=1}^{p} a_{i\ell}\left(\sum_{k=1}^{q} b_{\ell k}c_{kj}\right)$$

$$= A_{(i)}(BC)^{(j)} = (A(BC))_{(ij)}$$

이다. 따라서 (2)가 성립한다.

(3)은 독자에게 연습문제로 남긴다. ■

A가 정사각행렬이면 곱 AA를 정의할 수 있다. 이것을 간단히 A^2이라고 표기한다. 일반적으로 임의의 자연수 n에 대해서도

$$A^n = AA \cdots A \quad (A\text{의 } n\text{제곱})$$

을 정의할 수 있다.

$A = [a_{ij}] \in M_n$이 정사각행렬이고 $a_{ij} = 0,\ (i \neq j)$일 때 A를 **대각행렬**(diagonal matrix)이라고 한다. A의 대각선 상에 있는 원소 $a_{11},\ a_{22},\ \cdots,\ a_{nn}$을 **주대각원**(principal diagonal element)이라고 한다. 특히 대각원이 모두 1인 대각행렬을 **단위행렬**(identity matrix)이라 하고 $n \times n$인 단위행렬을 I_n으로 표기한다. **크로네커 기호**(Kronecker symbol)

$$\delta_{ij} = \begin{cases} 1, & i = j \\ 0, & i \neq j \end{cases}$$

를 쓰면 단위행렬을

$$I_n = [\delta_{ij}]$$

으로 나타낼 수 있다. 단위행렬은 명백히 행렬의 곱에 대한 항등원이다.

예제 1.10 $B = [b_{ij}] \in M_{m,\,n},\ C = [c_{ij}] \in M_{n,\,p}$이면 $BI_n = B$이고 $I_nC = C$임을 보여라.

풀이 $(BI_n)_{(ij)} = B_{(i)}I_n^{(j)} = \sum_{k=1}^{n} b_{ik}\delta_{kj} = b_{ij} = B_{(ij)}$

가 되어 $BI_n = B$이다. 마찬가지로 $I_n C = C$임을 보일 수 있다. ■

다음 절에서 공부하게 될 연립일차방정식의 해법과 관련하여 다음 행렬은 특히 유용하다. **상부삼각행렬**(upper triangular matrix) $U = [u_{ij}] \in M_n$는 대각선 아래의 원소가 모두 0인 행렬이고, **하부삼각행렬**(lower triangular matrix) $L = [l_{ij}] \in M_n$은 대각선 위의 원소가 모두 0인 행렬이다. 즉

$$U = \begin{bmatrix} u_{11} & u_{12} & u_{13} & \cdots & u_{1n} \\ 0 & u_{22} & u_{23} & \cdots & u_{2n} \\ 0 & 0 & \ddots & & \vdots \\ \vdots & \vdots & & \ddots & \vdots \\ 0 & 0 & \cdots & 0 & u_{nn} \end{bmatrix}, \quad L = \begin{bmatrix} l_{11} & 0 & 0 & \cdots & 0 \\ l_{21} & l_{22} & 0 & \cdots & 0 \\ l_{31} & l_{32} & \ddots & 0 & 0 \\ \vdots & \vdots & & \ddots & 0 \\ l_{n1} & l_{n2} & \cdots & \cdots & l_{nn} \end{bmatrix}$$

특히 주대각원이 모두 1인 하부삼각행렬을 **단위 하부삼각행렬**(unit lower triangular matrix)이라고 한다.

전치행렬이 자기 자신과 일치하는 정사각행렬을 **대칭행렬**(symmetric matrix)이라고 한다. 즉 $A^t = A$이면 A는 대칭행렬이다. 임의의 행렬 A에 대해 $A^t A$와 AA^t는 대칭행렬이다. 한편, $A^t = -A$인 행렬을 **비대칭행렬**(skew symmetric matrix)이라고 한다.

예제 1.11 $A = \begin{bmatrix} 1 & 2 \\ 2 & 3 \end{bmatrix}$, $B = \begin{bmatrix} 1 & 1 \\ 2 & 1 \end{bmatrix}$, $C = \begin{bmatrix} 1 & 6 \\ 3 & 1 \\ 2 & 0 \end{bmatrix}$ 중에서 대칭행렬을 찾고 BB^t, B^tB, CC^t, C^tC를 구하라.

풀이 $A^t = A$, $B^t \neq B$, $C^t \neq C$이므로 A만이 대칭행렬이다.

$$BB^t = \begin{bmatrix} 2 & 3 \\ 3 & 5 \end{bmatrix}, \quad B^tB = \begin{bmatrix} 5 & 3 \\ 3 & 2 \end{bmatrix},$$

$$CC^t = \begin{bmatrix} 37 & 9 & 2 \\ 9 & 10 & 6 \\ 2 & 6 & 4 \end{bmatrix}, \quad C^tC = \begin{bmatrix} 14 & 9 \\ 9 & 37 \end{bmatrix}.$$

이때 BB^t, B^tB, CC^t, C^tC는 모두 대칭행렬이고 $BB^t \neq B^tB$, $C^tC \neq CC^t$이다. ■

정사각행렬 $A \in M_n$에 대해서

$$AB = BA = I_n$$

을 만족하는 행렬 $B \in M_n$가 존재하면 A를 **가역행렬**(invertible matrix)이라 하고 B를 A의 **역행렬**(inverse matrix)이라 한다. 이때 A의 역행렬을 $B = A^{-1}$로 정의한다. 이를테면, $A = \begin{bmatrix} 1 & 1 \\ 2 & 3 \end{bmatrix}$와 $B = \begin{bmatrix} 3 & -1 \\ -2 & 1 \end{bmatrix}$에 대해

$$AB = BA = I_2$$

가 성립하므로 $B = A^{-1}$이고 A는 가역행렬이다. 또한 B도 가역이며 $B^{-1} = A$가 되어 $A = B^{-1} = (A^{-1})^{-1}$임을 알 수 있다.

가역행렬에 대해 다음 사실이 성립한다.

정리 1.2

$A,\ B \in M_n$을 가역행렬이라 하자.

(1) A의 역행렬은 유일하다.

(2) A^{-1}는 가역이고 $(A^{-1})^{-1} = A$이다.

(3) AB는 가역이고 $(AB)^{-1} = B^{-1}A^{-1}$이다.

(4) c가 0이 아닌 실수일 때 $(cA)^{-1} = \dfrac{1}{c}A^{-1}$이다.

(5) A^t는 가역이고 $(A^t)^{-1} = (A^{-1})^t := A^{-t}$이다.

| 증명 | (1) $A_1,\ A_2$를 각각 A의 역행렬이라고 하면

$$AA_1 = A_1A = I_n,\ AA_2 = A_2A = I_n$$

이므로

$$A_1 = A_1I_n = A_1(AA_2) = (A_1A)A_2 = I_nA_2 = A_2.$$

(2) $AA^{-1} = A^{-1}A = I_n$이므로 A^{-1}은 가역이고 $(A^{-1})^{-1} = A$이다.

(3) $(AB)(B^{-1}A^{-1}) = A(BB^{-1})A^{-1} = A(I_nA^{-1}) = AA^{-1} = I_n$

이고 마찬가지로

$$(B^{-1}A^{-1})(AB) = B^{-1}(A^{-1}A)B = B^{-1}(I_nB) = B^{-1}B = I_n$$

이다. 그러므로 $(AB)^{-1} = B^{-1}A^{-1}$이다.

(4)와 (5)는 독자에게 연습문제로 남긴다. ■

예제 1.12 $A=\begin{bmatrix}1 & 2\\ 3 & 6\end{bmatrix}$은 가역행렬이 아님을 보여라.

풀이 A가 가역이고 $B=\begin{bmatrix}a & b\\ c & d\end{bmatrix}$가 A의 역행렬이라면 $AB=I_2$이므로

$$\begin{bmatrix}1 & 2\\ 3 & 6\end{bmatrix}\begin{bmatrix}a & b\\ c & d\end{bmatrix}=\begin{bmatrix}a+2c & b+2d\\ 3a+6c & 3b+6d\end{bmatrix}=\begin{bmatrix}1 & 0\\ 0 & 1\end{bmatrix}.$$

이것으로부터 B의 원소에 대한 관계식

$$a+2c=1,\ 3a+6c=0;\ b+2d=0,\ 3b+6d=1$$

을 얻는데 이것은 명백히 해를 갖지 않는다. 따라서 A는 역행렬을 갖지 않는다. ■

끝으로 행렬과 벡터의 곱은 연립일차방정식의 설정과 연구에 중요한 역할을 한다. $A=[a_{ij}]$가 $m\times n$ 행렬이고 $\boldsymbol{x}=\begin{bmatrix}x_1\\ x_2\\ \vdots\\ x_n\end{bmatrix}$을 n차원 열벡터라고 하면 곱 $A\boldsymbol{x}$는 m차원 열벡터이고

$$A\boldsymbol{x}=\begin{bmatrix}A_{(1)}\boldsymbol{x}\\ A_{(2)}\boldsymbol{x}\\ \vdots\\ A_{(m)}\boldsymbol{x}\end{bmatrix}=\begin{bmatrix}a_{11}x_1+a_{12}x_2+\cdots+a_{1n}x_n\\ a_{21}x_1+a_{22}x_2+\cdots+a_{2n}x_n\\ \cdots\cdots\cdots\cdots\\ a_{m1}x_1+a_{m2}x_2+\cdots+a_{mn}x_n\end{bmatrix}$$
$$=x_1A^{(1)}+x_2A^{(2)}+\cdots+x_nA^{(n)}$$

형태로 표현할 수 있다.

예를 들어 $A=\begin{bmatrix}1 & 3 & 6\\ 5 & -4 & 2\end{bmatrix}$, $\boldsymbol{x}=\begin{bmatrix}x_1\\ x_2\\ x_3\end{bmatrix}$에 대해

$$A\boldsymbol{x}=\begin{bmatrix}1 & 3 & 6\\ 5 & -4 & 2\end{bmatrix}\begin{bmatrix}x_1\\ x_2\\ x_3\end{bmatrix}=\begin{bmatrix}x_1+3x_2+6x_3\\ 5x_1-4x_2+2x_3\end{bmatrix}=x_1\begin{bmatrix}1\\ 5\end{bmatrix}+x_2\begin{bmatrix}3\\ -4\end{bmatrix}+x_3\begin{bmatrix}6\\ 2\end{bmatrix}$$

이므로 $A\boldsymbol{x}=x_1A^{(1)}+x_2A^{(2)}+x_3A^{(3)}$이다.

1.2 • 연습문제

1. 2×2 행렬

$$A=\begin{bmatrix}1 & 3\\ -1 & 4\end{bmatrix},\ B=\begin{bmatrix}4 & 0\\ 2 & -5\end{bmatrix},\ C=\begin{bmatrix}2 & 1\\ 1 & 3\end{bmatrix},\ D=\begin{bmatrix}0 & 1\\ 1 & 0\end{bmatrix}$$

에 대하여 각각 다음을 구하라.

(1) $A+B,\ A-C,\ 2B-\frac{1}{2}C,\ A-3D$

(2) $A+E=B$인 행렬 E

(3) $AB,\ BA,\ (A+B)C,\ (AB)C,\ A(BC)$

(4) $AD,\ DA$

(5) $A^tB^t,\ (AB)^t,\ B^tA^t$

(6) $A^2,\ B^2,\ A^2B,\ AB^2$

2. k가 임의의 상수이고 $A=\begin{bmatrix}k & 0 & 0\\ 1 & k & 0\\ 0 & 1 & k\end{bmatrix}$일 때 $AX=XA$가 성립하는 정사각행렬 X를 구하라.

3. $A,\ B\in M_{m,\,n}$이고 c가 스칼라일 때 $(A+B)^t=A^t+B^t,\ (cA)^t=cA^t$가 성립함을 보여라.

4. 정리 1.1의 (3)을 증명하라.

5. 정리 1.2의 (4)와 (5)를 증명하라.

6. 두 행렬 $A\in M_{m,\,p},\ B\in M_{p,\,n}$의 곱 AB의 i 번째 행벡터와 j 번째 열벡터가 각각 다음과 같이 주어짐을 보여라.

$$(AB)_{(i)}=A_{(i)}B,\quad (AB)^{(j)}=AB^{(j)}$$

7. 행렬 $A=\begin{bmatrix}2 & -3 & 7\\ 6 & 4 & 5\\ 0 & 3 & 9\end{bmatrix},\ B=\begin{bmatrix}6 & -2 & 4\\ 0 & 1 & 3\\ 7 & 7 & 5\end{bmatrix}$에 대해서 다음을 구하라.

(1) AB의 2행　　　　(2) AB의 3열

(3) BA의 2행　　　　(4) A^2의 3열

8. 다음 행렬 A와 B에 대해서 $AX=B$를 만족하는 행렬 X를 구하라.

(1) $A=\begin{bmatrix}1 & 2\\ 3 & 4\end{bmatrix},\ B=\begin{bmatrix}5 & 0\\ 9 & 2\end{bmatrix}$

(2) $A=\begin{bmatrix}1 & 1 & 1\\ 1 & 2 & 1\\ 2 & 4 & 3\end{bmatrix},\ B=\begin{bmatrix}1 & 0 & 0\\ 1 & 2 & 0\\ 1 & 3 & 5\end{bmatrix}$

9. 모든 행렬은 대칭과 비대칭행렬의 합으로 나타낼 수 있음을 보여라.

10. $A^2=O$인 모든 2×2 행렬 A를 구하라.

11. $AB=O=BA$이지만 $A\neq O,\ B\neq O$인 2×2 행렬 A와 B를 들어라.

12. 행렬 $A=\begin{bmatrix}1 & \frac{1}{2}\\ 0 & 1\end{bmatrix}$에 대해서 $A^{-1},\ A^n,\ (A^n)^{-1},\ (A^{-1})^n$을 구하라.

13. $A=\begin{bmatrix}\cos\theta & -\sin\theta & 0\\ \sin\theta & \cos\theta & 0\\ 0 & 0 & 1\end{bmatrix}$일 때 A^n을 구하라.

14. 행렬 $A=\begin{bmatrix}2 & 1\\ 0 & -1\end{bmatrix},\ B=\begin{bmatrix}2 & 0\\ 1 & 1\end{bmatrix}$에 대해서

$$(A+B)^2=A^2+2AB+B^2,\quad (A+B)(A-B)=A^2-B^2$$

이 성립하지 않음을 보여라.

15. 아래와 같이 주어진 행렬과 벡터에 대해 각각 다음을 구하라.

$$A=\begin{bmatrix}1 & 2\\ 3 & 4\end{bmatrix},\ \boldsymbol{u}_1=\begin{bmatrix}-1\\ 2\end{bmatrix},\ \boldsymbol{u}_2=\begin{bmatrix}2\\ 4\end{bmatrix},\ \boldsymbol{v}_1=[4,\ 5],\ \boldsymbol{v}_2=[3,\ -1],\ \boldsymbol{w}=\begin{bmatrix}1\\ 2\\ 3\\ 4\end{bmatrix}$$

(1) $Au_1,\ Au_2$

(2) $u_1^t u_2,\ v_1^t v_2$

(3) $v_1 A u_1,\ u_2^t A v_2^t$

(4) $w^t w,\ w w^t$

1.3 가우스 소거법

1.1절에서 연립일차방정식을 행의 교환, 한 행에 다른 행의 상수 배를 더하기 등 기본연산을 적용하여 해를 구하는 과정을 살펴보았다. 이 과정을 행렬을 이용하여 보다 체계적이고도 효율적으로 다루는 방법과 과정을 알아보자.

연립일차방정식

$$\begin{aligned} a_{11}x_1 + a_{12}x_2 + \cdots + a_{1n}x_n &= b_1 \\ a_{21}x_1 + a_{22}x_2 + \cdots + a_{2n}x_n &= b_2 \\ \vdots \qquad \vdots \qquad\qquad \vdots \quad &\quad \vdots \\ a_{m1}x_1 + a_{m2}x_2 + \cdots + a_{mn}x_n &= b_m \end{aligned} \tag{$*$}$$

은 행렬

$$A = [a_{ij}] \in M_{m,\,n},\ \boldsymbol{x} = \begin{bmatrix} x_1 \\ x_2 \\ \vdots \\ x_n \end{bmatrix},\ \boldsymbol{b} = \begin{bmatrix} b_1 \\ b_2 \\ \vdots \\ b_m \end{bmatrix}$$

을 써서 행렬 형태로

$$A\boldsymbol{x} = \boldsymbol{b}$$

로 간결하게 표현할 수 있다. 이때 연립방정식의 계수로 이루어진 행렬 $A = [a_{ij}]$를 연립방정식의 **계수행렬**(coefficient matrix), 또는 **시스템행렬**(system matrix)이라고 한다. 또한 제차방정식은 $\boldsymbol{0}$을 모든 원소가 0으로 이루어진 m차원 열벡터라고 할 때

$$A\boldsymbol{x} = \boldsymbol{0}$$

의 형태로 간결하게 나타낼 수 있다.

이제 연립방정식의 해를 구성하기 위해서 1.1절에서 기술한 소거과정을 행렬에 적용해 보자. 방정식의 해는 계수행렬 A의 구조에 의해서 결정된다. $A\boldsymbol{x}=\boldsymbol{b}$의 경우에 A와 $\boldsymbol{b}$로 구성된 $m\times(n+1)$ 행렬

$$[A \ \vdots \ \boldsymbol{b}]=\begin{bmatrix} a_{11} & a_{12} & \cdots & a_{1n} & \vdots & b_1 \\ a_{21} & a_{22} & \cdots & a_{2n} & \vdots & b_2 \\ \vdots & \vdots & & \vdots & \vdots & \vdots \\ a_{m1} & a_{m2} & \cdots & a_{mn} & \vdots & b_m \end{bmatrix}$$

을 연립방정식 $(*)$에 대한 **첨가행렬** (augmented matrix)이라고 한다.

예제 1.13 다음 연립일차방정식을 행렬 형태로 나타내고 이 방정식에 대한 첨가행렬을 구하라.

$$\begin{aligned} x_1+2x_2+\ x_3 &= \ \ 1 \\ -2x_1+\ x_2-3x_3 &= \ \ 5 \\ 3x_1+2x_2-\ x_3 &= -5 \end{aligned}$$

풀이 연립방정식의 계수행렬은 $A=\begin{bmatrix} 1 & 2 & 1 \\ -2 & 1 & -3 \\ 3 & 2 & -1 \end{bmatrix}$이고, $\boldsymbol{x}=\begin{bmatrix} x_1 \\ x_2 \\ x_3 \end{bmatrix}$, $\boldsymbol{b}=\begin{bmatrix} 1 \\ 5 \\ -5 \end{bmatrix}$에 대해 주어진 방정식은 $A\boldsymbol{x}=\boldsymbol{b}$로 표현되며 이에 대응하는 첨가행렬은 3×4 행렬

$$[A \ \vdots \ \boldsymbol{b}]=\begin{bmatrix} 1 & 2 & 1 & \vdots & 1 \\ -2 & 1 & -3 & \vdots & 5 \\ 3 & 2 & -1 & \vdots & -5 \end{bmatrix}$$

이다. ■

일반적으로 그림 1.2에서와 같이 $m\times n$ 행렬 B는 그 원소가 다음 조건을 충족하면 **행사다리꼴** (row echelon form)을 하고 있다고 한다.

- 모두 0인 원소로 이루어진 행은 행렬의 맨 아래로 배치한다.
- $(i+1)$ 번째 행의 첫 0이 아닌 원소는 i 번째 행의 첫 0이 아닌 원소보다 오른쪽 열에 배치한다.

특히 B가 정사각행렬이고 행사다리꼴을 하고 있으면 B는 상부삼각행렬이다.

$$B_1 = \begin{bmatrix} * & \times & \times & \times & \times & \times & \times \\ 0 & 0 & * & \times & \times & \times & \times \\ 0 & 0 & 0 & 0 & * & \times & \times \\ 0 & 0 & 0 & 0 & 0 & 0 & * \\ 0 & 0 & 0 & 0 & 0 & 0 & 0 \end{bmatrix}, \quad B_2 = \begin{bmatrix} 0 & * & \times & \times & \times \\ 0 & 0 & * & \times & \times \\ 0 & 0 & 0 & * & \times \end{bmatrix}$$

(* : 각 행에서 0이 아닌 최초의 원소위치)

그림 1.2 행사다리꼴 행렬의 예시

예제 1.14 다음 행렬 중 행사다리꼴의 행렬은 A, B, E이고, C와 D는 사다리꼴이 아니다.

$$A = \begin{bmatrix} 1 & 2 & 3 & 4 \\ 0 & 2 & 3 & 0 \\ 0 & 0 & 1 & 1 \end{bmatrix}, \quad B = \begin{bmatrix} 0 & 1 & 2 & 3 \\ 0 & 0 & 2 & 4 \\ 0 & 0 & 0 & 0 \end{bmatrix}, \quad C = \begin{bmatrix} 1 & 2 & 0 & 3 \\ 0 & 1 & 2 & 4 \\ 0 & 2 & 0 & -1 \end{bmatrix},$$

$$D = \begin{bmatrix} 0 & 5 & 3 & 1 \\ 2 & 6 & 1 & 5 \\ 0 & 0 & 2 & 1 \\ 0 & 0 & 0 & 0 \end{bmatrix}, \quad E = \begin{bmatrix} 2 & 1 & 6 & 0 & 2 & 3 \\ 0 & 0 & 1 & 0 & 2 & 3 \\ 0 & 0 & 0 & 0 & 1 & 1 \end{bmatrix}.$$ ■

1.1절에서와 같이 기본연산을 적용하여 연립일차방정식 $(*)$의 해를 구성하는 것은 기본연산에 대응하는 동작을 적용하여 첨가행렬 $[A : b]$를 행사다리꼴로 변환시키는 과정으로 간결하게 처리할 수 있다.

먼저 행렬의 사다리꼴 변환에 필요한 기본 동작에 대해 살펴보자. 행렬 A에 대한 **기본행연산**(elementary row operations)은 다음 세 가지 형태의 동작을 A에 적용하는 것을 말한다.

(T1) 두 행을 교환한다 : $A_{(i)} \leftrightarrow A_{(j)}$

(T2) 한 행에 0이 아닌 상수를 곱한다 : $A_{(i)} \rightarrow cA_{(i)}$

(T3) 한 행의 상수 배를 다른 행에 더한다 : $A_{(i)} \rightarrow A_{(i)} + cA_{(j)}$

A와 B가 두 $m \times n$ 행렬일 때 한 행렬이 다른 행렬에 기본행연산을 써서 구해진 것이면 A와 B 두 행렬은 **행동치**(row equivalent)라고 하고 $A \sim_r B$로 정의한다. $M_{m,n}$에서 $\sim_r$은 동치 관계를 이룬다.

기본행연산을 행렬의 곱으로 나타낼 수 있다. 다음 세 가지 형태의 행렬을 **기본행렬**(elementary matrix)이라고 한다.

(1) $E_{(i),(j)}$ = 단위행렬로부터 연산 (T1)을 적용해서 얻어진 행렬

$$E_{(i),\,(j)} = \begin{bmatrix} 1 & \cdots & 0 & \cdots & 0 & \cdots & 0 \\ \vdots & & \vdots & & \vdots & & \vdots \\ 0 & \cdots & 0 & \cdots & 1 & \cdots & 0 \\ \vdots & & \vdots & & \vdots & & \vdots \\ 0 & \cdots & 1 & \cdots & 0 & \cdots & 0 \\ \vdots & & \vdots & & \vdots & & \vdots \\ 0 & \cdots & 0 & \cdots & 0 & \cdots & 1 \end{bmatrix} \begin{matrix} \\ \\ \leftarrow i \\ \\ \leftarrow j \\ \\ \\ \end{matrix}$$

(2) $E_{c(i)}$ = 단위행렬로부터 연산 (T2)를 적용해서 얻어진 행렬

$$E_{c(i)} = \begin{bmatrix} 1 & \cdots & 0 & \cdots & 0 \\ \vdots & & \vdots & & \vdots \\ 0 & \cdots & c & \cdots & 0 \\ \vdots & & \vdots & & \vdots \\ 0 & \cdots & 0 & \cdots & 1 \end{bmatrix} \begin{matrix} \\ \\ \leftarrow i \\ \\ \\ \end{matrix}$$

(3) $E_{(i)+c(j)}$ = 단위행렬로부터 연산 (T3)를 적용해서 얻어진 행렬

$$E_{(i)+c(j)} = \begin{bmatrix} 1 & \cdots & 0 & \cdots & 0 & \cdots & 0 \\ \vdots & & \vdots & & \vdots & & \vdots \\ 0 & \cdots & 1 & \cdots & c & \cdots & 0 \\ \vdots & & \vdots & & \vdots & & \vdots \\ 0 & \cdots & 0 & \cdots & 1 & \cdots & 0 \\ \vdots & & \vdots & & \vdots & & \vdots \\ 0 & \cdots & 0 & \cdots & 0 & \cdots & 1 \end{bmatrix} \begin{matrix} \\ \\ \leftarrow i \\ \\ \leftarrow j \\ \\ \\ \end{matrix}$$

예를 들면, 3×3 행렬에서 기본행렬 $E_{(1)+4(3)}$는

$$E_{(1)+4(3)} = \begin{bmatrix} 1 & 0 & 4 \\ 0 & 1 & 0 \\ 0 & 0 & 1 \end{bmatrix}$$

이다. 이 예에서

$$E_{(1)+4(3)}E_{(1)-4(3)} = \begin{bmatrix} 1 & 0 & 4 \\ 0 & 1 & 0 \\ 0 & 0 & 1 \end{bmatrix} \begin{bmatrix} 1 & 0 & -4 \\ 0 & 1 & 0 \\ 0 & 0 & 1 \end{bmatrix} = \begin{bmatrix} 1 & 0 & 0 \\ 0 & 1 & 0 \\ 0 & 0 & 1 \end{bmatrix} = I_3$$

임에 주목하라. 또한

$$E_{(1)-4(3)}E_{(1)+4(3)} = I_3$$

임도 쉽게 검증할 수 있다. 이에 따라 기본행렬에 대한 역에 대해 다음이 성립한다.

$$\left(E_{(1)+4(3)}\right)^{-1} = E_{(1)-4(3)}$$

이제 $A=[a_{ij}]=\begin{bmatrix} A_{(1)} \\ \vdots \\ A_{(i)} \\ \vdots \\ A_{(j)} \\ \vdots \\ A_{(m)} \end{bmatrix}$이 $m\times n$ 행렬을 행으로 표현하였을 때 A에 기본행렬을 곱했을 때 나타나는 결과들을 살펴보자.

$$E_{(i),(j)}A=\begin{bmatrix} A_{(1)} \\ \vdots \\ A_{(j)} \\ \vdots \\ A_{(i)} \\ \vdots \\ A_{(m)} \end{bmatrix}\begin{matrix} \\ \\ \leftarrow i \\ \\ \leftarrow j \\ \\ \\ \end{matrix},\quad E_{c(i)}A=\begin{bmatrix} A_{(1)} \\ \vdots \\ cA_{(i)} \\ \vdots \\ A_{(j)} \\ \vdots \\ A_{(m)} \end{bmatrix}\begin{matrix} \\ \\ \leftarrow i \\ \\ \\ \\ \\ \end{matrix},\quad E_{(i)+c(j)}A=\begin{bmatrix} A_{(1)} \\ \vdots \\ A_{(i)}+cA_{(j)} \\ \vdots \\ A_{(j)} \\ \vdots \\ A_{(m)} \end{bmatrix}\begin{matrix} \\ \\ \leftarrow i \\ \\ \leftarrow j \\ \\ \\ \end{matrix}$$

이 되어 동작 (T1)은 $E_{(i),(j)}A$, (T2)는 $E_{c(i)}A$, (T3)는 $E_{(i)+c(j)}A$와 일치함을 알 수 있다. 따라서 기본행연산을 적용하는 것은 주어진 행렬의 좌측에 대응하는 기본행렬을 곱하는 것과 같다.

예제 1.15 $A=[a_{ij}]$가 3×4 행렬일 때 $E_{(2)+3(1)}A$를 구하라.

풀이

$$\begin{aligned} E_{(2)+3(1)}A &= \begin{bmatrix} 1 & 0 & 0 \\ 3 & 1 & 0 \\ 0 & 0 & 1 \end{bmatrix}\begin{bmatrix} a_{11} & a_{12} & a_{13} & a_{14} \\ a_{21} & a_{22} & a_{23} & a_{24} \\ a_{31} & a_{32} & a_{33} & a_{34} \end{bmatrix} \\ &= \begin{bmatrix} a_{11} & a_{12} & a_{13} & a_{14} \\ a_{21}+3a_{11} & a_{22}+3a_{12} & a_{23}+3a_{13} & a_{24}+3a_{14} \\ a_{31} & a_{32} & a_{33} & a_{34} \end{bmatrix} \\ &= \begin{bmatrix} A_{(1)} \\ A_{(2)}+3A_{(1)} \\ A_{(3)} \end{bmatrix}. \end{aligned}$$

■

정리 1.3

기본행렬은 모두 가역이다. 즉 $c\neq 0$에 대하여 다음이 성립한다.

$$(E_{(i),(j)})^{-1}=E_{(i),(j)},\quad (E_{c(i)})^{-1}=E_{\frac{1}{c}(i)},\quad (E_{(i)+c(j)})^{-1}=E_{(i)-c(j)}$$

| 증명 | 단위행렬 I_n에서 i행과 j행을 바꾸는 동작을 두 번 거듭 시행하면 다시 I_n이 되므로

$$E_{(i),(j)}E_{(i),(j)} = I_n \Rightarrow \left(E_{(i),(j)}\right)^{-1} = E_{(i),(j)}$$

이다. 다음 단위행렬 I_n의 i행을 c배한 후 다시 $\frac{1}{c}$배를 행하면 다시 I_n이 되므로

$$E_{\frac{1}{c}(i)}E_{c(i)} = I_n \Rightarrow \left(E_{c(i)}\right)^{-1} = E_{\frac{1}{c}(i)}$$

끝으로 단위행렬 I_n의 i행에 j행의 c배를 더한 후 다시 j행의 $-c$배를 더하면 I_n이 얻어지므로

$$E_{(i)-c(j)}E_{(i)+c(j)} = I_n \Rightarrow \left(E_{(i)+c(j)}\right)^{-1} = E_{(i)-c(j)}$$

이다. ■

행렬 A의 행사다리꼴은 기본행연산을 통해 A와 행동치를 이루는 사다리꼴의 행렬을 구하는 것을 말한다. 예를 들면, 예제 1.14에서 행렬 C는 행사다리꼴이 아니다. C를 행사다리꼴로 변환하기 위해 기본행연산을 써서 원소 c_{32}를 0으로 만들어야 한다. 이를 위해 동작 (T3) : $C_{(3)} - 2C_{(2)} \rightarrow C_{(3)}$를 적용하면

$$\begin{aligned} E_{(3)-2(2)}C &= \begin{bmatrix} 1 & 0 & 0 \\ 0 & 1 & 0 \\ 0 & -2 & 1 \end{bmatrix}\begin{bmatrix} 1 & 2 & 0 & -3 \\ 0 & 1 & 2 & 4 \\ 0 & 2 & 0 & -1 \end{bmatrix} \\ &= \begin{bmatrix} C_{(1)} \\ C_{(2)} \\ C_{(3)} - 2C_{(2)} \end{bmatrix} \\ &= \begin{bmatrix} 1 & 2 & 0 & -3 \\ 0 & 1 & 2 & 4 \\ 0 & 0 & -4 & -9 \end{bmatrix} := C_1 \end{aligned}$$

이 되어 C_1은 행사다리꼴이고 $C \sim_r C_1$이다.

예제 1.16 다음 행렬을 행사다리꼴로 변환하라.

$$A = \begin{bmatrix} 0 & 0 & 1 & 3 & 5 \\ 1 & 2 & -1 & 2 & 2 \\ 0 & -2 & 4 & 5 & 7 \\ 0 & 0 & 3 & 4 & 5 \end{bmatrix}$$

풀이 행사다리꼴로 전환하는 과정을 단계별로 예시하면 다음과 같다.

$$A_{(1)} \leftrightarrow A_{(2)} \ :: \ E_{(1),(2)}A = \begin{bmatrix} 1 & 2 & -1 & 2 & 2 \\ 0 & 0 & 1 & 3 & 5 \\ 0 & -2 & 4 & 5 & 7 \\ 0 & 0 & 3 & 4 & 5 \end{bmatrix} := C_1,$$

$$C_{1(2)} \leftrightarrow C_{1(3)} \ :: \ E_{(2),(3)}E_{(1),(2)}A = \begin{bmatrix} 1 & 2 & -1 & 2 & 2 \\ 0 & -2 & 4 & 5 & 7 \\ 0 & 0 & 1 & 3 & 5 \\ 0 & 0 & 3 & 4 & 5 \end{bmatrix} := C_2,$$

$$C_{2(4)} - 3C_{2(3)} \ :: \ E_{(4)-3(3)}E_{(2),(3)}E_{(1),(2)}A = \begin{bmatrix} 1 & 2 & -1 & 2 & 2 \\ 0 & -2 & 4 & 5 & 7 \\ 0 & 0 & 1 & 3 & 5 \\ 0 & 0 & 0 & -5 & -10 \end{bmatrix} := C_3$$

가 되어 $A \sim_r C_1 \sim_r C_2 \sim_r C_3$이다. ■

소거법을 써서 연립일차방정식 $(*)$의 해를 구하는 과정은 기본행연산을 적용하여 첨가행렬 $[A \ \vdots \ \boldsymbol{b}]$를 행사다리꼴로 변환하는 과정과 동일하다. 이해를 돕기 위해 예시 자료를 통해 이 과정을 자세히 살펴보자. 각 과정에서 $R_{(i)}$는 첨가행렬 $R = [A \ \vdots \ \boldsymbol{b}]$의 i번째 행을 나타낸다고 하자.

연립일차방정식

$$\begin{aligned} x_1 + 2x_2 - x_3 + 3x_4 &= 2 \\ -x_1 + x_2 + 3x_3 - 2x_4 &= -1 \\ 2x_1 + 7x_2 - x_3 + 9x_4 &= 8 \\ 3x_1 + 3x_2 - 2x_3 + 4x_4 &= -6 \end{aligned}$$

을 생각하자. 여기서 S_i를 i 번째 방정식을 나타낸다고 하자. 두 번째, 세 번째, 네 번째 방정식에서 x_1의 계수를 소거하기 위해 $S_2 + S_1$, $S_3 - 2S_1$, $S_4 - 3S_1$을 적용하면

$$\begin{aligned} x_1 + 2x_2 - x_3 + 3x_4 &= 2 \\ 3x_2 + 2x_3 + x_4 &= 1 \\ 3x_2 + x_3 + 3x_4 &= 4 \\ -3x_2 + x_3 - 5x_4 &= -12 \end{aligned}$$

를 얻는다. 이제 세 번째, 네 번째 방정식에서 x_2의 계수를 소거하기 위해 $S_3 - S_2$, $S_4 + S_2$를 적용하면 위 식은

$$
\begin{aligned}
x_1 + 2x_2 - x_3 + 3x_4 &= 2 \\
3x_2 + 2x_3 + x_4 &= 1 \\
- x_3 + 2x_4 &= 3 \\
3x_3 - 4x_4 &= -11
\end{aligned}
$$

로 변환된다. 마지막으로 네 번째 식에서 x_3의 계수를 소거하기 위해 $S_4 + 3S_3$를 적용하면

$$
\begin{aligned}
x_1 + 2x_2 - x_3 + 3x_4 &= 2 \\
3x_2 + 2x_3 + x_4 &= 1 \\
- x_3 + 2x_4 &= 3 \\
2x_4 &= -2
\end{aligned}
$$

이 얻어진다. 이제 이것을 거꾸로 풀어 연립일차방정식의 해 $x_4 = -1$, $x_3 = -5$, $x_2 = 4$, $x_1 = -8$을 얻는다.

소거법을 적용하여 위에서 예시한 연립일차방정식의 해를 구하는 과정을 대응하는 첨가행렬 $R = [A \,\vdots\, \boldsymbol{b}]$을 행사다리꼴로 변환하는 과정으로 풀어쓰면 다음 각 단계로 요약할 수 있다.

$R_{(2)} + R_{(1)}$, $R_{(3)} - 2R_{(1)}$, $R_{(4)} - 3R_{(1)}$ ::

$$
R_I = E_{(4)-3(1)} E_{(3)-2(1)} E_{(2)+(1)} R = \begin{bmatrix} 1 & 2 & -1 & 3 & \vdots & 2 \\ 0 & 3 & 2 & 1 & \vdots & 1 \\ 0 & 3 & 1 & 3 & \vdots & 4 \\ 0 & -3 & 1 & -5 & \vdots & -12 \end{bmatrix},
$$

$R_{(3)} - R_{(2)}$, $R_{(4)} + R_{(2)}$ ::

$$
R_{II} = E_{(3)-(2)} E_{(4)+(2)} R_I = \begin{bmatrix} 1 & 2 & -1 & 3 & \vdots & 2 \\ 0 & 3 & 2 & 1 & \vdots & 1 \\ 0 & 0 & -1 & 2 & \vdots & 3 \\ 0 & 0 & 3 & -4 & \vdots & -11 \end{bmatrix},
$$

$R_{(4)} + 3R_{(3)}$ ::

$$
R_{III} = E_{(4)+3(3)} R_{II} = \begin{bmatrix} 1 & 2 & -1 & 3 & \vdots & 2 \\ 0 & 3 & 2 & 1 & \vdots & 1 \\ 0 & 0 & -1 & 2 & \vdots & 3 \\ 0 & 0 & 0 & 2 & \vdots & -2 \end{bmatrix}.
$$

이것은 연립일차방정식

$$\begin{aligned} x_1 + 2x_2 - x_3 + 3x_4 &= 2 \\ 3x_2 + 2x_3 + x_4 &= 1 \\ - x_3 + 2x_4 &= 3 \\ 2x_4 &= -2 \end{aligned}$$

의 첨가행렬의 표현이므로 거꾸로 풀어서 구하는 해를 얻는다. 따라서 연립일차방정식의 해를 구하는 과정은 기본행연산을 통해 첨가행렬 $[A \,\vdots\, b]$를 행사다리꼴로 변환시켜 이 사다리꼴 행렬에 대응하는 연립방정식을 거꾸로 풀어나가는 과정과 동일하다. 이러한 방법으로 해를 구하는 과정을 **가우스 소거법**(Gaussian elimination method)이라고 한다. 연립일차방정식의 해가 유일하게 존재하지 않을 때에도 이 방법을 써서 해의 구조를 파악할 수 있다.

예제 1.17 다음 연립일차방정식의 해를 구하라.

$$\begin{aligned} x_2 + x_3 - x_4 &= 0 \\ x_1 - x_2 + 3x_3 - x_4 &= -2 \\ x_1 + x_2 + x_3 + x_4 &= 2 \end{aligned}$$

풀이 주어진 연립일차방정식에 대응하는 첨가행렬은

$$R = [A \,\vdots\, b] = \begin{bmatrix} 0 & 1 & 1 & -1 & \vdots & 0 \\ 1 & -1 & 3 & -1 & \vdots & -2 \\ 1 & 1 & 1 & 1 & \vdots & 2 \end{bmatrix}$$

이다. 첨가행렬에 다음과 같이 차례로 기본행연산을 적용한다.

$$R_{(1)} \leftrightarrow R_{(2)} \;::\; \begin{bmatrix} 1 & -1 & 3 & -1 & \vdots & -2 \\ 0 & 1 & 1 & -1 & \vdots & 0 \\ 1 & 1 & 1 & 1 & \vdots & 2 \end{bmatrix},$$

$$R_{(3)} - R_{(1)} \;::\; \begin{bmatrix} 1 & -1 & 3 & -1 & \vdots & -2 \\ 0 & 1 & 1 & -1 & \vdots & 0 \\ 0 & 2 & -2 & 2 & \vdots & 4 \end{bmatrix},$$

$$R_{(3)} - 2R_{(2)} \;::\; \begin{bmatrix} 1 & -1 & 3 & -1 & \vdots & -2 \\ 0 & 1 & 1 & -1 & \vdots & 0 \\ 0 & 0 & -4 & 4 & \vdots & 4 \end{bmatrix}.$$

이것은 연립일차방정식

$$\begin{aligned} x_1 - x_2 + 3x_3 - x_4 &= -2 \\ x_2 + x_3 - x_4 &= 0 \\ - 4x_3 + 4x_4 &= 4 \end{aligned}$$

의 첨가행렬의 표현이므로 이 방정식을 거꾸로 풀면

$$\begin{aligned} x_3 &= -1 + x_4, \\ x_2 &= x_4 - x_3 = x_4 - (-1 + x_4) = 1, \\ x_1 &= -2 + x_2 - 3x_3 + x_4 \\ &= -2 + 1 - 3(-1 + x_4) + x_4 \\ &= 2 - 2x_4 \end{aligned}$$

가 얻어진다. 여기서 x_4는 자유변수이므로 $x_4 = t$, $(t \in \mathbb{R})$로 두면 연립일차방정식의 해집합은 다음과 같다.

$$S = \{(2-2t,\ 1,\ -1+t,\ t) \mid t \in \mathbb{R}\}$$ ■

가우스 소거법을 적용하여 연립방정식의 해를 구하는 과정은 다음 네 단계로 요약된다. 이 과정을 적용하면 연립일차방정식의 해가 존재하지 않는 경우도 자연스럽게 설명할 수 있다.

(1) 일단계 : 연립방정식의 첨가행렬 구성
(2) 이단계 : 첨가행렬에 기본행연산을 적용하여 행동치인 행사다리꼴로 변환
(3) 삼단계 : 행사다리꼴에 대응하는 연립방정식 구성
(4) 사단계 : 거꾸로 풀기(backward solving)

예제 1.18 가우스 소거법을 적용하여 다음 연립일차방정식의 해를 구하라.

$$\begin{aligned} 2x_1 - 5x_2 + 4x_3 &= -3 \\ x_1 - 2x_2 + x_3 &= 5 \\ x_1 - 4x_2 + 5x_3 &= 10 \end{aligned}$$

풀이 이해를 돕기 위해 과정을 단계별로 적용해서 해공간을 구성해보자.

(일단계) 연립일차방정식의 첨가행렬 구성

$$\left[\begin{array}{ccc:c} 2 & -5 & 4 & -3 \\ 1 & -2 & 1 & 5 \\ 1 & -4 & 5 & 10 \end{array}\right]$$

(이단계) 기본행연산을 적용하여 첨가행렬의 행사다리꼴 변환

$$R_{(1)} \leftrightarrow R_{(2)} \ :: \ \left[\begin{array}{ccc:c} 1 & -2 & 1 & 5 \\ 2 & -5 & 4 & -3 \\ 1 & -4 & 5 & 10 \end{array}\right],$$

$$R_{(2)} - 2R_{(1)}\,,\ R_{(3)} - R_{(1)} \ :: \ \left[\begin{array}{ccc:c} 1 & -2 & 1 & 5 \\ 0 & -1 & 2 & -13 \\ 0 & -2 & 4 & 5 \end{array}\right],$$

$$R_{(3)} - 2R_{(2)} \ :: \ \left[\begin{array}{ccc:c} 1 & -2 & 1 & 5 \\ 0 & -1 & 2 & -13 \\ 0 & 0 & 0 & 31 \end{array}\right].$$

(삼단계) 첨가행렬의 행사다리꼴에 대응하는 연립방정식 구성

$$\begin{aligned} x_1 - 2x_2 + \ x_3 &= \ \ 5 \\ - \ x_2 + 2x_3 &= -13 \\ 0x_3 &= \ \ 31 \end{aligned}$$

(사단계) 위 연립방정식을 거꾸로 푼다. 만일 주어진 연립방정식의 해 집합 S가 공집합이 아니라면 위 세 번째 식으로부터 $0=31$이 되어 모순이다. 따라서 $S=\varnothing$이다. ■

한편, 행사다리꼴에서 추가로 기본행연산을 적용하여 각 행의 0이 아닌 선행원소를 1로, 선행원소를 포함하는 열의 나머지 부분을 모두 0으로 변환하면 가우스 소거법의 경우에서처럼 거꾸로 풀어서 해를 구하는 과정을 생략할 수 있다. 이와 같이 기본행연산을 적용하여 행사다리꼴의 선행원소를 1로, 선행원소를 포함하는 열의 모든 나머지 원소를 0으로 전환한 행렬의 형태를 **기약 행사다리꼴**(reduced row echelon form)이라고 한다.

예를 들어 행렬 $A=\begin{bmatrix} 1 & 0 & 0 & 1 \\ 0 & 1 & 0 & -1 \\ 0 & 0 & 1 & 2 \end{bmatrix}$와 $B=\begin{bmatrix} 1 & 2 & 0 & 1 & -1 \\ 0 & 0 & 1 & -2 & 3 \\ 0 & 0 & 0 & 0 & 0 \end{bmatrix}$은 기약 행사다리꼴이다.

행렬을 기약 행사다리꼴로 전환하여 연립일차방정식의 해를 구하는 기법을 **가우스-조르당 소거법**(Gauss-Jordan elimination method)이라고 한다. 1.4절에서와 같이 가우스-조르당 소거법은 특별히 가역행렬의 역행렬을 구하는 데 유용하게 활용할 수 있다.

예제 1.19 가우스-조르당 소거법을 적용하여 연립일차방정식의 해를 구하라.

$$\begin{aligned} x_1 + \ x_2 + \ x_3 + 4x_4 &= \ 4 \\ 2x_1 + 4x_2 + 4x_3 + 9x_4 &= 16 \\ -2x_1 \qquad\quad + 3x_3 - 7x_4 &= 12 \end{aligned}$$

풀이 주어진 연립일차방정식에 대응하는 첨가행렬은

$$R=[A \;\vdots\; b]=\begin{bmatrix} 1 & 1 & 1 & 4 & \vdots & 4 \\ 2 & 4 & 4 & 9 & \vdots & 16 \\ -2 & 0 & 3 & -7 & \vdots & 12 \end{bmatrix}$$

이다. 첨가행렬에 다음과 같이 차례로 기본행연산을 적용한다.

• 기약 행사다리꼴 변환

$$R_{(2)}-2R_{(1)},\ R_{(3)}+2R_{(1)} \ :: \ \begin{bmatrix} 1 & 1 & 1 & 4 & \vdots & 4 \\ 0 & 2 & 2 & 1 & \vdots & 8 \\ 0 & 2 & 5 & 1 & \vdots & 20 \end{bmatrix},$$

$$R_{(3)}-R_{(2)} \ :: \ \begin{bmatrix} 1 & 1 & 1 & 4 & \vdots & 4 \\ 0 & 2 & 2 & 1 & \vdots & 8 \\ 0 & 0 & 3 & 0 & \vdots & 12 \end{bmatrix}$$

• 각 행의 선행원소를 1로 변환

$$\frac{1}{2}R_{(2)},\ \frac{1}{3}R_{(3)} \ :: \ \begin{bmatrix} 1 & 1 & 1 & 4 & \vdots & 4 \\ 0 & 1 & 1 & \frac{1}{2} & \vdots & 4 \\ 0 & 0 & 1 & 0 & \vdots & 4 \end{bmatrix}$$

• 선행원소를 포함하는 열의 나머지 원소를 모두 0으로 변환

$$R_{(2)}-R_{(3)},\ R_{(1)}-R_{(3)} \ :: \ \begin{bmatrix} 1 & 1 & 0 & 4 & \vdots & 0 \\ 0 & 1 & 0 & \frac{1}{2} & \vdots & 0 \\ 0 & 0 & 1 & 0 & \vdots & 4 \end{bmatrix},$$

$$R_{(1)}-R_{(2)} \ :: \ \begin{bmatrix} 1 & 0 & 0 & \frac{7}{2} & \vdots & 0 \\ 0 & 1 & 0 & \frac{1}{2} & \vdots & 0 \\ 0 & 0 & 1 & 0 & \vdots & 4 \end{bmatrix}$$

최종적으로 결정된 기약 행사다리꼴에 대응하는 연립일차방정식은

$$\begin{aligned} x_1 \qquad\qquad + \frac{7}{2}x_4 &= 0 \\ x_2 \qquad + \frac{1}{2}x_4 &= 0 \\ x_3 \qquad\qquad &= 4 \end{aligned}$$

이므로 연립방정식의 해는 자유변수 $x_4=t,\ (t\in\mathbb{R})$를 써서

$$x_1 = -\frac{7}{2}t,\ x_2 = -\frac{1}{2}t,\ x_3 = 4$$

로 나타난다. ■

1.3 • 연습문제

1. 다음 각 연립일차방정식을 첨가행렬의 형태로 쓰고 첨가행렬을 행동치인 행사다리꼴로 변환시켜 방정식의 해를 구하라.

(1) $\begin{cases} x_1 + x_2 = -1 \\ 2x_1 + 5x_2 = 0 \\ x_1 - x_3 = 3 \end{cases}$　　(2) $\begin{cases} 2x_1 + x_2 + 3x_3 = 5 \\ -2x_1 + 3x_3 = -4 \\ 6x_1 + x_2 = 14 \end{cases}$

(3) $\begin{cases} x_1 + x_2 - x_3 + x_4 = 5 \\ x_1 + 2x_2 + 6x_3 + 6x_4 = 10 \\ 2x_1 + 4x_2 + 6x_3 + 6x_4 = 13 \end{cases}$　　(4) $\begin{cases} 2x_1 + x_2 + x_3 - 2x_4 = 1 \\ 3x_1 - 2x_2 + x_3 - 6x_4 = -2 \\ x_1 + x_2 - x_3 - x_4 = -1 \\ 5x_1 - x_2 + 2x_3 - 8x_4 = 3 \end{cases}$

2. 연립일차방정식의 첨가행렬이 다음과 같을 때 해를 구하라.

(1) $\left[\begin{array}{ccc|c} 1 & 2 & -4 & 2 \\ 0 & 1 & -2 & -1 \\ 0 & 0 & 1 & 2 \end{array}\right]$　　(2) $\left[\begin{array}{cccc|c} 1 & -1 & 0 & 4 & 8 \\ 0 & 1 & -2 & -1 & -2 \\ 0 & 0 & 1 & 1 & 3 \end{array}\right]$

(3) $\left[\begin{array}{ccccc|c} 1 & 5 & -4 & 0 & -7 & -5 \\ 0 & 0 & 1 & 1 & 7 & 3 \\ 0 & 0 & 0 & 1 & 4 & 2 \\ 0 & 0 & 0 & 0 & 0 & 0 \end{array}\right]$　　(4) $\left[\begin{array}{ccc|c} 1 & 3 & -1 & 3 \\ 0 & 1 & 2 & -5 \\ 0 & 0 & 0 & 2 \end{array}\right]$

(5) $\left[\begin{array}{ccccc|c} 1 & 1 & 0 & 2 & 0 & 2 \\ 0 & 1 & -2 & 1 & 1 & 0 \\ 0 & 0 & 1 & 1 & 2 & 2 \end{array}\right]$　　(6) $\left[\begin{array}{ccccc|c} 2 & 1 & 3 & 2 & 0 & 1 \\ 0 & 0 & 1 & 1 & 2 & 1 \\ 0 & 0 & 0 & 0 & 3 & 0 \end{array}\right]$

3. $A = \begin{bmatrix} 1 & 0 \\ 2 & 4 \end{bmatrix}$에서 $E_2E_1A = I_2$를 만족하는 기본행렬 E_1과 E_2를 구하라.

4. $A = \begin{bmatrix} 1 & 2 & 2 & 4 \\ -2 & -3 & 1 & -5 \\ 0 & 1 & 3 & 6 \end{bmatrix}$이 행사다리꼴 행렬 B에 대해 $A = E_1E_2B$를 만족하는 기본행렬 E_1과 E_2를 구하라.

5. 다음 방정식을 가우스-조르당 소거법으로 풀어라.

(1) $\begin{aligned} 2x_1 - x_2 + x_3 &= 3 \\ x_1 - x_2 + x_3 &= 2 \\ -2x_1 + x_2 + 3x_3 &= 5 \end{aligned}$

(2) $\begin{aligned} 3x_1 + 2x_2 - x_3 &= -15 \\ 5x_1 + 3x_2 + 2x_3 &= 0 \\ 3x_1 + x_2 + 3x_3 &= 11 \end{aligned}$

(3) $\begin{aligned} x_1 + x_2 + x_3 + 4x_4 &= 4 \\ 2x_1 + 3x_2 + 4x_3 + 9x_4 &= 16 \\ -2x_1 + 3x_3 - 7x_4 &= 11 \end{aligned}$

(4) $\begin{aligned} x_1 + 2x_2 &= 0 \\ 2x_1 + 5x_2 &= -1 \\ x_1 - x_2 &= 3 \end{aligned}$

(5) $\begin{aligned} -x_2 + x_3 + x_4 &= 2 \\ x_1 + 2x_2 + 2x_3 - x_4 &= 3 \\ x_1 + 3x_2 + x_3 &= 2 \end{aligned}$

(6) $\begin{aligned} x_1 + 2x_2 - x_3 + 2x_4 &= 0 \\ 2x_1 + x_2 + x_3 - x_4 &= 0 \\ 3x_1 - x_2 - 2x_3 + 3x_4 &= 0 \end{aligned}$

6. 다음을 만족하는 3차 다항식 $p(x)$를 구하라.

$$p(1) = -1,\ p'(1) = 3,\ p(2) = 12,\ p'(2) = 4$$

1.4 역행렬과 연립일차방정식

A를 $n \times n$ 정사각행렬이라고 하자. 제차방정식 $A\boldsymbol{x} = 0$이 오직 자명한 해 $\boldsymbol{x} = 0$을 가질 때 A를 **정칙행렬** (regular matrix, 또는 nonsingular matrix)이라고 하고, 그렇지 않을 때에 A를 **특이행렬** (singular matrix)이라고 한다. 따라서 A가 특이행렬이면 제차방정식은 영이 아닌 해를 갖는다.

행렬로 나타낸 제차방정식 $A\boldsymbol{x} = 0$을 성분으로 풀어쓰면 계수행렬 A의 열의 일차결합

$$x_1A^{(1)} + x_2A^{(2)} + \cdots + x_nA^{(n)} = 0$$

으로 나타낼 수 있다. 이때 제차방정식이 오직 자명한 해를 가지면 A의 열벡터 $A^{(1)}$, $A^{(2)}$, $\cdots$, $A^{(n)}$은 **일차독립**(linearly independent)이라고 하고, 자명하지 않은 해를 가지면 **일차종속**(linearly dependent)이라고 한다. 따라서 A의 열벡터가 일차종속일 필요충분조건은 A의 한 열이 나머지 열의 결합으로 표현될 때임을 알 수 있다.

예제 1.20 다음 각 행렬이 정칙행렬인지 특이행렬인지 조사하라.

$$A=\begin{bmatrix}1 & 2\\ 3 & 4\end{bmatrix},\quad B=\begin{bmatrix}-1 & 2\\ 2 & -4\end{bmatrix}$$

풀이 $A\boldsymbol{x}=0$이면 대응하는 첨가행렬 $[A\ \vdots\ 0]$에 기본행연산을 적용하면 $\begin{bmatrix}1 & 2 & \vdots & 0\\ 0 & -2 & \vdots & 0\end{bmatrix}$이므로 오직 자명한 해 $x_1=x_2=0$를 갖는다.

따라서 A는 정칙행렬이다.

한편, B의 열벡터를 고려하면

$$B^{(1)}=\begin{bmatrix}-1\\ 2\end{bmatrix},\ B^{(2)}=\begin{bmatrix}2\\ -4\end{bmatrix}=-2\begin{bmatrix}-1\\ 2\end{bmatrix}=-2B^{(1)}$$

이 되므로 B의 두 열벡터는 일차종속이다. 따라서 B는 특이행렬이다. ■

정리 1.4

A를 $n\times n$ 정사각행렬이라 하자. 모든 n차원 열벡터 $\boldsymbol{b}$에 대해 연립일차방정식 $A\boldsymbol{x}=\boldsymbol{b}$가 유일한 해를 가질 필요충분조건은 A가 정칙일 때이다.

| 증명 | $A\boldsymbol{x}=\boldsymbol{b}$가 모든 n차원 열벡터 $\boldsymbol{b}$에 대해 유일한 해를 갖는다고 하자. $\boldsymbol{b}=0$으로 택하면 $A\boldsymbol{x}=0$은 유일한 해 $\boldsymbol{x}=0$을 갖는다. 따라서 A는 정칙이다.

역으로, A가 정칙이라 할 때 $A\boldsymbol{x}=\boldsymbol{b}$가 유일한 해를 가짐을 보인다. A가 정칙이므로 A의 열벡터 $A^{(1)}$, $A^{(2)}$, $\cdots$, $A^{(n)}$은 일차독립이다. 이제 0이 아닌 n차원 열벡터 $\boldsymbol{b}$에 대해서 열벡터 $A^{(1)}$, $A^{(2)}$, $\cdots$, $A^{(n)}$, $\boldsymbol{b}$는 n차원 공간에 놓이는 $(n+1)$개의 벡터이므로 일차종속이다(차원과 기저에 대한 자세한 논의는 3장에서 다루어진다). 따라서 모두는 0이 아닌 상수 a_1, a_2, $\cdots$, a_{n+1}이 존재해서

$$a_1A^{(1)}+a_2A^{(2)}+\cdots+a_nA^{(n)}+a_{n+1}\boldsymbol{b}=0$$

이 된다. 이때 만일 $a_{n+1}=0$이라면 $A^{(1)}, \cdots, A^{(n)}$이 일차독립이므로

$$a_1=a_2=\cdots=a_n=0$$

이 되어 가정에 모순이다. 따라서 $a_{n+1}\neq 0$이고 각 $i=1, \cdots, n$에 대해 $x_i=-\dfrac{a_i}{a_{n+1}}$로 택하면

$$\begin{aligned} A\boldsymbol{x} &= x_1A^{(1)}+x_2A^{(2)}+\cdots+x_nA^{(n)} \\ &= -\frac{a_1}{a_{n+1}}A^{(1)}-\frac{a_2}{a_{n+1}}A^{(2)}-\cdots-\frac{a_n}{a_{n+1}}A^{(n)} \\ &= \boldsymbol{b} \end{aligned}$$

이다. 그러므로 $\boldsymbol{x}=[x_1\,x_2\cdots\,x_n]^t$는 방정식의 해이다.

유일성을 보이기 위해 $\hat{\boldsymbol{x}}$를 또 다른 해라면

$$A(\hat{\boldsymbol{x}}-\boldsymbol{x})=A\hat{\boldsymbol{x}}-A\boldsymbol{x}=\boldsymbol{b}-\boldsymbol{b}=0$$

이고 $\hat{\boldsymbol{x}}-\boldsymbol{x}$는 제차방정식의 해를 이룬다. A가 정칙이므로 제차방정식은 오직 자명한 해를 갖는다. 따라서 $\boldsymbol{x}-\hat{\boldsymbol{x}}=0$이 되어 $\hat{\boldsymbol{x}}=\boldsymbol{x}$이다. ■

$n\times n$ 정사각행렬 A가 가역행렬이면 연립방정식 $A\boldsymbol{x}=\boldsymbol{b}$의 해는 다음 정리와 같이 유일하게 존재한다.

정리 1.5

A가 가역이면 연립일차방정식 $A\boldsymbol{x}=\boldsymbol{b}$는 유일한 해 $\boldsymbol{x}=A^{-1}\boldsymbol{b}$를 갖는다.

| 증명 | 먼저 $A^{-1}\boldsymbol{b}$가 연립일차방정식의 해임을 보이자.

$$A(A^{-1}\boldsymbol{b})=(AA^{-1})\boldsymbol{b}=I_n\boldsymbol{b}=\boldsymbol{b}$$

이므로 $A^{-1}\boldsymbol{b}$는 $A\boldsymbol{x}=\boldsymbol{b}$의 해이다.

이제 해의 유일성을 보이기 위해 $\hat{\boldsymbol{x}}$를 방정식의 다른 해라고 하면 $A\hat{\boldsymbol{x}}=\boldsymbol{b}$이므로 양변에 A^{-1}를 곱해서

$$\hat{\boldsymbol{x}}=(A^{-1}A)\hat{\boldsymbol{x}}=A^{-1}(A\hat{\boldsymbol{x}})=A^{-1}\boldsymbol{b}$$

를 얻는다. 따라서 $x = A^{-1}b$는 연립일차방정식 $Ax = b$의 유일한 해이다. ■

정리 1.5에서 $b = 0$으로 택하면 $Ax = 0$은 자명한 해 $x = A^{-1}0 = 0$을 유일한 해로 가지므로 A는 정칙임을 알 수 있다. 즉 가역행렬은 정칙행렬이다. 역으로, A가 정칙이면 가역임을 보이자.

정리 1.6

$n \times n$ 정사각행렬 A가 정칙이면 $AB = I_n$인 행렬 B가 존재한다.

| 증명 | A가 정칙이므로 주어진 n차원 열벡터 b에 대해 $Ax = b$는 유일한 해를 갖는다.

이제 $e_j = \begin{bmatrix} 0 \\ \vdots \\ 0 \\ 1 \\ 0 \\ \vdots \\ 0 \end{bmatrix} \leftarrow j$를 j번째 원소가 1이고 나머지는 모두 0인 n차원 열벡터

라고 하자. 그러면 n차원 단위행렬은 $I_n = [e_1\ e_2\ \cdots\ e_n]$으로 쓸 수 있다.

A가 정칙이므로 각 j에 대해 $Ax = e_j$는 유일한 해 b_j를 갖는다. 즉

$$Ab_j = e_j, \quad (j = 1, \cdots, n)$$

인 b_j가 유일하게 존재한다.

이제 $n \times n$ 정사각행렬 B를 $B = [b_1\ b_2\ \cdots\ b_n]$으로 택하면 각 $j = 1, \cdots, n$에 대해 $B^{(j)} = b_j$이므로

$$(AB)^{(j)} = AB^{(j)} = Ab_j = e_j$$

가 되어

$$\begin{aligned} AB &= [(AB)^{(1)}\ (AB)^{(2)} \cdots (AB)^{(n)}] \\ &= [AB^{(1)}\ AB^{(2)} \cdots AB^{(n)}] \\ &= [Ab_1\ Ab_2 \cdots Ab_n] \\ &= [e_1\ e_2\ \cdots\ e_n] \\ &= I_n \end{aligned}$$

을 얻는다. ■

역행렬의 정의에 의하면 $AB = I_n = BA$일 때 B는 A의 역행렬임을 말한다. 다음 정리는 $AB = I_n$이든지, 아니면 $BA = I_n$이든지 어느 한 쪽만 성립하면 B가 A의 역행렬임을 말해 준다.

정리 1.7

A와 B가 $AB = I_n$인 $n \times n$ 정사각행렬이면 $BA = I_n$이고 $B = A^{-1}$이다.

| 증명 | 먼저 $AB = I_n$이면 B는 정칙임을 보이자. $\hat{x}$를 $Bx = 0$의 해라면

$$\hat{x} = I_n \hat{x} = (AB)\hat{x} = A(B\hat{x}) = A0 = 0$$

가 되어 $Bx = 0$의 유일한 해는 $x = 0$이므로 B는 정칙이다. 따라서 정리 1.6에 의해 $BC = I_n$인 $n \times n$ 행렬 C가 존재한다. 그러므로

$$A = AI_n = A(BC) = (AB)C = I_n C = C$$

이고,

$$AB = I_n = BC = BA$$

이다. 따라서 A는 가역이고 $B = A^{-1}$이다. ■

이상에서 논의한 정칙행렬의 성질을 종합하면 다음과 같다.

정리 1.8

정사각행렬 A에 대해 다음은 서로 동치이다.

(1) A는 정칙이다.

(2) A의 열벡터는 일차독립이다.

(3) $Ax = b$는 유일한 해를 갖는다.

(4) A는 가역이다.

위 정리에 의해 A가 정칙일 때 연립일차방정식 $Ax = b$의 유일한 해가 존재하고 그 해는 $x = A^{-1}b$로 주어지므로 방정식의 해가 존재할 때 A의 역행렬을 알면 쉽게 그 해를 구할 수 있다. A의 역행렬은 아래와 같이 기본행연산을 반복적으로 적용하여 구하거나 제2장에서처럼

행렬식을 이용하는 방법을 쓸 수 있는데, 행렬식을 이용하는 경우에 행렬의 크기가 클 때는 계산량이 많아지므로 수월성이나 효율성 등을 고려하여 적절한 방법을 택하면 될 것이다.

A가 가역일 때 A의 역행렬 A^{-1}를 기본행연산을 반복 적용하여 구하는 방법을 알아보자. 정리 1.6과 정리 1.7에 의하면 $AB = I_n$을 만족하는 B가 A의 역행렬이므로 $B = A^{-1}$는 각 $j = 1, \cdots, n$에 대해

$$AB^{(j)} = (AB)^{(j)} = \boldsymbol{e}_j$$

인 열벡터 $B^{(j)}$를 구함으로써 얻어진다.

이제 각 j에 대해 A의 역행렬 B의 j 번째 열벡터를 구하기 위해 매번 기본행연산을 써서 A를 변환하는 번거로움과 복잡함을 덜기 위해 크기가 $n \times 2n$인 첨가행렬

$$[A \ \vdots \ I_n] = [A \ \vdots \ \boldsymbol{e}_1 \, \boldsymbol{e}_2 \cdots \boldsymbol{e}_n]$$

을 일괄적으로 구성하여 기약 행사다리꼴 변환을 한 번만 적용함으로써 계산과정을 단축시킬 수 있다. 즉 기본행연산을 적용하여 $[A \ \vdots \ I_n]$을 $[I_n \ \vdots \ B]$ 형태로 변환하면

$$[A \ \vdots \ I_n] \sim_r [I_n \ \vdots \ B]$$

이므로

$$A\boldsymbol{x}_j = \boldsymbol{e}_j \ \Leftrightarrow \ \boldsymbol{x}_j = B^{(j)}, \quad (j = 1, \cdots, n)$$

이다. 따라서 $B = [B^{(1)} \, B^{(2)} \cdots B^{(n)}]$은 A의 역행렬이다. 이에 따라 A가 가역행렬일 때 A의 역행렬을 구하는 과정은 다음 두 단계로 요약된다.

(1) 일단계 : 첨가행렬 $[A \ \vdots \ I_n]$을 구성한다.
(2) 이단계 : 기본행연산을 적용하여 $[A \ \vdots \ I_n]$을 기약 행사다리꼴 $[I_n \ \vdots \ B]$로 변환시켜 $B = A^{-1}$를 구한다.

예제 1.21 다음 정칙행렬의 역행렬을 구하라.

$$A = \begin{bmatrix} 2 & -1 & 1 \\ 1 & 1 & 1 \\ 3 & 0 & 3 \end{bmatrix}$$

풀이 (일단계) 3×6 첨가행렬 $[A \ \vdots \ I_3]$ 구성

$$R = [A \vdots I_3] = \begin{bmatrix} 2 & -1 & 1 & \vdots & 1 & 0 & 0 \\ 1 & 1 & 1 & \vdots & 0 & 1 & 0 \\ 3 & 0 & 3 & \vdots & 0 & 0 & 1 \end{bmatrix}$$

(이단계) 기본행연산을 적용하여 첨가행렬의 기약 행사다리꼴 변환

$$R_{(1)} \leftrightarrow R_{(2)} :: \begin{bmatrix} 1 & 1 & 1 & \vdots & 0 & 1 & 0 \\ 2 & -1 & 1 & \vdots & 1 & 0 & 0 \\ 3 & 0 & 3 & \vdots & 0 & 0 & 1 \end{bmatrix},$$

$$R_{(2)} - 2R_{(1)},\ R_{(3)} - 3R_{(1)} :: \begin{bmatrix} 1 & 1 & 1 & \vdots & 0 & 1 & 0 \\ 0 & -3 & -1 & \vdots & 1 & -2 & 0 \\ 0 & -3 & 0 & \vdots & 0 & -3 & 1 \end{bmatrix},$$

$$R_{(3)} - R_{(2)} :: \begin{bmatrix} 1 & 1 & 1 & \vdots & 0 & 1 & 0 \\ 0 & -3 & -1 & \vdots & 1 & -2 & 0 \\ 0 & 0 & 1 & \vdots & -1 & -1 & 1 \end{bmatrix},$$

$$R_{(1)} - R_{(3)},\ R_{(2)} + R_{(3)} :: \begin{bmatrix} 1 & 1 & 0 & \vdots & 1 & 2 & -1 \\ 0 & -3 & 0 & \vdots & 0 & -3 & 1 \\ 0 & 0 & 1 & \vdots & -1 & -1 & 1 \end{bmatrix},$$

$$R_{(1)} + \frac{1}{3}R_{(2)} :: \begin{bmatrix} 1 & 0 & 0 & \vdots & 1 & 1 & -\frac{2}{3} \\ 0 & -3 & 0 & \vdots & 0 & -3 & 1 \\ 0 & 0 & 1 & \vdots & -1 & -1 & 1 \end{bmatrix},$$

$$-\frac{1}{3}R_{(2)} :: \begin{bmatrix} 1 & 0 & 0 & \vdots & 1 & 1 & -\frac{2}{3} \\ 0 & 1 & 0 & \vdots & 0 & 1 & -\frac{1}{3} \\ 0 & 0 & 1 & \vdots & -1 & -1 & 1 \end{bmatrix} = [I_3 \vdots B].$$

이 결과로부터

$$B = A^{-1} = \begin{bmatrix} 1 & 1 & -\frac{2}{3} \\ 0 & 1 & -\frac{1}{3} \\ -1 & -1 & 1 \end{bmatrix}$$

을 얻는다.

최종 확인을 위해

$$AB = \begin{bmatrix} 2 & -1 & 1 \\ 1 & 1 & 1 \\ 3 & 0 & 3 \end{bmatrix} \begin{bmatrix} 1 & 1 & -\frac{2}{3} \\ 0 & 1 & -\frac{1}{3} \\ -1 & -1 & 1 \end{bmatrix} = \begin{bmatrix} 1 & 0 & 0 \\ 0 & 1 & 0 \\ 0 & 0 & 1 \end{bmatrix} = I_3$$

임을 검증한다. ■

한편, 이 방법에 따르면 A가 가역일 때 A의 역행렬을 기본행렬의 곱으로 표현할 수 있음을 아울러 제시한다. 주어진 정사각행렬 A에 기본행렬 E_1, E_2, $\cdots$, E_k를 차례로 곱해 단위행렬을 이룬다면

$$E_k \cdots E_2 E_1 A = I_n$$

이므로

$$A^{-1} = E_k \cdots E_2 E_1$$

가 되어 역행렬 A^{-1}를 기본행렬의 곱으로 표현할 수 있다. 이것은

$$[A \vdots I_n] \sim_r [I_n \vdots B]$$

에서 관여하는 기본행렬 E_1, E_2, $\cdots$, E_k에 대해

$$\begin{aligned} E_k \cdots E_2 E_1 [A \vdots I_n] &= [E_k \cdots E_2 E_1 A \vdots E_k \cdots E_2 E_1 I_n] \\ &= [I_n \vdots E_k \cdots E_2 E_1] \\ &= [I_n \vdots B] \end{aligned}$$

가 되어

$$B = A^{-1} = E_k \cdots E_2 E_1$$

임과 일맥상통한다. 또한 A가 가역이면

$$A = (A^{-1})^{-1} = (E_k \cdots E_2 E_1)^{-1} = E_1^{-1} E_2^{-2} \cdots E_k^{-1}$$

이고 정리 1.3에 의해 기본행렬의 역은 다시 기본행렬이므로 가역행렬은 기본행렬의 곱으로 표현할 수 있다.

예제 1.22 예제 1.21에 주어진 행렬 A에 대해서 A와 A^{-1}를 기본행렬의 곱으로 나타내라.

풀이 예제 1.21에서 제시된 기본행연산의 순서대로 기본행렬을 구성하면 다음과 같다.

$$E_1 = E_{(1),\,(2)} = \begin{bmatrix} 0 & 1 & 0 \\ 1 & 0 & 0 \\ 0 & 0 & 1 \end{bmatrix}, \qquad E_2 = E_{(2)-2(1)} = \begin{bmatrix} 1 & 0 & 0 \\ -2 & 1 & 0 \\ 0 & 0 & 1 \end{bmatrix},$$

$$E_3 = E_{(3)-3(1)} = \begin{bmatrix} 1 & 0 & 0 \\ 0 & 1 & 0 \\ -3 & 0 & 1 \end{bmatrix}, \quad E_4 = E_{(3)-(2)} = \begin{bmatrix} 1 & 0 & 0 \\ 0 & 1 & 0 \\ 0 & -1 & 1 \end{bmatrix},$$

$$E_5 = E_{(1)-(3)} = \begin{bmatrix} 1 & 0 & -1 \\ 0 & 1 & 0 \\ 0 & 0 & 1 \end{bmatrix}, \qquad E_6 = E_{(2)+(3)} = \begin{bmatrix} 1 & 0 & 0 \\ 0 & 1 & 1 \\ 0 & 0 & 1 \end{bmatrix},$$

$$E_7 = E_{(1)+\frac{1}{3}(2)} = \begin{bmatrix} 1 & \frac{1}{3} & 0 \\ 0 & 1 & 0 \\ 0 & 0 & 1 \end{bmatrix}, \quad E_8 = E_{-\frac{1}{3}(2)} = \begin{bmatrix} 1 & 0 & 0 \\ 0 & -\frac{1}{3} & 0 \\ 0 & 0 & 1 \end{bmatrix}.$$

이때 $E_8 \cdots E_2 E_1 A = I_3$이므로

$$A^{-1} = E_8 \cdots E_2 E_1,$$

$$A = E_1^{-1} E_2^{-1} \cdots E_8^{-1}$$

이다. ■

1.4 • 연습문제

1. 정사각행렬 A와 B에 대해서 다음을 답하라.

(1) A와 B가 정칙일 필요충분조건은 곱 AB가 정칙임을 보여라.

(2) A 또는 B가 특이행렬이면 AB도 특이행렬임을 보여라.

2. 3×3 행렬 A에 대해서 $4A^{(1)} - A^{(2)} + 2A^{(3)} = 0$이 성립한다. A의 역행렬이 존재하는지 조사하고, 방정식 $A\boldsymbol{x} = 0$의 해집합을 구하라.

3. 다음에 주어진 각 행렬이 정칙인지 조사하고 정칙이면 역행렬을 구하라.

$$A=\begin{bmatrix}-1 & -2 & 0\\ 1 & 3 & -10\\ 0 & -1 & 5\end{bmatrix},\quad B=\begin{bmatrix}2 & 2 & 4\\ 1 & 1 & 7\\ 3 & 3 & 9\end{bmatrix}$$

$$C=\begin{bmatrix}1 & -2 & 1 & 2\\ 2 & 3 & -1 & -5\\ 5 & -3 & 2 & 1\\ 4 & -1 & 1 & -1\end{bmatrix},\quad D=\begin{bmatrix}1 & -3 & 2\\ 0 & 4 & 5\\ 0 & 0 & 6\end{bmatrix}$$

4. 다음 각 주어진 행렬 A와 B에 대해 $EA=B$인 기본행렬 E를 구하라.

(1) $A=\begin{bmatrix}2 & -1\\ 5 & 3\end{bmatrix},\ B=\begin{bmatrix}-4 & 2\\ 5 & 3\end{bmatrix}$

(2) $A=\begin{bmatrix}4 & -2 & 3\\ 1 & 0 & 2\\ -2 & 3 & 1\end{bmatrix},\ B=\begin{bmatrix}4 & -2 & 3\\ 1 & 0 & 2\\ 0 & 3 & 5\end{bmatrix}$

5. 기본행연산을 써서 다음 각 행렬의 역행렬을 구하라.

(1) $\begin{bmatrix}2 & 1 & 1\\ 1 & -1 & 2\\ 2 & 3 & 4\end{bmatrix}$

(2) $\begin{bmatrix}0 & 1 & 0\\ 0 & 0 & 1\\ 1 & 0 & 0\end{bmatrix}$

(3) $\begin{bmatrix}1 & 2 & 3 & 4\\ 0 & 1 & 2 & 3\\ 0 & 0 & 1 & 2\\ 0 & 0 & 0 & 1\end{bmatrix}$

(4) $\begin{bmatrix}4 & 1 & 0 & 0\\ -1 & 4 & 1 & 0\\ 0 & -1 & 4 & 1\\ 0 & 0 & -1 & 4\end{bmatrix}$

(5) $\begin{bmatrix}k & 1 & 0 & 0\\ 0 & k & 1 & 0\\ 0 & 0 & k & 1\\ 0 & 0 & 0 & k\end{bmatrix},\ k\neq 0$

(6) $\begin{bmatrix}0 & -1 & 2 & 1\\ -4 & 3 & -3 & 5\\ 1 & 0 & 0 & -1\\ -1 & 1 & 0 & 1\end{bmatrix}$

6. $\triangle = ad-bc$라 하자. 다음이 성립함을 보여라.

$$\begin{bmatrix}a & b\\ c & d\end{bmatrix}\begin{bmatrix}d & -b\\ -c & a\end{bmatrix}=\triangle I_2$$

따라서 $\triangle \neq 0$이면 2×2 행렬 $A=\begin{bmatrix}a & b\\ c & d\end{bmatrix}$는 가역이고 그 역행렬은

$$A^{-1}=\frac{1}{\triangle}\begin{bmatrix}d & -b\\ -c & a\end{bmatrix}$$

로 주어진다.

7. A와 B를 2×2 행렬 $A=\begin{bmatrix}1 & 2\\ 3 & 4\end{bmatrix}$, $B=\begin{bmatrix}-1 & 1\\ 2 & -3\end{bmatrix}$라 하자. 문제 6에서 제시된 공식을 써서 다음을 구하라.

(1) A^{-1}, B^{-1}, $(AB)^{-1}$

(2) $(AB)^{-1}\neq A^{-1}B^{-1}$임을 보여라.

8. 정칙행렬 A에 대해 $(7A)^{-1}=\begin{bmatrix}-1 & 2\\ 4 & -7\end{bmatrix}$일 때 A를 구하라.

9. 행렬 $A=\begin{bmatrix}1 & 0 & 0\\ -k & 1 & 0\\ -\ell & -m & 1\end{bmatrix}$의 역행렬을 구하라.

10. A가 가역일 때 연립방정식 $A\boldsymbol{x}=\boldsymbol{b}$의 해가 $\boldsymbol{x}=A^{-1}\boldsymbol{b}$로 주어진다는 사실을 써서 다음 연립방정식을 풀어라.

(1) $\begin{cases} x_1-2x_2=5\\ 4x_1-x_2=10\end{cases}$ (2) $\begin{cases} 3x_1-x_2=2\\ x_1-3x_2=7\end{cases}$

11. A를 방정식 $A^3-2A^2+3A-I_n=O$를 만족하는 $n\times n$ 정사각행렬이라 하자. A가 가역임을 보이고 A^{-1}를 구하라.

12. $\boldsymbol{u}=\begin{bmatrix}2\\ 3\\ 1\end{bmatrix}$, $\boldsymbol{v}=\begin{bmatrix}1\\ 1\\ -2\end{bmatrix}$에 대해 3×3 행렬

$$A=I_3+\boldsymbol{u}\boldsymbol{v}^t$$

는 가역임을 보이고 역행렬 A^{-1}을 구하라.

13. 다음 각 연립일차방정식을 $A\boldsymbol{x}=\boldsymbol{b}$ 형태로 나타내고 A의 역행렬과 연립방정식의 해를 구하라.

(1) $\begin{cases} x_1+2x_2=-1\\ 3x_1+2x_2+4x_3=3\\ 2x_1+x_2+5x_3=2\end{cases}$

(2) $\begin{cases} -x_1+2x_2-3x_3=1 \\ 2x_1 \qquad\quad + x_3 = 0 \\ 3x_1-4x_2+4x_3=2 \end{cases}$

14. $A=\begin{bmatrix} 1 & 0 & -3 \\ -4 & 2 & 1 \\ 2 & 1 & 3 \end{bmatrix}$, $\boldsymbol{b}_1=\begin{bmatrix} 1 \\ 0 \\ 1 \end{bmatrix}$, $\boldsymbol{b}_2=\begin{bmatrix} -1 \\ 1 \\ 3 \end{bmatrix}$에 대해서 각각 방정식 $A\boldsymbol{x}_1=\boldsymbol{b}_1$과 $A\boldsymbol{x}_2=\boldsymbol{b}_2$의 해를 구하라.

1.5 블록행렬

주어진 행렬에서 특정한 부분의 행렬의 원소가 0이 많이 포함되어 있는 경우와 같이 경우에 따라 행렬을 부분행렬로 블록을 지어서 곱을 계산하는 것이 수월하고 편리한 경우가 많이 있다. 이와 같이 주어진 행렬을 수평과 수직으로 분할해서 부분행렬로 구성한 것을 **블록행렬**(block matrix)이라고 한다.

예를 들면 주어진 3×4 행렬 A에 대해서

$$A=\begin{bmatrix} 1 & -2 & 4 & 3 \\ 2 & 1 & 1 & 6 \\ 0 & 2 & -3 & 1 \end{bmatrix}=\left[\begin{array}{ccc:c} 1 & -2 & 4 & 3 \\ 2 & 1 & 1 & 6 \\ \hdashline 0 & 2 & -3 & 1 \end{array}\right]=\begin{bmatrix} A_{11} & A_{12} \\ A_{21} & A_{22} \end{bmatrix};$$

$$A_{11}=\begin{bmatrix} 1 & -2 & 4 \\ 2 & 1 & 1 \end{bmatrix},\ A_{12}=\begin{bmatrix} 3 \\ 6 \end{bmatrix},\ A_{21}=[0\ \ 2\ -3],\ A_{22}=[1]$$

은 주어진 행렬을 부분행렬로 분할해서 구성한 블록행렬의 예이다. 이제 A에 다음과 같은 4×3 행렬 B를 블록행렬로 구성해서 곱하는 문제를 생각해 보자.

$$B=\begin{bmatrix} -1 & 0 & 3 \\ 1 & 1 & 2 \\ 4 & 2 & 0 \\ 1 & -1 & 3 \end{bmatrix}=\left[\begin{array}{cc:c} -1 & 0 & 3 \\ 1 & 1 & 2 \\ 4 & 2 & 0 \\ \hdashline 1 & -1 & 3 \end{array}\right]=\begin{bmatrix} B_{11} & B_{12} \\ B_{21} & B_{22} \end{bmatrix};$$

$$B_{11}=\begin{bmatrix}-1 & 0\\ 1 & 1\\ 4 & 2\end{bmatrix},\ B_{12}=\begin{bmatrix}3\\2\\0\end{bmatrix},\ B_{21}=[1\ -1],\ B_{22}=[3]$$

이때 두 블록행렬을 대상으로 구성된 부분행렬을 행렬의 원소로 간주해서 아래와 같이 직접 행렬의 곱을 계산하고 이를 AB와 비교해 보면

$$\begin{bmatrix}A_{11} & A_{12}\\ A_{21} & A_{22}\end{bmatrix}\begin{bmatrix}B_{11} & B_{12}\\ B_{21} & B_{22}\end{bmatrix}=\begin{bmatrix}A_{11}B_{11}+A_{12}B_{21} & A_{11}B_{12}+A_{12}B_{22}\\ A_{21}B_{11}+A_{22}B_{21} & A_{21}B_{12}+A_{22}B_{22}\end{bmatrix}$$

$$=\begin{bmatrix}16 & 3 & \vdots & 8\\ 9 & -3 & \vdots & 26\\ \cdots & \cdots & \cdot & \cdots\\ -9 & -5 & \vdots & 7\end{bmatrix}=AB$$

가 되어 그 결과가 서로 일치함을 확인할 수 있다. 블록행렬의 원소들을 행렬처럼 간주하여 곱을 계산하기 위해서는 블록행렬의 크기가 잘 부합되어야 한다.

이러한 기술에 대한 일반적인 결과를 수립하기 위해 행렬 A, B, C를 아래와 같이 부분행렬로 분할된 블록행렬이라 하자.

$$A=\begin{bmatrix}A_{11} & A_{12} & \cdots & A_{1\ell}\\ A_{21} & A_{22} & \cdots & A_{2\ell}\\ \vdots & \vdots & \ddots & \vdots\\ A_{m1} & A_{m2} & \cdots & A_{m\ell}\end{bmatrix},\quad B=\begin{bmatrix}B_{11} & B_{12} & \cdots & B_{1n}\\ B_{21} & B_{22} & \cdots & B_{2n}\\ \vdots & \vdots & \ddots & \vdots\\ B_{\ell1} & B_{\ell2} & \cdots & B_{\ell n}\end{bmatrix},\quad C=\begin{bmatrix}C_{11} & C_{12} & \cdots & C_{1n}\\ C_{21} & C_{22} & \cdots & C_{2n}\\ \vdots & \vdots & \ddots & \vdots\\ C_{m1} & C_{m2} & \cdots & C_{mn}\end{bmatrix}$$

다음 정리는 이와 같은 블록행렬로 구성한 부분행렬들의 곱이 부합하면 행렬의 곱을 블록행렬의 곱으로 대신할 수 있음을 말해준다.

정리 1.9

각각의 곱 $A_{ik}B_{kj}$가 잘 정의되고 $C_{ij}=\sum_{k=1}^{\ell}A_{ik}B_{kj}$이면 $C=AB$가 성립한다.

| 증명 | 부분행렬 A_{ij}의 크기를 $m_i\times n_j$라 하고 B_{ij}의 크기를 $\widehat{m}_i\times\widehat{n}_j$라 하자. 부분행렬의 곱 $A_{ik}B_{kj}$가 존재하므로 모든 k에 대해 $n_k=\widehat{m}_k$가 성립한다. 따라서 C_{ij}의 크기는 $m_i\times\widehat{n}_j$이다. 이제 행렬 C의 $(i,\ j)$-원소를 c_{ij}라 할 때 c_{ij}가 C의 부분행렬 C_{rs}의 $(p,\ q)$-원소라 하면

$$i=m_1+m_2+\cdots+m_{r-1}+p,$$
$$j=\widehat{n}_1+\widehat{n}_2+\cdots+\widehat{n}_{s-1}+q$$

이다. 따라서

$$
\begin{aligned}
c_{ij} = (C_{rs})_{(pq)} &= \left(\sum_{t=1}^{\ell} A_{rt}B_{ts}\right)_{(pq)} \\
&= \sum_{t=1}^{\ell}\sum_{\alpha=1}^{n_t} (A_{rt})_{(p\alpha)}(B_{ts})_{(\alpha q)}.
\end{aligned}
$$

여기서 각 원소 $(A_{rt})_{(p\alpha)}$는 A의 i행에 놓이면 $1 \le t \le \ell$이고 $1 \le \alpha \le n_t$이므로 이러한 원소들은 A의 i번째 행의 모든 원소를 순서대로 포함한다. 마찬가지로 각 원소 $(B_{ts})_{(\alpha q)}$는 자연스러운 순서로 B의 j번째 열의 모든 원소를 망라한다. 따라서 모든 i, j에 대해

$$
(C)_{(ij)} = c_{ij} = \sum_{k=1}^{\ell} (A)_{(ik)}(B)_{(kj)} = (AB)_{(ij)}
$$

이 성립하므로 $C = AB$이다. ■

행렬의 곱의 계산에서 0이 많이 포함되어 있을 경우에는 적절하게 블록행렬을 구성하여 계산하면 잉여계산을 줄여 계산을 효율적으로 수행할 수 있다.

예제 1.23 다음에 주어진 행렬 A와 B에 대해서 행렬의 곱 AB를 블록행렬을 이용하여 계산하라.

$$
A = \begin{bmatrix} 1 & 2 & 1 \\ 3 & 4 & 0 \\ 0 & 0 & 2 \end{bmatrix}, \quad B = \begin{bmatrix} 1 & 2 & 3 & 1 \\ 4 & 5 & 6 & 1 \\ 0 & 0 & 0 & 1 \end{bmatrix}
$$

풀이 먼저 0이 포함된 부분을 고려하여 부분행렬의 곱이 가능하도록 다음과 같이 A와 B의 블록행렬을 구성한다.

$$
A = \left[\begin{array}{cc:c} 1 & 2 & 1 \\ 3 & 4 & 0 \\ \hdashline 0 & 0 & 2 \end{array}\right] = \begin{bmatrix} A_{11} & A_{12} \\ A_{21} & A_{22} \end{bmatrix}, \quad B = \left[\begin{array}{ccc:c} 1 & 2 & 3 & 1 \\ 4 & 5 & 6 & 1 \\ \hdashline 0 & 0 & 0 & 1 \end{array}\right] = \begin{bmatrix} B_{11} & B_{12} \\ O & B_{22} \end{bmatrix}
$$

따라서 블록행렬의 곱으로 AB를 나타내면

$$
AB = \begin{bmatrix} A_{11}B_{11} & A_{11}B_{12} + A_{12}B_{22} \\ O & A_{22}B_{22} \end{bmatrix}
$$

이다. 이제 개별 계산을 하면

$$A_{11}B_{11} = \begin{bmatrix} 1 & 2 \\ 3 & 4 \end{bmatrix}\begin{bmatrix} 1 & 2 & 3 \\ 4 & 5 & 6 \end{bmatrix} = \begin{bmatrix} 9 & 12 & 15 \\ 19 & 26 & 33 \end{bmatrix},$$

$$A_{11}B_{12} + A_{12}B_{22} = \begin{bmatrix} 1 & 2 \\ 3 & 4 \end{bmatrix}\begin{bmatrix} 1 \\ 1 \end{bmatrix} + \begin{bmatrix} 1 \\ 0 \end{bmatrix}[1] = \begin{bmatrix} 4 \\ 7 \end{bmatrix},$$

$$A_{22}B_{22} = [2][1] = 2$$

이므로 A와 B의 곱은

$$AB = \begin{bmatrix} 9 & 12 & 15 & \vdots & 4 \\ 19 & 26 & 33 & \vdots & 7 \\ \cdots & \cdots & \cdots & \cdot & \cdots \\ 0 & 0 & 0 & \vdots & 2 \end{bmatrix}$$

이다. 이는 AB를 직접 계산하는 것보다 계산횟수를 줄여준다. ■

정리 1.10

$n \times n$ 정사각행렬 A의 블록행렬이 $k < n$에 대해

$$A = \begin{bmatrix} A_{11} & O \\ O & A_{22} \end{bmatrix}, \quad (A_{11} \in M_k)$$

인 대각행렬로 나타날 때 A가 가역일 필요충분조건은 A_{11}, A_{22}가 가역일 때이다.

| 증명 | 먼저 A_{11}과 A_{22}가 가역이라 하면

$$\begin{bmatrix} A_{11}^{-1} & O \\ O & A_{22}^{-1} \end{bmatrix}\begin{bmatrix} A_{11} & O \\ O & A_{22} \end{bmatrix} = \begin{bmatrix} I_k & O \\ O & I_{n-k} \end{bmatrix} = I_n,$$

또한

$$\begin{bmatrix} A_{11} & O \\ O & A_{22} \end{bmatrix}\begin{bmatrix} A_{11}^{-1} & O \\ O & A_{22}^{-1} \end{bmatrix} = \begin{bmatrix} I_k & O \\ O & I_{n-k} \end{bmatrix} = I_n.$$

따라서 A는 가역이고 그 역은 $A^{-1} = \begin{bmatrix} A_{11}^{-1} & O \\ O & A_{22}^{-1} \end{bmatrix}$이다.

다음 A를 가역이라 하고 $B = A^{-1}$를 A와 같이 분할하여 블록행렬로 나타낸다.

$BA = I_n = AB$이므로

$$BA = \begin{bmatrix} B_{11} & B_{12} \\ B_{21} & B_{22} \end{bmatrix} \begin{bmatrix} A_{11} & O \\ O & A_{22} \end{bmatrix} = \begin{bmatrix} I_k & O \\ O & I_{n-k} \end{bmatrix} = \begin{bmatrix} A_{11} & O \\ O & A_{22} \end{bmatrix} \begin{bmatrix} B_{11} & B_{12} \\ B_{21} & B_{22} \end{bmatrix} = AB$$

로부터

$$\begin{bmatrix} B_{11}A_{11} & B_{12}A_{22} \\ B_{21}A_{11} & B_{22}A_{22} \end{bmatrix} = \begin{bmatrix} I_k & O \\ O & I_{n-k} \end{bmatrix} = \begin{bmatrix} A_{11}B_{11} & A_{11}B_{12} \\ A_{22}B_{21} & A_{22}B_{22} \end{bmatrix}$$

이다. 따라서

$$B_{11}A_{11} = I_k = A_{11}B_{11},\ B_{22}A_{22} = I_{n-k} = A_{22}B_{22}$$

이므로 A_{11}, A_{22}는 각각 B_{11}, B_{22}를 역행렬로 하는 가역행렬이다. ■

예제 1.24 다음 행렬이 가역인지 조사하고 가역이면 그 역행렬을 구하라.

$$A = \begin{bmatrix} 1 & 1 & 0 & 0 \\ 2 & 4 & 0 & 0 \\ 0 & 0 & 1 & 0 \\ 0 & 0 & -3 & 2 \end{bmatrix}$$

풀이 주어진 행렬은 다음과 같은 블록대각행렬로 나타낼 수 있다.

$$A = \left[\begin{array}{cc:cc} 1 & 1 & 0 & 0 \\ 2 & 4 & 0 & 0 \\ \hdashline 0 & 0 & 1 & 0 \\ 0 & 0 & -3 & 2 \end{array}\right] = \begin{bmatrix} A_{11} & O \\ O & A_{22} \end{bmatrix}$$

이때 $A_{11} = \begin{bmatrix} 1 & 1 \\ 2 & 4 \end{bmatrix}$와 $A_{22} = \begin{bmatrix} 1 & 0 \\ -3 & 2 \end{bmatrix}$가 가역임은 쉽게 검증할 수 있고, 그 역은 $A_{11}^{-1} = \begin{bmatrix} 2 & -\frac{1}{2} \\ -1 & \frac{1}{2} \end{bmatrix}$, $A_{22}^{-1} = \begin{bmatrix} 1 & 0 \\ \frac{3}{2} & \frac{1}{2} \end{bmatrix}$이다. 따라서

$$A^{-1} = \begin{bmatrix} A_{11}^{-1} & O \\ O & A_{22}^{-1} \end{bmatrix} = \begin{bmatrix} 2 & -\frac{1}{2} & 0 & 0 \\ -1 & \frac{1}{2} & 0 & 0 \\ 0 & 0 & 1 & 0 \\ 0 & 0 & \frac{3}{2} & \frac{1}{2} \end{bmatrix}$$

이다. ■

1.5 • 연습문제

1. 행렬의 곱 $\begin{bmatrix}1 & -2\\ 0 & 4\end{bmatrix}\begin{bmatrix}0 & 3 & 1\\ 2 & -1 & 1\end{bmatrix}$을 각각 다음과 같이 블록행렬의 곱으로 계산하고 그 결과를 비교하라.

(1) $\left[\begin{array}{cc}1 & -2\\ \hdashline 0 & 4\end{array}\right]\left[\begin{array}{c:c:c}0 & 3 & 1\\ 2 & -1 & 1\end{array}\right]$ (2) $\left[\begin{array}{cc}1 & -2\\ 0 & 4\end{array}\right]\left[\begin{array}{cc:c}0 & 3 & 1\\ 2 & -1 & 1\end{array}\right]$

2. 다음과 같이 분할된 블록행렬의 곱을 구하라.

(1) $\left[\begin{array}{ccc:c}2 & 1 & 1 & -1\\ 1 & 3 & 2 & 0\end{array}\right]\left[\begin{array}{cc}3 & -1\\ 2 & 4\\ 4 & 5\\ \hdashline 1 & 1\end{array}\right]$ (2) $\left[\begin{array}{cc}3 & -1\\ 2 & 4\\ 4 & 5\\ \hdashline 1 & 1\end{array}\right]\left[\begin{array}{ccc:c}2 & 1 & 1 & -1\\ 1 & 3 & 2 & 0\end{array}\right]$

(3) $\left[\begin{array}{cc:cc}3 & -1 & 0 & 0\\ -1 & 3 & 0 & 0\\ \hdashline 0 & 0 & 1 & 1\end{array}\right]\left[\begin{array}{cc:c}3 & -1 & 0\\ -1 & 3 & 0\\ \hdashline 0 & 0 & 1\\ 0 & 0 & 1\end{array}\right]$ (4) $\left[\begin{array}{cc:c}3 & -1 & 0\\ -1 & 3 & 0\\ \hdashline 0 & 0 & 1\\ 0 & 0 & 1\end{array}\right]\left[\begin{array}{cc:cc}3 & -1 & 0 & 0\\ -1 & 3 & 0 & 0\\ \hdashline 0 & 0 & 1 & 1\end{array}\right]$

3. 행렬의 분할을 이용하여 다음 행렬의 곱을 구하라.

$$\begin{bmatrix}1 & 2 & 0 & 0 & 0\\ -2 & 1 & 0 & 0 & 0\\ 0 & 0 & 1 & 0 & 0\\ 0 & 0 & 0 & 1 & 0\\ 0 & 0 & 0 & 0 & 1\end{bmatrix}\begin{bmatrix}0 & 0 & 0 & 2 & 1\\ 0 & 0 & 0 & 1 & -2\\ 0 & 0 & 1 & 0 & 0\\ 0 & 1 & 0 & 0 & 0\\ 1 & 0 & 0 & 0 & 0\end{bmatrix}$$

4. 다음과 같이 분할된 블록행렬 A에 대해서 A^2을 구하라.

(1) $A=\left[\begin{array}{c:cc:cc}1 & 0 & 0 & 0 & 0\\ \hdashline 0 & 0 & 1 & 1 & 0\\ 0 & 1 & 0 & 0 & 1\\ \hdashline 0 & 1 & 0 & 0 & 1\\ 0 & 0 & 1 & 1 & 0\end{array}\right]$ (2) $\left[\begin{array}{ccc:cc:c}1 & 0 & 0 & 0 & 0 & 1\\ 0 & 1 & 0 & 0 & 0 & 1\\ 0 & 0 & 1 & 0 & 0 & 1\\ \hdashline 0 & 0 & 0 & 1 & 0 & 0\\ 0 & 0 & 0 & 0 & 1 & 0\\ \hdashline 1 & 1 & 1 & 0 & 0 & 1\end{array}\right]$

5. 대각행렬 $D = \text{diag}(d_1, d_2, \cdots, d_n)$와 정사각행렬 A에 대해서 다음이 성립함을 보여라.

$$AD = \left[d_1 A^{(1)} \vdots d_2 A^{(2)} \vdots \cdots \vdots d_n A^{(n)}\right], \quad DA = \begin{bmatrix} d_1 A_{(1)} \\ d_2 A_{(2)} \\ \vdots \\ d_n A_{(n)} \end{bmatrix}$$

6. 각 부분행렬 $A_{ij} \in M_n$에 대해 A를

$$A = \begin{bmatrix} A_{11} & A_{12} \\ O & A_{22} \end{bmatrix}$$

인 $2n \times 2n$ 블록행렬이라 하자.

(1) A_{11}과 A_{12}가 정칙이면 A도 정칙임을 보이고 이때 그 역행렬은

$$A^{-1} = \begin{bmatrix} A_{11}^{-1} & C \\ O & A_{22}^{-1} \end{bmatrix}$$

형태의 블록행렬로 주어짐을 보여라.

(2) C를 결정하라.

7. 다음 각 행렬의 역행렬을 구하라.

(1) $A = \left[\begin{array}{cc:cc} 1 & 0 & 0 & 0 \\ 1 & 1 & 0 & 0 \\ \hdashline 0 & 0 & 1 & 0 \\ 0 & 0 & 1 & 1 \end{array}\right]$ (2) $B = \left[\begin{array}{cc:cc} 1 & 1 & 1 & 1 \\ 0 & 1 & 1 & 1 \\ \hdashline 0 & 0 & 1 & 1 \\ 0 & 0 & 0 & 1 \end{array}\right]$

8. 각 부분행렬 $A_{ij} \in M_n$에 대해 A를

$$A = \begin{bmatrix} A_{11} & A_{12} \\ A_{21} & A_{22} \end{bmatrix}$$

인 블록행렬이라 하자. A_{11}이 정칙이면 A는 다음과 같은 행렬의 곱으로 분해될 수 있음을 보여라.

$$A = \begin{bmatrix} I_n & O \\ B & I_n \end{bmatrix} \begin{bmatrix} A_{11} & A_{12} \\ O & C \end{bmatrix}, \quad \left(B = A_{21} A_{11}^{-1},\ C = A_{22} - A_{21} A_{11}^{-1} A_{12}\right)$$

9. $A,\ B \in M_n$에 대해서 다음과 같이 구성된 블록행렬 $\Gamma \in M_{3n}$의 역행렬을 구하라.

$$\Gamma = \begin{bmatrix} I_n & A & O \\ O & I_n & B \\ O & O & I_n \end{bmatrix}$$

1.6 행렬의 LU 분해와 연립일차방정식

1.3절에서 언급한 가우스 소거법에서는 기본행연산을 써서 연립일차방정식에 대응하는 첨가행렬을 역 사다리꼴 형태의 행사다리꼴로 변환하여 해를 구하는 기법을 제시하였다. 이러한 방법을 기술적으로 확대 발전시켜 시스템행렬 A를 하부삼각행렬 L과 상부삼각행렬 U의 곱 $A = LU$로 분해한 후 이를 이용하여 연립일차방정식의 해를 구하는 방법을 생각할 수 있다.

행사다리꼴로의 변환을 일괄적으로 처리하기 위해 k 번째 성분 x_k가 0이 아닌 n차원 열벡터 $\boldsymbol{x} = \begin{bmatrix} x_1 \\ x_2 \\ \vdots \\ x_k \\ \vdots \\ x_n \end{bmatrix}$, $(x_k \neq 0)$에 대해서 $\boldsymbol{x}$를 $\boldsymbol{x}' = \begin{bmatrix} x_1 \\ x_2 \\ \vdots \\ x_k \\ 0 \\ \vdots \\ 0 \end{bmatrix}$으로 변환시키는 방법을 모색한다.

이러한 변환을 구체화하기 위해서

$$\tau_k = \begin{bmatrix} 0 \\ \vdots \\ 0 \\ \sigma_{k+1} \\ \vdots \\ \sigma_n \end{bmatrix},\ \sigma_i = \frac{x_i}{x_k},\ \ (i = k+1,\ k+2,\ \cdots,\ n)$$

라 할 때, $\mathbb{R}^n$의 표준기저 $\boldsymbol{e}_k = \begin{bmatrix} 0 \\ \vdots \\ 0 \\ 1 \\ 0 \\ \vdots \\ 0 \end{bmatrix}$ ← k에 대해 $M_k = I_n - \tau_k \boldsymbol{e}_k^t$를 생각하자.

M_k에 대한 행렬은 다음과 같다.

$$
\begin{aligned}
M_k &= I_n - \tau_k \boldsymbol{e}_k^t \\
&= \begin{bmatrix} 1 & 0 & \cdots & 0 \\ 0 & 1 & \cdots & 0 \\ \vdots & \vdots & \ddots & \vdots \\ 0 & 0 & \cdots & 1 \end{bmatrix} - \begin{bmatrix} 0 \\ \vdots \\ 0 \\ \sigma_{k+1} \\ \vdots \\ \sigma_n \end{bmatrix} [0 \cdots 0\,1\,0 \cdots 0] \\
&= \begin{bmatrix} 1 & 0 & \cdots & 0 \\ 0 & 1 & \cdots & 0 \\ \vdots & \vdots & \ddots & \vdots \\ 0 & 0 & \cdots & 1 \end{bmatrix} - \begin{bmatrix} 0 & \cdots & 0 & 0 & 0 & \cdots & 0 \\ 0 & \cdots & 0 & 0 & 0 & \cdots & 0 \\ \vdots & & \vdots & \vdots & \vdots & & \vdots \\ 0 & \cdots & 0 & 0 & 0 & \cdots & 0 \\ 0 & \cdots & 0 & \sigma_{k+1} & 0 & \cdots & 0 \\ \vdots & & \vdots & \vdots & \vdots & \ddots & \vdots \\ 0 & \cdots & 0 & \sigma_n & 0 & \cdots & 0 \end{bmatrix} \\
&= \begin{bmatrix} 1 & 0 & \cdots & 0 & 0 & 0 & \cdots & 0 \\ 0 & 1 & \cdots & 0 & 0 & 0 & \cdots & 0 \\ \vdots & \vdots & \ddots & \vdots & \vdots & \vdots & & \vdots \\ 0 & 0 & \cdots & 1 & 0 & 0 & \cdots & 0 \\ 0 & 0 & \cdots & 0 & 1 & 0 & \cdots & 0 \\ 0 & 0 & \cdots & 0 & -\sigma_{k+1} & 1 & \cdots & 0 \\ \vdots & \vdots & & \vdots & \vdots & \vdots & \ddots & \vdots \\ 0 & 0 & \cdots & 0 & -\sigma_n & 0 & \cdots & 1 \end{bmatrix}.
\end{aligned}
$$

이러한 변환 M_k를 **가우스 변환**(Gauss transformation)이라 하고, 이의 행렬표현을 **가우스 행렬**(Gaussian matrix)이라고 한다.

정리 1.11 가우스 변환의 주요성질

(1) 주어진 $\boldsymbol{x} \in \mathbb{R}^n$, $(x_k \neq 0)$에 대해 $M_k \boldsymbol{x} = \boldsymbol{x}'$이다.

(2) M_k는 가역이며 그 역행렬은 $M_k^{-1} = I_n + \tau_k \boldsymbol{e}_k^t$로 주어진다.

증명 (1) $M_k\boldsymbol{x} = (I_n - \boldsymbol{\tau_k}\boldsymbol{e_k^t})\boldsymbol{x}$

$$= \boldsymbol{x} - \boldsymbol{\tau_k}(\boldsymbol{e_k^t}\boldsymbol{x})$$

$$= \boldsymbol{x} - x_k\boldsymbol{\tau_k}$$

$$= \begin{bmatrix} x_1 \\ x_2 \\ \vdots \\ x_k \\ x_{k+1} \\ \vdots \\ x_n \end{bmatrix} - x_k \begin{bmatrix} 0 \\ 0 \\ \vdots \\ 0 \\ \sigma_{k+1} \\ \vdots \\ \sigma_n \end{bmatrix} = \begin{bmatrix} x_1 \\ x_2 \\ \vdots \\ x_k \\ 0 \\ \vdots \\ 0 \end{bmatrix} = \boldsymbol{x}'.$$

(2) $(I_n + \boldsymbol{\tau_k}\boldsymbol{e_k^t})M_k = (I_n + \boldsymbol{\tau_k}\boldsymbol{e_k^t})(I_n - \boldsymbol{\tau_k}\boldsymbol{e_k^t})$

$$= I_n - \tau_k(e_k^t\tau_k)e_k^t$$

$$= I_n - 0(\boldsymbol{\tau_k}\boldsymbol{e_k^t}) = I_n.$$ ■

시스템행렬을 단위 하부삼각행렬 L과 상부삼각행렬 U의 곱으로 분해하기 위해 가우스 변환을 이용할 수 있다.

주어진 시스템행렬 $A = \begin{bmatrix} a_{11} & a_{12} & \cdots & a_{1n} \\ a_{21} & a_{22} & \cdots & a_{2n} \\ \vdots & \vdots & \ddots & \vdots \\ a_{n1} & a_{n2} & \cdots & a_{nn} \end{bmatrix}$에 대해 행렬 A를 상부삼각행렬로 전환하기 위해 열별로 단계적으로 가우스 변환을 적용한다.

먼저 $a_{11} \neq 0$일 때, $A^{(1)} = \begin{bmatrix} a_{11} \\ a_{21} \\ \vdots \\ a_{n1} \end{bmatrix} \xrightarrow{M_1} \begin{bmatrix} a_{11} \\ 0 \\ \vdots \\ 0 \end{bmatrix}$으로 변환하기 위하여

$\boldsymbol{\tau_1} = \begin{bmatrix} 0 \\ \dfrac{a_{21}}{a_{11}} \\ \vdots \\ \dfrac{a_{n1}}{a_{11}} \end{bmatrix}$에 대해 $M_1 = I_n - \boldsymbol{\tau_1}\boldsymbol{e_1^t} = \begin{bmatrix} 1 & 0 & 0 & \cdots & 0 \\ -\dfrac{a_{21}}{a_{11}} & 1 & 0 & \cdots & 0 \\ -\dfrac{a_{31}}{a_{11}} & 0 & 1 & \cdots & 0 \\ \vdots & \vdots & \vdots & \ddots & \vdots \\ -\dfrac{a_{n1}}{a_{11}} & 0 & 0 & \cdots & 1 \end{bmatrix}$이라 두면

$$\widehat{A_1} = M_1A = \begin{bmatrix} a_{11} & a_{12} & \cdots & a_{1n} \\ 0 & a_{22}^{(2)} & \cdots & a_{2n}^{(2)} \\ \vdots & \vdots & \ddots & \vdots \\ 0 & a_{n2}^{(2)} & \cdots & a_{nn}^{(2)} \end{bmatrix}, \quad \left(a_{ij}^{(2)} = a_{ij} - \frac{a_{i1}}{a_{11}}a_{1j}\right).$$

다음 $a_{22}^{(2)} \neq 0$일 때 $\widehat{A}_1^{(2)} = \begin{bmatrix} a_{12} \\ a_{22}^{(2)} \\ \vdots \\ a_{n2}^{(2)} \end{bmatrix} \xrightarrow{M_2} \begin{bmatrix} a_{12} \\ a_{22}^{(2)} \\ 0 \\ \vdots \\ 0 \end{bmatrix}$로 전환하기 위하여

$\tau_2 = \begin{bmatrix} 0 \\ 0 \\ \dfrac{a_{32}^{(2)}}{a_{22}^{(2)}} \\ \vdots \\ \dfrac{a_{n2}^{(2)}}{a_{22}^{(2)}} \end{bmatrix}$에 대해 $M_2 = I_n - \tau_2 e_2^t = \begin{bmatrix} 1 & 0 & 0 & \cdots & 0 \\ 0 & 1 & 0 & \cdots & 0 \\ 0 & -\dfrac{a_{32}^{(2)}}{a_{22}^{(2)}} & 1 & \cdots & 0 \\ \vdots & \vdots & \vdots & \ddots & \vdots \\ 0 & -\dfrac{a_{n2}^{(2)}}{a_{22}^{(2)}} & 0 & \cdots & 1 \end{bmatrix}$라 두면

$$\widehat{A}_2 = M_2\widehat{A}_1 = M_2M_1A = \begin{bmatrix} a_{11} & a_{12} & a_{13} & \cdots & a_{1n} \\ 0 & a_{22}^{(2)} & a_{23}^{(2)} & \cdots & a_{2n}^{(2)} \\ 0 & 0 & a_{33}^{(3)} & \cdots & a_{3n}^{(3)} \\ \vdots & \vdots & \vdots & \ddots & \vdots \\ 0 & 0 & a_{n3}^{(3)} & \cdots & a_{nn}^{(3)} \end{bmatrix}, \ \left(a_{ij}^{(3)} = a_{ij}^{(2)} - \frac{a_{i2}^{(2)}}{a_{22}^{(2)}} a_{2j}^{(2)} \right).$$

이런 과정을 순차적으로 $n-1$회 적용하면 다음과 같이 상부삼각행렬 U를 도출할 수 있다.

$$M_{n-1}M_{n-2} \cdots M_2M_1A = \begin{bmatrix} a_{11} & a_{12} & a_{13} & \cdots & a_{1n} \\ 0 & a_{22}^{(2)} & a_{23}^{(2)} & \cdots & a_{2n}^{(2)} \\ 0 & 0 & a_{33}^{(3)} & \cdots & a_{3n}^{(3)} \\ \vdots & \vdots & \vdots & \ddots & \vdots \\ 0 & 0 & 0 & \cdots & a_{nn}^{(n)} \end{bmatrix} := U$$

여기서 각 M_i는 가우스 행렬로서 역행렬이 존재하므로

$$A = (M_{n-1}M_{n-2} \cdots M_2M_1)^{-1} U$$

이고,

$$(M_{n-1}M_{n-2} \cdots M_2M_1)^{-1} = M_1^{-1}M_2^{-1} \cdots M_{n-1}^{-1}$$

$$= \begin{bmatrix} 1 & 0 & 0 & \cdots & 0 \\ \dfrac{a_{21}}{a_{11}} & 1 & 0 & \cdots & 0 \\ \dfrac{a_{31}}{a_{11}} & \dfrac{a_{32}^{(2)}}{a_{22}^{(2)}} & 1 & \cdots & 0 \\ \vdots & \vdots & \vdots & \ddots & \vdots \\ \dfrac{a_{n1}}{a_{11}} & \dfrac{a_{n2}^{(2)}}{a_{22}^{(2)}} & \dfrac{a_{n3}^{(3)}}{a_{33}^{(3)}} & \cdots & 1 \end{bmatrix} := L$$

이므로

$$A = (M_{n-1}M_{n-2}\cdots M_2M_1)^{-1}U = LU$$

에 의해 행렬 A를 단위 하부삼각행렬 L과 상부삼각행렬 U의 곱 $A = LU$로 나타낼 수 있다. 이를 행렬 A의 **LU 분해**(LU decomposition)라고 한다. 가우스 행렬을 이용한 LU 분해의 경우 열별로 단위 하부삼각행렬의 원소는 0이 아닌 a_{11}, $a_{22}^{(2)}$, $a_{33}^{(3)}$, $\cdots$, $a_{(n-1)(n-1)}^{(n-1)}$을 분모로 하는 항으로 이루어지는데 이 원소들을 **추축원소**(pivot element)라고 한다. 추축원소가 0이 되는 경우에는 행교환을 고려하여야 한다. 정리 1.11에 의해 L의 원소는 열별로 가우스 행렬에서 축이 되는 열의 부호를 바꾸어서 생성된다.

예제 1.25 다음 행렬 A의 LU 분해를 구하라.

$$A = \begin{bmatrix} 1 & 2 & 1 \\ 3 & 4 & 3 \\ 5 & 6 & 4 \end{bmatrix}$$

풀이 단계별로 가우스 행렬 M_1, M_2를 구하면

$$M_1 = \begin{bmatrix} 1 & 0 & 0 \\ -3 & 1 & 0 \\ -5 & 0 & 1 \end{bmatrix},$$

$$\widehat{A}_1 = M_1A = \begin{bmatrix} 1 & 0 & 0 \\ -3 & 1 & 0 \\ -5 & 0 & 1 \end{bmatrix}\begin{bmatrix} 1 & 2 & 1 \\ 3 & 4 & 3 \\ 5 & 6 & 4 \end{bmatrix} = \begin{bmatrix} 1 & 2 & 1 \\ 0 & -2 & 0 \\ 0 & -4 & -1 \end{bmatrix},$$

$$M_2 = \begin{bmatrix} 1 & 0 & 0 \\ 0 & 1 & 0 \\ 0 & -2 & 1 \end{bmatrix},$$

$$\widehat{A}_2 = M_2\widehat{A}_1 = \begin{bmatrix} 1 & 0 & 0 \\ 0 & 1 & 0 \\ 0 & -2 & 1 \end{bmatrix}\begin{bmatrix} 1 & 2 & 1 \\ 0 & -2 & 0 \\ 0 & -4 & -1 \end{bmatrix} = \begin{bmatrix} 1 & 2 & 1 \\ 0 & -2 & 0 \\ 0 & 0 & -1 \end{bmatrix} = U$$

이다. 따라서 $M_2M_1A = M_2\widehat{A_1} = U$로부터 단위 하부삼각행렬 L은

$$L = (M_2M_1)^{-1} = M_1^{-1}M_2^{-1} = \begin{bmatrix} 1 & 0 & 0 \\ 3 & 1 & 0 \\ 5 & 2 & 1 \end{bmatrix}$$

이다. 따라서 A의 LU 분해는

$$A = \begin{bmatrix} 1 & 0 & 0 \\ 3 & 1 & 0 \\ 5 & 2 & 1 \end{bmatrix} \begin{bmatrix} 1 & 2 & 1 \\ 0 & -2 & 0 \\ 0 & 0 & -1 \end{bmatrix} = LU$$

이다. ■

주어진 연립일차방정식 $A\boldsymbol{x} = \boldsymbol{b}$에서 시스템행렬 A가 하부삼각행렬 $L = [l_{ij}]$과 상부삼각행렬 $U = [u_{ij}]$에 대해 $A = LU$로 분해되면 방정식 $A\boldsymbol{x} = \boldsymbol{b}$는 $LU\boldsymbol{x} = \boldsymbol{b}$로 쓸 수 있다. 이때 $U\boldsymbol{x} = \boldsymbol{y}$라 두면 $L\boldsymbol{y} = \boldsymbol{b}$이므로 연립방정식은 삼각행렬에 대응하는 다음의 두 방정식을 순차적으로 풀어서 해를 구할 수 있다.

(1) (**앞으로 풀기** : forward solving) $L\boldsymbol{y} = \boldsymbol{b}$를 푼다.

$$\begin{cases} l_{11}y_1 & = b_1 \\ l_{21}y_1 + l_{22}y_2 & = b_2 \\ \cdots \ \cdots \ \cdots \ \cdots\cdots\cdots \ \cdots & \cdots\cdots \\ l_{n1}y_1 + l_{n2}y_2 + \cdots + l_{nn}y_n & = b_n \end{cases}$$

$$\Rightarrow\ y_i = \frac{1}{l_{ii}}\left(b_i - \sum_{j=1}^{i-1} l_{ij}y_j\right),\ (j = 1,\ 2,\ \cdots,\ n)$$

(2) (**거꾸로 풀기** : backward solving) $U\boldsymbol{x} = \boldsymbol{y}$를 푼다.

$$\begin{cases} u_{11}x_1 + u_{12}x_2 + \quad \cdots \quad + u_{1n}x_n = y_1 \\ \qquad \cdots \quad \cdots \quad \cdots \quad \cdots \quad \cdots \ \cdots \\ \qquad u_{n-1n-1}x_{n-1} + u_{n-1n}x_n = y_{n-1} \\ \qquad\qquad u_{nn}x_n = y_n \end{cases}$$

$$\Rightarrow x_i = \frac{1}{u_{ii}}\left(y_i - \sum_{j=i+1}^{n} u_{ij}x_j\right),\ (i = n,\ n-1,\ \cdots,\ 1)$$

따라서 연립일차방정식 $A\boldsymbol{x} = \boldsymbol{b}$은 다음의 세 단계를 거쳐 해를 유도할 수 있다.

(1) 일단계 : $A = LU$인 하부삼각행렬 L과 상부삼각행렬 U를 구한다.
(2) 이단계 : (앞으로 풀기) $L\boldsymbol{y} = \boldsymbol{b}$의 해 $\boldsymbol{y}$를 구한다.
(3) 삼단계 : (거꾸로 풀기) $U\boldsymbol{x} = \boldsymbol{y}$의 해를 구한다.

예제 1.26 행렬의 LU 분해를 이용하여 다음 연립방정식의 해를 구하라.

$$\begin{bmatrix} 1 & 2 & 1 \\ 3 & 4 & 3 \\ 5 & 6 & 4 \end{bmatrix}\begin{bmatrix} x_1 \\ x_2 \\ x_3 \end{bmatrix} = \begin{bmatrix} 1 \\ 0 \\ 2 \end{bmatrix}$$

풀이 $A = \begin{bmatrix} 1 & 2 & 1 \\ 3 & 4 & 3 \\ 5 & 6 & 4 \end{bmatrix}$, $\boldsymbol{b} = \begin{bmatrix} 1 \\ 0 \\ 2 \end{bmatrix}$에 대해서 방정식은 $A\boldsymbol{x} = \boldsymbol{b}$이다.

(일단계) 예제 1.25에 의해 A의 LU 분해는 다음과 같다.

$$A = \begin{bmatrix} 1 & 0 & 0 \\ 3 & 1 & 0 \\ 5 & 2 & 1 \end{bmatrix}\begin{bmatrix} 1 & 2 & 1 \\ 0 & -2 & 0 \\ 0 & 0 & -1 \end{bmatrix} = LU$$

(이단계) $L\boldsymbol{y} = \boldsymbol{b}$ :: $\begin{cases} y_1 = 1 \\ 3y_1 + y_2 = 0 \\ 5y_1 + 2y_2 + y_3 = 2 \end{cases}$

을 풀면 $y_1 = 1$, $y_2 = -3y_1 = -3$, $y_3 = 2 - 5y_1 - 2y_2 = 3$이므로

$$\boldsymbol{y} = \begin{bmatrix} 1 \\ -3 \\ 3 \end{bmatrix}.$$

(삼단계) $U\boldsymbol{x} = \boldsymbol{y}$ :: $\begin{cases} x_1 + 2x_2 + x_3 = 1 \\ -2x_2 = -3 \\ -x_3 = 3 \end{cases}$

을 풀면 $x_3 = -3$, $x_2 = \frac{3}{2}$, $x_1 = 1 - 2x_2 - x_3 = 1$이다.

따라서 연립방정식의 해는 $\boldsymbol{x} = \begin{bmatrix} 1 \\ \frac{3}{2} \\ -3 \end{bmatrix}$이다. ■

해가 유일하게 존재하지 않을 경우에도 LU 분해를 적용하여 해의 구조를 조사할 수 있다.

예제 1.27 시스템행렬의 LU 분해를 이용하여 다음 연립방정식의 해를 구하라.

$$\boldsymbol{Ax}=\boldsymbol{b} \;::\; \begin{bmatrix} 2 & 1 & 1 & 0 \\ 4 & 1 & 0 & 1 \\ -2 & 2 & 1 & 1 \end{bmatrix}\begin{bmatrix} x_1 \\ x_2 \\ x_3 \\ x_4 \end{bmatrix}=\begin{bmatrix} 1 \\ -2 \\ 7 \end{bmatrix}$$

풀이 단계별로 가우스 행렬 M_1, M_2를 구하면

$$\begin{aligned} M_1 &= \begin{bmatrix} 1 & 0 & 0 \\ -2 & 1 & 0 \\ 1 & 0 & 1 \end{bmatrix}, \\ \widehat{A}_1 = M_1 A &= \begin{bmatrix} 1 & 0 & 0 \\ -2 & 1 & 0 \\ 1 & 0 & 1 \end{bmatrix}\begin{bmatrix} 2 & 1 & 1 & 0 \\ 4 & 1 & 0 & 1 \\ -2 & 2 & 1 & 1 \end{bmatrix}=\begin{bmatrix} 2 & 1 & 1 & 0 \\ 0 & -1 & -2 & 1 \\ 0 & 3 & 2 & 1 \end{bmatrix}, \\ M_2 &= \begin{bmatrix} 1 & 0 & 0 \\ 0 & 1 & 0 \\ 0 & 3 & 1 \end{bmatrix}, \\ \widehat{A}_2 = M_2 \widehat{A}_1 &= \begin{bmatrix} 1 & 0 & 0 \\ 0 & 1 & 0 \\ 0 & 3 & 1 \end{bmatrix}\begin{bmatrix} 2 & 1 & 1 & 0 \\ 0 & -1 & -2 & 1 \\ 0 & 3 & 2 & 1 \end{bmatrix}=\begin{bmatrix} 2 & 1 & 1 & 0 \\ 0 & -1 & -2 & 1 \\ 0 & 0 & -4 & 4 \end{bmatrix}=U \end{aligned}$$

이다. 따라서 단위 하부삼각행렬 L은

$$L=(M_2M_1)^{-1}=M_1^{-1}M_2^{-1}=\begin{bmatrix} 1 & 0 & 0 \\ 2 & 1 & 0 \\ -1 & -3 & 1 \end{bmatrix}$$

이다. 따라서 A의 LU 분해는

$$A=\begin{bmatrix} 1 & 0 & 0 \\ 2 & 1 & 0 \\ -1 & -3 & 1 \end{bmatrix}\begin{bmatrix} 2 & 1 & 1 & 0 \\ 0 & -1 & -2 & 1 \\ 0 & 0 & -4 & 4 \end{bmatrix}=LU$$

이다. 이를 이용하여 다음과 같이 연립방정식의 해를 구한다.

$$\boldsymbol{Ly}=\boldsymbol{b} \;::\; \begin{cases} y_1 = 1 \\ 2y_1 + y_2 = -2 \\ -y_1 - 3y_2 + y_3 = 7 \end{cases}$$

을 풀면 $y_1=1$, $y_2=-4$, $y_3=-4$이므로

$$\boldsymbol{Ux}=\boldsymbol{y} \;::\; \begin{cases} 2x_1 + x_2 + x_3 = 1 \\ -x_2 - 2x_3 + x_4 = -4 \\ -4x_3 + 4x_4 = -4 \end{cases}$$

을 풀면 연립방정식의 해는 자유변수 $x_4 = t$, $(t \in \mathbb{R})$에 대해

$$\boldsymbol{x} = \begin{bmatrix} x_1 \\ x_2 \\ x_3 \\ x_4 \end{bmatrix} = \begin{bmatrix} -1 \\ 2-t \\ 1+t \\ t \end{bmatrix} = \begin{bmatrix} -1 \\ 2 \\ 1 \\ 0 \end{bmatrix} + \begin{bmatrix} 0 \\ -1 \\ 1 \\ 1 \end{bmatrix} t, \ (t \in \mathbb{R})$$

이다. ■

■ 행교환을 고려한 LU 분해

앞에서 연립일차방정식 $A\boldsymbol{x} = \boldsymbol{b}$의 해를 구하기 위해 가우스 소거법을 통한 시스템행렬의 LU 분해를 이용하였다. 이때 LU의 분해 과정에서 행교환을 전혀 고려하지 않았다. 그러나 실제적인 관점에서는 추축원소가 0이 되는 경우나 또는 추축원소가 아주 작은 경우에는 계산에 따른 오차를 최소화하기 위해 적절한 행교환을 고려하고 행교환을 반영하여 행렬의 LU 분해가 진행되어야 한다. 단위행렬에 유한 번의 행교환을 적용하여 얻어지는 행렬을 **치환행렬**(permutation matrix)이라 하고 이를 통상 P로 나타낸다. 즉 치환행렬은 유한 번의 행교환을 나타내는 기본행렬의 곱으로 나타난다. $E_{(i),(j)}$가 단위행렬 I_n에서 i 행과 j 행을 교환해서 얻어지는 기본행렬이라면 $E_{(i),(j)}$는 대칭이고 $E_{(i),(j)}^2 = I_n$이다. 또한

$$E_{(i),(j)}A \equiv A_{(i)} \leftrightarrow A_{(j)} : A\text{의 } i \text{ 행과 } j \text{ 행의 교환},$$
$$AE_{(i),(j)} \equiv A^{(i)} \leftrightarrow A^{(j)} : A\text{의 } i \text{ 열과 } j \text{ 열의 교환}$$

이 성립한다. 이에 따라 치환행렬 P는 가역이며

$$P^{-1} = P^t$$

가 성립한다. 주어진 행렬 A에 대해 PA는 P에 반영된 행교환을 A에 적용한 행렬로 나타난다.

행교환을 반영한 LU 분해는 다음과 같다.

정리 1.12

$A \in M_n$, $(n \geq 2)$이면 다음을 만족하는 치환행렬 P, 단위 하부삼각행렬 L과 상부삼각행렬 U가 존재한다.

$$PA = LU$$

| 증명 | 수학적 귀납법을 이용한다. 먼저 $n=2$이고 $A=\begin{bmatrix} a & b \\ c & d \end{bmatrix}$에 대해서 $a \neq 0$이면 $P=I_2$에 대해서 정리가 성립하고 $a=0$, $c \neq 0$이면 $P=E_{(1),\,(2)}=\begin{bmatrix} 0 & 1 \\ 1 & 0 \end{bmatrix}$으로 택하면

$$PA=\begin{bmatrix} c & d \\ 0 & b \end{bmatrix}=\begin{bmatrix} 1 & 0 \\ 0 & 1 \end{bmatrix}\begin{bmatrix} c & d \\ 0 & b \end{bmatrix}:=LU$$

이다. 또한 $a=0$, $c=0$이면 $P=I_2$에 대해서

$$PA=\begin{bmatrix} 0 & b \\ 0 & d \end{bmatrix}=\begin{bmatrix} 1 & 0 \\ 0 & 1 \end{bmatrix}\begin{bmatrix} 0 & b \\ 0 & d \end{bmatrix}:=LU$$

가 되어 $n=2$일 때 정리가 성립한다.

이제 $A \in M_n$이라 하고 귀납법 가정으로 M_k, $(2 \le k < n)$의 모든 행렬에 대해서 정리가 성립한다고 가정한다. 먼저 A의 1 행에서 행교환 $E_{(1),\,(r)}$을 적용하여 얻어진 행렬을 분할하여

$$E_{(1),\,(r)}A=\begin{bmatrix} \alpha & \vdots & \boldsymbol{v}^t \\ \cdots & \cdot & \cdots \\ \boldsymbol{u} & \vdots & B \end{bmatrix}=\begin{bmatrix} 1 & \vdots & \mathbf{0}^t \\ \cdots & \cdot & \cdots \\ \boldsymbol{m} & \vdots & I_{n-1} \end{bmatrix}\begin{bmatrix} \alpha & \vdots & \boldsymbol{w}^t \\ \cdots & \cdot & \cdots \\ \mathbf{0} & \vdots & C \end{bmatrix}$$

라고 하자. 여기서 $B,\ C \in M_{n-1}$이고 $\boldsymbol{u},\ \boldsymbol{v},\ \boldsymbol{w},\ \boldsymbol{m}$은 크기가 $n-1$인 열벡터이다.

직접 블록행렬의 곱을 시행하면 $\boldsymbol{m},\ \boldsymbol{w},\ C$에 대한 다음 관계식을 얻는다.

$$\begin{cases} \alpha\boldsymbol{m}=\boldsymbol{u} \\ \boldsymbol{w}^t=\boldsymbol{v}^t \\ C=B-\boldsymbol{m}\boldsymbol{v}^t \end{cases}$$

여기서 $\alpha=0$이면 $A^{(1)}=\mathbf{0}$이므로 $\boldsymbol{u}=\mathbf{0}$이고 이에 따라 $\boldsymbol{m}=\mathbf{0}$으로 택하면 $\boldsymbol{w}=\boldsymbol{v}$, $C=B$이다. 이제 $\alpha \neq 0$이라 하면 $\boldsymbol{m}=\dfrac{1}{\alpha}\boldsymbol{u}$이고, 귀납법 가정에 의해

$$P^*C=L^*U^*, \quad (P^*,\ L^*,\ U^* \in M_{n-1})$$

인 치환행렬 P^*, 단위 하부삼각행렬 L^*와 상부삼각행렬 U^*가 존재한다.

따라서 $(P^*)^2=I_{n-1}$이므로

$$E_{(1),(r)}A = \begin{bmatrix} 1 & \vdots & \mathbf{0}^t \\ \cdots & \cdot & \cdots \\ \boldsymbol{m} & \vdots & P^* L^* \end{bmatrix} \begin{bmatrix} \alpha & \vdots & \boldsymbol{w}^t \\ \cdots & \cdot & \cdots \\ \mathbf{0} & \vdots & U^* \end{bmatrix}$$

$$= \begin{bmatrix} 1 & \vdots & \mathbf{0}^t \\ \cdots & \cdot & \cdots \\ \mathbf{0} & \vdots & P^* \end{bmatrix} \begin{bmatrix} 1 & \vdots & \mathbf{0}^t \\ \cdots & \cdot & \cdots \\ P^*\boldsymbol{m} & \vdots & L^* \end{bmatrix} \begin{bmatrix} \alpha & \vdots & \boldsymbol{w}^t \\ \cdots & \cdot & \cdots \\ \mathbf{0} & \vdots & U^* \end{bmatrix}$$

가 성립한다. 그러므로 치환행렬 P를

$$P = \begin{bmatrix} 1 & \vdots & \mathbf{0}^t \\ \cdots & \cdot & \cdots \\ \mathbf{0} & \vdots & P^* \end{bmatrix} E_{(1),(r)}$$

로 정의하면

$$PA = \begin{bmatrix} 1 & \vdots & \mathbf{0}^t \\ \cdots & \cdot & \cdots \\ P^*\boldsymbol{m} & \vdots & L^* \end{bmatrix} \begin{bmatrix} \alpha & \vdots & \boldsymbol{w}^t \\ \cdots & \cdot & \cdots \\ \mathbf{0} & \vdots & U^* \end{bmatrix} := LU$$

가 되어 귀납법의 단계가 완결된다. 따라서 귀납법에 의해 크기가 $n \geq 2$인 모든 행렬에 대해서 정리가 성립한다. ■

행교환을 동반한 LU 분해를 이용하여 연립방정식 $A\boldsymbol{x} = \boldsymbol{b}$의 해를 구하고자 할 때

$$PA\boldsymbol{x} = P\boldsymbol{b} \Rightarrow LU\boldsymbol{x} = P\boldsymbol{b}$$

이므로 다음의 과정을 거쳐 해를 구할 수 있다.

(1) 일단계 : $PA = LU$인 치환행렬 P, 단위 하부삼각행렬 L과 상부삼각행렬 U를 구한다.
(2) 이단계 : $L\boldsymbol{y} = P\boldsymbol{b}$의 해 $\boldsymbol{y}$를 구한다.
(3) 삼단계 : $U\boldsymbol{x} = \boldsymbol{y}$를 푼다.

예제 1.28 LU 분해를 이용하여 다음 연립방정식의 해를 구하라.

$$\begin{cases} x_2 + x_3 + 2x_4 = 3 \\ x_2 + x_3 - 2x_4 = -1 \\ x_1 + 2x_2 - x_3 + 3x_4 = 0 \\ x_1 + x_2 + 2x_3 = 4 \end{cases}$$

풀이 시스템행렬은 $A=\begin{bmatrix}0&1&1&2\\0&1&1&-2\\1&2&-1&3\\1&1&2&0\end{bmatrix}$이고 열벡터 $\boldsymbol{b}=\begin{bmatrix}3\\-1\\0\\4\end{bmatrix}$에 대해서 연립방정식은 $A\boldsymbol{x}=\boldsymbol{b}$로 쓸 수 있다.

(일단계) $PA=LU$ ::

행교환 $E_1=E_{(1),(3)}$, 가우스 행렬 $M_1=\begin{bmatrix}1&0&0&0\\0&1&0&0\\0&0&1&0\\-1&0&0&1\end{bmatrix}$에 대해서

$$\widehat{A_1}=M_1E_1A=\begin{bmatrix}1&2&-1&3\\0&1&1&-2\\0&1&1&2\\0&-1&3&-3\end{bmatrix};$$

가우스 행렬 $M_2=\begin{bmatrix}1&0&0&0\\0&1&0&0\\0&-1&1&0\\0&1&0&1\end{bmatrix}$에 대해서

$$\widehat{A_2}=M_2\widehat{A_1}=\begin{bmatrix}1&2&-1&3\\0&1&1&-2\\0&0&0&4\\0&0&4&-5\end{bmatrix};$$

마지막으로 행교환 $E_2=E_{(3),(4)}$를 적용하면

$$E_2M_2M_1E_1A=E_2\widehat{A_2}=\begin{bmatrix}1&2&-1&3\\0&1&1&-2\\0&0&4&-5\\0&0&0&4\end{bmatrix}:=U.$$

따라서 치환행렬 $P=E_2E_1=\begin{bmatrix}0&0&1&0\\0&1&0&0\\0&0&0&1\\1&0&0&0\end{bmatrix}$에 대해서

$$E_2M_2M_1E_2(PA)=E_2M_2M_1E_1A=U$$

이므로 단위 하부삼각행렬 L은

$$L=(E_2M_2M_1E_2)^{-1}=E_2\left(M_1^{-1}M_2^{-1}\right)E_2=\begin{bmatrix}1&0&0&0\\0&1&0&0\\1&-1&1&0\\0&1&0&1\end{bmatrix}$$

로 주어진다.

$$\text{(이단계)}\ \ L\boldsymbol{y}=P\boldsymbol{b}\ :: \begin{cases} y_1 & = 0 \\ \quad y_2 & = -1 \\ y_1 - y_2 + y_3 & = 4 \\ \quad y_2 \quad + y_4 & = 3 \end{cases}$$

$$\Rightarrow \ \boldsymbol{y} = \begin{bmatrix} 0 \\ -1 \\ 3 \\ 4 \end{bmatrix}.$$

$$\text{(삼단계)}\ \ U\boldsymbol{x}=\boldsymbol{y}\ :: \begin{cases} x_1 + 2x_2 - x_3 + 3x_4 = 0 \\ \quad x_2 + x_3 - 2x_4 = -1 \\ \quad 4x_3 - 5x_4 = 3 \\ \quad 4x_4 = 4 \end{cases}$$

$$\Rightarrow \ \boldsymbol{x} = \begin{bmatrix} 1 \\ -1 \\ 2 \\ 1 \end{bmatrix}.$$

■

$PA=LU$이면 $P^{-1}=P^t$이므로 행렬 A는 P^tL과 U의 곱으로 표현된다. 이때 P^tL은 더 이상 하부삼각행렬을 이루지 않는다. 예제 1.28의 경우에는

$$A=(P^tL)U=\begin{bmatrix} 0 & 1 & 0 & 1 \\ 0 & 1 & 0 & 0 \\ 1 & 0 & 0 & 0 \\ 1 & -1 & 1 & 0 \end{bmatrix}\begin{bmatrix} 1 & 2 & -1 & 3 \\ 0 & 1 & 1 & -2 \\ 0 & 0 & 4 & -5 \\ 0 & 0 & 0 & 4 \end{bmatrix}$$

이다.

1.6 • 연습문제

1. 다음 행렬의 LU 분해를 구하라.

(1) $\begin{bmatrix} 3 & 3 & 9 \\ 2 & -1 & 1 \\ 3 & 3 & 5 \end{bmatrix}$ (2) $\begin{bmatrix} 3 & 1 & -2 \\ 6 & 0 & -3 \\ -3 & -1 & 7 \end{bmatrix}$

(3) $\begin{bmatrix} 1 & 1 & 0 & 3 \\ 2 & 1 & -1 & 1 \\ 3 & -1 & -1 & 2 \\ -1 & 2 & 3 & -1 \end{bmatrix}$ (4) $\begin{bmatrix} 1 & 0 & 0 & 1 \\ 1 & 1 & 0 & -1 \\ -1 & 1 & 1 & 1 \\ 1 & -1 & 1 & -1 \end{bmatrix}$

2. 정사각행렬 A가 $A = LU$인 분해를 갖고 A가 정칙이면 LU 분해는 유일함을 보여라.

3. 다음의 연립일차방정식에서 시스템행렬을 $A = \begin{bmatrix} 2 & -1 & 3 \\ -1 & 0 & 2 \\ 4 & -5 & 3 \end{bmatrix}$라 하자.

$$\begin{cases} 2x_1 - x_2 + 3x_3 = 1 \\ -x_1 + 2x_3 = 3 \\ 4x_1 - 5x_2 + 3x_3 = -1 \end{cases}$$

(1) 가우스 소거법을 이용하여 방정식의 해를 구하라.

(2) A의 LU 분해를 구하고 이를 이용해 방정식의 해를 구하라.

(3) A^{-1}을 기본행렬의 곱으로 표현하고 이를 이용해 방정식의 해를 구하라.

4. 연립일차방정식 $A\boldsymbol{x} = \boldsymbol{b}$의 시스템행렬을 $A = \begin{bmatrix} 1 & 1 & 1 \\ 2 & 4 & 1 \\ -3 & 1 & -2 \end{bmatrix}$라 하자.

(1) A의 LU 분해를 구하라.

(2) (1)을 이용하여 벡터 $\boldsymbol{b}$가 각각 다음과 같을 때 연립방정식의 해를 구하라.

① $\boldsymbol{b} = \begin{bmatrix} 3 \\ 7 \\ -4 \end{bmatrix}$ ② $\boldsymbol{b} = \begin{bmatrix} 1 \\ 2 \\ 3 \end{bmatrix}$ ③ $\boldsymbol{b} = \begin{bmatrix} 1 \\ 10 \\ 1 \end{bmatrix}$

(3) A의 LU 분해가 존재할 때 $\mathbb{R}^3$의 표준기저 $\boldsymbol{e}_j$에 대해 행렬 B의 j열을

$$LUB^{(j)} = \boldsymbol{e}_j, \quad (j = 1, 2, 3)$$

의 해가 되도록 구성하면

$$AB = I_3 \Leftrightarrow AB^{(j)} = (I_3)^{(j)} = \boldsymbol{e}_j \Leftrightarrow LUB^{(j)} = \boldsymbol{e}_j, \ (j = 1, 2, 3)$$

가 되어 $B = A^{-1}$이다. 이를 이용하여 A의 역행렬을 구하라.

5. $n \times n$ 행렬 $A = [a_{ij}]$가 다음과 같이 주어진 행렬이라 하자.

$$a_{ij} = \begin{cases} 2, & i = j \text{ 일 때} \\ -1, & |i-j| = 1 \text{ 일 때} \\ 0, & \text{기타} \end{cases}$$

A의 LU 분해를 구하라.

6. 행교환을 적용하여 다음 행렬에 대해 $PA=LU$인 치환행렬 P, 단위 하부삼각행렬 L과 상부삼각행렬 U를 구하라.

(1) $A=\begin{bmatrix} 0 & 1 \\ -1 & 2 \end{bmatrix}$ (2) $A=\begin{bmatrix} 0 & 1 & 1 \\ 1 & 0 & 3 \\ 2 & 4 & 0 \end{bmatrix}$

(3) $A=\begin{bmatrix} 0 & 0 & 1 & 1 \\ 1 & 1 & 1 & 0 \\ 1 & 0 & 0 & 1 \\ 1 & 1 & 0 & 0 \end{bmatrix}$ (4) $A=\begin{bmatrix} 0 & 1 & 1 & 2 \\ 0 & 1 & 1 & -1 \\ 1 & 2 & -1 & 3 \\ 1 & 1 & 1 & 2 \end{bmatrix}$

7. 시스템행렬의 LU 분해를 이용하여 다음 각 연립방정식의 해를 구하라.

(1) $\begin{cases} x_1 + 2x_2 - x_3 = 5 \\ x_1 + 2x_2 + 3x_3 = -3 \\ 2x_1 - x_2 + 4x_3 = -7 \end{cases}$

(2) $\begin{cases} x_1 + x_2 - x_3 = -2 \\ x_1 + x_2 + 4x_3 + 3x_4 = 7 \\ 2x_1 - x_2 + 2x_3 + 4x_4 = 3 \\ 2x_1 - x_2 + 2x_3 + 3x_4 = 5 \end{cases}$

(3) $\begin{cases} 2x_1 - 2x_2 + 4x_4 = 2 \\ -x_1 + 6x_2 + 5x_3 - 7x_4 = -26 \\ -5x_1 + x_2 - 6x_4 = 7 \\ 3x_1 - 3x_2 - x_4 = -18 \end{cases}$

8. 다음 연립일차방정식의 시스템행렬에 대해 $PA=LU$인 치환행렬 P와 단위 하부삼각행렬 L, 그리고 상부삼각행렬 U를 구하고 이를 이용하여 연립방정식의 해를 구하라.

(1) $\begin{cases} x_2 + 2x_3 = 1 \\ 2x_1 - x_2 = 2 \\ 2x_2 + x_3 = 3 \end{cases}$ (2) $\begin{cases} x_2 - x_3 - x_4 = 3 \\ x_1 + 3x_3 + x_4 = 0 \\ -x_1 + x_2 - 3x_4 = 4 \\ 3x_1 + x_3 + 2x_4 = 1 \end{cases}$

제 2 장

02

행렬식

2.1 행렬식

A가 $n\times n$인 정사각행렬일 때 A의 **행렬식**(determinant)은 어떤 규칙에 따라 행렬 A에 수를 대응시킨 것이다. A의 행렬식을 세로줄을 써서

$$|A| = \begin{vmatrix} a_{11} & a_{12} & \cdots & a_{1n} \\ a_{21} & a_{22} & \cdots & a_{2n} \\ \vdots & \vdots & \ddots & \vdots \\ a_{n1} & a_{n2} & \cdots & a_{nn} \end{vmatrix}$$

또는 간단히 det(A)라고 표기한다.

행렬식을 정의하는 방법은 통상 치환에 의한 방법, 행렬식이 다변수 선형함수라는 사실을 이용하거나 여인수를 이용하는 방법을 쓰며, 어떤 방법을 가지고 행렬식을 정의하더라도 행렬식에 대한 결과는 변함이 없다. 여기서 우리는 특별히 계산을 수월하게 하고 보다 쉽게 행렬식의 본질에 다가서기 위해 여인수의 방법을 써서 행렬식을 정의하고, 이에 따라 행렬식의 여러 성질을 유도한다.

먼저 2×2 행렬 $A=[a_{ij}]$의 행렬식을

$$|A| = \begin{vmatrix} a_{11} & a_{12} \\ a_{21} & a_{22} \end{vmatrix} = a_{11}a_{22} - a_{21}a_{12}$$

으로 정의한다.

예제 2.1 다음 행렬의 행렬식을 구하라.

$$A = \begin{bmatrix} 1 & 2 \\ 3 & 4 \end{bmatrix},\quad B = \begin{bmatrix} -3 & -1 \\ 4 & 7 \end{bmatrix}$$

풀이 $|A| = \begin{vmatrix} 1 & 2 \\ 3 & 4 \end{vmatrix} = (1)(4)-(3)(2) = 4-6 = -2.$

$|B| = \begin{vmatrix} -3 & -1 \\ 4 & 7 \end{vmatrix} = (-3)(7)-(4)(-1) = -17.$ ■

여인수를 이용해서 행렬식을 정의하는 방법은 단계적으로 크기를 낮추어 전개하는 방법에 의존한다. 이를테면 아래와 같이 $n\times n$ 행렬의 행렬식을 $(n-1)\times(n-1)$ 행렬의 행렬식을

이용해서 전개하는 방식을 택한다.

주어진 $n\times n$ 행렬 $A=[a_{ij}]$에 대해서 M_{ij}를 A로부터 i 행과 j 열을 소거해서 얻어지는 A의 부분행렬이라 하자. M_{ij}를 A의 ij-**소행렬**(minor matrix)이라 하고,

$$A_{ij}=(-1)^{i+j}|M_{ij}|$$

를 A의 ij-**여인수**(cofactor)라고 한다. 행렬의 여인수는 먼저 소행렬식을 계산하고 위치에 따라 $+$와 $-$의 부호를 아래와 같이 교차하도록 배치하여 구한다.

$$\begin{bmatrix} + & - & + \\ - & + & - \\ + & - & + \end{bmatrix} \quad \begin{bmatrix} + & - & + & - \\ - & + & - & + \\ + & - & + & - \\ - & + & - & + \end{bmatrix} \quad \begin{bmatrix} + & - & + & - & + & \cdots \\ - & + & - & + & - & \cdots \\ + & - & + & - & + & \cdots \\ - & + & - & + & - & \cdots \\ + & - & + & - & + & \cdots \\ \vdots & \vdots & \vdots & \vdots & \vdots & \end{bmatrix}$$

그림 2.1 여인수에 대한 부호 모형

예제 2.2 행렬 $A=\begin{bmatrix} 0 & 3 & -4 \\ 1 & -4 & 3 \\ 5 & 2 & 5 \end{bmatrix}$에 대해서 소행렬 M_{12}, M_{22}, M_{23}와 대응하는 여인수 A_{12}, A_{22}와 A_{23}를 구하라.

풀이 A의 12-소행렬, 22-소행렬과 23-소행렬은 각각

$$M_{12}=\begin{bmatrix} 1 & 3 \\ 5 & 5 \end{bmatrix},\ M_{22}=\begin{bmatrix} 0 & -4 \\ 5 & 5 \end{bmatrix},\ M_{23}=\begin{bmatrix} 0 & 3 \\ 5 & 2 \end{bmatrix}$$

이고 대응하는 여인수들은 각각

$$\begin{aligned} A_{12} &= (-1)^{1+2}|M_{12}| = -((1)(5)-(5)(3)) = 10, \\ A_{22} &= (-1)^{2+2}|M_{22}| = (0)(5)-(5)(-4) = 20, \\ A_{23} &= (-1)^{2+3}|M_{23}| = -((0)(2)-(5)(3)) = 15 \end{aligned}$$

이다. ■

여인수에 의한 방법은 A의 행렬식을

$$|A|=a_{11}A_{11}+a_{21}A_{21}+\cdots+a_{n1}A_{n1}$$

으로 정의한다. 이것을 첫째 열을 따른 행렬식 $|A|$의 라플라스 전개 (Laplace expansion)라고 한다.

예제 2.3 행렬 $A=\begin{bmatrix}3&-1&2\\2&0&3\\1&5&4\end{bmatrix}$에 대한 행렬식을 구하라.

풀이 행렬 A의 11-소행렬, 21-소행렬, 31-소행렬은 각각

$$M_{11}=\begin{bmatrix}0&3\\5&4\end{bmatrix},\ M_{21}=\begin{bmatrix}-1&2\\5&4\end{bmatrix},\ M_{31}=\begin{bmatrix}-1&2\\0&3\end{bmatrix}$$

이고 대응하는 여인수들은 각각

$$\begin{aligned}A_{11}&=(-1)^{1+1}|M_{11}|=(0)(4)-(5)(3)=-15,\\A_{21}&=(-1)^{2+1}|M_{21}|=-((-1)(4)-(5)(2))=14,\\A_{31}&=(-1)^{3+1}|M_{31}|=(-1)(3)-(0)(2)=-3\end{aligned}$$

이므로 정의에 따라 A의 행렬식은 다음과 같이 계산된다.

$$\begin{aligned}|A|&=a_{11}A_{11}+a_{21}A_{21}+a_{31}A_{31}\\&=(3)(-15)+(2)(14)+(1)(-3)\\&=-20.\end{aligned}$$

■

상부삼각행렬에 대한 행렬식은 다음과 같이 주대각원의 곱으로 나타난다.

정리 2.1

$n\times n$ 상부삼각행렬 $U=[u_{ij}]$의 행렬식은 대각원소의 곱으로 나타난다.

$$|U|=u_{11}u_{22}\cdots u_{nn}.$$

| 증명 | U가 2×2 상부삼각행렬이면

$$|U|=\begin{vmatrix}u_{11}&u_{12}\\0&u_{22}\end{vmatrix}=u_{11}u_{22}$$

이고 정리가 성립한다.

수학적 귀납법을 써서 $(n-1)\times(n-1)$ 상부삼각행렬에 대해 정리가 사실이라고 가정하고 $n\times n$ 행렬에 대해 성립함을 보이자.
첫째 열을 따른 행렬식의 전개에 의해

$$
\begin{aligned}
|U| &= \begin{vmatrix} u_{11} & u_{12} & u_{13} & \cdots & u_{1n} \\ 0 & u_{22} & u_{23} & \cdots & u_{2n} \\ 0 & 0 & u_{33} & \cdots & u_{3n} \\ \vdots & \vdots & \vdots & \ddots & \vdots \\ 0 & 0 & 0 & \cdots & u_{nn} \end{vmatrix} \\
&= u_{11}\begin{vmatrix} u_{22} & u_{23} & u_{24} & \cdots & u_{2n} \\ 0 & u_{33} & u_{34} & \cdots & u_{3n} \\ 0 & 0 & u_{44} & \cdots & u_{4n} \\ \vdots & \vdots & \vdots & \ddots & \vdots \\ 0 & 0 & 0 & \cdots & u_{nn} \end{vmatrix} \\
&= u_{11}(u_{22}u_{33}\cdots u_{nn}) \ \text{(수학적 귀납법의 가정)} \\
&= u_{11}u_{22}\cdots u_{nn}
\end{aligned}
$$

이 되어 모든 상부삼각행렬에 대해 정리가 성립한다. ■

다음은 행렬의 크기에 대한 수학적 귀납법을 통해서 쉽게 보일 수 있다.

보조정리 2.2

정사각행렬 A의 한 행이 모두 0인 원소로 이루어져 있으면 $|A|=0$이다.

보조정리 2.2에 의해 하부삼각행렬 $L=[l_{ij}]\in M_n$에 대해서도 수학적 귀납법을 적용하여 그 행렬식은 주대각원의 곱과 같음을 보일 수 있다. 즉 $|L|=l_{11}l_{22}\cdots l_{nn}$.

정리 2.1은 행렬의 변환을 통해 행렬식을 수월하게 계산할 수 있는 방법에 대한 단서를 제공한다. 제1장에서 우리는 기본행연산을 이용해서 행렬을 상부삼각행렬로 전환하는 과정을 살펴보았다. A가 정사각행렬이고 B가 A와 행동치인 행렬, 즉 $A\sim_r B$일 때 각 기본행연산에 대응하는 행렬식의 계산을 통해서 B를 적절한 삼각화로 유도함으로서 행렬식을 보다 쉽게 계산할 수 있음을 알아보자.

A에 대한 기본행연산은 다음과 같은 세 가지 동작으로 이루어져 있다.

(T1) A의 두 행을 서로 교환하기 : $A_{(i)} \leftrightarrow A_{(j)}$

(T2) A의 한 행에 상수를 곱하기 : $A_{(i)} \rightarrow cA_{(i)}$

(T3) A의 한 행에 다른 행의 상수 배를 더하기 : $A_{(i)} \rightarrow A_{(i)} + cA_{(j)}$

각 기본행연산에 대응하는 행렬식의 값을 알아보자.

정리 2.3

A가 $n \times n$ 행렬이고 B가 A의 두 행을 교환하여 얻어진 행렬이면

$$|B| = -|A|$$

이다.

증명 수학적 귀납법을 써서 증명한다. 먼저 $A = [a_{ij}]$가 2×2 행렬이고 B가 A의 첫째 행과 둘째 행을 바꾸어 얻어진 행렬이면

$$|B| = \begin{vmatrix} a_{21} & a_{22} \\ a_{11} & a_{12} \end{vmatrix} = a_{21}a_{12} - a_{11}a_{22} = -(a_{11}a_{22} - a_{21}a_{12}) = -|A|$$

이고 정리가 성립한다.

이제 $(n-1) \times (n-1)$ 행렬에 대해 정리가 성립한다고 가정하고 A가 $n \times n$ 행렬일 때 성립함을 보이자.

B를 A의 i와 j 행 $(i < j)$을 바꾸어 얻어진 행렬이라 하고 M_{s1}과 N_{s1}을 각각 A와 B의 $s1$-소행렬이라 하자.

$s \neq i,\ j$이면 N_{s1}은 A의 소행렬 M_{s1}에서 두 행을 교환하여 얻어진다. 따라서 수학적 귀납 가정에 의해

$$|N_{s1}| = -|M_{s1}|,\ s \neq i,\ j.$$

한편, N_{j1}은 A의 i 번째 행을 포함하지 않으며 M_{i1}으로부터 인접하는 행의 $j-i-1$번 연속 교환에 의해 얻어진다. 귀납법 가정에 의해 각 교환은 부호의 변화를 가져오므로

$$|N_{j1}| = (-1)^{j-i-1}|M_{i1}|$$

이고, N_{i1}에 대해서도 마찬가지 원리가 성립한다. 그러므로

$$
\begin{aligned}
|B| &= a_{j1}(-1)^{i+1}|N_{i1}| + a_{i1}(-1)^{j+1}|N_{j1}| + \sum_{\substack{s=1 \\ s \neq i,j}}^{n} a_{s1}(-1)^{s+1}|N_{s1}| \\
&= a_{j1}(-1)^{i+1}(-1)^{j-i-1}|M_{j1}| + a_{i1}(-1)^{j+1}(-1)^{j-i-1}|M_{i1}| \\
&\quad + \sum_{\substack{s=1 \\ s \neq i,j}}^{n} a_{s1}(-1)^{s+1}(-|M_{s1}|) \\
&= \sum_{s=1}^{n} a_{s1}(-1)^{s+2}|M_{s1}| \\
&= -\sum_{s=1}^{n} a_{s1}A_{s1} = -|A|
\end{aligned}
$$

이다. ■

참고로 위 계산에서 부호에 관한 다음 항등 관계를 이용하였음에 유의하라.

$$
(-1)^{2j-i} = (-1)^{2j-i+2} = (-1)^{2(j-i)+i+2} = (-1)^{i+2}
$$

예제 2.4 행렬 $A = \begin{bmatrix} 1 & 2 & 1 \\ 3 & 0 & 2 \\ 1 & 4 & 3 \end{bmatrix}$의 행렬식은 $|A| = -10$이다. 이를 이용하여 직접 계산 없이 다음 각 행렬의 행렬식을 구하라.

$$
B = \begin{bmatrix} 3 & 0 & 2 \\ 1 & 2 & 1 \\ 1 & 4 & 3 \end{bmatrix}, \ C = \begin{bmatrix} 1 & 4 & 3 \\ 1 & 2 & 1 \\ 3 & 0 & 2 \end{bmatrix}
$$

풀이 행렬을 행으로 나타내면 $A = [A_{(1)} A_{(2)} A_{(3)}]^t$에 대해 $B = [A_{(2)} A_{(1)} A_{(3)}]^t$이다. 따라서 $|B| = -|A| = 10$이다.

또한 $C = [A_{(3)} A_{(1)} A_{(2)}]^t$는 A로부터 인접하는 두 행의 연속교환

$$
A \to C_1 = [A_{(1)} A_{(3)} A_{(2)}]^t \to C = [A_{(3)} A_{(1)} A_{(2)}]^t
$$

을 통해 얻어지므로

$$
\begin{aligned}
|C_1| &= -|A| \\
|C| &= -|C_1| = -(-|A|) = |A| = -10
\end{aligned}
$$

이다. ■

정리 2.4

A가 $n \times n$ 행렬이고 B가 A의 i 행에 상수 c를 곱해서 얻어진 행렬, 즉 $B = [A_{(1)} \cdots cA_{(i)} \cdots A_{(n)}]^t$이면

$$|B| = c|A|$$

이다.

증명 행렬의 크기 $k \times k$에 대해 수학적 귀납법을 써서 증명한다. 2×2인 행렬일 때는 직관적으로 자명하다. $k = n-1$일 때 사실이라고 가정하고 $k = n$일 때 성립함을 보이자. M_{s1}과 N_{s1}을 각각 A와 B의 $s1$-소행렬이라 하자. 명백히 $N_{i1} = M_{i1}$이다. $s \neq i$이면 N_{s1}은 한 행에 c가 곱해진 것을 제외하고는 M_{s1}과 동일하다. 따라서 귀납 가정에 의해 소행렬의 행렬식은

$$|N_{i1}| = |M_{i1}|,$$
$$|N_{s1}| = c|M_{s1}|,\ s \neq i$$

이다. 따라서

$$\begin{aligned} |B| &= ca_{i1}(-1)^{i+1}|N_{i1}| + \sum_{\substack{s=1 \\ s \neq i}}^{n} a_{s1}(-1)^{s+1}|N_{s1}| \\ &= ca_{i1}(-1)^{i+1}|M_{i1}| + \sum_{\substack{s=1 \\ s \neq i}}^{n} a_{s1}(-1)^{s+1}(c|M_{s1}|) \\ &= c\sum_{s=1}^{n} a_{s1}(-1)^{s+1}|M_{s1}| = c|A| \end{aligned}$$

이다. ■

예제 2.5 행렬 $A = \begin{bmatrix} 1 & 2 & 1 \\ 3 & 0 & 2 \\ 1 & 4 & 3 \end{bmatrix}$의 행렬식은 $|A| = -10$이다. 이를 이용하여 직접 계산없이 행렬 $B = \begin{bmatrix} 1 & 2 & 1 \\ 2 & 8 & 6 \\ 3 & 0 & 2 \end{bmatrix}$의 행렬식을 구하라.

풀이 $A = [A_{(1)} A_{(2)} A_{(3)}]^t$에 대해 $B = [A_{(1)} 2A_{(3)} A_{(2)}]^t$ 이므로 정리 2.3과 정리 2.4에 의해

$$|B| = 2\left|[A_{(1)} A_{(3)} A_{(2)}]^t\right|$$

$$= -2\left|\left[A_{(1)} A_{(2)} A_{(3)}\right]^t\right| = -2|A| = 20$$

이다. ■

보조정리 2.5

$n \times n$ 행렬 A에 대해 $|cA| = c^n |A|$이다.

증명 다음과 같이 정리 2.4를 거듭 적용해서 원하는 결과를 얻는다.

$$\begin{aligned}|cA| &= \left|\left[cA_{(1)}\, cA_{(2)} \cdots\, cA_{(n)}\right]^t\right| \\ &= c\left|\left[A_{(1)}\, cA_{(2)} \cdots\, cA_{(n)}\right]^t\right| \\ &= c^2\left|\left[A_{(1)}\, A_{(2)}\, cA_{(3)} \cdots\, cA_{(n)}\right]^t\right| \\ &\;\vdots \\ &= c^n |A|.\end{aligned}$$

■

정리 2.6

$n \times n$ 행렬 A, B, C가 i 행을 제외하고는 서로 같고 $A_{(i)} = B_{(i)} + C_{(i)}$ 라면

$$|A| = |B| + |C|$$

이다.

증명 $n = 2$이면 자명하다. $(n-1) \times (n-1)$ 행렬에 대해 사실이라고 가정하고 $n \times n$ 행렬에 대해 정리가 성립함을 보이자.

M_{s1}, N_{s1}, P_{s1}을 각각 A, B, C의 $s1$-소행렬이라 하자.

$s \neq i$이면 M_{s1}, N_{s1}, P_{s1}은 한 행을 빼고는 서로 같다. 이 행을 r 행이라 하면 r 행에서 $M_{s1(r)} = N_{s1(r)} + P_{s1(r)}$이므로 귀납 가정에 의해

$$|M_{s1}| = |N_{s1}| + |P_{s1}|, \quad s \neq i$$

이다. $s \neq i$이면 명백히 $a_{s1} = b_{s1} = c_{s1}$이고, $s = i$이면 $M_{i1} = N_{i1} = P_{i1}$, $a_{i1} = b_{i1} + c_{i1}$이다. 따라서

$$|A| = \sum_{s=1}^{n} a_{s1} (-1)^{s+1} |M_{s1}|$$

$$= a_{i1}(-1)^{i+1}|M_{i1}| + \sum_{\substack{s=1 \\ s \neq i}}^{n} a_{s1}(-1)^{s+1}|M_{s1}|$$

$$= (b_{i1} + c_{i1})(-1)^{i+1}|M_{i1}| + \sum_{\substack{s=1 \\ s \neq i}}^{n} a_{s1}(-1)^{s+1}(|N_{s1}| + |P_{s1}|)$$

$$= \left(b_{i1}(-1)^{i+1}|N_{i1}| + \sum_{\substack{s=1 \\ s \neq i}}^{n} b_{s1}(-1)^{s+1}|N_{s1}| \right) + \left(c_{i1}(-1)^{i+1}|P_{i1}| + \sum_{\substack{s=1 \\ s \neq i}}^{n} c_{s1}(-1)^{s+1}|P_{s1}| \right)$$

$$= \sum_{s=1}^{n} b_{s1}(-1)^{s+1}|N_{s1}| + \sum_{s=1}^{n} c_{s1}(-1)^{s+1}|P_{s1}|$$

$$= \sum_{s=1}^{n} b_{s1}B_{s1} + \sum_{s=1}^{n} c_{s1}C_{s1} = |B| + |C|$$

이다. ■

예제 2.6 행렬 $B = \begin{bmatrix} 1 & 0 & 2 \\ 1 & 2 & 0 \\ 2 & 7 & 8 \end{bmatrix}$와 $C = \begin{bmatrix} 1 & 0 & 2 \\ 2 & 2 & 1 \\ 2 & 7 & 8 \end{bmatrix}$의 행렬식이 각각 $|B| = 22$, $|C| = 29$라는 사실을 이용해서 직접 계산없이 행렬 $A = \begin{bmatrix} 1 & 0 & 2 \\ 3 & 4 & 1 \\ 2 & 7 & 8 \end{bmatrix}$의 행렬식을 구하라.

풀이 세 행렬의 1행과 3행은 서로 같고 2행에 대해서 $A_{(2)} = B_{(2)} + C_{(2)}$이다. 따라서 정리 2.6에 의해 $|A| = |B| + |C| = 22 + 29 = 51$이다. ■

정리 2.3, 2.4와 2.6을 종합하면 주어진 행렬과 행동치를 이루는 행렬의 행렬식에 관한 다음의 유익한 정리를 이끌어 낼 수 있다.

정리 2.7

A를 $n \times n$ 정사각행렬이라 하자. A의 한 행에 다른 행의 상수 배를 더하여도 행렬식은 변함이 없다.

증명 $B = [A_{(1)} \cdots A_{(i)} + CA_{(j)} \cdots A_{(j)} \cdots A_{(n)}]^t$라 하자.

여기서 $B_{(i)} = A_{(i)} + cA_{(j)}$, $B_{(s)} = A_{(s)}$, $s \neq i$.

정리 2.6과 정리 2.4, 정리 2.3의 직접적인 결과로서 B의 행렬식은

$$
\begin{aligned}
|B| &= \left|[A_{(1)} \cdots A_{(i)} \cdots A_{(j)} \cdots A_{(n)}]^t\right| + c\left|[A_{(1)} \cdots A_{(j)} \cdots A_{(j)} \cdots A_{(n)}]^t\right| \\
&= \left|[A_{(1)} \cdots A_{(i)} \cdots A_{(j)} \cdots A_{(n)}]^t\right| \\
&= |A|
\end{aligned}
$$

가 되어 원하는 결과를 얻는다. ■

이상과 같은 결과들을 활용하여 정사각행렬 A에 기본행연산 (T3)를 적용해서 행동치인 상부삼각행렬 U로 변환되면 $u_{11}, u_{22}, \cdots, u_{nn}$이 U의 주대각원일 때 A의 행렬식이

$$|A| = |U| = u_{11}u_{22}\cdots u_{nn}$$

임을 말해준다. 이러한 방식은 특히 큰 행렬의 행렬식을 계산하고자 할 때 유용하다.

예제 2.7 행렬의 삼각화를 이용하여 다음 행렬의 행렬식을 구하라.

$$A = \begin{bmatrix} 1 & 2 & 0 & 2 \\ -1 & 2 & 3 & 1 \\ -3 & 2 & -1 & 0 \\ 2 & -3 & -2 & 1 \end{bmatrix}$$

풀이 먼저 A를 기본행연산 (T3)를 적용하여 행동치를 이루는 상부삼각행렬로 변환한다.

$$A_{(2)} + A_{(1)},\ A_{(3)} + 3A_{(1)},\ A_{(4)} - 2A_{(1)} :: \ A \sim_r \begin{bmatrix} 1 & 2 & 0 & 2 \\ 0 & 4 & 3 & 3 \\ 0 & 8 & -1 & 6 \\ 0 & -7 & -2 & -3 \end{bmatrix} := U_1$$

$$U_{1(3)} - 2U_{1(2)},\ U_{1(4)} + \frac{7}{4}U_{(2)} :: \ U_1 \sim_r \begin{bmatrix} 1 & 2 & 0 & 2 \\ 0 & 4 & 3 & 3 \\ 0 & 0 & -7 & 0 \\ 0 & 0 & \frac{13}{4} & \frac{9}{4} \end{bmatrix} := U_2$$

$$U_{2(4)} + \frac{13}{28}U_{2(3)} :: \ U_2 \sim_r \begin{bmatrix} 1 & 2 & 0 & 2 \\ 0 & 4 & 3 & 3 \\ 0 & 0 & -7 & 0 \\ 0 & 0 & 0 & \frac{9}{4} \end{bmatrix} := U$$

따라서 $A \sim_r U_1 \sim_r U_2 \sim_r U$이고 U가 상부삼각행렬이므로

$$|A| = |U| = (1)(4)(-7)\left(\frac{9}{4}\right) = -63$$

이다. ■

정리 2.8

E가 기본행렬이고 A가 같은 크기의 정사각행렬이면 $|EA| = |E||A|$이다.

| 증명 | $|E_{(i),(j)}| = -1$, $|E_{c(i)}| = c$, $|E_{(i)+c(j)}| = 1$이므로 정리 2.3, 정리 2.4와 정리 2.7에 의해서 각각 다음이 성립한다.

$$|E_{(i),(j)}A| = -|A| = |E_{(i),(j)}||A|,$$
$$|E_{c(i)}A| = c|A| = |E_{c(i)}||A|,$$
$$|E_{(i)+c(j)}A| = |A| = |E_{(i)+c(j)}||A|.$$ ■

2.1 • 연습문제

1. 첫째 열을 따른 라플라스 전개에 의해서 다음 행렬식을 계산하라.

(1) $\begin{vmatrix} 2 & 1 \\ 4 & 3 \end{vmatrix}$

(2) $\begin{vmatrix} 0 & 0 & 1 & 0 \\ 0 & 1 & 0 & 0 \\ 0 & 0 & 0 & 1 \\ 1 & 0 & 0 & 0 \end{vmatrix}$

(3) $\begin{vmatrix} 2 & 1 & 4 \\ 0 & 1 & 2 \\ 3 & -1 & 5 \end{vmatrix}$

(4) $\begin{vmatrix} 1 & 1 & 2 \\ 2 & 0 & 2 \\ 2 & 4 & -2 \end{vmatrix}$

(5) $\begin{vmatrix} 2 & 1 & 0 & 6 \\ 3 & 2 & 2 & 4 \\ 0 & 1 & 4 & 5 \\ 0 & -1 & 3 & 2 \end{vmatrix}$

(6) $\begin{vmatrix} 4 & -1 & 0 & 0 \\ 2 & 4 & -1 & 0 \\ 0 & 2 & 4 & 1 \\ 0 & 0 & 2 & 4 \end{vmatrix}$

2. (1) 보조정리 2.2를 증명하고, 이를 이용해서 하부삼각행렬의 행렬식이 주대각원의 곱과 같음을 보여라.

(2) 정사각행렬 A의 임의의 두 행이 같으면 $|A|=0$임을 보여라.

3. $A=\left[A_{(1)}\,A_{(2)}\,A_{(3)}\,A_{(4)}\right]^t$를 4×4 정사각행렬이라 하고 $|A|=5$라 하자. A로부터 얻어진 행렬 B가 다음과 같을 때 B의 행렬식을 구하라.

(1) $B=\left[2A_{(1)}\,A_{(2)}\,A_{(3)}\,A_{(4)}\right]^t$

(2) $B=\left[A_{(3)}\,A_{(2)}-A_{(1)}\,A_{(1)}\,A_{(4)}\right]^t$

(3) $B=\left[2A_{(1)}-3A_{(2)}\,2A_{(2)}+3A_{(3)}\,A_{(3)}\,A_{(4)}\right]^t$

(4) $B=\left[A_{(1)}-A_{(2)}\,A_{(2)}-A_{(3)}\,A_{(3)}-A_{(4)}\,A_{(4)}-A_{(1)}\right]^t$

4. 직접 계산없이 관찰에 의해 다음 행렬식의 값을 구하라.

(1) $\begin{vmatrix}0 & 0 & 1\\ 1 & 0 & 0\\ 0 & 1 & 0\end{vmatrix}$ (2) $\begin{vmatrix}0 & 0 & 2\\ 2 & 1 & 3\\ 0 & 4 & 5\end{vmatrix}$

(3) $\begin{vmatrix}1 & 1 & 2 & 2\\ 0 & 1 & 2 & 1\\ 2 & 2 & 4 & 4\\ 4 & 2 & 2 & 7\end{vmatrix}$ (4) $\begin{vmatrix}2 & 1 & 1 & 4\\ 0 & 1 & 2 & 1\\ 0 & 0 & 3 & 3\\ 4 & 2 & 2 & 7\end{vmatrix}$

5. 다음 각 행렬을 행동치를 이루는 삼각행렬로 변환하여 행렬식의 값을 구하라.

(1) $\begin{bmatrix}1 & 1 & 1\\ 2 & 1 & 0\\ 3 & 0 & 1\end{bmatrix}$ (2) $\begin{bmatrix}2 & 1 & 3\\ 0 & 1 & 2\\ 3 & -1 & 5\end{bmatrix}$

(3) $\begin{bmatrix}1 & 2 & 0 & 3\\ 2 & 0 & 4 & 3\\ 2 & 5 & 1 & 1\\ 1 & 6 & 0 & 2\end{bmatrix}$ (4) $\begin{bmatrix}1 & 1 & 2 & 1\\ 0 & 1 & 4 & 1\\ 2 & 1 & 3 & 0\\ 2 & 2 & 1 & 0\end{bmatrix}$

6. 다음 행렬의 행렬식의 값을 구하라.

$$A=\begin{bmatrix}2 & 1 & 0 & 0 & 0\\ -3 & 2 & 1 & 0 & 0\\ 4 & 3 & 2 & 1 & 0\\ -5 & 4 & 3 & 2 & 1\\ 6 & 5 & 4 & 3 & 2\end{bmatrix}$$

7. 임의의 수 $k \neq 0$에 대해 다음 행렬식의 값을 구하라.

(1) $\begin{vmatrix} k & 4k & 7k \\ 2k & 5k & 8k \\ 3k & 6k & 9k \end{vmatrix}$ (2) $\begin{vmatrix} k & k^4 & k^7 \\ k^2 & k^5 & k^8 \\ k^3 & k^6 & k^9 \end{vmatrix}$

8. $\boldsymbol{x}$, $\boldsymbol{y}$를 $\mathbb{R}^n$의 벡터라 하자. 행렬 A가

$$A = I_n + \boldsymbol{x}^t \boldsymbol{y}$$

로 정의된 $n \times n$ 행렬일 때 $|A| = 1 + \boldsymbol{x}\boldsymbol{y}^t$임을 보여라.

9. 다음 등식을 증명하라.

(1) $\begin{vmatrix} 1 & x_1 & x_1^2 \\ 1 & x_2 & x_2^2 \\ 1 & x_3 & x_3^2 \end{vmatrix} = (x_1 - x_2)(x_2 - x_3)(x_3 - x_1)$

(2) $\begin{vmatrix} 1 & x_1 & x_1^2 & \cdots & x_1^n \\ 1 & x_2 & x_2^2 & \cdots & x_2^n \\ \vdots & \vdots & \vdots & & \vdots \\ 1 & x_n & x_n^2 & \cdots & x_n^n \end{vmatrix} = \prod_{1 \le i < j \le n} (x_j - x_i)$

(이를 일반적으로 n차의 **반데몬드 행렬식**(Vandermonde determinant)이라고 한다.)

10. (1) 직선 $y = ax + b$를 두 점 (x_1, y_1)과 (x_2, y_2)를 지나는 직선이라고 하자. 이 직선의 방정식은 다음의 행렬식으로 주어짐을 보여라.

$$\begin{vmatrix} 1 & x & y \\ 1 & x_1 & y_1 \\ 1 & x_2 & y_2 \end{vmatrix} = 0$$

(2) 공간의 세 점 $P(x_1, y_1, z_1)$, $Q(x_2, y_2, z_2)$, $R(x_3, y_3, z_3)$를 지나는 평면의 방정식은 다음의 행렬식으로 주어짐을 보여라.

$$\begin{vmatrix} 1 & x & y & z \\ 1 & x_1 & y_1 & z_1 \\ 1 & x_2 & y_2 & z_2 \\ 1 & x_3 & y_3 & z_3 \end{vmatrix} = 0$$

11. (1) A와 B가 정사각행렬일 때 블록행렬의 행렬식에 대해 다음이 성립함을 보여라.

$$\begin{vmatrix} A & \vdots & C \\ \cdots & \cdot & \cdots \\ O & \vdots & B \end{vmatrix} = |A||B|$$

(2) 각 A_i가 정사각행렬일 때 (1)의 결과를 일반화하여 다음 행렬식을 구하라.

$$\begin{vmatrix} A_1 & * & \cdots & * \\ O & A_2 & \cdots & * \\ \vdots & \vdots & \ddots & \vdots \\ O & O & \cdots & A_n \end{vmatrix}$$

12. A, B, C, D가 크기가 같은 정사각행렬일 때 다음 블록행렬 Γ의 LU 분해를 이용하여 다음이 성립함을 보여라.

$$\Gamma = \begin{bmatrix} A & B \\ C & D \end{bmatrix}$$

(1) A가 정칙이면 $|\Gamma| = |A||D - CA^{-1}B|$.

(2) D가 정칙이면 $|\Gamma| = |D||A - BD^{-1}C|$.

2.2 행렬식의 성질과 응용

앞 절에서 행렬식을 정의하고 기본행연산에 대한 행렬식의 기본성질을 유도하였다. 이 절에서는 행렬의 곱, 전치행렬에 대한 행렬식 및 정칙행렬에 대응하는 연립일차방정식의 해를 구하는 크레이머 규칙 등 응용문제를 다루고 행렬식을 이용해서 정칙행렬의 역행렬을 구하는 방법을 소개한다.

제1장에서 특이행렬의 특성에 대해 알아보았다. 여러 가지 목적에 유동적으로 활용하기 위해 행렬식을 이용해서 특이행렬의 특성을 재조명해 보자.

보조정리 2.9

A가 특이행렬이면 $|A| = 0$이다.

| 증명 | 1.4절에 의해 A가 정칙이면 $A \sim_r I_n$이므로 A가 특이행렬이면 적어도 하나의 행이 모두 0인 행렬과 행동치이다. 따라서 보조정리 2.2에 의해 $|A| = 0$이다. ■

다음은 행렬식의 곱셈성질로서 행렬식의 연산을 보다 단순화하는데 도움을 준다.

정리 2.10 행렬식의 곱셈정리

A와 B가 $n \times n$ 정사각행렬이면 행렬의 곱에 대한 행렬식은 다음과 같다.

$$|AB| = |A||B|$$

| 증명 | A가 특이행렬이면 AB도 특이행렬이다. 보조정리 2.9에 의해 $|A| = 0 = |AB|$이므로

$$|AB| = 0 = |A||B|$$

가 되어 정리가 성립한다.

다음 A를 정칙행렬이라 하면 $A \sim_r I_n$이므로 1.4절에 의해 A는 기본행렬의 곱으로써 $A = E_k \cdots E_2 E_1$로서 나타낼 수 있고, 정리 2.8에 의해

$$|AB| = |E_k \cdots E_2E_1B| = |E_k| \cdots |E_2||E_1||B|$$
$$= |E_k \cdots E_2E_1||B| = |A||B|$$

가 되어 정리가 성립한다. ■

예제 2.8 $A = \begin{bmatrix} 2 & -1 \\ -1 & 3 \end{bmatrix}$, $B = \begin{bmatrix} 1 & -3 \\ -2 & 2 \end{bmatrix}$에 대해 행렬식의 곱셈정리를 확인하라.

풀이 $AB = \begin{bmatrix} 4 & -8 \\ -7 & 9 \end{bmatrix}$이므로 $|AB| = -20$이다. $|A| = 5$, $|B| = -4$이므로 $|AB| = -20 = |A||B|$가 성립한다. ■

행렬식의 곱셈정리를 이용하여 A의 LU 분해에 따른 행렬식의 값을 유추할 수 있다.

먼저 $A = LU$이면 L은 주대각원이 모두 1인 단위 하부삼각행렬이므로 $|L| = 1$이고 이에 따라 $|A| = |LU| = |L||U| = |U|$이다.

한편, 치환행렬 P에 대해 $PA = LU$이면 P는 단위행렬로부터 유한 번의 행교환으로 생성된 행렬이므로 행교환의 횟수를 k라 하면 $|P| = (-1)^k$이다. 따라서 $|A| = (-1)^k|U|$이다. 즉, A를 기본행연산에 따라 삼각화할 때 $A \sim_r U$이면 $|A| = (-1)^{\text{치환횟수}}|U|$이다.

예제 2.9 A가 예제 1.28에 주어진 시스템행렬일 때 행렬식 $|A|$를 구하라.

풀이 A의 LU 분해는 치환행렬 $P = E_{(3),(4)}E_{(1),(3)}$에 대해서

$$PA = LU = \begin{bmatrix} 1 & 0 & 0 & 0 \\ 0 & 1 & 0 & 0 \\ 1 & -1 & 1 & 0 \\ 0 & 1 & 0 & 1 \end{bmatrix} \begin{bmatrix} 1 & 2 & -1 & 3 \\ 0 & 1 & 1 & -2 \\ 0 & 0 & 4 & -5 \\ 0 & 0 & 0 & 4 \end{bmatrix}$$

이고 P의 치환횟수는 2이므로 $|P| = (-1)^2 = 1$이다.
따라서 $|A| = |U| = (1)(1)(4)(4) = 16$이다. ■

행렬식을 이용해서 정칙행렬의 다른 특성을 얻을 수 있다.

정리 2.11

A가 정칙이면 $|A| \neq 0$이고 $|A^{-1}| = \dfrac{1}{|A|}$이다.

| 증명 | 정리 1.6과 정리 1.7에 의해 A가 정칙이면 역행렬 A^{-1}가 존재하고 $AA^{-1} = I_n$이므로

$$1 = |I_n| = |AA^{-1}| = |A||A^{-1}|$$

이다. 그러므로 $|A| \neq 0$이고 $|A^{-1}| = \dfrac{1}{|A|}$이다. ■

보조정리 2.9와 정리 2.11을 써서 정칙 및 특이행렬에 관한 다음의 유용한 특성을 얻을 수 있다.

보조정리 2.12

정사각행렬 A가 특이행렬일 필요충분조건은 $|A| = 0$이다.
마찬가지로, A가 정칙일 필요충분조건은 $|A| \neq 0$이다.

이제 전치행렬의 행렬식에 대해 살펴보자. A가 $n \times n$ 행렬일 때 A는 좌변에 기본행연산을 적용함으로서 상부삼각행렬 U로 변환할 수 있다. 1.3절에 의해 기본행연산을 적용하는 것은 기본행렬의 곱과 같으므로 $A \sim_r U$는 적절한 기본행렬 E_1, E_2, $\cdots$, E_k에 대해

$$E_k \cdots E_2 E_1 A = U$$

와 동등하다. 여기서 E_i는 두 행을 서로 바꾸거나, 한 행에 상수 배를 하거나 한 행의 상수 배를 다른 행에 더하는 동작을 나타낸다. 기본행렬 E_i의 다음 특성을 주목하라.

(1) E_i가 두 행의 교환을 나타내면 E_i는 대칭이다.
(2) E_i가 한 행의 상수 배를 나타내면 E_i는 대각행렬이다.
(3) E_i가 한 행의 상수 배를 다른 행에 더하는 동작을 나타내면 E_i는 대각원소가 1인 삼각행렬이다.

따라서 이 세 경우 모두 $|E_i^t| = |E_i|$이다.

이제 $Q = E_k \cdots E_2 E_1$이라고 하면

$$\begin{aligned} |Q^t| &= |(E_k \cdots E_2 E_1)^t| \\ &= |E_1^t E_2^t \cdots E_k^t| \\ &= |E_1^t||E_2^t| \cdots |E_k^t| \end{aligned}$$

$$\begin{aligned} &= |E_1||E_2| \cdots |E_k| \\ &= |E_k \cdots E_2 E_1| \\ &= |Q| \end{aligned}$$

이다.

정리 2.13

A가 정사각행렬일 때 $|A^t| = |A|$이다.

증명 A에 기본행연산을 적용하여 행동치를 이루는 상부삼각행렬 U로 변환하면

$$E_k \cdots E_2 E_1 A = QA = U$$

이다. U가 상부삼각행렬이면 U^t는 하부삼각행렬이다. 따라서 $|U| = |U^t|$. $U^t = A^t Q^t$이고 $|Q^t| = |Q|$이므로

$$|Q||A| = |U| = |U^t| = |A^t||Q^t| = |A^t||Q|.$$

$|Q| \neq 0$이므로 위 식으로부터 $|A^t| = |A|$를 얻는다. ■

모든 i에 대해 $(A^t)_{(i)} = (A^{(i)})^t$이므로 정리 2.13에 의해 A의 행렬식을 다음과 같이 A의 열벡터의 항으로 나타낼 수 있다.

$$\begin{aligned} |A| = |A^t| &= \left| \left[(A^t)_{(1)}\ (A^t)_{(2)} \cdots (A^t)_{(n)} \right]^t \right| \\ &= \left| \left[(A^{(1)})^t\ (A^{(2)})^t \cdots (A^{(n)})^t \right]^t \right| \\ &= \left| \left[A^{(1)}\ A^{(2)} \cdots A^{(n)} \right] \right| \end{aligned}$$

정사각행렬 A에 기본열연산을 적용하는 것은 전치행렬 A^t에 기본행연산을 적용하는 것을 말한다. 따라서 A의 **기본열연산**(elementary column operations)이란 A의 한 열에 상수 배, A의 두 열의 교환, 한 열의 상수 배를 다른 열에 더하는 동작을 나타낸다. A에 기본열연산을 적용하여 하부삼각행렬로 변환할 수 있다. 앞에서 진술한 기본행연산에 연계한 행렬식의 모든 사실은 기본열연산에 대해서도 그대로 성립한다.

이제 행렬식의 성질을 이용하여 A가 정칙일 때 연립일차방정식 $A\boldsymbol{x} = \boldsymbol{b}$의 해를 구하는 크레이머 규칙을 유도해 보자.

정리 2.14 크레이머 규칙(Cramer's rule)

$A=[A^{(1)}A^{(2)}\cdots A^{(n)}]$를 정칙인 $n\times n$ 행렬이고 $\boldsymbol{b}$를 $n\times 1$ 열벡터라 하자. 여기서 $A^{(j)}$는 A의 j 번째 열벡터를 나타낸다. 그러면 연립방정식 $A\boldsymbol{x}=\boldsymbol{b}$의 해는

$$x_j=\frac{|[A^{(1)}\cdots A^{(j-1)}\,\boldsymbol{b}\,A^{(j+1)}\cdots A^{(n)}]|}{|A|},\quad (j=1,\ 2,\ \cdots,\ n)$$

으로 주어진다.

| 증명 | A가 정칙이므로 $|A|\neq 0$이다. $A\boldsymbol{x}=\boldsymbol{b}$는 A의 열벡터를 이용하여

$$x_1A^{(1)}+\cdots+x_jA^{(j)}+\cdots+x_nA^{(n)}=\boldsymbol{b}$$

의 형태로 쓸 수 있으므로 기본열연산에 대응하는 2.1절의 결과를 활용해서

$$\begin{aligned}x_j|A|&=|[A^{(1)}\cdots A^{(j-1)}x_jA^{(j)}\cdots A^{(n)}]|\\&=|[A^{(1)}\cdots A^{(j-1)}\,\boldsymbol{b}-\sum_{\substack{i=1\\i\neq j}}^{n}x_iA^{(i)}\cdots A^{(n)}]|\\&=|[A^{(1)}\cdots A^{(j-1)}\boldsymbol{b}\cdots A^{(n)}]|-\sum_{\substack{i=1\\i\neq j}}^{n}x_i|[A^{(1)}\cdots A^{(j-1)}A^{(i)}\cdots A^{(n)}]|\\&=|[A^{(1)}\cdots A^{(j-1)}\boldsymbol{b}\cdots A^{(n)}]|\end{aligned}$$

을 얻는다. 여기서 $i\neq j$에 대해 $|[A^{(1)}\cdots A^{(j-1)}A^{(i)}\cdots A^{(n)}]|$은 같은 두 열을 갖는 행렬의 행렬식이므로 0이 됨을 이용하였다. 따라서 정리가 성립한다. ■

예제 2.10 크레이머 규칙을 써서 다음 방정식의 해를 구하라.

$$\begin{aligned}2x_1-x_2+x_3&=1\\x_1+3x_2-2x_3&=0\\4x_1-3x_2+x_3&=2\end{aligned}$$

풀이 $A=\begin{bmatrix}2&-1&1\\1&3&-2\\4&-3&1\end{bmatrix}$, $\boldsymbol{b}=\begin{bmatrix}1\\0\\2\end{bmatrix}$에 대해 주어진 방정식은 $A\boldsymbol{x}=\boldsymbol{b}$ 형태로 쓸 수 있다. $|A|=-12\neq 0$이므로 A는 정칙이 되어 방정식은 유일한 해를 갖는다. 크레이머 규칙을 적용하면 해는

$$x_1 = \frac{\begin{vmatrix} 1 & -1 & 1 \\ 0 & 3 & -2 \\ 2 & -3 & 1 \end{vmatrix}}{|A|},\ x_2 = \frac{\begin{vmatrix} 2 & 1 & 1 \\ 1 & 0 & -2 \\ 4 & 2 & 1 \end{vmatrix}}{|A|},\ x_3 = \frac{\begin{vmatrix} 2 & -1 & 1 \\ 1 & 3 & 0 \\ 4 & -3 & 2 \end{vmatrix}}{|A|}$$

로 주어지고 이것을 계산해서 해

$$x_1 = \frac{5}{12},\ x_2 = \frac{1}{12},\ x_3 = \frac{1}{12}$$

를 얻는다. ■

우리는 행렬식을 첫째 열을 따른 라플라스 전개를 써서 정의하였다. 다음 정리는 행렬식의 계산이 임의의 열이나 행을 따라 전개해도 같은 결과를 얻을 수 있음을 보여준다. 이 결과는 행렬의 구조에 따라 행렬식의 계산을 단순화하는 데 큰 역할을 한다.

정리 2.15

A가 $n \times n$ 정사각행렬이면 행렬식의 계산에서 모든 $i,\ j = 1,\ \cdots,\ n$에 대해

$$|A| = a_{1j}A_{1j} + a_{2j}A_{2j} + \cdots + a_{nj}A_{nj} \quad (j\text{열을 따른 라플라스 전개})$$

$$|A| = a_{i1}A_{i1} + a_{i2}A_{i2} + \cdots + a_{in}A_{in} \quad (i\text{행을 따른 라플라스 전개})$$

가 성립한다.

| 증명 | 기본열연산을 써서 A의 j번째 열 $A^{(j)}$를 첫 번째 열로 옮기는 동작은 $(j-1)$번 열의 교환을 통해 이루어지므로 그 결과 행렬을 B라 하면

$$|B| = (-1)^{j-1}|A|$$

이다. M을 B의 $k1$-소행렬이라 하면 M은 A의 kj-소행렬이므로 B와 A에 대응하는 여인수는 각각

$$B_{k1} = (-1)^{k+1}|M|,\ A_{kj} = (-1)^{k+j}|M|$$

이 되어 $B_{k1} = (-1)^{j-1}A_{kj}$를 얻는다. 따라서

$$\begin{aligned} |B| &= b_{11}B_{11} + b_{21}B_{21} + \cdots + b_{n1}B_{n1} \\ &= a_{1j}B_{11} + a_{2j}B_{21} + \cdots + a_{nj}B_{n1} \end{aligned}$$

$$= (-1)^{j-1}(a_{1j}A_{1j} + a_{2j}A_{2j} + \cdots + a_{nj}A_{nj})$$

이고 $|B| = (-1)^{j-1}|A|$를 이용해서 j열을 따른 행렬식의 전개식

$$|A| = a_{1j}A_{1j} + a_{2j}A_{2j} + \cdots + a_{nj}A_{nj}$$

를 얻는다. 한편, 임의의 행을 따른 라플라스 전개는 $|A^t| = |A|$이므로 전치행렬 A^t의 열을 따른 전개식을 적용하면 정리의 두 번째 식이 얻어진다. ■

예제 2.11 라플라스 전개를 이용해서 다음 행렬의 행렬식을 구하라.

$$A = \begin{bmatrix} 1 & 5 & -3 & 2 \\ 4 & 0 & 2 & 0 \\ 2 & 0 & 3 & -1 \\ 5 & 1 & 2 & 4 \end{bmatrix}, \quad B = \begin{bmatrix} 7 & 0 & 2 & 0 \\ 5 & -1 & 4 & 3 \\ 3 & 0 & 0 & 0 \\ 4 & -1 & 3 & 2 \end{bmatrix}$$

풀이 A의 두 번째 열이 0을 많이 포함하고 있으므로 둘째 열을 따른 라플라스 전개를 이용해서 A의 행렬식을 구하는 것이 편리하고 B의 경우는 셋째 행을 따른 라플라스 전개를 이용해서 아래와 같이 행렬식을 계산한다.

$$\begin{aligned} |A| &= a_{12}A_{12} + a_{22}A_{22} + a_{32}A_{32} + a_{42}A_{42} \\ &= 5(-1)^{1+2}\begin{vmatrix} 4 & 2 & 0 \\ 2 & 3 & -1 \\ 5 & 2 & 4 \end{vmatrix} + (-1)^{4+2}\begin{vmatrix} 1 & -3 & 2 \\ 4 & 2 & 0 \\ 2 & 3 & -1 \end{vmatrix} \\ &= -5\left(4\begin{vmatrix} 3 & -1 \\ 2 & 4 \end{vmatrix} - 2\begin{vmatrix} 2 & -1 \\ 5 & 4 \end{vmatrix}\right) + \left(-4\begin{vmatrix} -3 & 2 \\ 3 & -1 \end{vmatrix} + 2\begin{vmatrix} 1 & 2 \\ 2 & -1 \end{vmatrix}\right) \\ &= -5(4(14) - 2(13)) + (-4(-3) + 2(-5)) \\ &= -148. \end{aligned}$$

$$\begin{aligned} |B| &= a_{31}A_{31} + a_{32}A_{32} + a_{33}A_{33} + a_{34}A_{34} \\ &= 3\begin{vmatrix} 0 & 2 & 0 \\ -1 & 4 & 3 \\ -1 & 3 & 2 \end{vmatrix} = 3\left(-2\begin{vmatrix} -1 & 3 \\ -1 & 2 \end{vmatrix}\right) = -6. \end{aligned}$$

■

이제 행렬식을 이용하여 가역행렬의 역행렬을 구하는 문제에 대해 살펴보자. 이를 위해 다음의 보조정리를 이용한다.

보조정리 2.16

A를 $n\times n$ 행렬이라 하자.
$i\neq k$이면 $a_{i1}A_{k1}+a_{i2}A_{k2}+\cdots+a_{in}A_{kn}=0$이다.

| 증명 | B를 A에서 k 번째 행을 삭제하고 그 자리에 A의 i 번째 행으로 대체해서 얻어진 행렬이라면 B는 i와 k행이 서로 같다. 또한 k행을 제외하고는 B는 A와 일치한다. 따라서 $|B|=0$이고 모든 $\ell=1,\cdots,n$에 대해 $B_{k\ell}=A_{k\ell}$이다. 따라서 정리 2.15로부터

$$\begin{aligned}0=|B|&=b_{k1}B_{k1}+b_{k2}B_{k2}+\cdots+b_{kn}B_{kn}\\&=a_{i1}A_{k1}+a_{i2}A_{k2}+\cdots+a_{in}A_{kn}\end{aligned}$$

이 되어 정리가 증명된다. ■

정리 2.15와 보조정리 2.16을 종합하면 $n\times n$ 행렬 A에 대해서

$$a_{i1}A_{k1}+a_{i2}A_{k2}+\cdots+a_{in}A_{kn}=\delta_{ik}|A|$$

로 나타낼 수 있다. 여기서 δ_{ik}는 크로네커 기호이다. 전치행렬을 이용하면 마찬가지로

$$a_{1j}A_{1k}+a_{2j}A_{2k}+\cdots+a_{nj}A_{nk}=\delta_{jk}|A|$$

이다.

이제 이 결과를 이용해서 직접적으로 가역행렬의 역행렬을 구하는 방법을 알아보자. 먼저 다음의 정의가 필요하다. 주어진 $n\times n$ 행렬 A에 대해서 A의 여인수로 이루어진 행렬 $C=[c_{ij}]$, $c_{ij}=A_{ji}$를 A의 수반행렬(adjoint matrix)이라고 하고 $C=\mathrm{adj}(A)$로 정의한다. 즉 A의 수반행렬은 다음과 같다.

$$\mathrm{adj}(A)=\begin{bmatrix}A_{11}&A_{12}&\cdots&A_{1n}\\A_{21}&A_{22}&\cdots&A_{2n}\\\vdots&\vdots&&\vdots\\A_{n1}&A_{n2}&\cdots&A_{nn}\end{bmatrix}^t=\begin{bmatrix}A_{11}&A_{21}&\cdots&A_{n1}\\A_{12}&A_{22}&\cdots&A_{n2}\\\vdots&\vdots&&\vdots\\A_{1n}&A_{2n}&\cdots&A_{nn}\end{bmatrix}$$

예제 2.12 행렬 $A=\begin{bmatrix}1&3&-3\\1&-1&2\\2&0&1\end{bmatrix}$의 수반행렬 $\mathrm{adj}(A)$를 구하라.

풀이 $A_{11}=(-1)^{1+1}\begin{vmatrix}-1 & 2\\ 0 & 1\end{vmatrix}=-1,\quad A_{12}=(-1)^{1+2}\begin{vmatrix}1 & 2\\ 2 & 1\end{vmatrix}=3,$

$A_{13}=(-1)^{1+3}\begin{vmatrix}1 & -1\\ 2 & 0\end{vmatrix}=2,\quad A_{21}=(-1)^{2+1}\begin{vmatrix}3 & -3\\ 0 & 1\end{vmatrix}=-3,$

$A_{22}=(-1)^{2+2}\begin{vmatrix}1 & -3\\ 2 & 1\end{vmatrix}=7,\quad A_{23}=(-1)^{2+3}\begin{vmatrix}1 & 3\\ 2 & 0\end{vmatrix}=6,$

$A_{31}=(-1)^{3+1}\begin{vmatrix}3 & -3\\ -1 & 2\end{vmatrix}=3,\quad A_{32}=(-1)^{3+2}\begin{vmatrix}1 & -3\\ 1 & 2\end{vmatrix}=-5,$

$A_{33}=(-1)^{3+3}\begin{vmatrix}1 & 3\\ 1 & -1\end{vmatrix}=-4.$

따라서 $\operatorname{adj}(A)=\begin{bmatrix}A_{11} & A_{21} & A_{31}\\ A_{12} & A_{22} & A_{32}\\ A_{13} & A_{23} & A_{33}\end{bmatrix}=\begin{bmatrix}-1 & -3 & 3\\ 3 & 7 & -5\\ 2 & 6 & -4\end{bmatrix}.$ ■

정리 2.17

가역행렬 A의 역행렬은

$$A^{-1}=\frac{\operatorname{adj}(A)}{|A|}$$

로 주어진다.

증명 $B=[b_{ij}]=A\operatorname{adj}(A)$라면

$$b_{ij}=a_{i1}A_{j1}+a_{i2}A_{j2}+\cdots+a_{in}A_{jn}=\delta_{ij}|A|$$

이므로 $B=|A|I_n$이다. 즉 $A\operatorname{adj}(A)=|A|I_n$. 그러므로 A의 역행렬은

$$A^{-1}=\frac{\operatorname{adj}(A)}{|A|}$$

이다. ■

예제 2.13 예제 2.12에 주어진 행렬 A의 역행렬을 구하라.

풀이 셋째 행을 따르는 라플라스 전개를 쓰면

$$|A|=2\begin{vmatrix}3 & -3\\ -1 & 2\end{vmatrix}+\begin{vmatrix}1 & 3\\ 1 & -1\end{vmatrix}=2(3)-4=2$$

이므로 A의 역행렬은

$$A^{-1}=\frac{\mathrm{adj}(A)}{|A|}=\frac{1}{2}\begin{bmatrix}-1&-3&3\\3&7&-5\\2&6&-4\end{bmatrix}=\begin{bmatrix}-\frac{1}{2}&-\frac{3}{2}&\frac{3}{2}\\\frac{3}{2}&\frac{7}{2}&-\frac{5}{2}\\1&3&-2\end{bmatrix}.$$ ■

예제 2.14 2×2 행렬 $A=\begin{bmatrix}a&b\\c&d\end{bmatrix}$가 정칙일 필요충분조건을 들고, 그때 A의 역행렬을 구하라.

풀이 A가 정칙일 필요충분조건은 $|A|=ad-bc\neq 0$이다. $ad-bc\neq 0$이면

$$\mathrm{adj}(A)=\begin{bmatrix}d&-b\\-c&a\end{bmatrix}$$

이므로

$$A^{-1}=\frac{\mathrm{adj}(A)}{|A|}=\frac{1}{ad-bc}\begin{bmatrix}d&-b\\-c&a\end{bmatrix}$$

이다. ■

행렬식의 실제적이고 구체적인 응용의 한 예로서 $\mathbb{R}^3$에 있는 세 벡터에 의해서 형성된 평행육면체의 체적을 들 수 있다. 세 벡터 $\boldsymbol{u}=\begin{bmatrix}u_1\\u_2\\u_3\end{bmatrix}$, $\boldsymbol{v}=\begin{bmatrix}v_1\\v_2\\v_3\end{bmatrix}$, $\boldsymbol{w}=\begin{bmatrix}w_1\\w_2\\w_3\end{bmatrix}$를 변으로 하는 평행육면체의 체적은 $|\boldsymbol{u}\cdot(\boldsymbol{v}\times\boldsymbol{w})|$로 주어진다. 여기서 $\boldsymbol{v}\times\boldsymbol{w}=\begin{bmatrix}v_2w_3-v_3w_2\\v_3w_1-v_1w_3\\v_1w_2-v_2w_1\end{bmatrix}$은 두 벡터의 외적으로서 $\boldsymbol{v}$와 $\boldsymbol{w}$를 변으로 하는 평행사변형의 넓이와 같은 크기를 가지고 $\boldsymbol{v}$와 $\boldsymbol{w}$가 생성하는 평면에 수직으로 향하는 벡터를 나타낸다. $|\boldsymbol{u}\cdot(\boldsymbol{v}\times\boldsymbol{w})|$를 성분별로 계산하면

$$\begin{aligned}|\boldsymbol{u}\cdot(\boldsymbol{v}\times\boldsymbol{w})|&=|u_1(v_2w_3-v_3w_2)+u_2(v_3w_1-v_1w_3)+u_3(v_1w_2-v_2w_1)|\\&=\left|u_1\det\begin{bmatrix}v_2&w_2\\v_3&w_3\end{bmatrix}-u_2\det\begin{bmatrix}v_1&w_1\\v_3&w_3\end{bmatrix}+u_3\det\begin{bmatrix}v_1&w_1\\v_2&w_2\end{bmatrix}\right|\\&=\left|\det\begin{bmatrix}u_1&v_1&w_1\\u_2&v_2&w_2\\u_3&v_3&w_3\end{bmatrix}\right|\end{aligned}$$

가 되어 공간에서 u, v, w를 열벡터로 하는 행렬식의 절대값은 u, v, w를 세 변으로 하는 평행육면체의 체적이 된다. 마찬가지로 $\mathbb{R}^2$의 두 벡터 $\boldsymbol{x}=\begin{bmatrix}x_1\\x_2\end{bmatrix}$, $\boldsymbol{y}=\begin{bmatrix}y_1\\y_2\end{bmatrix}$를 두 변으로 하는 평행사변형의 면적은 벡터 $\boldsymbol{x}\times\boldsymbol{y}$의 크기 $\|\boldsymbol{x}\times\boldsymbol{y}\|$로 주어지고 이것을 성분별로 계산하면

$$\|\boldsymbol{x}\times\boldsymbol{y}\|=|x_1y_2-x_2y_1|=|\det[\boldsymbol{x}\ \boldsymbol{y}]|$$

이다. 따라서 A가 2×2, 또는 3×3 행렬이라면 $\det(A)$의 절대값은 A의 열벡터에 의해 생성된 평행사변형의 넓이, 또는 평행육면체의 부피를 나타낸다.

2.2 • 연습문제

1. 보조정리 2.12를 증명하라.

2. A와 B를 각각 $|A|=-2$, $|B|=5$인 4×4 행렬이라 할 때 다음 값을 구하라.

(1) $|AB|$　(2) $|BA|$　(3) $|B^2A|$

(4) $|A^{-1}B|$　(5) $|ABA|$　(6) $|3A^3|$

(7) $|3A^{-1}|$　(8) $|(3A)^{-1}|$　(9) $|(A^tB)^{-1}|$

3. 행렬 $A=\begin{bmatrix}-1&1&-1\\-1&0&2\\2&-1&3\end{bmatrix}$에 대해 $|A|$, $\mathrm{adj}(A)$와 A^{-1}을 구하라.

4. 3×3 행렬 A의 수반행렬이 다음과 같이 주어져 있다.

$$\mathrm{adj}(A)=\begin{bmatrix}2&1&0\\4&3&2\\-2&-1&2\end{bmatrix}$$

(1) 수반행렬의 행렬식 $|\mathrm{adj}(A)|$를 구하라.

(2) A를 구하라.

(3) 직접계산에 의해 $|\mathrm{adj}(A)|=|A|^2$이 성립함을 검증하라.

5. P를 $n\times n$ 정칙행렬이라 하자. $P^{-1}AP=B$인 정사각행렬 A와 B에 대해 $|A|=|B|$임을 보여라.

6. $n\times n$ 행렬 $A=[A^{(1)}A^{(2)}\cdots A^{(n)}]$에 대해 A의 열벡터 $A^{(1)}, A^{(2)}, \cdots, A^{(n)}$이 일차독립일 필요충분조건은 $|A|\neq 0$임을 보여라. 마찬가지로 A의 행벡터가 일차독립일 필요충분조건은 $|A|\neq 0$임을 보여라.

7. 행렬식을 이용해 다음 각 벡터가 일차독립인지 조사하라.

(1) $\begin{bmatrix}1\\0\\1\end{bmatrix}, \begin{bmatrix}1\\2\\0\end{bmatrix}, \begin{bmatrix}1\\2\\3\end{bmatrix}$　　(2) $\begin{bmatrix}2\\0\\1\end{bmatrix}, \begin{bmatrix}2\\3\\1\end{bmatrix}, \begin{bmatrix}0\\3\\1\end{bmatrix}$

(3) $\begin{bmatrix}1\\0\\1\\1\end{bmatrix}, \begin{bmatrix}1\\1\\0\\1\end{bmatrix}, \begin{bmatrix}1\\1\\1\\0\end{bmatrix}, \begin{bmatrix}1\\1\\1\\1\end{bmatrix}$　　(4) $\begin{bmatrix}1\\1\\0\\0\end{bmatrix}, \begin{bmatrix}1\\1\\1\\1\end{bmatrix}, \begin{bmatrix}0\\1\\1\\1\end{bmatrix}, \begin{bmatrix}1\\1\\1\\1\end{bmatrix}$

8. 주어진 행렬에 대해 다음 문제를 풀어라.

$$A=\begin{bmatrix}0&1&3\\3&4&1\\1&2&1\end{bmatrix},\quad B=\begin{bmatrix}1&3&4\\-1&2&1\\2&2&4\end{bmatrix}$$

(1) 기본열연산을 적용하여 A와 B를 하부삼각행렬로 변환하라.

(2) 위 결과를 써서 A와 B의 행렬식을 구하라.

(3) A와 B가 가역인지 결정하고 그 경우 역행렬을 구하라.

9. 다음 행렬 A가 정칙행렬이 되도록 k의 값을 구하고 이때 A의 역행렬을 구하라.

$$A=\begin{bmatrix}1&k&0\\0&1&-1\\k&0&1\end{bmatrix}$$

10. 행렬식의 방법을 이용하여 다음 각 행렬의 역행렬을 구하라.

(1) $A=\begin{bmatrix}0&2&0\\3&0&0\\0&0&1\end{bmatrix}$　　(2) $B=\begin{bmatrix}1&-2&3\\2&0&-5\\4&0&2\end{bmatrix}$

(3) $C=\begin{bmatrix}2&0&0\\2&3&0\\2&3&4\end{bmatrix}$　　(4) $D=\begin{bmatrix}0&0&1&1\\0&0&0&1\\1&1&0&0\\0&1&0&0\end{bmatrix}$

11. 크레이머 규칙을 써서 다음 연립방정식의 해를 구하라.

(1) $\begin{cases} x_1 \quad\quad + 2x_3 = -1 \\ \quad\quad x_2 + x_3 = 2 \\ -x_1 + x_2 - x_3 = 4 \end{cases}$

(2) $\begin{cases} x_1 + x_2 + x_3 = 2 \\ x_1 + 2x_2 + x_3 = 0 \\ x_1 + 3x_2 - x_3 = 0 \end{cases}$

(3) $\begin{cases} x_1 + x_2 + x_3 = 1 \\ \quad x_2 + x_3 = 2 \\ \quad\quad x_3 = 3 \end{cases}$

(4) $\begin{cases} x_1 \quad\quad\quad\quad = 1 \\ x_1 + 2x_2 \quad\quad = 2 \\ x_1 + 2x_2 + 3x_3 = 3 \end{cases}$

12. 다음 방정식이 자명한 해 이외의 해를 갖도록 k의 값을 결정하라.

$$\begin{cases} kx + y + z = 0 \\ -x + ky + z = 0 \\ x + y - 2z = 0 \end{cases}$$

13. 다음 행렬 A에 대해 $\lambda I_3 - A$가 특이행렬이 되는 λ의 값을 모두 구하라.

(1) $A = \begin{bmatrix} -1 & 2 & 3 \\ 0 & 5 & 2 \\ 0 & 0 & 4 \end{bmatrix}$

(2) $A = \begin{bmatrix} 1 & 3 & 0 \\ 4 & 0 & -2 \\ -2 & 2 & -1 \end{bmatrix}$

14. 기본열연산에 대응하는 기본열행렬을 제시하고 기본행렬과의 관계를 조사하라.

15. A와 B를 $n \times n$ 행렬이라 하고 c를 상수라 하자. B가 정칙일 때 다음을 보여라.

(1) $|AB - cI_n| = |BA - cI_n|$

(2) $|A - cI_n| = |B^{-1}AB - cI_n|$

16. $\mathbb{R}^3$의 네 점 $A(1, -1, 1)$, $B(1, 1, -1)$, $C(-1, 1, 1)$, $D(2, 3, 2)$에 대해 다음 도형의 넓이, 또는 부피를 구하라.

(1) 세 점 A, B, C를 꼭지점으로 하는 삼각형의 넓이

(2) AB, AC, AD를 각 변으로 하는 평행육면체의 부피

(3) 네 점 A, B, C, D를 꼭지점으로 하는 사면체의 부피

17. $n \times n$ 정사각행렬 A에 대해서 다음을 답하라.

(1) A가 대칭행렬이면 $\text{adj}(A)$도 대칭임을 보여라.

(2) $|\text{adj}(A)| = |A|^{n-1}$임을 보여라.

(3) $\text{adj}(\text{adj}(A)) = |A|^{n-2}A$임을 보여라.

(4) A가 정칙일 필요충분조건은 $\text{adj}(A)$가 정칙임을 보여라.

제 3 장

03 벡터공간

3.1 벡터와 벡터공간

n개의 실수 성분을 갖는 순서쌍 $(u_1, u_2, \cdots, u_n)$ 전체의 집합을 n-공간(n-dimensional space)이라고 하며 $\mathbb{R}^n$으로 표시한다. 이때 각 순서쌍을 n-공간의 점, 또는 n-벡터(n-vector)라고 한다. 표현의 관례상 굵은 소문자를 써서 벡터를 나타낸다. 이에 따라 $\boldsymbol{u} = (u_1, u_2, \cdots, u_n)$은 n-벡터이며 u_i는 벡터 $\boldsymbol{u}$의 i번째 성분(component)이라고 한다.

이제 벡터의 기본연산을 소개하자.

$\boldsymbol{u} = (u_1, u_2, \cdots, u_n)$와 $\boldsymbol{v} = (v_1, v_2, \cdots, v_n)$를 두 n-벡터라고 하자. 두 벡터 $\boldsymbol{u}$와 $\boldsymbol{v}$는 대응하는 성분이 서로 일치할 때 상등한 벡터로 정의한다. 즉

$$\boldsymbol{u} = \boldsymbol{v} \iff u_1 = v_1,\ u_2 = v_2,\ \cdots,\ u_n = v_n$$

벡터의 합(sum) $\boldsymbol{u}+\boldsymbol{v}$는 대응하는 성분의 합으로 정의되는 새로운 벡터이다.

$$\boldsymbol{u}+\boldsymbol{v} = (u_1 + v_1,\ u_2 + v_2,\ \cdots,\ u_n + v_n)$$

모든 성분이 0인 벡터를 $\boldsymbol{0} = (0, 0, \cdots, 0)$으로 표시하고 영벡터(zero vector)라고 부른다. 벡터의 유용한 연산으로 벡터의 스칼라 곱(scalar multiplication)을 들 수 있다. k가 실수이고 $\boldsymbol{u} = (u_1, u_2, \cdots, u_n)$가 n-벡터일 때, $\boldsymbol{u}$의 스칼라 곱 $k\boldsymbol{u}$는 다음과 같이 k와 $\boldsymbol{u}$의 성분의 곱으로 정의한다.

$$k\boldsymbol{u} = (ku_1,\ ku_2,\ \cdots,\ ku_n)$$

여기서 $(-1)\boldsymbol{u}$를 $-\boldsymbol{u}$로 정의하고 $\boldsymbol{u}+(-\boldsymbol{v})$를 $\boldsymbol{u}-\boldsymbol{v}$로 정의하자. 이러한 정의로부터 벡터의 연산에 관한 다음 성질을 유도하는 것은 그다지 어렵지 않다.

정리 3.1

실수 k, ℓ과 n-벡터 $\boldsymbol{u}$, $\boldsymbol{v}$, $\boldsymbol{w}$에 대해 합과 스칼라 곱에 관한 다음 성질이 성립한다.

(1) $\boldsymbol{u}+\boldsymbol{v} = \boldsymbol{v}+\boldsymbol{u}$

(2) $\boldsymbol{u}+(\boldsymbol{v}+\boldsymbol{w}) = (\boldsymbol{u}+\boldsymbol{v})+\boldsymbol{w}$

(3) $k(\ell\boldsymbol{u}) = (k\ell)\boldsymbol{u}$

(4) $k(\boldsymbol{u}+\boldsymbol{v}) = k\boldsymbol{u}+k\boldsymbol{v}$, $(k+\ell)\boldsymbol{u} = k\boldsymbol{u}+\ell\boldsymbol{u}$

(5) $\boldsymbol{u}+\boldsymbol{0}=\boldsymbol{u}=\boldsymbol{0}+\boldsymbol{u}$

(6) $1\boldsymbol{u}=\boldsymbol{u}$

(7) $\boldsymbol{u}-\boldsymbol{u}=\boldsymbol{0}$

n-벡터를 다루는 데 유용하게 쓰일 뿐만 아니라 벡터의 기하학적 해석이나 응용에 다양성을 주는 벡터의 연산으로 유클리드 내적이 있다. 두 n-벡터 $\boldsymbol{u}=(u_1, u_2, \cdots, u_n)$와 $\boldsymbol{v}=(v_1, v_2, \cdots, v_n)$의 유클리드 내적(Euclidean inner product) $\boldsymbol{u}\cdot\boldsymbol{v}$를 다음과 같이 정의한다.

$$\boldsymbol{u}\cdot\boldsymbol{v}=u_1v_1+u_2v_2+\cdots+u_nv_n$$

유클리드 내적은 벡터의 크기를 재거나 수직 등 벡터 간의 관계를 이용해서 공간기하를 해석하는 중요한 수단으로 자주 활용된다. 유클리드 내적의 기본성질을 살펴보자. 다음은 유클리드 내적의 정의로부터 어렵지 않게 유도할 수 있다.

정리 3.2

$\boldsymbol{u}$, $\boldsymbol{v}$, $\boldsymbol{w}$가 n-벡터이고 k가 실수일 때 유클리드 내적에 대해 다음 사실이 성립한다.

(1) $\boldsymbol{u}\cdot\boldsymbol{v}=\boldsymbol{v}\cdot\boldsymbol{u}$ (교환법칙)

(2) $\boldsymbol{u}\cdot(\boldsymbol{v}+\boldsymbol{w})=\boldsymbol{u}\cdot\boldsymbol{v}+\boldsymbol{u}\cdot\boldsymbol{w}$ (분배법칙)

(3) $k(\boldsymbol{u}\cdot\boldsymbol{v})=(k\boldsymbol{u})\cdot\boldsymbol{v}=\boldsymbol{u}\cdot(k\boldsymbol{v})$ (동차성)

(4) $\boldsymbol{u}\cdot\boldsymbol{u}\geq 0$이고, $\boldsymbol{u}\cdot\boldsymbol{u}=0 \Leftrightarrow \boldsymbol{u}=\boldsymbol{0}$ (양성)

여기에서 $\boldsymbol{u}\cdot\boldsymbol{u}=u_1^2+u_2^2+\cdots+u_n^2=0$이 될 필요충분조건은 $u_1=u_2=\cdots=u_n=0$이므로 (4)는 쉽게 유도된다.

주어진 n-벡터 $\boldsymbol{u}$에 대해서

$$\|\boldsymbol{u}\|=\sqrt{\boldsymbol{u}\cdot\boldsymbol{u}}=\sqrt{u_1^2+u_2^2+\cdots+u_n^2}$$

을 벡터 $\boldsymbol{u}$의 유클리드 노름(Euclidean norm)이라고 한다. 벡터의 노름은 벡터의 크기, 또는 길이를 재는 장치로 기능한다. 길이가 1인 벡터를 단위벡터(unit vector)라고 한다.

유클리드 공간에서 영이 아닌 두 벡터 $\boldsymbol{u}$와 $\boldsymbol{v}$는 $\boldsymbol{u}\cdot\boldsymbol{v}=0$이면 서로 수직을 이룬다. 일반적인 내적공간에서 직교성의 주요 관점들은 5장에서 자세하게 다루어진다. 이러한 수직성의 개념을 이용해서 한 벡터의 다른 벡터 위로의 정사영에 대해 생각해 보자. 영벡터가 아닌 두

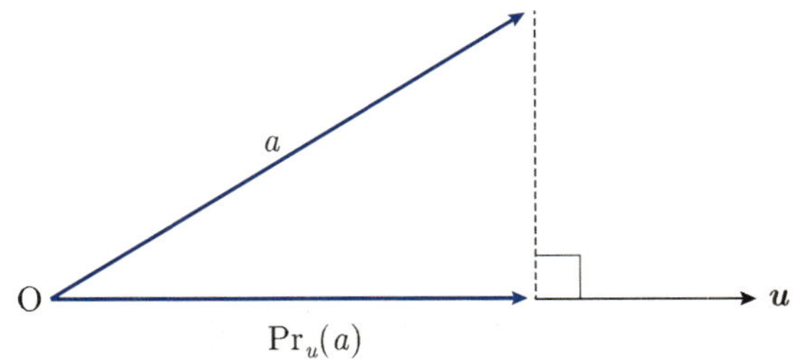

그림 3.1 벡터의 정사영

벡터 $\boldsymbol{a}$와 $\boldsymbol{u}$가 주어져 있을 때 그림 3.1과 같이 $\boldsymbol{a}$를 $\boldsymbol{u}$ 위로 투영시켜서 얻어지는 벡터를 $\boldsymbol{a}$의 $\boldsymbol{u}$ 위로의 정사영(projection)이라 하고 $\mathrm{Pr}_{\boldsymbol{u}}(\boldsymbol{a})$로 나타낸다.

정리 3.3

$\boldsymbol{a}$와 $\boldsymbol{u}$가 영벡터가 아닌 n-벡터일 때 $\boldsymbol{a}$의 $\boldsymbol{u}$ 위로의 정사영은 다음과 같다.

$$\mathrm{Pr}_{\boldsymbol{u}}(\boldsymbol{a}) = \left(\frac{\boldsymbol{a}\cdot\boldsymbol{u}}{\boldsymbol{u}\cdot\boldsymbol{u}}\right)\boldsymbol{u} = \left(\boldsymbol{a}\cdot\frac{\boldsymbol{u}}{\|\boldsymbol{u}\|}\right)\frac{\boldsymbol{u}}{\|\boldsymbol{u}\|}$$

| 증명 | $\mathrm{Pr}_{\boldsymbol{u}}(\boldsymbol{a})$가 $\boldsymbol{u}$와 같은 방향의 벡터이므로 $\mathrm{Pr}_{\boldsymbol{u}}(\boldsymbol{a}) = k\boldsymbol{u}$, $(k>0)$로 쓸 수 있다. 여기에서 k를 구하기 위해 그림 3.1에서와 같이 $\boldsymbol{a}-k\boldsymbol{u}$와 $\boldsymbol{u}$가 서로 수직이라는 사실을 이용하면

$$0 = (\boldsymbol{a}-k\boldsymbol{u})\cdot\boldsymbol{u} = \boldsymbol{a}\cdot\boldsymbol{u} - k(\boldsymbol{u}\cdot\boldsymbol{u})$$

가 되어 $k = \dfrac{\boldsymbol{a}\cdot\boldsymbol{u}}{\boldsymbol{u}\cdot\boldsymbol{u}}$이므로 정사영의 형식이 결정된다. ■

예제 3.1 $\boldsymbol{a} = (1, -2, 3)$, $\boldsymbol{u} = (2, 1, 4)$에 대하여 $\mathrm{Pr}_{\boldsymbol{u}}(\boldsymbol{a})$를 구하라.

풀이 $\boldsymbol{a}\cdot\boldsymbol{u} = (1)(2)+(-2)(1)+(3)(4) = 12$,

$\boldsymbol{u}\cdot\boldsymbol{u} = 2^2+1^2+4^2 = 21$.

따라서 $\mathrm{Pr}_{\boldsymbol{u}}(\boldsymbol{a}) = \left(\dfrac{\boldsymbol{a}\cdot\boldsymbol{u}}{\boldsymbol{u}\cdot\boldsymbol{u}}\right)\boldsymbol{u} = \dfrac{4}{7}\boldsymbol{u} = \left(\dfrac{8}{7}, \dfrac{4}{7}, \dfrac{16}{7}\right)$. ■

n개의 순서쌍으로 된 벡터를 행렬에서는 행렬의 곱을 고려하여 n-차원 열벡터로 간주한다. 이러한 경우에 $\boldsymbol{u}, \boldsymbol{v} \in \mathbb{R}^n$와 스칼라 k에 대해서 대응하는 벡터의 연산은 다음과 같다.

$$\boldsymbol{u} = \begin{bmatrix} u_1 \\ u_2 \\ \vdots \\ u_n \end{bmatrix}, \ \boldsymbol{v} = \begin{bmatrix} v_1 \\ v_2 \\ \vdots \\ v_n \end{bmatrix}, \ \boldsymbol{u}+\boldsymbol{v} = \begin{bmatrix} u_1+v_1 \\ u_2+v_2 \\ \vdots \\ u_n+v_n \end{bmatrix}, \ k\boldsymbol{u} = \begin{bmatrix} ku_1 \\ ku_2 \\ \vdots \\ ku_n \end{bmatrix},$$

$$\boldsymbol{u} \cdot \boldsymbol{v} = u_1v_1 + u_2v_2 + \cdots + u_nv_n = [v_1\, v_2 \cdots\, v_n] \begin{bmatrix} u_1 \\ u_2 \\ \vdots \\ u_n \end{bmatrix} = \boldsymbol{v}^t\boldsymbol{u}.$$

n-벡터는 두 벡터의 합과 스칼라 곱이 다시 n-벡터인 성질을 가지고 있다. 이와 같이 주어진 집합에서 정의된 연산의 결과가 다시 주어진 집합에 속하는 성질을 가지고 있을 때 집합은 연산에 의해 닫혀있다(closed)고 한다. 예를 들면 $\mathbb{R}^n$은 합과 스칼라 곱에 의해 닫혀있다.

$\mathbb{R}^n$의 경우를 확장하여 일반적으로는 어떤 집합 V가 있어서 V가 합과 스칼라 곱에 의해 닫혀있을 때 V를 벡터공간(vector space)이라고 하고, V의 각 원소를 벡터(vector)라고 한다. $\boldsymbol{u}$, $\boldsymbol{v}$, $\boldsymbol{w}$가 V의 원소이고 k, ℓ이 임의의 실수일 때 벡터공간 V에 대해 다음 성질이 성립한다.

(1) 합과 스칼라 곱에 의해 닫혀있는 성질

$$\boldsymbol{u}+\boldsymbol{v} \in V$$
$$k\boldsymbol{u} \in V$$

(2) 가법 성질

$$\boldsymbol{u}+\boldsymbol{v} = \boldsymbol{v}+\boldsymbol{u}$$
$$\boldsymbol{u}+(\boldsymbol{v}+\boldsymbol{w}) = (\boldsymbol{u}+\boldsymbol{v})+\boldsymbol{w}$$
$\boldsymbol{0} \in V$가 존재해서 $\boldsymbol{u}+\boldsymbol{0} = \boldsymbol{u} = \boldsymbol{0}+\boldsymbol{u}$

각 $\boldsymbol{u} \in V$에 대해 $(-1)\boldsymbol{u}$가 존재해서 $\boldsymbol{u}+(-1)\boldsymbol{u} = \boldsymbol{0}$

(3) 스칼라 곱의 성질

$$k(\ell\boldsymbol{u}) = (k\ell)\boldsymbol{u}$$
$$k(\boldsymbol{u}+\boldsymbol{v}) = k\boldsymbol{u}+k\boldsymbol{v}$$
$$(k+\ell)\boldsymbol{u} = k\boldsymbol{u}+\ell\boldsymbol{u}$$
$$1\boldsymbol{u} = \boldsymbol{u}$$

표현을 간단히 하기 위해 $(-1)\boldsymbol{u} = -\boldsymbol{u}$, $\boldsymbol{u}+(-1)\boldsymbol{v} = \boldsymbol{u}-\boldsymbol{v}$로 쓰고 결합법칙에 의해 더하는 순서에는 무관하므로 $\boldsymbol{u}+(\boldsymbol{v}+\boldsymbol{w})$를 괄호 없이 $\boldsymbol{u}+\boldsymbol{v}+\boldsymbol{w}$로 나타낸다.

앞에서 살펴본 바와 같이 $\mathbb{R}^n$은 벡터공간을 이룬다. 벡터공간은 $\mathbb{R}^n$에서처럼 단지 순서쌍의 집합만으로 구성되는 것이 아니며 매우 포괄적인 개념으로 작용한다. 예를 들어 구간 $[a, b]$에서 연속인 함수 전체의 집합을 $C([a, b])$로 정의하고 f와 g를 $C([a, b])$의 원소, k를 임의의 실수라고 할 때 $f+g$와 kf를 각각 $a \le x \le b$인 x에 대해

$$(f+g)(x) = f(x) + g(x),$$
$$(kf)(x) = kf(x)$$

로 정의하면 $C([a, b])$가 벡터공간의 모든 성질을 만족한다는 것을 쉽게 보일 수 있다. 따라서 $C([a, b])$는 벡터공간이다.

다음 정리는 벡터공간을 정의하는 연산으로부터 쉽게 유도된다.

정리 3.4

V는 벡터공간, $u \in V$, k는 스칼라일 때 다음이 성립한다.

(1) $0u = 0$

(2) $k0 = 0$

(3) $ku = 0$이면 $k = 0$, 또는 $u = 0$

| 증명 | (1) $0 = 0 + 0$이므로 $0u + 0u = (0+0)u = 0u$.

$$\begin{aligned}
&(0u + 0u) + (-0u) = 0u + (-0u) \\
&\Rightarrow \quad 0u + (0u - 0u) = 0u - 0u \\
&\Rightarrow \quad 0u + 0 = 0 \\
&\Rightarrow \quad 0u = 0
\end{aligned}$$

(2) $0 + 0 = 0$이므로 $k0 + k0 = k(0+0) = k0$.

양변에 $-k0$을 더하면

$$\begin{aligned}
&(k0 + k0) - k0 = k0 - k0 = 0 \\
&\Rightarrow \quad k0 + (k0 - k0) = 0 \\
&\Rightarrow \quad k0 + 0 = 0 \\
&\Rightarrow \quad k0 = 0
\end{aligned}$$

(3) $k \ne 0$이면 $k^{-1}k = 1$인 스칼라 k^{-1}이 존재하므로

$$u = 1u = (k^{-1}k)u = k^{-1}(ku) = k^{-1}0 = 0.$$ ■

V를 벡터공간이라고 하자. V의 부분집합 W가 다시 벡터공간이 될 때 W를 벡터공간 V의 **부분공간**(subspace)이라고 한다.

정리 3.5

W가 벡터공간 V의 부분집합일 때 W가 V의 부분공간이 될 필요충분조건은 다음 두 조건을 만족할 때이다.

(S1) $\boldsymbol{u}, \boldsymbol{v} \in W$이면 $\boldsymbol{u}+\boldsymbol{v} \in W$

(S2) $\boldsymbol{u} \in \boldsymbol{W}$이면 스칼라 k에 대해 $k\boldsymbol{u} \in W$

| 증명 | W가 V의 부분공간이면 W는 벡터공간이므로 벡터공간의 정의에서 모든 조건을 만족하므로 조건 (S1), (S2)는 성립한다.

역으로 조건 (S1), (S2)가 성립한다면 W가 V의 부분집합이므로 가법에서 영원소와 역원의 존재를 빼고는 벡터공간의 모든 성질이 성립한다. 이제 $\boldsymbol{w} \in W$라고 하면 조건 (S2)에 의해 $0\boldsymbol{w} = \boldsymbol{0} \in W$이고 모든 $\boldsymbol{w} \in W$에 대해 $\boldsymbol{w}+\boldsymbol{0} = \boldsymbol{w}$가 성립한다. 또한 $\boldsymbol{w} \in W$이면 $(-1)\boldsymbol{w} = -\boldsymbol{w} \in W$이고 $\boldsymbol{w}-\boldsymbol{w} = \boldsymbol{0}$이 성립한다. 따라서 W는 부분공간을 이룬다. ■

예제 3.2 $V = \mathbb{R}^3$이고, $W = \{\boldsymbol{v} = (v_1, v_2, v_3) \in V \mid v_1 = v_2 - v_3\}$일 때 W는 V의 부분공간임을 보여라.

풀이 조건 (S1)을 보이기 위해 $\boldsymbol{u} = (u_1, u_2, u_3)$와 $\boldsymbol{v} = (v_1, v_2, v_3)$를 W의 임의의 두 원소라 하면 $\boldsymbol{u}+\boldsymbol{v} = (u_1+v_1, u_2+v_2, u_3+v_3)$이고 $\boldsymbol{u}$와 $\boldsymbol{v}$가 W에 속하므로 $u_1 = u_2 - u_3$, $v_1 = v_2 - v_3$이다. 따라서

$$u_1 + v_1 = (u_2 - u_3) + (v_2 - v_3) = (u_2 + v_2) - (u_3 + v_3)$$

가 되어 $\boldsymbol{u}+\boldsymbol{v} \in W$이다.

또한 $\boldsymbol{w} = (w_1, w_2, w_3) \in W$이고 k가 스칼라이면

$$kw_1 = k(w_2 - w_3) = kw_2 - kw_3$$

가 되어 $k\boldsymbol{w} = (kw_1, kw_2, kw_3) \in W$이다. 따라서 (S2)를 만족한다. 그러므로 W는 V의 부분공간이다. ■

예제 3.3 V를 모든 실함수의 집합이라 할 때 $W=\{f\in V \mid f(3)=1+f(2)\}$ 라고 하면 W가 V의 부분공간을 이루는지 조사하라.

풀이 $f,\ g\in W$라고 하면 $f(3)=1+f(2)$이고 $g(3)=1+g(2)$이다. 그러면

$$\begin{aligned}(f+g)(3)&=f(3)+g(3)=(1+f(2))+(1+g(2))\\&=2+(f+g)(2)\neq 1+(f+g)(2)\end{aligned}$$

가 되어 $f+g\notin W$이다. 따라서 W는 부분공간을 이루지 않는다. ■

제차연립방정식 $A\boldsymbol{x}=0$의 해집합을 행렬 A의 영공간(null space), 또는 핵(kernel)이라 한다. A가 $m\times n$ 행렬일 때 A의 영공간을

$$N(A)=\{\boldsymbol{x}\in\mathbb{R}^n \mid A\boldsymbol{x}=0\}$$

로 정의한다.

정리 3.6

A가 $m\times n$ 행렬이면 $N(A)$는 $\mathbb{R}^n$의 부분공간이다.

증명 (S1) : $\boldsymbol{u},\ \boldsymbol{v}\in N(A)$이면 $A\boldsymbol{u}=0,\ A\boldsymbol{v}=0$이므로

$$A(\boldsymbol{u}+\boldsymbol{v})=A\boldsymbol{u}+A\boldsymbol{v}=0+0=0$$

이므로 $\boldsymbol{u}+\boldsymbol{v}\in N(A)$이다.

(S2) : $\boldsymbol{u}\in N(A)$라면 임의의 스칼라 k에 대해

$$A(k\boldsymbol{u})=kA\boldsymbol{u}=k0=0$$

이므로 $k\boldsymbol{u}\in N(A)$이다. ■

예제 3.4 행렬 $A=\begin{bmatrix}1&1&3&1\\2&1&5&4\\1&2&4&-1\end{bmatrix}$의 영공간 $N(A)$를 구하라.

풀이 $N(A)$는 제차 연립일차방정식 $A\boldsymbol{x}=0$의 해집합이므로 해를 구하기 위해 첨가행렬 $[A\ :\ 0]$을 가우스 소거법을 써서 행사다리꼴로 전환하면

$$[A \ \vdots \ 0] \sim_r \begin{bmatrix} 1 & 1 & 3 & 1 & \vdots & 0 \\ 0 & -1 & -1 & 2 & \vdots & 0 \\ 0 & 0 & 0 & 0 & \vdots & 0 \end{bmatrix}$$

이다. 따라서 자유변수 $x_3 = s,\ x_4 = t$에 대해서

$$x_2 = -x_3 + 2x_4 = -s + 2t,$$
$$x_1 = -x_2 - 3x_3 - x_4 = -(-s+2t) - 3s - t = -2s - 3t$$

이므로 행렬 A의 영공간은

$$N(A) = \left\{ \boldsymbol{x} = \begin{bmatrix} -2 \\ -1 \\ 1 \\ 0 \end{bmatrix} s + \begin{bmatrix} -3 \\ 2 \\ 0 \\ 1 \end{bmatrix} t \ : \ s,\ t \in \mathbb{R} \right\}$$

이다. ■

이제 주어진 벡터공간의 원소를 써서 부분공간을 생성하는 일반적인 방법에 대해 알아보자. V를 벡터공간, $\boldsymbol{v}_1,\ \boldsymbol{v}_2,\ \cdots,\ \boldsymbol{v}_m$을 V의 원소라 하자. 임의의 스칼라 $k_1,\ k_2,\ \cdots,\ k_m \in \mathbb{R}$에 대해 벡터 $\boldsymbol{w}$가 다음과 같이 표시될 때

$$\boldsymbol{w} = k_1\boldsymbol{v}_1 + k_2\boldsymbol{v}_2 + \cdots + k_m\boldsymbol{v}_m$$

$\boldsymbol{w}$를 $\boldsymbol{v}_1,\ \boldsymbol{v}_2,\ \cdots,\ \boldsymbol{v}_m$의 **일차결합**(linear combination)이라 하고, $\boldsymbol{v}_1,\ \boldsymbol{v}_2,\ \cdots,\ \boldsymbol{v}_m$의 일차결합 전체의 집합을

$$SP\langle \boldsymbol{v}_1,\ \boldsymbol{v}_2,\ \cdots,\ \boldsymbol{v}_m \rangle = \{k_1\boldsymbol{v}_1 + k_2\boldsymbol{v}_2 + \cdots + k_m\boldsymbol{v}_m \mid k_i \in \mathbb{R}\}$$

로 정의한다.

예제 3.5 $\boldsymbol{w} = (2,\ -5)$를 두 벡터 $\boldsymbol{u} = (1,\ 2)$와 $\boldsymbol{v} = (2,\ 1)$의 일차결합으로 나타내라.

풀이 $\boldsymbol{w} = k_1\boldsymbol{u} + k_2\boldsymbol{v}$ 라고 두면 $(2,\ -5) = k_1(1,\ 2) + k_2(2,\ 1)$로부터 연립방정식

$$\begin{cases} k_1 + 2k_2 = 2 \\ 2k_1 + k_2 = -5 \end{cases}$$

을 얻고, 이를 풀면 $k_1 = -4,\ k_2 = 3$이다.
따라서 $\boldsymbol{w} = -4\boldsymbol{u} + 3\boldsymbol{v}$ 이다. ■

예제 3.6 다항식 $p=x^2+4x-3$을 $p_1=x^2-2x+5$, $p_2=2x^2-3x$, $p_3=x+3$의 일차결합으로 나타내라.

풀이 $p=k_1p_1+k_2p_2+k_3p_3$라고 두면

$$\begin{aligned} x^2+4x-3 &= k_1(x^2-2x+5)+k_2(2x^2-3x)+k_3(x+3) \\ &= (k_1+2k_2)x^2+(-2k_1-3k_2+k_3)x+(5k_1+3k_3) \end{aligned}$$

로부터 연립방정식

$$\begin{cases} k_1 + 2k_2 \qquad\quad = 1 \\ -2k_1 - 3k_2 + k_3 = 4 \\ 5k_1 \qquad\quad + 3k_3 = -3 \end{cases}$$

을 얻고, 이를 풀면 $k_1=-3$, $k_2=2$, $k_3=4$이다.

따라서 $p=-3p_1+2p_2+4p_3$이다. ■

정리 3.7

$v_1, v_2, \cdots, v_m$을 벡터공간 V의 원소라 할 때 $W=SP\langle v_1, v_2, \cdots, v_m\rangle$라 하자.

(1) W는 V의 부분공간이다.

(2) W는 $v_1, v_2, \cdots, v_m$를 품는 V의 최소 부분공간이다. 즉 $v_1, v_2, \cdots, v_m$를 품는 V의 모든 부분공간은 W를 포함한다.

| 증명 | (1) $W=SP\langle v_1, v_2, \cdots, v_m\rangle$가 V의 부분집합임은 자명하다. 이제 v와 w를 W의 두 원소라고 하면 적당한 스칼라 $s_1, s_2, \cdots, s_m$과 $t_1, t_2, \cdots, t_m$에 대해서

$$v=s_1v_1+s_2v_2+\cdots+s_mv_m,\ w=t_1v_1+t_2v_2+\cdots+t_mv_m$$

으로 쓸 수 있다. 그러면

$$\begin{aligned} v+w &= (s_1v_1+s_2v_2+\cdots+s_mv_m)+(t_1v_1+t_2v_2+\cdots+t_mv_m) \\ &= (s_1+t_1)v_1+(s_2+t_2)v_2+\cdots+(s_m+t_m)v_m \end{aligned}$$

이고 또한 스칼라 k에 대해

$$\begin{aligned} kv &= k(s_1v_1+s_2v_2+\cdots+s_mv_m) \\ &= (ks_1)v_1+(ks_2)v_2+\cdots+(ks_m)v_m \end{aligned}$$

이 되어 $v+w$와 kv는 W의 원소이다. 따라서 W는 V의 부분공간이다.

(2) U를 $v_1, v_2, \cdots, v_m$을 품는 V의 임의의 부분공간이라 하면 벡터공간의 성질에 의해 $v_1, v_2, \cdots, v_m$의 일차결합 $k_1v_1+k_2v_2+\cdots+k_mv_m$은 U에 속한다. 따라서 U는 W를 포함한다. ■

$S=\{v_1, v_2, \cdots, v_m\}$가 벡터공간 V의 부분집합일 때 S의 모든 일차결합에 의해 만들어진 V의 부분공간 $SP\langle S\rangle := SP\langle v_1, v_2, \cdots, v_m\rangle$를 집합 S에 의해 **생성된 부분공간**(subspace spanned by S)이라고 한다. 예를 들면 v가 영이 아닌 n-벡터일 때

$$SP\langle v\rangle = \{tv \mid t \in \mathbb{R}\}$$

는 그림 3.2에서와 같이 v에 평행하고 원점을 지나는 직선을 나타낸다.

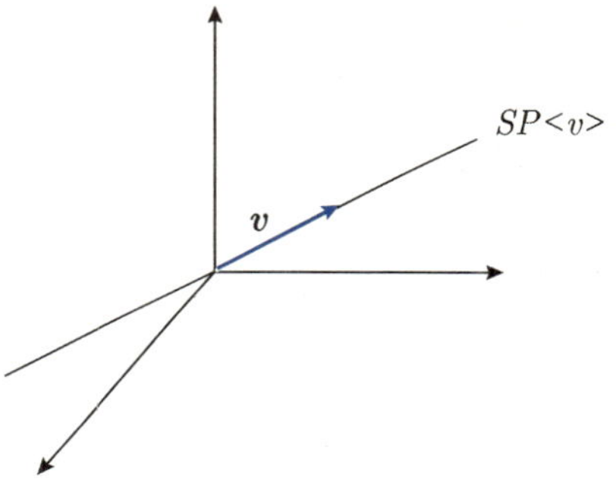

그림 3.2 $SP\langle v\rangle$

그리고 u와 v가 서로 평행하지 않은 두 n-벡터이면

$$SP\langle u, v\rangle = \{su+tv \mid s, t \in \mathbb{R}\}$$

는 그림 3.3에서와 같이 u와 v를 품는 평면을 나타낸다.

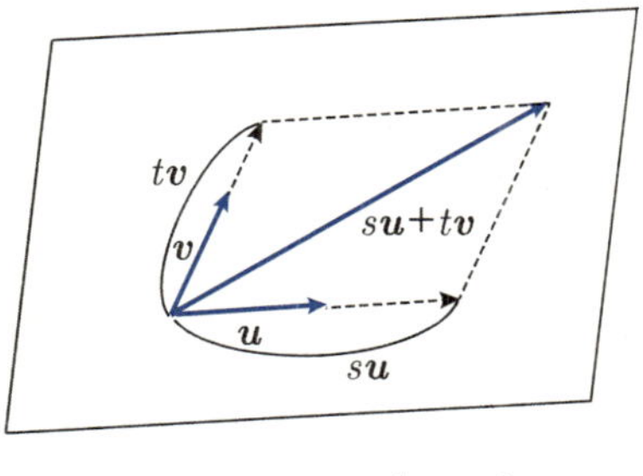

그림 3.3 $SP\langle u, v\rangle$

예제 3.7 $\boldsymbol{u}=(2,\ 1,\ 0)$과 $\boldsymbol{v}=(0,\ 1,\ 2)$를 $\mathbb{R}^3$의 두 벡터라고 할 때 $W=SP\langle \boldsymbol{u},\ \boldsymbol{v}\rangle$를 결정하고 W를 기하학적으로 해석하라.

풀이 $\boldsymbol{x}=(x,\ y,\ z)\in W$일 필요충분조건은 $\boldsymbol{x}=s\boldsymbol{u}+t\boldsymbol{v}$인 스칼라 s와 t가 존재하는 것이다. 따라서

$$(x,\ y,\ z)=s(2,\ 1,\ 0)+t(0,\ 1,\ 2)=(2s,\ s+t,\ 2t)$$

가 되어 $x=2s,\ y=s+t,\ z=2t$이다. 여기서 s와 t를 소거해서 $2y=x+z$를 얻는다. 이것은 $\boldsymbol{u}$와 $\boldsymbol{v}$를 품는 평면

$$x-2y+z=0$$

을 나타낸다. ■

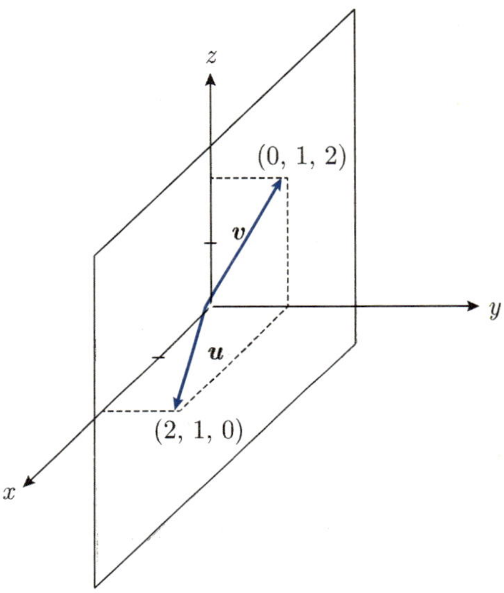

그림 3.4

3.1 • 연습문제

1. $u=(2,\ 1,\ 3)$, $v=(-4,\ 0,\ 2)$에 대해서 다음을 구하라.

(1) $u+v$　(2) $-3v$　(3) $2u-3v$　(4) $u \cdot v$

(5) $\|u\|$　(6) $\|v\|$　(7) $\|u+v\|$　(8) $\|-3v\|$

(9) $\mathrm{Pr}_u(v)$　(10) $\mathrm{Pr}_v(u)$

2. $\mathbb{R}^2$에서 덧셈과 스칼라 곱셈이 다음과 같이 정의되어 있을 때 벡터공간을 이루는지 조사하라.

(1) $(u_1,\ u_2)+(v_1,\ v_2)=(u_1+v_1,\ u_2+v_2)$, $k(u_1,\ u_2)=(ku_1,\ 0)$

(2) $(u_1,\ u_2)+(v_1,\ v_2)=(u_1+v_1,\ u_2+v_2)$, $k(u_1,\ u_2)=(ku_1,\ u_2)$

(3) $(u_1,\ u_2)+(v_1,\ v_2)=(u_1+v_1,\ u_2+v_2)$, $k(u_1,\ u_2)=(2ku_1,\ 2ku_2)$

(4) $(u_1,\ u_2)+(v_1,\ v_2)=(u_1+v_1,\ u_1)$, $k(u_1,\ u_2)=(ku_1,\ ku_2)$

3. 주어진 벡터공간에서 각각 영벡터와 덧셈에 의한 역원은 유일함을 보여라.

4. $V=\mathbb{R}^+$를 모든 양의 실수의 집합이라 하자. V에 다음과 같이 덧셈과 스칼라 곱을 정의한다면 V는 벡터공간을 이룸을 보여라.

$$x+y=xy,\quad kx=x^k$$

5. 다음 각 부분집합이 $\mathbb{R}^n$의 부분공간이 되는지 조사하라.

(1) $W=\{\boldsymbol{x}=(x_1,\ x_2,\ \cdots,\ x_n) \mid x_1+3x_2=x_3\}$

(2) $W=\{\boldsymbol{x}=(x_1,\ x_2,\ \cdots,\ x_n) \mid x_1 \geq 0\}$

(3) $W=\{\boldsymbol{x}=(x_1,\ x_2,\ \cdots,\ x_n) \mid x_3=2x_1^2\}$

(4) $W=\{\boldsymbol{x}=(x_1,\ x_2,\ \cdots,\ x_n) \mid x_1+2x_2-3x_3=0,\ x_3-4x_4=0\}$

6. $\mathbb{R}$ 상에서 정의된 모든 실함수의 집합 V는 벡터공간을 이룬다. 다음 각 $W \subset V$가 V의 부분공간이 되는지 결정하라.

(1) $W=$ 모든 홀함수(odd function)의 집합

(2) $W=$ 모든 짝함수(even function)의 집합

(3) $W = \{f \in V \mid 2f(0) = f(1)\}$

(4) $W = \{f \in V \mid f(1) = 1 + f(0)\}$

(5) $W = \{f \in V \mid f(x) = f(1-x),\ x \in \mathbb{R}\}$

(6) $W = \{f \in V \mid f$는 적분가능하고 $\int_0^1 f(x)dx = 0\}$

7. $\boldsymbol{u}$와 $\boldsymbol{v}$가 $\mathbb{R}^3$의 영이 아닌 두 벡터일 때 다음 부분집합 W가 $\mathbb{R}^3$의 부분공간이 됨을 보여라.

$$W = \{\boldsymbol{x} \in \mathbb{R}^3 \mid \boldsymbol{u} \cdot \boldsymbol{x} = 0,\ \boldsymbol{v} \cdot \boldsymbol{x} = 0\}$$

8. 벡터공간 V의 부분공간 U와 W의 합을

$$U + W = \{\boldsymbol{v} + \boldsymbol{w} \mid \boldsymbol{v} \in V,\ \boldsymbol{w} \in W\}$$

라고 하면 $U + W$는 U와 W를 품는 V의 최소의 부분공간이 됨을 보여라.

9. 다음 각각에 대해 W가 $\mathbb{R}^2$의 부분집합이라 할 때 W의 기하학적 의미를 밝히고 W가 $\mathbb{R}^2$의 부분공간을 이루는지 조사하라.

(1) $W = \{\boldsymbol{x} = (x_1,\ x_2) \mid x_1 = 0\}$

(2) $W = \{\boldsymbol{x} = (x_1,\ x_2) \mid |x_1| + |x_2| = 0\}$

(3) $W = \{\boldsymbol{x} = (x_1,\ x_2) \mid x_1 - x_2 = 2\}$

(4) $W = \{\boldsymbol{x} = (x_1,\ x_2) \mid x_1 = x_2,$ 또는 $x_1 = -x_2\}$

(5) $W = \{\boldsymbol{x} = (x_1,\ x_2) \mid x_1 x_2 = 0\}$

(6) $W = \{\boldsymbol{x} = (x_1,\ x_2) \mid 2x_1 = x_2\}$

10. 주어진 벡터에 대해서 가능하다면 $\boldsymbol{w}$를 $\boldsymbol{u}$와 $\boldsymbol{v}$의 일차결합으로 나타내라.

(1) $\boldsymbol{u} = (2,\ -1),\ \boldsymbol{v} = (1,\ 2),\ \boldsymbol{w} = (4,\ 5)$

(2) $\boldsymbol{u} = (1,\ -1),\ \boldsymbol{v} = (-1,\ 1),\ \boldsymbol{w} = (1,\ 1)$

(3) $\boldsymbol{u} = \begin{bmatrix} 3 \\ 4 \end{bmatrix},\ \boldsymbol{v} = \begin{bmatrix} -1 \\ 1 \end{bmatrix},\ \boldsymbol{w} = \begin{bmatrix} 2 \\ 2 \end{bmatrix}$

11. 주어진 벡터에 대해서 가능하다면 $\boldsymbol{w}$를 $\boldsymbol{u}_1,\ \boldsymbol{u}_2,\ \boldsymbol{u}_3$의 일차결합으로 나타내라.

(1) $\boldsymbol{u}_1 = (1,\ 1,\ 1),\ \boldsymbol{u}_2 = (1,\ 2,\ 3),\ \boldsymbol{u}_3 = (2,\ -1,\ 1),\ \boldsymbol{w} = (1,\ -2,\ 5)$

(2) $u_1=(1,\ 1,\ 2,\ 2)$, $u_2=(-3,\ 1,\ -4,\ 2)$, $u_3=(2,\ 3,\ 5,\ 6)$, $w=(0,\ 5,\ 3,\ 0)$

(3) $u_1=\begin{bmatrix}-2\\2\\3\end{bmatrix}$, $u_2=\begin{bmatrix}1\\2\\4\end{bmatrix}$, $u_3=\begin{bmatrix}2\\3\\5\end{bmatrix}$, $w=\begin{bmatrix}6\\3\\4\end{bmatrix}$

12. 행렬 $E=\begin{bmatrix}3&1\\1&-1\end{bmatrix}$를 $A=\begin{bmatrix}1&1\\1&0\end{bmatrix}$, $B=\begin{bmatrix}0&0\\1&1\end{bmatrix}$, $C=\begin{bmatrix}0&2\\0&-1\end{bmatrix}$, $D=\begin{bmatrix}0&1\\1&0\end{bmatrix}$의 일차결합으로 나타내라.

13. $(3,\ -1,\ 0,\ 1)$이 벡터 $u=(2,\ -1,\ 3,\ 2)$, $v=(-1,\ 1,\ 1,\ -3)$, $w=(1,\ 1,\ 9,\ -5)$에 의해 생성되는 $\mathbb{R}^4$의 부분공간에 속하는지 결정하라.

14. 주어진 두 개의 벡터 $u=(1,\ 2,\ 0)$, $v=(0,\ -1,\ 1)$에 대해서 다음을 구하라.

(1) $W=SP\langle u,\ v\rangle$를 결정하고 W를 기하학적으로 해석하라.

(2) 다음 중 W에 놓이는 벡터를 구하라.

$$(1,\ 1,\ -1),\ (1,\ 1,\ 1),\ (1,\ 2,\ 0),\ (-1,\ 2,\ 0)$$

15. 다음 각 평면의 방정식을 구하라.

(1) 두 벡터 $u=(1,\ 1,\ -1)$와 $v=(-1,\ 2,\ 1)$에 의해 생성되는 평면

(2) 세 점 $A(1,\ 0,\ 2)$, $B(-1,\ 3,\ 1)$, $C(0,\ 1,\ 1)$를 지나는 평면

3.2 기저와 차원, 좌표

공간기하에서 중요한 두 개념은 차원과 좌표의 사용이다. 공간 $\mathbb{R}^n$은 n차원이고 $\mathbb{R}^n$에서 주어진 벡터의 각 성분은 좌표성분을 나타낸다. 이러한 생각을 일반적인 벡터공간으로 확장하기 위해 필요한 개념이 벡터공간의 기저이다. 이를테면 벡터공간에서의 기저는 그 벡터공간에 대한 좌표계를 설정하기 위해 쓰일 수 있다. 결과적으로 n개의 기저에 의해 생성된 벡터공간은

본질적으로는 $\mathbb{R}^n$과 같은 역할을 한다고 볼 수 있다. 또한 통상적으로 차원은 기하학적 의미를 연상시키지만 기저를 통해 차원에 대한 적절한 대수적 의미를 부여하게 되면 보다 탄력적으로 벡터공간을 이해하고 활용할 수 있게 될 것이다.

V를 벡터공간이라 하고 $v_1, v_2, \cdots, v_m$을 V의 원소라 하자. 만약 방정식

$$k_1v_1 + k_2v_2 + \cdots + k_mv_m = 0$$

을 만족하는 모두는 0이 아닌 스칼라 $k_1, k_2, \cdots, k_m$이 존재하게 되면 $\{v_1, v_2, \cdots, v_m\}$을 **일차종속** (linearly dependent)이라고 하고 그렇지 않은 경우 **일차독립** (linearly independent)이라고 한다. 다시 말해서 $\{v_1, v_2, \cdots, v_m\}$이 일차독립일 필요충분조건은

$$k_1v_1 + k_2v_2 + \cdots + k_mv_m = 0 \iff k_1 = k_2 = \cdots = k_m = 0$$

이다.

예제 3.8 $\mathbb{R}^2$의 두 벡터 $u = (1, 1)$와 $v = (2, 4)$는 일차독립임을 보여라.

풀이 $k_1u + k_2v = 0$으로 두면

$$\begin{aligned} & k_1(1, 1) + k_2(2, 4) = (0, 0) \\ \Rightarrow\ & (k_1 + 2k_2, k_1 + 4k_2) = (0, 0) \\ \Rightarrow\ & \begin{cases} k_1 + 2k_2 = 0 \\ k_1 + 4k_2 = 0 \end{cases} \\ \Rightarrow\ & \begin{bmatrix} 1 & 2 \\ 1 & 4 \end{bmatrix} \begin{bmatrix} k_1 \\ k_2 \end{bmatrix} = \begin{bmatrix} 0 \\ 0 \end{bmatrix} \end{aligned}$$

이고, 시스템의 행렬식이 $\begin{vmatrix} 1 & 2 \\ 1 & 4 \end{vmatrix} = 2 \neq 0$이므로 $k_1 = k_2 = 0$이다.
따라서 u와 v는 일차독립이다. ■

예제 3.9 $\mathbb{R}^3$의 세 벡터 $u = (1, -2, 1)$, $v = (2, 1, -1)$, $w = (7, -4, 1)$가 일차독립인지 조사하라.

풀이 $k_1u + k_2v + k_3w = 0$ 이면

$$\begin{bmatrix} 1 & 2 & 7 \\ -2 & 1 & -4 \\ 1 & -1 & 1 \end{bmatrix} \begin{bmatrix} k_1 \\ k_2 \\ k_3 \end{bmatrix} = \begin{bmatrix} 0 \\ 0 \\ 0 \end{bmatrix}$$

이고, 시스템행렬을 동치인 행사다리꼴로 변환하면

$$\begin{bmatrix} 1 & 2 & 7 \\ 0 & 5 & 10 \\ 0 & 0 & 0 \end{bmatrix}$$

이므로 대응하는 연립방정식은 0이 아닌 해를 갖는다.
따라서 주어진 벡터는 일차종속이다. ■

보조정리 3.8

$\{v_1, v_2, \cdots, v_m\}$이 일차종속일 필요충분조건은 한 벡터가 그 이전 벡터들의 일차결합으로 표현될 때이다.

증명 먼저 한 벡터 v_i가 그 이전 벡터들의 일차결합으로 표현되면 모두는 0이 아닌 $k_1, k_2, \cdots, k_{i-1}$이 있어서

$$v_i = k_1 v_1 + k_2 v_2 + \cdots + k_{i-1} v_{i-1}$$

이므로

$$k_1 v_1 + k_2 v_2 + \cdots + k_{i-1} v_{i-1} - v_i + 0 v_{i+1} + \cdots + 0 v_m = 0$$

이 성립한다. 따라서 $v_1, v_2, \cdots, v_m$은 일차종속이다.
역으로 $v_1, v_2, \cdots, v_m$가 일차종속이면 모두는 0이 아닌 스칼라 $k_1, k_2, \cdots, k_m$이 있어서

$$k_1 v_1 + k_2 v_2 + \cdots + k_m v_m = 0$$

이 성립하므로 0이 아닌 스칼라 중 제일 마지막 것을 k_i라면

$$v_i = -\sum_{j=1}^{i-1} \left(\frac{k_j}{k_i} \right) v_j$$

이므로 v_i는 그 이전 벡터들의 일차결합으로 표현된다. ■

예제 3.10 $v_1 = (1,\ 2,\ 5,\ -1)$, $v_2 = (2,\ -1,\ 0,\ 3)$, $v_3 = (7,\ -1,\ 5,\ 8)$에서

$$v_3 = v_1 + 3v_2$$

이므로 $\{v_1,\ v_2,\ v_3\}$는 일차종속이다. ■

정리 3.9

벡터 $\{v_1,\ v_2,\ \cdots,\ v_k\}$가 일차독립이고, $\{w_1,\ w_2,\ \cdots,\ w_m\}$이 생성하는 벡터공간에 놓이면 $k \le m$이다.

| 증명 | $V = SP\langle w_1,\ w_2,\ \cdots,\ w_m\rangle$이라 하자. $m < k$라고 가정하면 모순에 이름을 보인다.

먼저 $S^{(0)} = \{w_1,\ w_2,\ \cdots,\ w_m\}$라고 하자. 수학적 귀납법을 써서 각 $j = 0,\ 1,\ \cdots,\ m$에 대해 여전히 V를 생성하는 $v_1,\ v_2,\ \cdots,\ v_j$와 $m-j$개의 $S^{(0)}$의 벡터로 구성된 집합 $S^{(j)}$가 존재함을 보이자. 그러면 $S^{(m)} = \{v_1,\ v_2,\ \cdots,\ v_m\}$이 V를 생성하고 $v_{m+1} = \sum_{j=1}^{m} k_j v_j$이 되므로 이는 벡터 $\{v_1,\ v_2,\ \cdots,\ v_k\}$가 일차독립이라는 가정에 모순이 된다.

$S^{(j)} = \{v_1,\ \cdots,\ v_j,\ w_{j+1},\ \cdots,\ w_m\}$이라고 가정하자. $S^{(j)}$가 V를 생성하므로

$$v_{j+1} = \sum_{i=1}^{j} k_i v_i + \sum_{i=j+1}^{m} k_i w_i$$

이고, 이는 $v_1,\ \cdots,\ v_{j+1},\ w_{j+1},\ \cdots,\ w_m$이 일차종속임을 의미한다. 따라서 보조정리 3.8에 의해 이들 중 하나는 이전 벡터들의 일차결합으로 표현된다. 그러나 벡터 $\{v_1,\ v_2,\ \cdots,\ v_k\}$는 일차독립이므로 그 대상이 될 수는 없다. 따라서 벡터 $\{w_{j+1},\ \cdots,\ w_m\}$ 중 하나가, 이를 w_{j+1}이라 하면 w_{j+1}은 $v_1,\ \cdots,\ v_{j+1}$의 일차결합으로 표현되므로

$$S^{(j+1)} = \{v_1,\ \cdots,\ v_{j+1},\ w_{j+2},\ \cdots,\ w_m\} = S^{(j)} \cup \{v_{j+1}\} - \{w_{j+1}\}$$

이 V를 생성하게 된다. 따라서 수학적 귀납법이 성립한다. ■

만일 $v_1,\ v_2,\ \cdots,\ v_k$가 벡터공간 V의 일차독립인 벡터이고

$$V = SP\langle v_1, v_2, \cdots, v_k\rangle$$

이면 $v_1, v_2, \cdots, v_k$를 벡터공간 V의 **기저**(basis)라고 한다. V의 기저는 V를 생성하는 일차독립인 V의 원소들을 뜻한다.

정리 3.10

V를 벡터공간이라고 하자. V에 있는 모든 일차독립인 벡터의 집합은 V의 기저로 확장할 수 있다.

증명 V의 원소 $v_1, v_2, \cdots, v_k$가 일차독립이라고 하자. 이 원소들이 V를 생성하면 기저가 되므로 결과는 자명하다. V를 생성하지 못한다면 $x \in V - SP\langle v_1, v_2, \cdots, v_k\rangle$인 원소를 택하면 보조정리 3.8에 의해 $v_1, v_2, \cdots, v_k, x$는 일차독립이다. 이때 $v_{k+1} = x$로 두고 $v_1, \cdots, v_k, v_{k+1}$에 대해 위와 같은 추론을 반복해서 V의 기저로 확장한다. ■

다음 정리는 벡터공간의 어떤 원소들의 집합이 벡터공간의 기저가 될 수 있는지를 결정하고자 할 때 유용하게 쓰인다.

정리 3.11

$V = SP\langle v_1, v_2, \cdots, v_n\rangle$이고 $\{v_1, v_2, \cdots, v_k\}$가 V의 일차독립인 최대의 부분집합이라면 $\{v_1, v_2, \cdots, v_k\}$는 V의 기저이다.

증명 $\{v_1, v_2, \cdots, v_k\}$가 일차독립인 최대의 부분집합이므로 $i = k+1, \cdots, n$에 대해 $v_1, v_2, \cdots, v_k, v_i$는 일차종속이다. 따라서 모두는 0이 아닌 스칼라 $s_1, s_2, \cdots, s_k$와 t가 있어서

$$s_1v_1 + s_2v_2 + \cdots + s_kv_k + tv_i = 0$$

이다. 만약 $t = 0$이라면 $v_1, v_2, \cdots, v_k$가 일차독립이므로

$$s_1 = s_2 = \cdots = s_k = 0$$

이 되어 가정에 모순된다. 따라서 $t \neq 0$이고 위 식을 v_i로 풀어쓰면

$$v_i = -\sum_{j=1}^{k}\left(\frac{s_j}{t}\right)v_j$$

가 되어 각 $k+1 \leq i \leq n$에 대해 v_i는 $v_1, v_2, \cdots, v_k$의 일차결합으로 표현된다. 따라서 $SP\langle v_1, v_2, \cdots, v_k\rangle \supset SP\langle v_1, v_2, \cdots, v_n\rangle = V$
가 되어 $SP\langle v_1, v_2, \cdots, v_k\rangle = V$이다. ■

V가 벡터공간일 때 V를 생성하는 기저의 개수를 벡터공간 V의 **차원** (dimension)이라고 하고 $\dim(V)$라고 쓴다. 정리 3.11은 벡터공간 V의 차원이 V를 생성하는 일차독립인 원소들의 최대 개수를 나타낸다는 것을 뜻한다. 영벡터의 공간의 차원은 0으로 간주한다.

$\mathbb{R}^n$에서 다음과 같은 n-벡터를 생각하자.

$$\boldsymbol{e}_1 = (1, 0, \cdots, 0),\ \boldsymbol{e}_2 = (0, 1, 0, \cdots, 0),\ \cdots,\ \boldsymbol{e}_n = (0, \cdots, 0, 1)$$

$\boldsymbol{x} = (x_1, x_2, \cdots, x_n) \in \mathbb{R}^n$이면

$$\boldsymbol{x} = (x_1, x_2, \cdots, x_n) = \sum_{j=1}^{n} x_j \boldsymbol{e}_j$$

이므로 $\boldsymbol{e}_1, \cdots, \boldsymbol{e}_n$은 $\mathbb{R}^n$을 생성한다. 따라서 $\dim(\mathbb{R}^n) \leq n$이다. 한편 $\boldsymbol{e}_1, \cdots, \boldsymbol{e}_n$은 일차독립이고 $\mathbb{R}^n$을 생성하므로 정리 3.9에 의해 $n \leq \dim(\mathbb{R}^n)$이다. 따라서 $\mathbb{R}^n$은 n차원 벡터공간이고 이때 $\boldsymbol{e}_1, \cdots, \boldsymbol{e}_n$은 $\mathbb{R}^n$의 기저를 이룬다. 이 기저를 $\mathbb{R}^n$의 **표준기저** (standard basis)라고 한다.

예제 3.11 $\mathbb{R}^3$의 부분공간

$$V = \{\boldsymbol{x} = (x_1, x_2, x_3) \mid x_1 = -2x_3,\ x_2 = x_3\}$$

에 대한 기저를 구하고 차원을 결정하라.

풀이 V에 있는 임의의 벡터 $\boldsymbol{x} = (x_1, x_2, x_3)$는

$$\boldsymbol{x} = (x_1, x_2, x_3) = (-2x_3, x_3, x_3) = x_3(-2, 1, 1)$$

로 쓸 수 있으므로 $\boldsymbol{v} = (-2, 1, 1)$에 대해 $SP\langle \boldsymbol{v}\rangle = V$이다. 따라서
$\boldsymbol{v} = (-2, 1, 1)$은 V의 기저이고 $\dim(V) = 1$이다. ■

예제 3.12 다음 제차연립방정식의 해공간의 기저와 차원을 구하라.

$$\begin{aligned} x_1 + x_2 + 3x_3 + x_4 &= 0 \\ 2x_1 + x_2 + 5x_3 + 4x_4 &= 0 \\ x_1 + 2x_2 + 4x_3 - x_4 &= 0 \end{aligned}$$

풀이 시스템행렬에 기본행연산을 적용하면

$$A = \begin{bmatrix} 1 & 1 & 3 & 1 \\ 2 & 1 & 5 & 4 \\ 1 & 2 & 4 & -1 \end{bmatrix} \sim_r \begin{bmatrix} 1 & 1 & 3 & 1 \\ 0 & -1 & -1 & 2 \\ 0 & 1 & 1 & -2 \end{bmatrix} \sim_r \begin{bmatrix} 1 & 1 & 3 & 1 \\ 0 & 1 & 1 & -2 \\ 0 & 0 & 0 & 0 \end{bmatrix}$$

이다. 따라서 자유변수 $x_3 = s$, $x_4 = t$에 대해 제차연립방정식의 해는

$$\boldsymbol{x} = \begin{bmatrix} x_1 \\ x_2 \\ x_3 \\ x_4 \end{bmatrix} = \begin{bmatrix} -2s-3t \\ -s+2t \\ s \\ t \end{bmatrix} = \begin{bmatrix} -2 \\ -1 \\ 1 \\ 0 \end{bmatrix} s + \begin{bmatrix} -3 \\ 2 \\ 0 \\ 1 \end{bmatrix} t, \ (s, \ t \in \mathbb{R})$$

로 구성된다. 따라서 $\boldsymbol{u} = (-2, -1, 1, 0)$, $\boldsymbol{v} = (-3, 2, 0, 1)$이라 하면 제차방정식의 해공간은 일차독립인 두 벡터 $\boldsymbol{u}$와 $\boldsymbol{v}$에 의해 생성되므로 $\boldsymbol{u}$, $\boldsymbol{v}$는 해공간의 기저이고, 해공간의 차원은 2이다. ■

예제 3.12에서 해공간의 차원은 2이고, 이는 자유변수의 수와 같다. 일반적으로 제차연립방정식의 해공간의 차원은 자유변수의 개수와 일치한다.

벡터공간의 차원에 대해 다음 성질이 성립한다.

정리 3.12

V를 $\dim(V) = k$인 벡터공간이라고 하면 V에 대해 다음 사실이 성립한다.

(1) V에 있는 $k+1$개 이상의 벡터는 일차종속이다.

(2) V에 있는 k개 미만의 벡터는 V를 생성하지 않는다.

(3) V에 있는 k개의 일차독립인 벡터는 V의 기저를 이룬다.

(4) V를 생성하는 k개의 벡터는 V의 기저이다.

| 증명 | (1)과 (2)는 정리 3.11과 그 증명과정으로부터 직접 얻어진다.

(3)을 보이기 위해 $\boldsymbol{v}_1, \boldsymbol{v}_2, \cdots, \boldsymbol{v}_k$를 V에 있는 k개의 일차독립인 원소라 하자.

v를 0이 아닌 V의 임의의 원소라면 (1)에 의해 v, v_1, v_2, $\cdots$, v_k는 일차종속이 되어 모두는 0이 아닌 스칼라 s_1, s_2, $\cdots$, s_k와 t가 있어서

$$s_1v_1 + s_2v_2 + \cdots + s_kv_k + tv = 0$$

으로 쓸 수 있다. 여기서 v_1, v_2, $\cdots$, v_k가 일차독립이므로 $t \neq 0$임은 명백하다. 따라서

$$v = -\frac{s_1}{t}v_1 - \frac{s_2}{t}v_2 - \cdots - \frac{s_k}{t}v_k \in SP\langle v_1, v_2, \cdots, v_k\rangle$$

이므로 $V = SP\langle v_1, v_2, \cdots, v_k\rangle$이고 v_1, v_2, $\cdots$, v_k가 일차독립이므로 v_1, v_2, $\cdots$, v_k는 V의 기저를 이룬다. (4)는 연습문제로 독자에게 남긴다. ■

예제 3.13 $v_1 = \begin{bmatrix}1\\2\\1\end{bmatrix}$, $v_2 = \begin{bmatrix}-1\\-1\\1\end{bmatrix}$, $v_3 = \begin{bmatrix}-1\\1\\5\end{bmatrix}$에 대해 W를 $S = \{v_1, v_2, v_3\}$에 의해 생성되는 벡터공간이라고 하자. $W = \mathbb{R}^3$인지 검증하고 W가 $\mathbb{R}^3$의 부분공간이면 W의 기저가 되는 S의 최소의 부분집합을 구하라.

풀이 $w = \begin{bmatrix}w_1\\w_2\\w_3\end{bmatrix} \in W$이면

$$x_1v_1 + x_2v_2 + x_3v_3 = w$$

를 만족하는 스칼라 x_1, x_2, x_3가 존재하므로 $A = [v_1\ v_2\ v_3]$에 대해서 연립일차방정식 $Ax = w$를 만족한다.
첨가행렬을 행사다리꼴로 전환하면

$$[A \,\vdots\, w] = \begin{bmatrix}1 & -1 & -1 & \vdots & w_1\\2 & -1 & 1 & \vdots & w_2\\1 & 1 & 5 & \vdots & w_3\end{bmatrix} \sim_r \begin{bmatrix}1 & -1 & -1 & \vdots & w_1\\0 & 1 & 3 & \vdots & w_2 - 2w_1\\0 & 2 & 6 & \vdots & w_3 - w_1\end{bmatrix}$$
$$\sim_r \begin{bmatrix}1 & -1 & -1 & \vdots & w_1\\0 & 1 & 3 & \vdots & w_2 - 2w_1\\0 & 0 & 0 & \vdots & w_3 - 2w_2 + 3w_1\end{bmatrix}$$

이다. 따라서

$$W = \left\{ w = \begin{bmatrix} w_1 \\ w_2 \\ w_3 \end{bmatrix} \middle| \; 3w_1 - 2w_2 + w_3 = 0 \right\}$$

이고 W는 $\mathbb{R}^3$에서 원점을 지나는 2차원 평면을 이룬다.

이때 $w = \begin{bmatrix} 1 \\ 1 \\ 1 \end{bmatrix}$는 W에 놓이지 않으므로 $W \neq \mathbb{R}^3$이다.

한편, W의 기저를 이루는 S의 부분집합을 구하기 위해 $w = 0$으로 두면

$$[A \;\vdots\; 0] = \begin{bmatrix} 1 & -1 & -1 & \vdots & 0 \\ 2 & -1 & 1 & \vdots & 0 \\ 1 & 1 & 5 & \vdots & 0 \end{bmatrix} \sim_r \begin{bmatrix} 1 & -1 & -1 & \vdots & 0 \\ 0 & 1 & 3 & \vdots & 0 \\ 0 & 0 & 0 & \vdots & 0 \end{bmatrix}$$

이다. 따라서

$$x_2 = -3x_3,$$
$$x_1 = x_2 + x_3 = -2x_3$$

를 만족하므로 $x_3 = -1$이라 두면 $x_1 = 2$, $x_2 = 3$에 대해

$$x_1 v_1 + x_2 v_2 + x_3 v_3 = 2v_1 + 3v_2 - v_3 = 0$$

이다. 따라서 $v_3 = 2v_1 + 3v_2$이므로 S는 일차종속이고 S의 임의의 두 원소가 W의 기저를 이룬다. ■

■ 벡터공간의 직합

벡터공간 V의 두 부분공간 U와 W에 대해서 $U \cap W = \{0\}$이고 V의 모든 원소가 U와 W의 원소의 합으로 유일하게 표현되면 V를 U와 W의 직합(direct sum)이라 하고

$$V = U \oplus W$$

로 나타낸다.

정리 3.13

벡터공간 V의 두 부분공간 U와 W에 대해 다음이 성립한다.

$$V = U \oplus W \;\Rightarrow\; \dim V = \dim U + \dim W$$

| 증명 | U의 기저를 $C=\{\boldsymbol{u}_1, \cdots, \boldsymbol{u}_p\}$라 하고 W의 기저를 $D=\{\boldsymbol{w}_1, \cdots, \boldsymbol{w}_q\}$라 할 때 $C \cup D$가 V의 기저를 이룸을 보이면 충분하다. 먼저 $\boldsymbol{v} \in V$이면 V가 U와 W의 직합이므로

$$\boldsymbol{v} = \boldsymbol{u} + \boldsymbol{w}, \ (\boldsymbol{u} \in U, \ \boldsymbol{w} \in W)$$

로 쓸 수 있고 이때 C가 U의 기저, D가 W의 기저이므로

$$\boldsymbol{u} = \sum_{i=1}^{p} a_i \boldsymbol{u_i}, \ \boldsymbol{v} = \sum_{i=1}^{q} b_i \boldsymbol{w_i}, \quad (a_i, \ b_i \ : \text{스칼라})$$

이고

$$\boldsymbol{v} = \boldsymbol{u} + \boldsymbol{w} = (a_1\boldsymbol{u}_1 + \cdots + a_p\boldsymbol{u}_p) + (b_1\boldsymbol{w}_1 + \cdots + b_q\boldsymbol{w}_q)$$

이므로 $C \cup D$는 V를 생성한다. 한편

$$(a_1\boldsymbol{u}_1 + \cdots + a_p\boldsymbol{u}_p) + (b_1\boldsymbol{w}_1 + \cdots + b_q\boldsymbol{w}_q) = \boldsymbol{0}$$

이라면

$$(a_1\boldsymbol{u}_1 + \cdots + a_p\boldsymbol{u}_p) = -(b_1\boldsymbol{w}_1 + \cdots + b_q\boldsymbol{w}_q) \in U \cap W = \{\boldsymbol{0}\}$$

이므로

$$(a_1\boldsymbol{u}_1 + \cdots + a_p\boldsymbol{u}_p) = (b_1\boldsymbol{w}_1 + \cdots + b_q\boldsymbol{w}_q) = \boldsymbol{0}$$

이고, 이때 C와 D가 각각 일차독립이므로

$$a_1 = \cdots = a_p = 0, \ b_1 = \cdots = b_q = 0$$

이 되어 $C \cup D$는 일차독립이다. 따라서 $C \cup D$는 V의 기저를 이룬다. ■

예제 3.14 $\mathbb{R}^3$의 두 부분공간

$$U = SP\langle(1, -1, 0), (0, 1, -1)\rangle, \ W = SP\langle(1, 1, 1)\rangle$$

이면 U와 W의 생성벡터들이 $\mathbb{R}^3$에서 서로 일차독립을 이루는 세 개의 벡터이므로

$$\mathbb{R}^3 = U \oplus W$$

이다. 한편

$$S = SP\langle(1,\ 1,\ 1),\ (1,\ 0,\ -1)\rangle$$

이면 명백히 U와 S의 생성벡터의 합은 $\mathbb{R}^3$를 생성하지만

$$\dim U + \dim S = 2 + 2 > \dim \mathbb{R}^3 = 3$$

이므로 $\mathbb{R}^3 \neq U \oplus S$이다. 실제로 두 평면 U와 S의 교선은 직선으로서

$$U \cap S = SP\langle(1,\ 0,\ -1)\rangle \neq \{0\}$$

이다. ■

■ $\mathbb{R}^n$ 에서의 평면

X가 $\mathbb{R}^n$의 부분집합일 때 $\mathbb{R}^n$의 한 점 $\boldsymbol{a} \in \mathbb{R}^n$에 대해 X의 $\boldsymbol{a}$ 만큼의 **평행이동**(parallel translate)을 집합

$$X - \{\boldsymbol{a}\} = \{\boldsymbol{x} - \boldsymbol{a} \mid \boldsymbol{x} \in X\}$$

로 정의한다.

$\mathbb{R}^n$의 부분집합 Π는 $\boldsymbol{a} \in \mathbb{R}^n$에 대해서 평행이동 $\Pi - \{\boldsymbol{a}\}$가 $\mathbb{R}^n$의 m차원 부분공간을 이룰 때 Π를 $\mathbb{R}^n$에서 m차원 **평면**(plane)이라고 한다. 이때 부분공간 $V = \Pi - \{\boldsymbol{a}\}$를 **평면 Π에 평행한 부분공간**(parallel subspace)이라고 한다. Π가 평면일 때 정의에 의해 $\Pi - \{\boldsymbol{a}\}$가 부분공간이 될 필요충분조건은 $\boldsymbol{a} \in \Pi$일 때이다. 따라서 평면에 평행한 부분공간은 점 $\boldsymbol{a}$의 선택에 의존하지 않는다. $\mathbb{R}^n$에서 m차원 평면을 구성하는 방법으로는 적절하게 배치된 $m+1$개의 점을 이용하는 것이다. 예를 들어 서로 다른 두 점은 직선을 결정하고, 한 직선 상에 놓이지 않는 세 점은 2차원 평면을 결정한다.

Π가 $\mathbb{R}^n$ 상의 m차원 평면이고 V가 Π에 평행한 부분공간이면 한 점 $\boldsymbol{a}_0 \in \Pi$에 대해서 $V = \Pi - \{\boldsymbol{a}_0\}$가 m차원 부분공간이므로 $V = \Pi - \{\boldsymbol{a}_0\}$가 m개의 일차독립인 벡터 $\boldsymbol{a}_1 - \boldsymbol{a}_0$, $\cdots$, $\boldsymbol{a}_m - \boldsymbol{a}_0$에 의해서 생성되는 점 $\boldsymbol{a}_1$, $\cdots$, $\boldsymbol{a}_m$이 $\mathbb{R}^n$에 존재한다. 따라서

$$\Pi - \{\boldsymbol{a}_0\} = V = \left\{\boldsymbol{x} \in \mathbb{R}^n \;\middle|\; \boldsymbol{x} = \sum_{j=1}^{m} t_j(\boldsymbol{a}_j - \boldsymbol{a}_0),\ (t_j \in \mathbb{R})\right\}$$

이므로 평면 Π는

$$\Pi = \left\{ \boldsymbol{x} \in \mathbb{R}^n \;\middle|\; \boldsymbol{x} = \boldsymbol{a}_0 + \sum_{j=1}^{m} t_j(\boldsymbol{a}_j - \boldsymbol{a}_0),\ (t_j \in \mathbb{R}) \right\},$$

또는 $t_0 = 1 - \sum_{j=1}^{m} t_j$를 써서

$$\Pi = \left\{ \boldsymbol{x} \in \mathbb{R}^n \;\middle|\; \boldsymbol{x} = \sum_{j=0}^{m} t_j \boldsymbol{a}_j,\ \sum_{j=0}^{m} t_j = 1 \right\}$$

로 쓸 수 있다. 이는 $m+1$개의 점 $\{\boldsymbol{a}_0, \boldsymbol{a}_1, \cdots, \boldsymbol{a}_m\}$에 의해 생성되는 평면을 나타낸다.

예제 3.15 $\mathbb{R}^3$에서 세 점 $(1, 0, 0)$, $(0, 1, 0)$과 $(0, 0, 1)$을 지나는 평면을 구하라.

풀이 평면상의 임의의 점을 $\boldsymbol{x} = (x, y, z)$라 하면

$$\boldsymbol{x} = t_0(1, 0, 0) + t_1(0, 1, 0) + t_2(0, 0, 1), \quad t_0 + t_1 + t_2 = 1$$

을 만족한다. 따라서 $\boldsymbol{x} = (x, y, z) = (t_0, t_1, t_2)$의 결과를 $t_0 + t_1 + t_2 = 1$에 대입하면 세 점을 지나는 평면 $x + y + z = 1$을 얻는다. ■

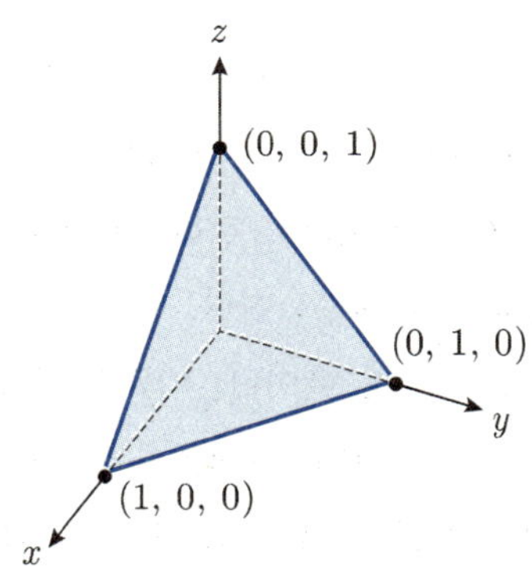

그림 3.5 평면 $x + y + z = 1$

평면의 구성에서 $m+1$개의 점들이 적절한 의미에서 독립적으로 배치되지 않으면 차원이 m보다 작은 평면을 구성할 수 있다. 예를 들어 한 직선 상에 놓이는 세 점은 2차원 평면을 결정하지 않고 다만 직선을 생성한다.

$\mathbb{R}^n$ 상의 $m+1$개의 점 $\boldsymbol{a}_0, \boldsymbol{a}_1, \cdots, \boldsymbol{a}_m$은 다음 조건을 만족하는 모두는 0이 아닌 실수 $t_0, t_1, \cdots, t_m$이 존재하면 **아핀종속**(affinely dependent)이라고 하고, 그렇지 않으면 **아핀독립**

(affinely independent)이라고 한다.

$$\sum_{j=0}^{m} t_j a_j = 0, \quad \sum_{j=0}^{m} t_j = 0$$

그러면 $m+1$개의 점으로 구성되는 m차원 평면에 대한 다음 상등조건이 성립함을 보이는 것은 그다지 어렵지 않다.

정리 3.14

$\mathbb{R}^n$에서 택한 $m+1$개의 점 $a_0, a_1, \cdots, a_m$에 대해서 다음은 서로 동치이다.

(1) $\{a_0, a_1, \cdots, a_m\}$은 아핀독립이다.

(2) $\{a_1 - a_0, \cdots, a_m - a_0\}$은 일차독립이다.

(3) $a_0, a_1, \cdots, a_m$은 m차원 평면을 결정한다.

(4) $\{(a_0, 1), (a_1, 1), \cdots, (a_m, 1)\}$은 $\mathbb{R}^{n+1}$에서 일차독립이다.

평면을 구성하는 다른 수단으로는 평면에 수직인 방향을 택하는 방법이 있다. 이에 대해서는 5.2절을 참고하라.

■ 좌표의 개념

벡터공간에서 기저의 개념은 좌표계의 개념과 밀접한 관계를 갖는다. 많은 응용문제들은 한 좌표계로부터 다른 좌표계로 전환함으로서 단순화될 수 있다. 벡터공간에서 좌표계를 바꾸는 것은 본질적으로는 기저를 바꾸는 것과 동일하다.

정리 3.15

n차원 벡터공간 V에 대해서 $\{v_1, v_2, \cdots, v_n\}$을 V의 기저라고 하면 V의 모든 원소는 V의 일차결합으로 유일하게 표현된다. 다시 말해서 v가 V의 원소라면

$$v = c_1 v_1 + c_2 v_2 + \cdots + c_n v_n$$

을 만족하는 스칼라 $c_1, c_2, \cdots, c_n$이 유일하게 존재한다.

| 증명 | $V = SP\langle v_1, v_2, \cdots, v_n \rangle$이므로 V의 모든 원소는 $v_1, v_2, \cdots, v_n$의 일차결합으로 표현된다. v가 V의 원소이고 스칼라 $b_1, b_2, \cdots, b_n$과 $c_1, c_2, \cdots, c_n$에 대해

$$v = b_1v_1 + b_2v_2 + \cdots + b_nv_n = c_1v_1 + c_2v_2 + \cdots + c_nv_n$$

이라고 하자. 이것은

$$(b_1 - c_1)v_1 + (b_2 - c_2)v_2 + \cdots + (b_n - c_n)v_n = 0$$

으로 다시 쓸 수 있고 $v_1, v_2, \cdots, v_n$의 일차독립성을 이용하여

$$b_1 - c_1 = b_2 - c_2 = \cdots = b_n - c_n = 0$$

을 얻는다. 따라서 v의 기저로의 일차결합은 유일하게 표현된다. ■

정리 3.15에서 V의 원소 v가 V의 기저 $v_1, v_2, \cdots, v_n$에 대해

$$v = c_1v_1 + c_2v_2 + \cdots + c_nv_n$$

로 나타날 때 $c_1, c_2, \cdots, c_n$을 V의 기저 $S = \{v_1, v_2, \cdots, v_n\}$에 대한 **좌표** (coordinates)라고 하고 좌표로 구성된 벡터 $(v)_S := (c_1, c_2, \cdots, c_n)$을 v의 **좌표벡터** (coordinate vector), 이를 행렬로 나타낸 것을 $[v]_S := \begin{bmatrix} c_1 \\ c_2 \\ \vdots \\ c_n \end{bmatrix}$이라 쓰고 이를 v의 **좌표행렬** (coordinate matrix)이라고 한다.

예제 3.16 $\mathbb{R}^3$의 기저 $S = \{v_1, v_2, v_3\}$에서 $v_1 = (1, 2, 1)$, $v_2 = (2, 9, 0)$, $v_3 = (3, 3, 4)$일 때 각각 다음을 구하라.

(1) $v = (5, -1, 9)$의 좌표벡터와 좌표행렬

(2) $(u)_S = (-1, 3, 2)$인 벡터 u

풀이 (1) $v = c_1v_1 + c_2v_2 + c_3v_3$이면

$$\begin{bmatrix} 1 & 2 & 3 \\ 2 & 9 & 3 \\ 1 & 0 & 4 \end{bmatrix}\begin{bmatrix} c_1 \\ c_2 \\ c_3 \end{bmatrix} = \begin{bmatrix} 5 \\ -1 \\ 9 \end{bmatrix}$$

이므로 이를 풀면 $c_1 = 1$, $c_2 = -1$, $c_3 = 2$이다. 따라서

$$\text{좌표벡터 } (v)_S = (1,\ -1,\ 2), \quad \text{좌표행렬 } [v]_S = \begin{bmatrix} 1 \\ -1 \\ 2 \end{bmatrix}.$$

(2) $u = (-1)v_1 + 3v_2 + 2v_3 = (11,\ 31,\ 7).$ ■

예제 3.17 $V = M_{2,2}$를 2×2 행렬의 벡터공간이라 하자.

$$E_{11} = \begin{bmatrix} 1 & 0 \\ 0 & 0 \end{bmatrix},\ E_{12} = \begin{bmatrix} 0 & 1 \\ 0 & 0 \end{bmatrix},\ E_{21} = \begin{bmatrix} 0 & 0 \\ 1 & 0 \end{bmatrix},\ E_{22} = \begin{bmatrix} 0 & 0 \\ 0 & 1 \end{bmatrix}$$

에 대해서 V의 기저의 집합을 순서를 두어

$$S = \{E_{11},\ E_{12},\ E_{21},\ E_{22}\}, \quad \tilde{S} = \{E_{11},\ E_{21},\ E_{12},\ E_{22}\}$$

일 때, 행렬 $A = \begin{bmatrix} 2 & -1 \\ -3 & 4 \end{bmatrix}$에 대해 좌표행렬 $[A]_S$와 $[A]_{\tilde{S}}$를 구하라.

풀이

$$\begin{aligned} A &= 2E_{11} - E_{12} - 3E_{21} + 4E_{22} \\ &= 2E_{11} - 3E_{21} - E_{12} + 4E_{22} \end{aligned}$$

이므로

$$[A]_S = \begin{bmatrix} 2 \\ -1 \\ -3 \\ 4 \end{bmatrix}, \quad [A]_{\tilde{S}} = \begin{bmatrix} 2 \\ -3 \\ -1 \\ 4 \end{bmatrix}.$$ ■

3.2 • 연습문제

1. 정리 3.12의 (4)를 증명하라.

2. 다음 각각에 주어진 S가 $\mathbb{R}^3$의 기저인지를 결정하고, 만일 기저이면 $u = (1,\ -2,\ 1)$를 S의 일차결합으로 나타내라.

(1) $S = \{v_1 = (1,\ 2,\ 3),\ v_2 = (0,\ 1,\ 2),\ v_3 = (0,\ 0,\ 1)\}$

(2) $S = \{v_1 = (1,\ -1,\ 1),\ v_2 = (0,\ 1,\ 2),\ v_3 = (-1,\ 3,\ 3)\}$

(3) $S=\{v_1=(0,\ 0,\ 0),\ v_2=(1,\ 2,\ 2),\ v_3=(-2,\ 1,\ 2)\}$

(4) $S=\{v_1=(1,\ -1,\ 1),\ v_2=(1,\ 1,\ 2),\ v_3=(-1,\ 2,\ 1)\}$

3. 다음 벡터가 일차종속이 되기 위한 k의 값을 결정하라.

$$v_1=(k,\ 1,\ 1),\ v_2=(1,\ k,\ 1),\ v_3=(1,\ 1,\ k)$$

4. $\mathbb{R}^3$의 기저 $\{v_1,\ v_2,\ v_3\}$에 대해서 $\{v_1,\ v_1+v_2,\ v_1+v_2+v_3\}$도 $\mathbb{R}^3$의 기저가 됨을 보여라.

5. $u,\ v,\ w$를 일차독립인 벡터라 하자. $u+v,\ v+w,\ u-2v+w$도 일차독립임을 보여라.

6. $\{v_1,\ v_2,\ \cdots,\ v_n\}$이 n차원 벡터공간 V의 기저일 때 다음 각 집합이 V의 기저를 이루는지 조사하라.

(1) $\{v_1+v_2,\ v_2+v_3,\ \cdots,\ v_{n-1}+v_n,\ v_n+v_1\}$

(2) $\{v_1-v_2,\ v_2-v_3,\ \cdots,\ v_{n-1}-v_n,\ v_n-v_1\}$

7. $A\in M_n$이라 하자.

(1) $u_1,\ u_2,\ \cdots,\ u_n$이 $\mathbb{R}^n$에서 일차종속인 벡터이면 $Au_1,\ Au_2,\ \cdots,\ Au_n$도 일차종속임을 보여라.

(2) A가 정칙이고 $u_1,\ u_2,\ \cdots,\ u_n$이 일차독립이면 $Au_1,\ Au_2,\ \cdots,\ Au_n$도 일차독립임을 보여라.

8. V를 $\mathbb{R}$ 상에서 정의된 실함수들의 벡터공간이라 하자. S가 각각 다음과 같은 V의 부분집합일 때 S가 일차독립인지 결정하고 $SP\langle S\rangle$를 구하라.

(1) $S=\{1,\ e^{ax},\ e^{bx}\},\ a\neq b$

(2) $S=\{e^{ax},\ xe^{ax},\ x^2e^{ax}\}$

(3) $S=\{t^n,\ t^m\}$, n과 m은 $n\neq m$인 양의 정수

(4) $S=\{e^x,\ e^{-x},\ \cosh x\}$

9. 다음 두 벡터의 일차결합이 아닌 $\mathbb{R}^3$의 벡터 w를 구하라.

$$v_1 = \begin{bmatrix} -1 \\ 2 \\ 1 \end{bmatrix}, \quad v_2 = \begin{bmatrix} 2 \\ 1 \\ -2 \end{bmatrix}$$

10. $\mathbb{R}^n$의 영이 아닌 벡터 $\boldsymbol{u}$에 대해서 V를 집합

$$V = \{\boldsymbol{x} \in \mathbb{R}^n \mid \boldsymbol{u} \cdot \boldsymbol{x} = 0\}$$

이라 하자.

(1) V는 $\mathbb{R}^n$의 부분공간을 이룸을 보여라.

(2) $\dim(V) = n-1$임을 보여라.

(3) $v \in V$일 때 스칼라 k에 대해서 $v + ku = 0$이면 $k = 0$임을 보여라.

(4) $\{v_1, v_2, \cdots, v_{n-1}\}$이 V의 기저이면 $\{v_1, v_2, \cdots, v_{k-1}, u\}$는 $\mathbb{R}^n$의 기저를 이룸을 보여라.

11. 다음 각각에서 V를 $\mathbb{R}^3$의 부분집합이라고 하자. V가 벡터공간을 이루는지를 알아보고 V가 벡터공간이면 V의 기저와 차원을 구하라.

(1) $V = \{(x, y, z) \mid x + y + z = 0\}$

(2) $V = \{(x, y, z) \mid x + y + z = 0,\ x - y - z = 0\}$

(3) $V = \{(x, y, z) \mid x + y = 1,\ \text{또는}\ x = z\}$

(4) $V = \{(x, y, z) \mid x + y = 1,\ y - z = 0\}$

(5) $V = \{(x, y, z) \mid x = y = 3z\}$

12. $\mathbb{R}^4$에서 다음 각 제차 연립일차방정식을 만족하는 해공간의 기저와 차원을 구하라.

(1) $\begin{cases} x_1 + x_2 - x_3 = 0 \\ x_2 - x_4 = 0 \end{cases}$

(2) $\begin{cases} x_1 + x_2 + x_3 = 0 \\ x_2 + x_3 + x_4 = 0 \\ x_3 + x_4 + x_5 = 0 \\ x_4 + x_5 + x_6 = 0 \end{cases}$

(3) $\begin{cases} x_1 + x_2 - x_3 = 0 \\ 2x_1 + x_4 = 0 \\ 3x_1 - x_2 + 2x_3 - x_4 = 0 \end{cases}$

(4) $\begin{cases} x_1 - 2x_2 = 0 \\ x_2 - 2x_3 = 0 \\ x_3 - 2x_4 = 0 \end{cases}$

13. $\mathbb{R}^4$에서 $\boldsymbol{u} = (1, 1, -1, 0)$, $\boldsymbol{v} = (-1, 0, 2, 1)$, $\boldsymbol{w} = (1, 2, 1, 2)$에 의해 생성되는 부분공간 S와 그 차원을 구하라.

14. 각각 다음과 같이 주어진 벡터의 집합 S에 대해 $W = SP\langle S \rangle$일 때 W의 기저가 되는 S의 최소의 부분집합을 모두 구하라.

(1) $S = \{v_1,\ v_2,\ v_3,\ v_4\}$ :: $v_1 = \begin{bmatrix} 1 \\ 1 \\ -2 \end{bmatrix},\ v_2 = \begin{bmatrix} 1 \\ 0 \\ -1 \end{bmatrix},\ v_3 = \begin{bmatrix} 2 \\ -1 \\ 0 \end{bmatrix},\ v_4 = \begin{bmatrix} -1 \\ -2 \\ 3 \end{bmatrix}$

(2) $S = \{v_1,\ v_2,\ v_3,\ v_4,\ v_5\}$ :: $v_1 = \begin{bmatrix} 1 \\ 1 \\ 2 \\ -1 \end{bmatrix},\ v_2 = \begin{bmatrix} 1 \\ 4 \\ -1 \\ 5 \end{bmatrix},\ v_3 = \begin{bmatrix} 1 \\ 0 \\ 4 \\ -1 \end{bmatrix},\ v_4 = \begin{bmatrix} 1 \\ 2 \\ 1 \\ 1 \end{bmatrix},\ v_5 = \begin{bmatrix} 2 \\ 5 \\ 0 \\ 2 \end{bmatrix}$

15. (1) 벡터공간 V가 부분공간 U와 W의 집합일 필요충분조건은 $V = U + W$이고 $U \cap W = \{0\}$임을 보여라.

(2) 다음과 같은 $\mathbb{R}^3$의 부분공간 U와 W에 대하여 $\mathbb{R}^3 = U \oplus W$임을 보여라.

$$U = \{(x,\ y,\ z) \in \mathbb{R}^3 \mid x = y = z\}, \quad W = \{(x,\ y,\ z) \in \mathbb{R}^3 \mid x = 0\}$$

(3) 다음의 해공간 W_1과 W_2에 대해서 $\mathbb{R}^n = W_1 \oplus W_2$임을 보여라.

$$W_1 = \{(x_1,\ x_2,\ \cdots,\ x_n) \in \mathbb{R}^n \mid x_1 + x_2 + \cdots + x_n = 0\},$$
$$W_2 = \{(x_1,\ x_2,\ \cdots,\ x_n) \in \mathbb{R}^n \mid x_1 = x_2 = \cdots = x_n\}$$

16. 정리 3.14를 증명하라.

17. (1) 세 점 $A(1,\ 2,\ 3)$, $B(-1,\ 0,\ 1)$, $C(0,\ 1,\ 1)$를 지나는 평면의 방정식을 구하라.

(2) 세 점 $(1,\ 1,\ 1,\ 1)$, $(1,\ 0,\ 1,\ 1)$, $(1,\ 1,\ 0,\ 1)$이 아핀독립임을 보이고 이 세 점을 지나는 평면의 방정식을 구하라.

18. 두 평면 $\Pi_1 : x + y + z = 1$과 $\Pi_2 :\ 2x - y - 3z = 4$가 서로 만나는 것을 보이고 두 평면의 교선의 방정식을 구하라.

19. 벡터 $\boldsymbol{u}_1 = (1,\ 1,\ 0,\ 0)$, $\boldsymbol{u}_2 = (1,\ 0,\ 1,\ 0)$, $\boldsymbol{u}_3 = (0,\ 1,\ 1,\ 0)$, $\boldsymbol{u}_4 = (0,\ 1,\ 0,\ 1)$가 $\mathbb{R}^4$의 기저를 이룸을 보이고 다음을 구하라.

(1) $\mathbb{R}^4$의 기저 $S = \{\boldsymbol{u}_1,\ \boldsymbol{u}_2,\ \boldsymbol{u}_3,\ \boldsymbol{u}_4\}$에 대해 벡터 $v = (-1,\ 5,\ 2,\ 3)$의 좌표벡터와 좌표행렬을 구하라.

(2) $(w)_S = (1,\ 1,\ 1,\ 1)$인 벡터 w를 구하라.

20. 다음 각각에 대해서 벡터 $S=\{u_1,\ u_2,\ u_3\}$가 $\mathbb{R}^3$의 기저를 이룸을 보이고 벡터 x의 좌표 $(x)_S$를 구하라.

(1) $x=(0,\ 1,\ 1),\ u_1=(1,\ 0,\ 0),\ u_2=(1,\ 1,\ 0),\ u_3=(1,\ 1,\ 1)$

(2) $x=(4,\ -1,\ 5),\ u_1=(1,\ 0,\ 1),\ u_2=(0,\ 1,\ 1),\ u_3=(1,\ 1,\ 0)$

(3) $x=(1,\ 2,\ 3),\ u_1=(1,\ -1,\ 1),\ u_2=(1,\ 1,\ -1),\ u_3=(-1,\ 1,\ 1)$

21. $S=\{p_1(x)=1+x,\ p_2(x)=1+x^2,\ p_3(x)=x+x^2\}$가 P_2의 기저를 이룸을 보이고 이에 대해 2차 다항식 $p(x)=2-3x+x^2$의 좌표행렬을 구하라.

22. W를 n차원 벡터공간 V의 부분공간이라 할 때 다음을 보여라.

(1) $\dim(W)\le n$

(2) $\dim(W)=n \Leftrightarrow W=V$

(3) W의 모든 기저는 V의 기저의 부분집합이다.

3.3 행공간과 열공간

주어진 $m\times n$ 행렬

$$A=\begin{bmatrix} a_{11} & a_{12} & \cdots & a_{1n} \\ a_{21} & a_{22} & \cdots & a_{2n} \\ \vdots & \vdots & \ddots & \vdots \\ a_{m1} & a_{m2} & \cdots & a_{mn} \end{bmatrix}$$

에서 각 행으로 이루어진 m개의 벡터

$$A_{(i)}=[a_{i1}\,a_{i2}\cdots\ a_{in}],\quad (i=1,\ 2,\ \cdots,\ m)$$

를 A의 **행벡터**(row vector)라 하고, A의 행벡터에 의해 생성되는 $\mathbb{R}^n$의 부분공간을 A의 **행공간**(row space)이라 한다. 마찬가지로, A의 각 열로 이루어진 n개의 벡터

$$A^{(j)} = \begin{bmatrix} a_{1j} \\ a_{2j} \\ \vdots \\ a_{mj} \end{bmatrix}, \quad (j=1,\ 2,\ \cdots,\ n)$$

를 A의 **열벡터**(column vector)라고 하고, A의 열벡터에 의해 생성되는 $\mathbb{R}^m$의 부분공간을 A의 **열공간**(column space)이라고 한다. 따라서 A의 행공간과 열공간은 다음과 같다.

$$A\text{의 행공간} = SP\langle A_{(1)},\ A_{(2)},\ \cdots,\ A_{(m)} \rangle \subset \mathbb{R}^n,$$
$$A\text{의 열공간} = SP\langle A^{(1)},\ A^{(2)},\ \cdots,\ A^{(n)} \rangle \subset \mathbb{R}^m.$$

주어진 행렬 $A \in M_{m,\,n}$에 대해 A의 **치역**(range)을

$$R(A) = \{A\boldsymbol{x} \mid \boldsymbol{x} \in \mathbb{R}^n\}$$

로 정의한다. $\boldsymbol{x} = \begin{bmatrix} x_1 \\ x_2 \\ \vdots \\ x_n \end{bmatrix} \in \mathbb{R}^n$에 대해

$$A\boldsymbol{x} = x_1 A^{(1)} + x_2 A^{(2)} + \cdots + x_n A^{(n)}$$

이므로

$$R(A) = SP\langle A^{(1)},\ A^{(2)},\ \cdots,\ A^{(n)} \rangle = A\text{의 열공간}$$

이다. 따라서 행렬 A의 치역 $R(A)$는 $\mathbb{R}^m$의 부분공간을 이룬다.

예제 3.18 2×3 행렬 $A = \begin{bmatrix} 1 & 0 & 0 \\ 0 & 1 & 0 \end{bmatrix}$에 대해서 A의 행공간과 열공간을 구하라.

풀이 A의 행공간은 A의 행 $A_{(1)}$과 $A_{(2)}$의 일차결합

$$a_1 A_{(1)} + a_2 A_{(2)} = a_1[1\ 0\ 0] + a_2[0\ 1\ 0] = [a_1\ \ a_2\ \ 0] \in \mathbb{R}^3$$

의 집합이므로 A의 행공간은 $\mathbb{R}^3$의 2차원 부분공간을 이룬다.
한편, A의 열공간은 A의 열 $A^{(1)}$, $A^{(2)}$와 $A^{(3)}$의 일차결합

$$a_1 A^{(1)} + a_2 A^{(2)} + a_3 A^{(3)} = a_1 \begin{bmatrix} 1 \\ 0 \end{bmatrix} + a_2 \begin{bmatrix} 0 \\ 1 \end{bmatrix} + a_3 \begin{bmatrix} 0 \\ 0 \end{bmatrix} = \begin{bmatrix} a_1 \\ a_2 \end{bmatrix} \in \mathbb{R}^2$$

이므로 A의 열공간은 $\mathbb{R}^2$이다. ■

정리 3.16

행동치인 두 행렬은 같은 행공간을 갖는다.

증명 $A \sim_r B$이면 B는 A에 기본연산을 유한 번 시행하여 얻어지므로 B의 각 행은 A의 행의 일차결합으로 나타난다. 따라서 B의 행공간은 A의 행공간의 부분공간이다.

위와 마찬가지로 $A \sim_r B$이면 $B \sim_r A$이므로 A의 행공간은 B의 행공간의 부분공간을 이룬다. ■

A의 행공간의 차원을 **행계수**(row rank)라 하고, 열공간의 차원을 **열계수**(column rank)라고 한다. 정리 3.17에서와 같이 주어진 행렬의 행계수는 열계수와 일치하므로 이때 행계수, 또는 열계수를 구분 없이 주어진 행렬의 **계수**(rank)라고 하고 행렬 A의 계수를 $\mathrm{rank}(A)$로 정의한다. 정리 3.16에 의해 행렬을 행사다리꼴로 변환하면 이때 영이 아닌 행은 일차독립으로 행공간의 기저를 이룬다. 따라서 주어진 행렬의 계수는 이 기저의 수와 같다.

예제 3.19 3×4 행렬 $A = \begin{bmatrix} 1 & -2 & 5 & -3 \\ 2 & 3 & 1 & -4 \\ 3 & 8 & -3 & -5 \end{bmatrix}$의 행공간의 기저와 계수를 구하라.

풀이 기본행연산을 적용하여 A를 동치인 행사다리꼴로 변환한다.

$$A_{(2)} - 2A_{(1)},\ A_{(3)} - 3A_{(1)} \ :: \ \begin{bmatrix} 1 & -2 & 5 & -3 \\ 0 & 7 & -9 & 2 \\ 0 & 14 & -18 & 4 \end{bmatrix}$$

$$A_{(3)} - 2A_{(2)} \ :: \ \begin{bmatrix} 1 & -2 & 5 & -3 \\ 0 & 7 & -9 & 2 \\ 0 & 0 & 0 & 0 \end{bmatrix} := \hat{A}$$

$A \sim_r \hat{A}$이고 A의 행공간은 $\hat{A}$의 행공간과 같으므로 A의 행공간의 기저는 행사다리꼴 $\hat{A}$의 영이 아닌 두 행이 이루는 벡터

$$v_1 = (1,\ -2,\ 5,\ -3), \quad v_2 = (0,\ 7,\ -9,\ 2)$$

이다. 따라서 $\mathrm{rank}(A) = 2$이다. ■

정리 3.17

주어진 행렬의 행계수와 열계수는 서로 일치한다.

증명 주어진 $m \times n$ 행렬 $A = [a_{ij}]$에 대해서 A의 행계수를 r이라 하고 행공간의 기저를

$$S_1 = [b_{11}\ b_{12} \cdots\ b_{1n}],\ \cdots,\ S_r = [b_{r1}\ b_{r2} \cdots\ b_{rn}]$$

이라 하면 A의 각 행은 기저 $\{S_1, S_2, \cdots, S_r\}$의 일차결합으로 표현되므로 스칼라 c_{ij}에 대해

$$\begin{aligned} A_{(1)} &= c_{11}S_1 + c_{12}S_2 + \cdots + c_{1r}S_r \\ A_{(2)} &= c_{21}S_1 + c_{22}S_2 + \cdots + c_{2r}S_r \\ &\vdots \\ A_{(m)} &= c_{m1}S_1 + c_{m2}S_2 + \cdots + c_{mr}S_r \end{aligned}$$

로 쓸 수 있다. 이 방정식의 양변에서 j 번째 성분을 살펴보면 각 $j = 1, \cdots, n$에 대해

$$\begin{aligned} a_{1j} &= c_{11}b_{1j} + c_{12}b_{2j} + \cdots + c_{1r}b_{rj} \\ a_{2j} &= c_{21}b_{1j} + c_{22}b_{2j} + \cdots + c_{2r}b_{rj} \\ &\vdots \\ a_{mj} &= c_{m1}b_{1j} + c_{m2}b_{2j} + \cdots + c_{mr}b_{rj} \end{aligned}$$

이다. 따라서 각 $j = 1, \cdots, n$에 대해

$$A^{(j)} = \begin{bmatrix} a_{1j} \\ a_{2j} \\ \vdots \\ a_{mj} \end{bmatrix} = b_{1j}\begin{bmatrix} c_{11} \\ c_{21} \\ \vdots \\ c_{m1} \end{bmatrix} + b_{2j}\begin{bmatrix} c_{12} \\ c_{22} \\ \vdots \\ c_{m2} \end{bmatrix} + \cdots + b_{rj}\begin{bmatrix} c_{1r} \\ c_{2r} \\ \vdots \\ c_{mr} \end{bmatrix}$$

이 되어 A의 각 열은 r개의 벡터

$$\begin{bmatrix} c_{11} \\ c_{21} \\ \vdots \\ c_{m1} \end{bmatrix}, \begin{bmatrix} c_{12} \\ c_{22} \\ \vdots \\ c_{m2} \end{bmatrix}, \cdots, \begin{bmatrix} c_{1r} \\ c_{2r} \\ \vdots \\ c_{mr} \end{bmatrix}$$

의 일차결합으로 표현된다. 따라서 A의 열공간의 차원은 기껏해야 r이고 열계

수는 r을 초과할 수 없다. 따라서 A의 열계수 ≤ A의 행계수이다.
마찬가지로, 전치행렬 A^t에 위의 논의를 적용하면

$$A^t\text{의 열계수}(=A\text{의 행계수}) \le A^t\text{의 행계수}(=A\text{의 열계수})$$

가 되어 A의 행계수와 열계수는 서로 일치한다. ■

예제 3.20 주어진 벡터 $v_1=(1,\ -2,\ 1,\ 1,\ 2)$, $v_2=(-1,\ 3,\ 0,\ 2,\ -2)$, $v_3=(0,\ 1,\ 1,\ 3,\ 4)$, $v_4=(1,\ 2,\ 5,\ 13,\ 5)$에 의해서 생성되는 $\mathbb{R}^5$의 부분공간 W의 기저와 차원을 구하라.

풀이 다음과 같이 $v_1,\ v_2,\ v_3,\ v_4$를 각 행으로 하는 4×5 행렬 A를 구성한 후, 행사다리꼴로 변환하면 영이 아닌 행으로 구성된 벡터가 W의 기저를 이룬다.

$$A=\begin{bmatrix}1&-2&1&1&2\\-1&3&0&2&-2\\0&1&1&3&4\\1&2&5&13&5\end{bmatrix};$$

$$A_{(2)}+A_{(1)},\ A_{(4)}-A_{(1)}\ ::\ \begin{bmatrix}1&-2&1&1&2\\0&1&1&3&0\\0&1&1&3&4\\0&4&4&12&3\end{bmatrix}$$

$$A_{(3)}-A_{(2)},\ A_{(4)}-4A_{(2)}\ ::\ \begin{bmatrix}1&-2&1&1&2\\0&1&1&3&0\\0&0&0&0&4\\0&0&0&0&3\end{bmatrix}$$

$$\frac{1}{4}A_{(3)},\ A_{(4)}-3A_{(3)}\ ::\ \begin{bmatrix}1&-2&1&1&2\\0&1&1&3&0\\0&0&0&0&1\\0&0&0&0&0\end{bmatrix}$$

따라서 $w_1=(1,\ -2,\ 1,\ 1,\ 2)$, $w_2=(0,\ 1,\ 1,\ 3,\ 0)$, $w_3=(0,\ 0,\ 0,\ 0,\ 1)$에 대해 W의 기저는 $\{w_1,\ w_2,\ w_3\}$이고 $\dim(W)=3$이다. ■

예제 3.21 예제 3.20의 풀이과정에서 주어진 행렬 $A=\begin{bmatrix}1&-2&1&1&2\\-1&3&0&2&-2\\0&1&1&3&4\\1&2&5&13&5\end{bmatrix}$의 전치행렬 A^t의 기저와 차원을 구해 정리 3.17의 결과를 조사하라.

풀이 $B = A^t = \begin{bmatrix} 1 & -1 & 0 & 1 \\ -2 & 3 & 1 & 2 \\ 1 & 0 & 1 & 5 \\ 1 & 2 & 3 & 13 \\ 2 & -2 & 4 & 5 \end{bmatrix}$;

$$B_{(2)} + 2B_{(1)},\ B_{(3)} - B_{(1)},\ B_{(3)} - B_{(1)},\ B_{(5)} - 2B_{(1)} :: \begin{bmatrix} 1 & -1 & 0 & 1 \\ 0 & 1 & 1 & 4 \\ 0 & 1 & 1 & 4 \\ 0 & 3 & 3 & 12 \\ 0 & 0 & 4 & 3 \end{bmatrix}$$

$$B_{(3)} - B_{(2)},\ B_{(4)} - 3B_{(2)},\ B_{(5)} \leftrightarrow B_{(3)} :: \begin{bmatrix} 1 & -1 & 0 & 1 \\ 0 & 1 & 1 & 4 \\ 0 & 0 & 4 & 3 \\ 0 & 0 & 0 & 0 \\ 0 & 0 & 0 & 0 \end{bmatrix}$$

최종적으로 얻어진 A^t의 행사다리꼴 형태로부터 $\boldsymbol{u}_1 = (1, -1, 0, 1)$, $\boldsymbol{u}_2 = (0, 1, 1, 4)$, $\boldsymbol{u}_3 = (0, 0, 4, 3)$에 대해 A^t의 기저는 $\{\boldsymbol{u}_1, \boldsymbol{u}_2, \boldsymbol{u}_3\}$이고, $\dim(A^t) = 3$이다. 따라서 A의 열계수는 3이고, 또한 예제 3.20으로부터 A의 행계수가 3이므로 A의 행계수와 열계수는 서로 일치한다. ■

행렬 A의 영공간 $N(A)$의 차원을 A의 **영계수**(nullity)라 하고 $\text{nullity}(A)$로 나타낸다.

보조정리 3.18

$A \in M_{m,n}$에 대해 다음이 성립한다.

$$n = \text{rank}(A) + \text{nullity}(A)$$

증명 $N(A)$는 제차연립방정식 $A\boldsymbol{x} = 0$의 해공간이다. 첨가행렬 $[A \,\vdots\, 0] \sim_r [B \,\vdots\, 0]$이 대응하는 행사다리꼴이라면 B의 k개의 0이 아닌 행은 A의 행공간의 기저를 이루고, $n-k$개의 자유변수가 $N(A)$의 기저를 생성한다. 따라서 A의 영계수는 제차연립방정식의 자유변수의 수 $n-k$와 같으므로 다음 관계가 성립한다.

$$n = (k) + (n-k) = \text{rank}(A) + \text{nullity}(A)$$ ■

예제 3.22 다음 행렬의 영계수와 계수를 구하고 보조정리 3.18을 검증하라.

$$A=\begin{bmatrix}1&1&3&1\\2&1&5&4\\1&2&4&-1\end{bmatrix}$$

풀이 $[A\ \vdots\ 0]=\left[\begin{array}{cccc:c}1&1&3&1&0\\2&1&5&4&0\\1&2&4&-1&0\end{array}\right]\sim_r\left[\begin{array}{cccc:c}1&1&3&1&0\\0&1&1&2&0\\0&0&0&0&0\end{array}\right]$

이므로 $A\boldsymbol{x}=0$은 2개의 자유변수를 가지므로 A의 영계수는 2이다. 또한 행사다리꼴로부터 A는 2개의 일차독립인 행벡터를 가지므로 A의 계수는 2이다. 따라서

$$\text{rank}(A)+\text{nullity}(A)=2+2=4$$

가 성립한다. ■

다음 정리는 연립일차방정식의 해의 존재성과 시스템행렬의 계수 사이의 관계를 보여준다.

정리 3.19

$m\times n$ 연립일차방정식 $A\boldsymbol{x}=\boldsymbol{b}$가 해를 가질 필요충분조건은

$$\text{rank}(A)=\text{rank}([A\ \vdots\ \boldsymbol{b}])$$

이다.

| 증명 | A가 $m\times n$ 행렬이면 m차원 열벡터 $\boldsymbol{b}$에 대해서 연립일차방정식 $A\boldsymbol{x}=\boldsymbol{b}$는

$$x_1A^{(1)}+x_2A^{(2)}+\cdots+x_nA^{(n)}=\boldsymbol{b}$$

의 형태로 나타낼 수 있으므로 방정식이 해를 가질 필요충분조건은 $\boldsymbol{b}$가 A의 열공간에 속할 때이다. 따라서 $\boldsymbol{b}\in SP\langle A^{(1)}A^{(2)}\cdots A^{(n)}\rangle$일 때이므로

$$SP\langle A^{(1)}, A^{(2)}, \cdots, A^{(n)}, \boldsymbol{b}\rangle=SP\langle A^{(1)}, A^{(2)}, \cdots, A^{(n)}\rangle.$$

즉 $A\boldsymbol{x}=\boldsymbol{b}$가 해를 가질 필요충분조건은

$$\begin{aligned}\text{rank}([A\ \vdots\ \boldsymbol{b}])&=\dim(SP\langle A^{(1)}, A^{(2)}, \cdots, A^{(n)}, \boldsymbol{b}\rangle)\\&=\dim(SP\langle A^{(1)}, A^{(2)}, \cdots, A^{(n)}\rangle)=\text{rank}(A).\end{aligned}$$ ■

예제 3.23 연립일차방정식

$$\begin{aligned} x_1 + 3x_2 + x_3 - x_4 &= 1 \\ 2x_1 + 6x_2 + 3x_3 \qquad &= 2 \\ -x_1 - 3x_2 + \qquad 3x_4 &= -1 \end{aligned}$$

은

$$\begin{bmatrix} 1 & 3 & 1 & -1 \\ 2 & 6 & 3 & 0 \\ -1 & -3 & 0 & 3 \end{bmatrix} \begin{bmatrix} x_1 \\ x_2 \\ x_3 \\ x_4 \end{bmatrix} = \begin{bmatrix} 1 \\ 2 \\ -1 \end{bmatrix}$$

으로 나타낼 수 있고 시스템행렬 A의 첫 번째 열과 b가 일치하므로

$$\text{rank}(A) = \text{rank}([A \ \vdots \ b])$$

가 되어 정리 3.19에 의해 연립방정식의 해가 존재한다.
실제 해를 구성하기 위해 첨가행렬에 기본행연산을 적용하면

$$\left[\begin{array}{cccc:c} 1 & 3 & 1 & -1 & 1 \\ 2 & 6 & 3 & 0 & 2 \\ -1 & -3 & 0 & 3 & -1 \end{array}\right] \sim_r \left[\begin{array}{cccc:c} 1 & 3 & 1 & -1 & 1 \\ 0 & 0 & 1 & 2 & 0 \\ 0 & 0 & 0 & 0 & 0 \end{array}\right]$$

이므로 자유변수 $x_2 = s$, $x_4 = t$에 대해

$$\begin{aligned} &x_3 = -2x_4 = -2t, \\ &x_1 = 1 - 3x_2 - x_3 + x_4 = 1 - 3s + 3t \end{aligned}$$

이다. 따라서 해는 다음과 같다.

$$\begin{bmatrix} x_1 \\ x_2 \\ x_3 \\ x_4 \end{bmatrix} = \begin{bmatrix} 1 - 3s + 3t \\ s \\ -2t \\ t \end{bmatrix} = \begin{bmatrix} 1 \\ 0 \\ 0 \\ 0 \end{bmatrix} + \begin{bmatrix} -3 \\ 1 \\ 0 \\ 0 \end{bmatrix} s + \begin{bmatrix} 3 \\ 0 \\ -2 \\ 1 \end{bmatrix} t, \ (s, t \in \mathbb{R}).$$ ■

예제 3.24 다음 행렬 A에 대해 치역 $R(A)$를 구하라.

$$A = \begin{bmatrix} 1 & 1 & 3 & 1 \\ 2 & 1 & 5 & 4 \\ 1 & 2 & 4 & -1 \end{bmatrix}$$

풀이 $\boldsymbol{b} = \begin{bmatrix} b_1 \\ b_2 \\ b_3 \end{bmatrix} \in \mathbb{R}^3$가 $R(A)$의 원소일 필요충분조건은 연립방정식 $A\boldsymbol{x} = \boldsymbol{b}$가 무모순일 때이므로 첨가행렬 $[A \ \vdots \ \boldsymbol{b}]$를 가우스 소거법을 써서 행사다리꼴로 전환하면

$$[A \ \vdots \ \boldsymbol{b}] \sim_r \begin{bmatrix} 1 & 1 & 3 & 1 & \vdots & b_1 \\ 0 & -1 & -1 & 2 & \vdots & b_2 - 2b_1 \\ 0 & 0 & 0 & 0 & \vdots & -3b_1 + b_2 + b_3 \end{bmatrix}$$

이다. 이로부터 연립방정식 $A\boldsymbol{x} = \boldsymbol{b}$가 무모순일 다음 조건을 얻는다.

$$-3b_1 + b_2 + b_3 = 0 \ \Rightarrow \ b_3 = 3b_1 - b_2$$

따라서 A의 치역은 다음과 같다.

$$R(A) = \left\{ \boldsymbol{b} = \begin{bmatrix} b_1 \\ b_2 \\ 3b_1 - b_2 \end{bmatrix} = b_1 \begin{bmatrix} 1 \\ 0 \\ 3 \end{bmatrix} + b_2 \begin{bmatrix} 0 \\ 1 \\ -1 \end{bmatrix} \middle| \ b_1, \ b_2 \text{는 실수} \right\}$$ ■

예제 3.24에서 $R(A)$가 두 개의 일차독립인 벡터에 의해 생성되므로

$$\dim(R(A)) = A\text{의 계수} = 2$$

이다.

마지막으로 비제차방정식 $A\boldsymbol{x} = \boldsymbol{b}$의 해집합의 구조를 종합적으로 이해하기 위해 제차방정식 $A\boldsymbol{x} = 0$의 해공간에 대해 살펴보자. A가 $m \times n$ 행렬이면

$$A\boldsymbol{x} = x_1 A^{(1)} + x_2 A^{(2)} + \cdots + x_n A^{(n)}$$

이 되어

$$A\boldsymbol{x} \in SP\langle A^{(1)}, \ A^{(2)}, \ \cdots, \ A^{(n)} \rangle$$

이다. 만일 열벡터 $A^{(1)}, A^{(2)}, \cdots, A^{(n)}$이 일차독립이면 $A\boldsymbol{x} = 0$은

$$x_1 A^{(1)} + x_2 A^{(2)} + \cdots + x_n A^{(n)} = 0$$

이므로 $x_1 = x_2 = \cdots = x_n = 0$이다. 다시 말해서 A의 열벡터가 일차독립이면 제차방정식 $A\boldsymbol{x} = 0$은 자명한 해를 유일한 해로 갖는다. 그러나 $m < n$, 즉 미지수의 개수가 방정식의 수보다 많으면 각 열벡터 $A^{(j)}$에 대해 $A^{(j)} \in \mathbb{R}^m$이고 $\mathbb{R}^m$은 m개의 기저에 의해 생성되므로

$A^{(1)}$, $A^{(2)}$, $\cdots$, $A^{(n)}$은 일차종속이 된다. 이것은 곧

$$A\boldsymbol{x} = x_1 A^{(1)} + x_2 A^{(2)} + \cdots + x_n A^{(n)} = 0$$

인 모두는 0이 아닌 수 x_1, x_2, $\cdots$, x_n이 존재한다는 것을 뜻한다. 따라서 $m < n$이면 $A\boldsymbol{x} = 0$은 자명하지 않은 해를 갖는다. $\boldsymbol{x}_0$가 $A\boldsymbol{x} = 0$의 자명하지 않은 해라고 하면 $\boldsymbol{x}_0$의 임의의 상수 배 $k\boldsymbol{x}_0$에 대해

$$A(k\boldsymbol{x}_0) = k(A\boldsymbol{x}_0) = k0 = 0$$

이므로 $m < n$이면 $A\boldsymbol{x} = 0$은 무수히 많은 해를 갖는다. 이 결과를 비제차방정식 $A\boldsymbol{x} = \boldsymbol{b}$에 적용해 보자. $\boldsymbol{x}_0$가 제차방정식 $A\boldsymbol{x} = 0$의 자명하지 않은 해이고 $\boldsymbol{x}_1$이 비제차방정식 $A\boldsymbol{x} = \boldsymbol{b}$의 한 해라고 하면 임의의 상수 k에 대해

$$A(k\boldsymbol{x}_0 + \boldsymbol{x}_1) = A(k\boldsymbol{x}_0) + A\boldsymbol{x}_1 = k(A\boldsymbol{x}_0) + \boldsymbol{b} = k0 + \boldsymbol{b} = \boldsymbol{b}$$

가 되므로 $k\boldsymbol{x}_0 + \boldsymbol{x}_1$은 $A\boldsymbol{x} = \boldsymbol{b}$의 해가 된다. 따라서 $m < n$이면 $A\boldsymbol{x} = \boldsymbol{b}$는 무한히 많은 해를 갖는다.

예제 3.25 예제 3.23에 주어진 연립방정식은 $m = 3 < n = 4$이므로 무한히 많은 해가 존재한다. 이것은 예제 3.23에서 얻어진 결과와 일치한다. ■

3.3 • 연습문제

1. 행렬 $A = \begin{bmatrix} 1 & 1 & 0 & 1 \\ 2 & 5 & 6 & -1 \\ 2 & 3 & 2 & 1 \end{bmatrix}$의 행공간의 기저와 차원을 구하라.

2. 행렬 $A = \begin{bmatrix} 1 & 2 & 0 & -1 \\ 2 & 6 & -3 & -3 \\ 3 & 10 & -6 & -5 \end{bmatrix}$에 대하여 다음을 구하라.

(1) 행공간의 기저

(2) 열공간의 기저

(3) 제차연립방정식 $Ax=0$의 해공간의 기저

3. 다음 각 행렬 A에 대해서 $N(A)$의 기저, nullity(A)와 rank(A)를 구하라.

(1) $A=\begin{bmatrix} 1 & -2 \\ -2 & 4 \end{bmatrix}$ (2) $A=\begin{bmatrix} 2 & -1 & 0 \\ -1 & 5 & 2 \end{bmatrix}$

(3) $A=\begin{bmatrix} 1 & -1 & 3 \\ 2 & -1 & 8 \\ -1 & 4 & 3 \end{bmatrix}$ (4) $A=\begin{bmatrix} 1 & 1 & 2 & 0 \\ 2 & 4 & 2 & 4 \\ 2 & 1 & 5 & -2 \end{bmatrix}$

4. 다음 행렬 A에 대해서 $R(A)$를 구하고 rank(A)와 nullity(A)를 구하라.

(1) $A=\begin{bmatrix} 1 & 2 & 1 \\ -1 & 0 & 3 \\ 1 & 5 & 7 \end{bmatrix}$ (2) $A=\begin{bmatrix} 1 & 1 & 0 & -1 \\ 1 & 2 & 3 & 0 \\ 2 & 3 & 3 & -1 \end{bmatrix}$

5. 다음 행렬에 대해 rank$(A)=$ rank(A^t)가 성립함을 보여라.

(1) $A=\begin{bmatrix} 1 & 1 & 2 & 1 \\ 0 & 1 & -1 & 2 \\ -1 & -2 & 0 & -3 \end{bmatrix}$ (2) $A=\begin{bmatrix} 1 & 3 & -1 & 0 \\ 2 & 1 & 1 & -2 \\ -1 & 1 & -2 & 1 \\ 1 & 2 & 2 & 2 \end{bmatrix}$

6. 행렬 $A=\begin{bmatrix} 1 & -2 & 1 \\ 2 & -3 & 5 \\ 1 & 0 & 7 \end{bmatrix}$에 대해서 벡터 b가 각각 다음과 같이 주어져 있다.

① $b=\begin{bmatrix} 1 \\ 1 \\ -1 \end{bmatrix}$	② $b=\begin{bmatrix} -1 \\ 1 \\ 2 \end{bmatrix}$	③ $b=\begin{bmatrix} 2 \\ -1 \\ 1 \end{bmatrix}$	④ $b=\begin{bmatrix} 0 \\ 1 \\ 2 \end{bmatrix}$

(1) 각 b에 대해 b가 $R(A)$에 놓이는지 결정하라.

(2) $b\in R(A)$이면 b를 A의 열벡터의 일차결합으로 나타내라.

7. $A, B\in M_n$에 대해 계수에 관한 다음 성질이 성립함을 보여라.

(1) rank$(A+B)\le$ rank$(A)+$rank(B)

(2) rank$(AB)\le \min\{$rank(A), rank$(B)\}$

(3) $AB=O$이면 rank$(A)+$rank$(B)\le n$

(4) rank$(A)=n \Leftrightarrow$ rank(adj$(A))=n$

(5) rank$(A)=n-1 \Leftrightarrow$ rank(adj$(A))=1$

제 4 장

04

선형사상

4.1 선형사상

선형사상은 벡터공간을 이해하고 벡터공간 사이의 여러 관계를 밝히는 데 중요한 역할을 한다. 선형사상은 또한 수학의 여러 현상을 이해하고 분석하는 기준틀로서 기능해 왔다. 이 절에서는 선형사상의 기본적인 특징을 살펴보자.

선형사상의 개념은 통상적인 함수의 개념을 따른다. V와 W를 벡터공간이라 하자. 함수 $T : V \to W$를 **사상**(mapping)이라고 한다. 이때 $v \in V$의 T에 의한 v의 값 $T(v)$를 T에 의한 v의 **상**(image)이라 하고, T에 의한 V의 상 전체의 집합을

$$R(T) = \{T(v) \mid v \in V\}$$

로 정의하고 T의 **치역공간**(range space)이라고 한다. 그리고 상이 W의 영벡터가 되는 V의 모든 원소의 집합을

$$N(T) = \{v \in V \mid T(v) = 0\}$$

로 정의하고 T의 **영공간**(null space), 또는 T의 **핵**(kernel)이라고 한다.

이제 V와 W를 두 벡터공간이라 할 때 V에서 W로의 벡터공간의 구조를 보존하는 사상을 **선형사상**(linear mapping), 또는 **선형변환**(linear transformation)이라고 한다. 즉 사상 $T : V \to W$가 다음 두 조건을 만족하면 T를 V에서 W로의 선형사상이라고 한다.

(LT1) 임의의 $u, v \in V$에 대해 $T(u+v) = T(u) + T(v)$ (가법보존)
(LT2) 임의의 $u \in V$와 스칼라 $k \in \mathbb{R}$에 대해 $T(ku) = kT(u)$ (동차성)

벡터공간 V의 모든 원소에 0을 대응시키는 사상은 명백히 선형사상이다. 이것을 **영사상**(zero mapping)이라 하고 $O : V \to W$로 나타낸다. 또한 벡터공간 V의 모든 원소에 자기 자신을 대응시키는 사상은 명백히 선형사상이다. 이를 **항등사상**(identity mapping)이라 하고 $id : V \to V$로 나타낸다.

예제 4.1 사상 $T : \mathbb{R}^3 \to \mathbb{R}^2$가 $T(x_1, x_2, x_3) = (x_1 + x_2, x_2 - 2x_3)$로 정의되어 있을 때 T가 선형사상인지 결정하라.

풀이 $u = (u_1, u_2, u_3)$, $v = (v_1, v_2, v_3) \in \mathbb{R}^3$에 대해서

$\boldsymbol{u}+\boldsymbol{v}=(u_1+v_1, u_2+v_2, u_3+v_3)$이므로

$$\begin{aligned} T(\boldsymbol{u}+\boldsymbol{v}) &= ((u_1+v_1)+(u_2+v_2),\ (u_2+v_2)-2(u_3+v_3)) \\ &= (u_1+u_2,\ u_2-2u_3)+(v_1+v_2,\ v_2-2v_3) \\ &= T(\boldsymbol{u})+T(\boldsymbol{v}) \end{aligned}$$

이다. 또한 스칼라 k에 대해 $k\boldsymbol{u}=(ku_1,\ ku_2)$이므로

$$\begin{aligned} T(k\boldsymbol{u}) &= (ku_1+ku_2,\ ku_2-2(ku_3)) \\ &= k(u_1+u_2,\ u_2-2u_3)=kT(\boldsymbol{u}) \end{aligned}$$

이다. 따라서 T는 선형사상이다. ■

예제 4.2 $T(x_1,\ x_2)=(x_1+x_2+1,\ 2x_2)$로 정의된 사상 $T:\mathbb{R}^2\rightarrow\mathbb{R}^2$가 선형사상인지 조사하라.

풀이 $\boldsymbol{u}=(u_1,\ u_2)\in\mathbb{R}^2$와 스칼라 k에 대해서

$$\begin{aligned} &T(k\boldsymbol{u})=T(ku_1,\ ku_2)=(ku_1+ku_2+1,\ 2ku_2), \\ &kT(\boldsymbol{u})=kT(u_1,\ u_2)=k(u_1+u_2+1,\ 2u_2)=(ku_1+ku_2+k,\ 2ku_2) \end{aligned}$$

이므로 $k\neq 1$이면 $T(k\boldsymbol{u})\neq kT(\boldsymbol{u})$가 되어 T는 선형사상이 아니다.
이를테면 $T(2(1,\ 0))=(3,\ 0)$이고 $2T(1,\ 0)=(4,\ 0)$이 되어
$T(2(1,\ 0))\neq 2T(1,\ 0)$이다. ■

$T:V\rightarrow W$가 선형사상이 될 조건은 다음 단일 조건 (LT)로 통합될 수 있다.

(LT) 임의의 $\boldsymbol{u},\ \boldsymbol{v}\in V$와 스칼라 $k,\ \ell$에 대해 $T(k\boldsymbol{u}+\ell\boldsymbol{v})=kT(\boldsymbol{u})+\ell T(\boldsymbol{v})$

벡터의 가법연산의 결합법칙과 수학적 귀납법을 사용하면 선형사상 $T:V\rightarrow W$에 대해서 $\boldsymbol{v}_1,\ \boldsymbol{v}_2,\ \cdots,\ \boldsymbol{v}_n$이 V의 임의의 원소이고 $k_1,\ k_2,\ \cdots,\ k_n$이 임의의 스칼라일 때

$$T(k_1\boldsymbol{v}_1+k_2\boldsymbol{v}_2+\cdots+k_n\boldsymbol{v}_n)=k_1T(\boldsymbol{v}_1)+k_2T(\boldsymbol{v}_2)+\cdots+k_nT(\boldsymbol{v}_n)$$

이 성립함을 보일 수 있다. 역으로, $T:V\rightarrow W$가 이러한 성질을 가지면 T가 선형사상임은 자명하다. 선형사상의 이러한 성질을 이용하여 V가 유한차원의 벡터공간이고 사상 T가 V의 기저에서 정의되면 V로부터 W로의 선형사상을 구성할 수 있다.

정리 4.1

V와 W가 벡터공간, $\dim(V)=n$이고 $v_1, v_2, \cdots, v_n$을 V의 기저라 하자. $w_1, w_2, \cdots, w_n$을 W의 임의의 원소라고 할 때

$$T(v_1)=w_1,\ T(v_2)=w_2,\ \cdots,\ T(v_n)=w_n$$

인 선형사상 $T: V \to W$가 유일하게 존재한다.

| 증명 | v를 V의 임의의 원소라면 $v_1, v_2, \cdots, v_n$이 V의 기저이므로

$$v=k_1v_1+k_2v_2+\cdots+k_nv_n$$

인 스칼라 $k_1, k_2, \cdots, k_n$이 유일하게 존재한다. 이때 $T: V \to W$를

$$T(v)=k_1w_1+k_2w_2+\cdots+k_nw_n$$

으로 정의하면 T는 V에서 W로의 사상이며 모든 i에 대해 $T(v_i)=w_i$임은 자명하다. 이제 T가 선형사상임을 보이자.

u를 V의 원소라 하고 $u=\ell_1v_1+\ell_2v_2+\cdots+\ell_nv_n$이라 하자.

임의의 스칼라 α, β에 대해

$$\alpha u+\beta v=(\alpha\ell_1+\beta k_1)v_1+(\alpha\ell_2+\beta k_2)v_2+\cdots+(\alpha\ell_n+\beta k_n)v_n$$

이므로

$$\begin{aligned}T(\alpha u+\beta v)&=(\alpha\ell_1+\beta k_1)w_1+(\alpha\ell_2+\beta k_2)w_2+\cdots+(\alpha\ell_n+\beta k_n)w_n\\&=\alpha(\ell_1w_1+\cdots+\ell_nw_n)+\beta(k_1w_1+\cdots+k_nw_n)\\&=\alpha T(u)+\beta T(v)\end{aligned}$$

가 되어 T는 선형사상이다. 이제 유일성을 보이기 위해 $S: V \to W$를 각 i에 대해 $S(v_i)=w_i$인 선형사상이라면 V의 임의의 원소 $v=k_1v_1+\cdots+k_nv_n$에 대해

$$\begin{aligned}S(v)&=S(k_1v_1+\cdots+k_nv_n)\\&=k_1S(v_1)+\cdots+k_nS(v_n)\\&=k_1w_1+\cdots+k_nw_n\\&=T(v)\end{aligned}$$

가 되어 $S=T$임을 알 수 있다. ■

예제 4.3 $T: P_3 \to P_2$가 다음을 만족하는 선형사상일 때 $T(3-4x+x^2-2x^3)$을 구하라.

$$T(1)=1+x,\quad T(x)=x-2x^2,\quad T(x^2)=1+2x,\quad T(x^3)=1+x^2$$

풀이

$$\begin{aligned} T(3-4x+x^2-2x^3) &= 3T(1)-4T(x)+T(x^2)-2T(x^3) \\ &= 3(1+x)-4(x-2x^2)+(1+2x)-2(1+x^2) \\ &= 2+x+6x^2. \end{aligned}$$

■

정리 4.1에 의해 V가 유한차원의 벡터공간일 때 V에서 정의된 선형사상 T는 T에 의한 V의 기저의 상에 의해 결정되며 $v_1, v_2, \cdots, v_n$이 V의 기저일 때

$$R(T)=SP\langle T(v_1),\ T(v_2),\ \cdots,\ T(v_n)\rangle$$

임을 말해준다.

일반적으로 $T: V \to W$가 선형사상일 때 $R(T)$의 차원을 T의 **계수**(rank)라고 하고, 영공간 $N(T)$의 차원을 T의 **영계수**(nullity)라고 한다. T의 계수를 $\mathrm{rank}(T)$로 정의한다. 선형사상 T는 $T(u)=T(v)$이면 $u=v$일 때 **일대일 사상**(one-to-one mapping), 또는 **단사사상**이라고 한다. 또한 $W=R(T)$이면 T는 **전사사상**(onto mapping)이라고 한다. $N(T)$와 $R(T)$는 선형사상의 분석에서 중추적인 역할을 한다. 먼저 선형사상의 기본적인 성질을 살펴보자.

정리 4.2

선형사상 $T: V \to W$에 대해 다음 사실이 성립한다.

(1) $T(0)=0$

(2) $N(T)$는 V의 부분공간이다.

(3) $R(T)$는 W의 부분공간이다.

(4) T가 일대일일 필요충분조건은 $N(T)=\{0\}$이다.

증명

(1) $0=0+0$이므로 $T(0)=T(0+0)=T(0)+T(0)$이 되어 $T(0)=0$이다.

(2) $u, v \in N(T)$라 하고 k를 임의의 스칼라라 하자. $T(u)=T(v)=0$이므로

$$T(u+v) = T(u)+T(v) = 0+0 = 0,$$
$$T(kv) = kT(v) = k0 = 0$$

이다. 그러므로 $u+v \in N(T)$이고 $kv \in N(T)$가 되어 $N(T)$는 V의 부분공간이다.

(3) $w_1,\ w_2 \in R(T)$이고 k를 임의의 스칼라라 하자. 그러면 $T(v_1) = w_1$, $T(v_2) = w_2$인 V의 원소 $v_1,\ v_2$가 존재하고

$$T(v_1+v_2) = T(v_1)+T(v_2) = w_1+w_2,$$
$$T(kv_1) = kT(v_1) = kw_1$$

이 되므로 $w_1+w_2,\ kw_1 \in R(T)$이다. 따라서 $R(T)$는 W의 부분공간이다.

(4) 먼저 $N(T) = \{0\}$이면 T가 일대일임을 보이기 위해 $T(u) = T(v)$라 하자. 그러면 $0 = T(u)-T(v) = T(u-v)$이고 $u-v \in N(T) = \{0\}$이다. 따라서 $u=v$이고 T는 일대일이다. 역으로 T가 일대일이라 하고 $v \in N(T)$라 하면 $T(v) = 0 = T(0)$이므로 $v = 0$이다. 따라서 $N(T) = \{0\}$이다. ■

앞에서 언급한 바대로 $T: V \to W$가 선형사상이고 V가 유한차원이면 W의 부분공간 $R(T)$는 유한차원이다. 이 관계를 좀 더 구체적으로 알아보자.

정리 4.3

$T: V \to W$가 선형사상, $\dim(V) = n$이고 $v_1,\ v_2,\ \cdots,\ v_n$을 V의 기저라 할 때 다음 사실이 성립한다.

(1) $R(T) = SP\langle T(v_1),\ T(v_2),\ \cdots,\ T(v_n)\rangle$

(2) T가 일대일일 필요충분조건은 $T(v_1),\ T(v_2),\ \cdots,\ T(v_n)$이 일차독립일 때이다.

(3) $\dim(N(T))+\dim(R(T)) = n$

| 증명 | (1) $w \in R(T)$이면 $w = T(v)$인 $v \in V$가 존재한다. $v_1,\ v_2,\ \cdots,\ v_n$이 V의 기저이므로 $v = k_1v_1+k_2v_2+\cdots+k_nv_n$로 쓸 수 있고,

$$w = T(v) = k_1T(v_1)+k_2T(v_2)+\cdots+k_nT(v_n)$$

이다. 따라서 $w \in SP\langle T(v_1),\ T(v_2),\ \cdots,\ T(v_n)\rangle$이다.

(2) 먼저 T가 일대일이라고 하자.

$k_1T(v_1)+k_2T(v_2)+\cdots+k_nT(v_n)=0$이라면 $T(k_1v_1+k_2v_2+\cdots+k_nv_n)=0$이다. T가 일대일이므로 정리 4.2의 (4)에 의해 $k_1v_1+k_2v_2+\cdots+k_nv_n=0$이다. $v_1, v_2, \cdots, v_n$이 일차독립이므로 $k_1=k_2=\cdots=k_n=0$을 얻는다. 따라서 $T(v_1), T(v_2), \cdots, T(v_n)$은 일차독립이다.

역으로 T가 일대일이 아니라고 하면 $T(v)=0$인 영이 아닌 벡터 v가 V에 존재한다. $v_1, v_2, \cdots, v_n$이 V를 생성하므로 적당한 스칼라 $k_1, k_2, \cdots, k_n$에 대해 $v=k_1v_1+k_2v_2+\cdots+k_nv_n$으로 쓸 수 있고

$$\begin{aligned}0=T(v)&=T(k_1v_1+k_2v_2+\cdots+k_nv_n)\\&=k_1T(v_1)+k_2T(v_2)+\cdots+k_nT(v_n)\end{aligned}$$

이다. 이것은 $T(v_1), T(v_2), \cdots, T(v_n)$의 일차독립성에 모순이 된다.

(3) $N(T)$가 V의 부분공간이므로 $0\le \dim(N(T))\le n$이다. $\dim(N(T))=0$이면 (1)과 (2)에 의해 $\dim(R(T))=n$이 되어 (3)이 성립한다. 또한 $\dim(N(T))=n$이면 T는 영사상이므로 $\dim(R(T))=0$이 되어 결과가 성립한다.

이제 $0<\dim(N(T))=r<n$이라고 가정하고, $N(T)$의 기저를 $v_1, v_2, \cdots, v_r$이라고 하자. 정리 3.10에 의해 이 기저를 V의 기저로 확장하여 $v_1, \cdots, v_r, v_{r+1}, \cdots, v_n$을 V의 기저라고 하자. 이때 $T(v_{r+1}), T(v_{r+2}), \cdots, T(v_n)$이 $R(T)$의 기저를 이루는 것을 보이면 $R(T)$의 차원이 $n-r$이 되어 정리가 성립한다.

$w\in R(T)$이면 $w=T(v)$인 $v\in V$가 존재하고

$$v=k_1v_1+k_2v_2+\cdots+k_nv_n$$

이라면

$$\begin{aligned}w=T(v)&=k_1T(v_1)+\cdots+k_rT(v_r)+k_{r+1}T(v_{r+1})+\cdots+k_nT(v_n)\\&=k_{r+1}T(v_{r+1})+\cdots+k_nT(v_n)\end{aligned}$$

이므로 모든 $w\in R(T)$가 $T(v_{r+1}), \cdots, T(v_n)$의 일차결합으로 나타난다. 따라서 $R(T)=SP\langle T(v_{r+1}), \cdots, T(v_n)\rangle$이다.

이제 이들이 일차독립임을 보이자.

$$k_{r+1}T(v_{r+1}) + \cdots + k_n T(v_n) = 0$$

이면 $k_{r+1}v_{r+1} + \cdots + k_n v_n \in N(T)$이므로

$$k_{r+1}v_{r+1} + \cdots + k_n v_n = k_1 v_1 + \cdots + k_r v_r$$

이고 $v_1, v_2, \cdots, v_n$이 일차독립이므로 $k_{r+1} = \cdots = k_n = 0$이어야 한다.■

예제 4.4 2차 다항식의 벡터공간을 P_2라 할 때 $T : P_2 \to \mathbb{R}$이 $T(p(x)) = p(2)$로 정의되어 있다. $N(T)$의 기저와 T의 계수를 구하라.

풀이 $T(c_0 + c_1 x + c_2 x^2) = c_0 + c_1(2) + c_2(2)^2 = c_0 + 2c_1 + 4c_2$이므로 $N(T)$의 원소는 $c_0 + 2c_1 + 4c_2 = 0$을 만족하는 2차 다항식 $p(x) = c_0 + c_1 x + c_2 x^2$로 구성된다. 이때 $c_0 = -2c_1 - 4c_2$이므로 $N(T)$에 있는 $p(x)$는

$$\begin{aligned} p(x) &= c_0 + c_1 x + c_2 x^2 = (-2c_1 - 4c_2) + c_1 x + c_2 x^2 \\ &= c_1(-2 + x) + c_2(-4 + x^2) \end{aligned}$$

이다. 따라서 $N(T)$의 기저는 $\{-2 + x, -4 + x^2\}$이고, T의 계수는

$$\text{rank}(T) = \dim(R(T)) = \dim(P_2(\mathbb{R})) - \dim(N(T)) = 3 - 2 = 1$$

이다. ■

4.1 • 연습문제

1. 다음 각 사상 T가 선형사상인지 조사하라.

(1) $T : \mathbb{R}^3 \to \mathbb{R}^2 :: T(x_1, x_2, x_3) = (x_1 + x_3, x_2 - 2x_3)$

(2) $T : \mathbb{R}^2 \to \mathbb{R}^3 :: T(x_1, x_2) = (x_1, x_2, 2x_2)$

(3) $T : P_2 \to P_2 :: T(c_0 + c_1 x + c_2 x^2) = (c_0 + 1) + (c_1 + 1)x + (c_2 + 1)x^2$

(4) $T : C([0, 1]) \to C([0, 1]) :: T(f) = e^{-x} f$

(5) $C^k(I)$를 구간 I에서 정의된 k차까지 미분가능한 모든 함수들의 벡터공간이라 할 때

$$T:\ C^2((-1,\ 1)) \to \mathbb{R}\ ::\ T(f) = 2f''(0) - 3f'(0) + f(0)$$

(6) $T: P_2 \to P_2\ ::\ T(p) = p(0) + xp'(x)$

2. 다음 각각을 만족하는 선형사상 $T: \mathbb{R}^3 \to \mathbb{R}^2$를 구하라.

(1) $T(2,\ 1,\ 0) = (-1,\ 1),\ T(-1,\ 0,\ 1) = (0,\ 1),\ T(0,\ 1,\ 2) = (1,\ 1)$

(2) $T(0,\ 0,\ 1) = (1,\ 0),\ T(2,\ 0,\ 1) = (1,\ -1),\ T(1,\ 1,\ 0) = (1,\ 1)$

3. $T: P_2 \to P_3$는 다음을 만족하는 선형사상이다

$$T(1) = 2 - x^2,\ T(x) = 3x - 2x^3,\ T(x^2) = 1 - 2x^2 + x^3$$

(1) $p(x) = 3 - 2x + 5x^2$의 치역 $T(p)$를 구하라.

(2) 2차 다항식 $c_0 + c_1x + c_2x^2$에 대해 $T(c_0 + c_1x + c_2x^2)$을 구하라.

4. $U,\ V,\ W$가 벡터공간이고 $T: U \to V,\ S: V \to W$를 선형사상이라 하면

$$(S \circ T)(\boldsymbol{u}) = S(T(\boldsymbol{u})),\ \boldsymbol{u} \in U$$

에 의해 정의된 T와 S의 합성 $S \circ T$도 선형사상임을 보여라.

5. 치역이 두 개의 벡터 $(1,\ 1,\ -2,\ 0)$과 $(2,\ 0,\ -1,\ 2)$에 의해 생성되는 선형사상 $T: \mathbb{R}^3 \to \mathbb{R}^4$를 구하라.

6. 함수 $T: \mathbb{R}^m \to \mathbb{R}^n$에 대해서 다음과 같은 $\mathbb{R}^{m+n}$의 부분집합 G를 T의 그래프(graph)라고 한다.

$$G = \{(\boldsymbol{x},\ T\boldsymbol{x}) \in \mathbb{R}^{m+n} \mid \boldsymbol{x} \in \mathbb{R}^m\}$$

$T: \mathbb{R}^m \to \mathbb{R}^n$이 선형사상일 필요충분조건은 T의 그래프가 $\mathbb{R}^{m+n}$의 부분공간임을 보여라.

7. 주어진 2×2 행렬 $Q = \begin{bmatrix} 2 & 1 \\ -1 & 2 \end{bmatrix}$에 대해서 $T: M_2 \to M_2$를 $T(A) = AQ - QA$에 의해 정의된 선형사상이라고 하자. $N(T)$의 기저를 구하라.

8. 다음 각 선형사상에 대해 $N(T)$와 $R(T)$의 차원과 기저를 구하라. $T:\mathbb{R}^2 \to \mathbb{R}^2$를 $T(1,\ 1)=(2,\ -1)$, $T(2,\ -3)=(7,\ 5)$인 선형사상이라고 하자.
$T(1,\ -1)$을 구하라.

9. 다음 각 선형사상에 대해 $N(T)$와 $R(T)$의 차원과 기저를 구하라.

(1) $T:\mathbb{R}^3 \to \mathbb{R}^3 :: T(x,\ y,\ z)=(x+2y,\ x-z,\ y+2z)$

(2) $T:\mathbb{R}^2 \to \mathbb{R}^2 :: T(x,\ y)=(x+y,\ x-y)$

(3) $T:\mathbb{R}^3 \to \mathbb{R}^2 :: T(x,\ y,\ z)=(x+y,\ y-z)$

10. $T:\mathbb{R}^2 \to \mathbb{R}^2$는 $T(1,\ 0)=(1,\ 2)$, $T(1,\ 1)=(-2,\ 3)$에 의해 정의된 선형사상이다.

(1) $T(3,\ -4)$와 $T^2(3,\ -4)=(T\circ T)(3,\ -4)$를 구하라.

(2) $T(a,\ b)$와 $T^2(a,\ b)$에 대한 식을 구하라.

(3) T의 계수와 영계수를 구하라.

11. $T:\mathbb{R}^2 \to \mathbb{R}^3$를 $T(1,\ 0)=(1,\ 1,\ 0)$, $T(0,\ 1)=(1,\ 0,\ -1)$에 의해 정의된 선형사상이라고 하자.

(1) $T(3,\ -2)$를 구하라.

(2) T의 계수와 영계수를 구하라.

12. $T:P_3 \to \mathbb{R}^4$를 다음과 같이 정의된 사상이라고 하자.

$$T(c_0+c_1x+c_2x^2+c_3x^4)=(c_0+c_1,\ c_1+c_2,\ c_0+c_3,\ c_1+c_3)$$

(1) T가 선형사상임을 보여라.

(2) $R(T)$의 기저를 구하라.

(3) T의 계수와 영계수를 구하고 T가 일대일 사상이 아님을 보여라.

13. 벡터공간 V의 두 부분공간 U와 W에 대해서 $V=U\oplus W$라고 하자. P_1과 P_2가 $\boldsymbol{v}=\boldsymbol{u}+\boldsymbol{w}$, $(\boldsymbol{u}\in U,\ \boldsymbol{w}\in W)$에 대해서 각각 $P_1(\boldsymbol{v})=\boldsymbol{u}$와 $P_2(\boldsymbol{v})=\boldsymbol{w}$인 V 상의 선형사상이라고 하자. 다음이 성립함을 보여라.

(1) $P_1^2=P_1$, $P_2^2=P_2$

(2) $P_1+P_2=id$

(3) $P_1P_2 = O,\ P_2P_1 = O$

(4) $V = R(P_1) \oplus R(P_2)$

4.2 선형사상과 행렬

$A = [a_{ij}]$가 $m \times n$ 행렬이면 n차원 열벡터 $\boldsymbol{x}$에 대해

$$T_A(\boldsymbol{x}) = A\boldsymbol{x}$$

로 정의된 사상 $T_A : \mathbb{R}^n \to \mathbb{R}^m$은 선형사상이다. 여기에서 T_A의 상은 m차원 열벡터이다. T_A를 **행렬 A에 대응하는 선형사상**이라고 한다.

예제 4.5 $A = \begin{bmatrix} 1 & 3 \\ 2 & -1 \\ 0 & 4 \end{bmatrix}$이면 2차원 열벡터 $\boldsymbol{x} = \begin{bmatrix} x_1 \\ x_2 \end{bmatrix}$에 대해

$$T_A(\boldsymbol{x}) = A\boldsymbol{x} = \begin{bmatrix} 1 & 3 \\ 2 & -1 \\ 0 & 4 \end{bmatrix} \begin{bmatrix} x_1 \\ x_2 \end{bmatrix} = \begin{bmatrix} x_1 + 3x_2 \\ 2x_1 - x_2 \\ 4x_2 \end{bmatrix}$$

가 되어 $\boldsymbol{x}_0 = \begin{bmatrix} 1 \\ -1 \end{bmatrix}$이면 $T_A(\boldsymbol{x}_0) = \begin{bmatrix} 1 + 3(-1) \\ 2(1) - (-1) \\ 4(-1) \end{bmatrix} = \begin{bmatrix} -2 \\ 3 \\ -4 \end{bmatrix}$이다. ■

■ 유클리드 공간에서의 선형사상의 행렬

$T : \mathbb{R}^n \to \mathbb{R}^m$을 선형사상이라고 하자.

$\mathbb{R}^n$의 벡터는 열벡터로 표현된 $\mathbb{R}^n$의 표준기저 e_j의 일차결합으로

$$\boldsymbol{x} = \begin{bmatrix} x_1 \\ x_2 \\ \vdots \\ x_n \end{bmatrix} = x_1\boldsymbol{e}_1 + x_2\boldsymbol{e}_2 + \cdots + x_n\boldsymbol{e}_n$$

으로 쓸 수 있으므로

$$\begin{aligned} T(\boldsymbol{x}) &= x_1 T(\boldsymbol{e}_1) + x_2 T(\boldsymbol{e}_2) + \cdots + x_n T(\boldsymbol{e}_n) \\ &= [\, T(\boldsymbol{e}_1) \,\vdots\, T(\boldsymbol{e}_2) \,\vdots\, \cdots \,\vdots\, T(\boldsymbol{e}_n)] \begin{bmatrix} x_1 \\ x_2 \\ \vdots \\ x_n \end{bmatrix} \end{aligned}$$

이 되어 $m \times n$ 행렬 A를

$$A = [\, T(\boldsymbol{e}_1) \,\vdots\, T(\boldsymbol{e}_2) \,\vdots\, \cdots \,\vdots\, T(\boldsymbol{e}_n)],$$

즉 A의 j번째 열벡터를

$$A^{(j)} = T(\boldsymbol{e}_j),\ (j = 1,\ 2,\ \cdots,\ n)$$

로 택하면

$$T(\boldsymbol{x}) = A\boldsymbol{x} = T_A(\boldsymbol{x})$$

가 된다. 이것이 모든 $\boldsymbol{x} \in \mathbb{R}^n$에 대해 성립하므로 $T = T_A$이다. 이렇게 얻어진 행렬 A를 선형사상 T의 **표준행렬** (standard matrix)이라고 한다.

정리 4.4

두 선형사상 $T_1,\ T_2 : \mathbb{R}^n \to \mathbb{R}^m$이 있어서 $T_1 = T_A$이고 $T_2 = T_B$이며 $T_1 = T_2$이면 $A = B$이다.

| 증명 | $\boldsymbol{x}$를 임의의 n차원 열벡터라고 하자. 각 j에 대해 $T_1(\boldsymbol{x})$와 $T_2(\boldsymbol{x})$의 j번째 성분을 비교하면

$$\begin{aligned} (T_1(\boldsymbol{x}))_{(j)} &= (T_A(\boldsymbol{x}))_{(j)} = (A\boldsymbol{x})_{(j)} = A_{(j)}\boldsymbol{x}, \\ (T_2(\boldsymbol{x}))_{(j)} &= (T_B(\boldsymbol{x}))_{(j)} = (B\boldsymbol{x})_{(j)} = B_{(j)}\boldsymbol{x} \end{aligned}$$

가 되며 $T_1 = T_2$이므로

$$(A_{(j)} - B_{(j)})\boldsymbol{x} = 0$$

이다. 따라서 $A_{(j)} = B_{(j)}$, $j = 1, 2, \cdots, m$이고 $A = B$이다. ■

위의 논의와 정리에 의해 $\mathbb{R}^n$에서 $\mathbb{R}^m$으로의 선형사상과 $m \times n$ 행렬은 일대일 대응관계에 있음을 알 수 있다.

예제 4.6 $T : \mathbb{R}^2 \to \mathbb{R}^3$가 다음과 같이 정의된 선형사상일 때 T의 표준행렬을 구하라.

$$T\begin{bmatrix} x_1 \\ x_2 \end{bmatrix} = \begin{bmatrix} 2x_1 + x_2 \\ x_1 - x_2 \\ -3x_1 + 2x_2 \end{bmatrix}$$

풀이 $T(\boldsymbol{e}_1) = T\begin{bmatrix} 1 \\ 0 \end{bmatrix} = \begin{bmatrix} 2 \\ 1 \\ -3 \end{bmatrix}$, $T(\boldsymbol{e}_2) = T\begin{bmatrix} 0 \\ 1 \end{bmatrix} = \begin{bmatrix} 1 \\ -1 \\ 2 \end{bmatrix}$이므로 T의 표준행렬 A는

$A = [\,T(\boldsymbol{e}_1) \;\vdots\; T(\boldsymbol{e}_2)] = \begin{bmatrix} 2 & 1 \\ 1 & -1 \\ -3 & 2 \end{bmatrix}$이다. ■

예제 4.7 $T : \mathbb{R}^3 \to \mathbb{R}^2$가 $T(\boldsymbol{e}_1) = \begin{bmatrix} 1 \\ 2 \end{bmatrix}$, $T(\boldsymbol{e}_2) = \begin{bmatrix} -1 \\ 1 \end{bmatrix}$, $T(\boldsymbol{e}_3) = \begin{bmatrix} 2 \\ 3 \end{bmatrix}$에 의해 정의된 선형사상이라 할 때 3차원 벡터 $\boldsymbol{x} = \begin{bmatrix} x_1 \\ x_2 \\ x_3 \end{bmatrix}$에 대해 $T(\boldsymbol{x})$를 구하라.

풀이 $\boldsymbol{x} = x_1\boldsymbol{e}_1 + x_2\boldsymbol{e}_2 + x_3\boldsymbol{e}_3$이고 T가 선형사상이므로

$$\begin{aligned} T(\boldsymbol{x}) &= x_1 T(\boldsymbol{e}_1) + x_2 T(\boldsymbol{e}_2) + x_3 T(\boldsymbol{e}_3) \\ &= x_1\begin{bmatrix} 1 \\ 2 \end{bmatrix} + x_2\begin{bmatrix} -1 \\ 1 \end{bmatrix} + x_3\begin{bmatrix} 2 \\ 3 \end{bmatrix} \\ &= \begin{bmatrix} x_1 - x_2 + 2x_3 \\ 2x_1 - x_2 + 3x_3 \end{bmatrix} \end{aligned}$$

이다. 이것은 2×3 행렬

$$A = [\,T(\boldsymbol{e}_1) \;\vdots\; T(\boldsymbol{e}_2) \;\vdots\; T(\boldsymbol{e}_3)] = \begin{bmatrix} 1 & -1 & 2 \\ 2 & 1 & 3 \end{bmatrix}$$

에 대해 $T(\boldsymbol{x}) = A\boldsymbol{x} = T_A(\boldsymbol{x})$로 주어진다. ■

선형사상의 합성에 대응하는 행렬을 살펴보자. $T_1 : \mathbb{R}^n \to \mathbb{R}^m$, $T_2 : \mathbb{R}^m \to \mathbb{R}^\ell$을 선형사상이라 하고 $m \times n$ 행렬 A와 $\ell \times m$ 행렬 B를 각각 $T_1 = T_A$, $T_2 = T_B$인 행렬이라 하면 n차원 열벡터 $\boldsymbol{x}$에 대해

$$(T_2 \circ T_1)(\boldsymbol{x}) = T_2(T_1(\boldsymbol{x})) = T_B(T_A(\boldsymbol{x})) = T_B(A\boldsymbol{x}) = B(A\boldsymbol{x}) = (BA)\boldsymbol{x}$$

이므로 $T_2 \circ T_1 = T_B \circ T_A = T_{BA}$임을 알 수 있다.

항등사상 $id : \mathbb{R}^n \to \mathbb{R}^n$에 대응하는 행렬은 단위행렬 I_n임을 보이는 것은 쉽다. 즉, $id = T_{I_n}$이다.

■ 직교변환의 행렬

기하학적인 관점에서 $\mathbb{R}^2$에서의 특수한 선형사상을 살펴보자. 특히 강체운동(rigid motion)을 기술하고자 할 때 자연스럽게 벡터의 길이를 보존하는 선형사상을 생각할 수 있다. 크기를 보존하는 선형사상 $T : \mathbb{R}^2 \to \mathbb{R}^2$를 평면에서의 직교변환(orthogonal transformation)이라고 한다.

$$T : \mathbb{R}^2 \to \mathbb{R}^2\text{가 직교변환} \Leftrightarrow \| T(\boldsymbol{v}) \| = \| \boldsymbol{v} \|,\ \boldsymbol{v} \in \mathbb{R}^2$$

평면에서의 직교변환을 직접적이고도 직관적인 예를 통해 알아보자.

1 회전(rotation)

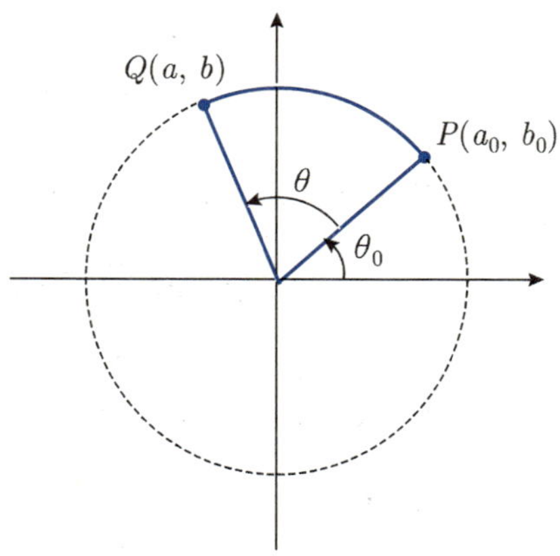

그림 4.1 회전

직관적으로 주어진 점을 원점에 대해서 회전하면 원점에서의 거리는 변하지 않는다. 회전에 대응하는 행렬을 구하기 위해 그림 4.1에서와 같이 $\mathbb{R}^2$에서 주어진 점 $P(a_0,\ b_0)$를 시계반대

방향으로 θ만큼 회전한 변환점 $Q(a,\ b)$를 생각하자. 원점으로부터 점 P까지의 거리를 $\sqrt{a_0^2+b_0^2}=r$이라 하고, $\theta_0=\arctan\left(\dfrac{b_0}{a_0}\right)$라 하면 점 Q가 반경이 r이고 각도가 $\theta_0+\theta$인 원주상의 점이므로 Q의 좌표 $(a,\ b)$는

$$\begin{aligned} a = r\cos(\theta+\theta_0) &= r\cos\theta\cos\theta_0 - r\sin\theta\sin\theta_0 \\ &= (\cos\theta)a_0 - (\sin\theta)b_0 \end{aligned}$$

$$\begin{aligned} b = r\sin(\theta+\theta_0) &= r\sin\theta\cos\theta_0 + r\cos\theta\sin\theta_0 \\ &= (\sin\theta)a_0 + (\cos\theta)b_0 \end{aligned}$$

로 주어진다. 따라서 θ의 각 만큼 회전에 대한 변환을 $T_\theta : \mathbb{R}^2 \to \mathbb{R}^2$라 하면 선형사상

$$T_\theta(x,\ y) = ((\cos\theta)x-(\sin\theta)y,\ (\sin\theta)x+(\cos\theta)y)$$

를 얻는다. 이때 $\| T_\theta(x,\ y)\| = \sqrt{x^2+y^2} = \|(x,\ y)\|$이므로 회전변환은 직교변환이다. 또한 회전변환에 대한 표준행렬을 A_θ라 하면 A_θ는

$$\begin{aligned} A_\theta &= [\,T_\theta(e_1)\ \vdots\ T_\theta(e_2)] \\ &= \begin{bmatrix} \cos\theta & -\sin\theta \\ \sin\theta & \cos\theta \end{bmatrix} \end{aligned}$$

로 주어진다. $\boldsymbol{x}$가 2차원 열벡터일 때 $T_\theta(\boldsymbol{x}) = A_\theta\boldsymbol{x}$이다. 이러한 관계를 이용하면 φ각 만큼 회전하고 다시 θ각 만큼 회전한 변환은 $T_\theta \circ T_\varphi$이고,

$$\begin{aligned} T_\theta \circ T_\varphi(\boldsymbol{x}) &= T_\theta(T_\varphi(\boldsymbol{x})) = A_\theta(A_\varphi\boldsymbol{x}) \\ &= (A_\theta A_\varphi)\boldsymbol{x} = A_{\theta+\varphi}\boldsymbol{x} = T_{\theta+\varphi}(\boldsymbol{x}) \end{aligned}$$

가 되어 $T_\theta \circ T_\varphi = T_{\theta+\varphi}$임을 알 수 있다.

예제 4.8 2×2 행렬 $A=\begin{bmatrix} -\dfrac{1}{2} & \dfrac{\sqrt{3}}{2} \\ -\dfrac{\sqrt{3}}{2} & -\dfrac{1}{2} \end{bmatrix}$에 대해 $T=T_A$로 정의된 선형사상 $T:\mathbb{R}^2 \to \mathbb{R}^2$의 기하학적 의미는 무엇인가?

풀이 $\cos\dfrac{4}{3}\pi = -\dfrac{1}{2},\ \sin\dfrac{4}{3}\pi = -\dfrac{\sqrt{3}}{2}$

이므로 $T=T_{\frac{4}{3}\pi}$ 가 되어 T는 $\dfrac{4}{3}\pi$각만큼 회전변환을 나타낸다. ■

2 선대칭변환(reflection)

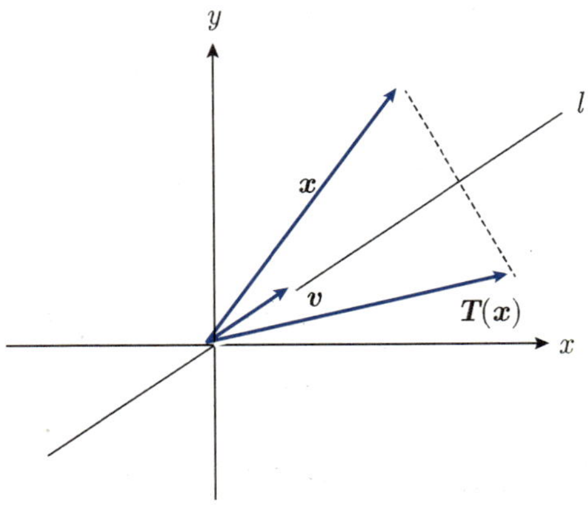

그림 4.2 선대칭변환

l을 원점을 지나는 직선이라 하자. 사상 $T:\mathbb{R}^2 \to \mathbb{R}^2$를 $\boldsymbol{x}=(x,\ y)\in\mathbb{R}^2$의 상 $T(\boldsymbol{x})$가 l에 대한 $\boldsymbol{x}$의 대칭변환을 나타낸 것이라 하면 T는 $\boldsymbol{x}$의 크기를 보존한다. 이 변환을 직선 l에 대한 선대칭변환 이라고 한다.

선대칭변환 T에 대한 표준행렬을 구해보자. $\dfrac{\theta}{2}$를 대칭축 l과 양의 x-축과의 각도라 하자. 그림 4.2에서처럼 $\boldsymbol{v}$를 l을 따른 단위벡터라고 하면 $\boldsymbol{v}=\left(\cos\dfrac{\theta}{2},\ \sin\dfrac{\theta}{2}\right)$로 주어진다. 그러면 $\boldsymbol{x}$의 $\boldsymbol{v}$ 위로의 정사영은

$$
\begin{aligned}
\mathrm{Pr}_{\boldsymbol{v}}(\boldsymbol{x}) &= (\boldsymbol{x}\cdot\boldsymbol{v})\boldsymbol{v} \\
&= \left(x\cos\frac{\theta}{2}+y\sin\frac{\theta}{2}\right)\left(\cos\frac{\theta}{2},\ \sin\frac{\theta}{2}\right) \\
&= \left(x\cos^2\frac{\theta}{2}+y\sin\frac{\theta}{2}\cos\frac{\theta}{2},\ x\cos\frac{\theta}{2}\sin\frac{\theta}{2}+y\sin^2\frac{\theta}{2}\right)
\end{aligned}
$$

이고, $\dfrac{\boldsymbol{x}+T(\boldsymbol{x})}{2}=\mathrm{Pr}_{\boldsymbol{v}}(\boldsymbol{x})$이므로

$$
\begin{aligned}
T(\boldsymbol{x}) &= 2\mathrm{Pr}_{\boldsymbol{v}}(\boldsymbol{x})-\boldsymbol{x} \\
&= \left(x\left(2\cos^2\frac{\theta}{2}-1\right)+y\left(2\sin\frac{\theta}{2}\cos\frac{\theta}{2}\right),\ x\left(2\cos\frac{\theta}{2}\sin\frac{\theta}{2}\right)+y\left(2\sin^2\frac{\theta}{2}-1\right)\right) \\
&= (x\cos\theta+y\sin\theta,\ x\sin\theta-y\cos\theta)
\end{aligned}
$$

가 되어 2×2 행렬을

$$
A=[\,T(e_1)\ T(e_2)\,]=\begin{bmatrix}\cos\theta & \sin\theta \\ \sin\theta & -\cos\theta\end{bmatrix}
$$

라 하면 선대칭변환 T에 대한 표준행렬은 A이고 $T = T_A$이다. 선대칭변환이 직교변환임은 쉽게 검증할 수 있다.

예제 4.9 점 $P(3,\ 4)$의 직선 $l : y = \sqrt{3}\,x$에 대한 대칭점 Q를 구하라.

풀이 직선 $l : y = \sqrt{3}\,x$이 x-축과 이루는 각은 $\frac{\pi}{3}$이므로 선대칭변환에서 $\frac{\theta}{2} = \frac{\pi}{3}$이고 $\theta = \frac{2\pi}{3}$이므로 변환에 대응하는 행렬은

$$A = \begin{bmatrix} \cos\frac{2\pi}{3} & \sin\frac{2\pi}{3} \\ \sin\frac{2\pi}{3} & -\cos\frac{2\pi}{3} \end{bmatrix} = \begin{bmatrix} -\frac{1}{2} & \frac{\sqrt{3}}{2} \\ \frac{\sqrt{3}}{2} & \frac{1}{2} \end{bmatrix}$$

로 주어진다. 따라서 직선 l에 대해 점 P를 대칭이동한 점의 좌표를 $Q(a,\ b)$라 하면

$$\begin{bmatrix} a \\ b \end{bmatrix} = T_A(3,\ 4) = \begin{bmatrix} -\frac{1}{2} & \frac{\sqrt{3}}{2} \\ \frac{\sqrt{3}}{2} & \frac{1}{2} \end{bmatrix}\begin{bmatrix} 3 \\ 4 \end{bmatrix} = \begin{bmatrix} \frac{4\sqrt{3}-3}{2} \\ \frac{3\sqrt{3}+4}{2} \end{bmatrix}$$

이므로 $Q = \left(\frac{4\sqrt{3}-3}{2},\ \frac{3\sqrt{3}+4}{2}\right)$이다. ■

다음 정리는 $\mathbb{R}^2$ 상에서의 직교변환에 대한 특성을 잘 나타낸다.

정리 4.5

$T : \mathbb{R}^2 \to \mathbb{R}^2$가 선형사상이라 하자. T가 직교변환일 필요충분조건은

$$\|T(e_1)\| = 1 = \|T(e_2)\|,\quad T(e_1)\cdot T(e_2) = 0$$

일 때이다.

| 증명 | T가 직교변환이라면 모든 $\boldsymbol{x} \in \mathbb{R}^2$에 대해 $\|T(\boldsymbol{x})\| = \|\boldsymbol{x}\|$이다. 특히 $\|T(e_1)\| = \|e_1\| = 1$이고 $\|T(e_2)\| = \|e_2\| = 1$이다. $T(e_1)\cdot T(e_2) = 0$임을 보이자. 벡터 $\boldsymbol{x} = e_1 + e_2 = (1,\ 1)$을 택하면 $\|\boldsymbol{x}\| = \sqrt{2}$이고 T가 직교변환이므로

$$2 = \|\boldsymbol{x}\|^2 = \|T(\boldsymbol{x})\|^2 = \|T(e_1 + e_2)\|^2$$
$$= \|T(e_1) + T(e_2)\|^2$$
$$= 2 + 2(T(e_1) \cdot T(e_2))$$

로부터 $T(e_1) \cdot T(e_2) = 0$이 얻어진다. 따라서 충분조건이 증명되었다.

역으로 T가 주어진 조건을 만족할 때 T는 직교변환임을 보이자.

$\boldsymbol{x} = (x, y)$가 임의의 2차원 벡터라면 $\boldsymbol{x} = xe_1 + ye_2$이므로

$$T(\boldsymbol{x}) = T(xe_1 + ye_2) = xT(e_1) + yT(e_2)$$

이다. 조건에서 $T(e_1) \cdot T(e_2) = 0$이고 $\|T(e_1)\| = \|T(e_2)\| = 1$이므로

$$\|T(\boldsymbol{x})\|^2 = \|xT(e_1) + yT(e_2)\|^2$$
$$= x^2 + y^2 = \|\boldsymbol{x}\|^2$$

이 되어 $\|T(\boldsymbol{x})\| = \|\boldsymbol{x}\|$가 성립한다.

따라서 조건을 만족하는 T는 직교변환이다. ■

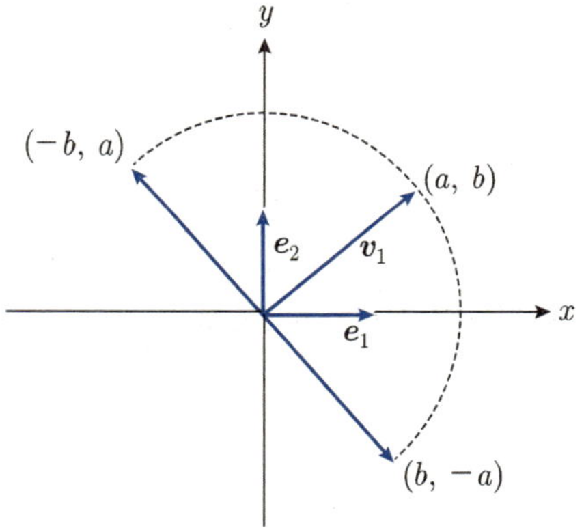

그림 4.3 $\mathbb{R}^2$에서의 직교변환

정리 4.5의 직접적인 결과로서 모든 평면상에서의 직교변환은 회전이나 선대칭변환, 또는 이의 합성으로 주어진다는 사실을 알 수 있다. 이것을 기하학적 관점에서 설명해 보자.

먼저 직교변환 T에 대해 $T(e_1) = v_1$, $T(e_2) = v_2$라 하자. $v_1 = (a, b)$일 때 v_2의 선택에 대해 조사해 보자. $\|v_1\| = \sqrt{a^2 + b^2} = \|T(e_1)\| = 1$이므로 $a^2 + b^2 = 1$이다. 마찬가지로, $\|v_2\| = 1$이고 정리 4.5에 의해 v_2가 v_1에 수직이므로 v_1에 수직인 벡터 v_2의 선택에는 두 가지 가능성이 존재한다.

만약 $v_2 = (-b,\ a)$이면 T에 대한 표준행렬은 $A = \begin{bmatrix} a & -b \\ b & a \end{bmatrix}$이고 T는 회전변환이다. 한편 $v_2 = (b,\ -a)$이면 T의 표준행렬은 $A = \begin{bmatrix} a & b \\ b & -a \end{bmatrix}$가 되어 T는 선대칭변환이다. 결론적으로, 회전변환과 선대칭변환이 $\mathbb{R}^2$에서의 모든 직교변환을 대표한다. 위에서 회전과 선대칭변환의 표준행렬 A에 대해서 $AA^t = I_2 = A^tA$임에 주목하라.

일반적으로 $AA^t = I_n = A^tA$인 정사각행렬 A를 **직교행렬**(orthogonal matrix)이라고 한다. 따라서 $\mathbb{R}^2$에서의 직교변환은 직교행렬 A에 대해

$$T(\boldsymbol{x}) = A\boldsymbol{x}$$

로 주어짐을 알 수 있다.

예제 4.10 다음 행렬은 직교행렬임을 보여라.

$$A = \begin{bmatrix} \frac{1}{2} & -\frac{\sqrt{3}}{2} & 0 \\ \frac{\sqrt{3}}{2} & \frac{1}{2} & 0 \\ 0 & 0 & 1 \end{bmatrix}$$

풀이 $$A^tA = \begin{bmatrix} \frac{1}{2} & \frac{\sqrt{3}}{2} & 0 \\ -\frac{\sqrt{3}}{2} & \frac{1}{2} & 0 \\ 0 & 0 & 1 \end{bmatrix}\begin{bmatrix} \frac{1}{2} & -\frac{\sqrt{3}}{2} & 0 \\ \frac{\sqrt{3}}{2} & \frac{1}{2} & 0 \\ 0 & 0 & 1 \end{bmatrix} = \begin{bmatrix} 1 & 0 & 0 \\ 0 & 1 & 0 \\ 0 & 0 & 1 \end{bmatrix} = I_3$$

이고, 마찬가지로 $AA^t = I_3$이다. 따라서 A는 직교행렬이다. ■

■ 벡터공간에서의 선형사상의 행렬

V와 W가 유한차원 벡터공간이고 $T: V \to W$가 선형사상일 때 T에 대응하는 행렬에 대해 알아보자. $\dim(V) = n,\ \dim(W) = m$일 때 각각

$$V\text{의 기저 : } B = \{v_1,\ v_2,\ \cdots,\ v_n\},$$
$$W\text{의 기저 : } C = \{w_1,\ w_2,\ \cdots,\ w_m\}$$

이라면 각 $v \in V$에 대해 v의 좌표행렬은 $[v]_B \in \mathbb{R}^n$이고, $w \in W$의 좌표행렬은 $[w]_C \in \mathbb{R}^m$이다. 이제 각 V의 기저 v_j에 대해 $T(v_j) \in W$이므로 이를 W의 기저로 표현하면

$$T(v_j) = q_{1j}w_1 + q_{2j}w_2 + \cdots + q_{mj}w_m, \quad (j=1,\ 2,\ \cdots,\ n)$$

으로 나타난다. 이때 다음과 같은 $m \times n$ 행렬 Q를 **선형사상 $T: V \to W$에 대한 행렬**이라고 한다.

$$Q^{(j)} = \left[T(v_j)\right]_C = \begin{bmatrix} q_{1j} \\ q_{2j} \\ \vdots \\ q_{mj} \end{bmatrix}, \quad (j=1,\ 2,\ \cdots,\ n)$$

정리 4.6

$B = \{v_1,\ v_2,\ \cdots,\ v_n\}$와 $C = \{w_1,\ w_2,\ \cdots,\ w_m\}$가 각각 벡터공간 V와 W의 기저이면 선형사상 $T: V \to W$에 다음을 만족하는 $m \times n$ 행렬 Q가 존재한다.

$$\left[T(v)\right]_C = Q[v]_B, \quad (v \in V)$$

이때 Q는 기저 B와 C에 대해 선형사상 T를 나타내는 행렬로서

$$Q^{(j)} = \left[T(v_j)\right]_C, \quad (j=1,\ 2,\ \cdots,\ n)$$

이다.

증명 $v \in V$에 대해서 $T(v) = w$라 하면 B가 V의 기저이므로

$$v = a_1v_1 + a_2v_2 + \cdots + a_nv_n$$

이고

$$w = T(v) = a_1T(v_1) + a_2T(v_2) + \cdots + a_nT(v_n)$$

이다. 따라서

$$\begin{aligned} \left[T(v)\right]_C = [w]_C &= a_1\left[T(v_1)\right]_C + a_2\left[T(v_2)\right]_C + \cdots + a_n\left[T(v_n)\right]_C \\ &= a_1Q^{(1)} + a_2Q^{(2)} + \cdots + a_nQ^{(n)} \\ &= \left[Q^{(1)}\ Q^{(2)} \cdots\ Q^{(n)}\right]\begin{bmatrix} a_1 \\ a_2 \\ \vdots \\ a_n \end{bmatrix} \\ &= Q[v]_B \end{aligned}$$

가 되어 정리가 성립한다. ■

$$\begin{array}{ccc} v \in V & \xrightarrow{\quad T \quad} & T(v) \in W \\ \updownarrow & & \updownarrow \\ [v]_B & \xrightarrow{[T]_{B,C}} & [Tv]_C \end{array}$$

그림 4.4 선형사상 T의 행렬

기저 B와 C에 대해서 선형사상 $T: V \to W$를 나타내는 행렬 Q를 T와 연계성을 강조하기 위해 $Q = [T]_{B,C}$로 정의하자. 그러면 정리 4.6은 다음과 같이 간결하게 나타낼 수 있다.

$$[T(v)]_C = [T]_{B,C}[v]_B, \quad (v \in V)$$

특히 $V = W$이면 $B = C$이고 선형사상 $T: V \to V$에 대한 행렬 Q는

$$Q^{(j)} = \left[T(v_j)\right]_B, \quad (j = 1, 2, \cdots, n)$$

로 나타난다. 이때 대응하는 행렬을 $Q = [T]_B$로 나타낸다.

예제 4.11 $T: \mathbb{R}^2 \to \mathbb{R}^3$를 다음과 같이 정의된 선형사상이라고 하자.

$$T(x_1, x_2) = (x_2, x_1 + x_2, x_1 - x_2)$$

$\mathbb{R}^2$의 기저 $B = \{v_1, v_2\}$와 $\mathbb{R}^3$의 기저 $C = \{w_1, w_2, w_3\}$에 관한 T의 행렬을 구하라. 단 $v_1 = (1, 2)$, $v_2 = (3, 1)$, $w_1 = (1, 0, 0)$, $w_2 = (1, 1, 0)$, $w_3 = (1, 1, 1)$이다.

풀이 $T(v_1) = T(1, 2) = (2, 3, -1)$, $T(v_2) = T(3, 1) = (1, 4, 2)$

$$T(v_1) = (2, 3, -1) = a_1 w_1 + a_2 w_2 + a_3 w_3$$

$$\Rightarrow \begin{bmatrix} 1 & 1 & 1 \\ 0 & 1 & 1 \\ 0 & 0 & 1 \end{bmatrix} \begin{bmatrix} a_1 \\ a_2 \\ a_3 \end{bmatrix} = \begin{bmatrix} 2 \\ 3 \\ -1 \end{bmatrix}$$

$$\Rightarrow a_1 = -1, \ a_2 = 4, \ a_3 = -1$$

$T(v_2) = (1,\ 4,\ 2) = a_1{}'w_1 + a_2{}'w_2 + a_3{}'w_3$

$$\Rightarrow \begin{bmatrix} 1 & 1 & 1 \\ 0 & 1 & 1 \\ 0 & 0 & 1 \end{bmatrix} \begin{bmatrix} a_1{}' \\ a_2{}' \\ a_3{}' \end{bmatrix} = \begin{bmatrix} 1 \\ 4 \\ 2 \end{bmatrix}$$

$$\Rightarrow\ a_1{}' = -3,\ a_2{}' = 2,\ a_3{}' = 2$$

따라서

$$[T(v_1)]_C = \begin{bmatrix} -1 \\ 4 \\ -1 \end{bmatrix},\quad [T(v_2)]_C = \begin{bmatrix} -3 \\ 2 \\ 2 \end{bmatrix}$$

이므로 T에 대응하는 행렬은

$$[T]_{B,\,C} = \left[\,[T(v_1)]_C \ \vdots\ [T(v_2)]_C\right] = \begin{bmatrix} -1 & -3 \\ 4 & 2 \\ -1 & 2 \end{bmatrix}.$$ ■

예제 4.12 $T : \mathbb{R}^2 \to \mathbb{R}^2$가 다음과 같이 정의된 선형사상이라고 하자.

$$T(x_1,\ x_2) = (x_1 + x_2,\ -2x_1 + 4x_2)$$

$\mathbb{R}^2$의 기저 $B = \{v_1,\ v_2\}$에 관한 T의 행렬을 구하라.
단, $v_1 = (1,\ 1)$, $v_2 = (1,\ 2)$이다.

풀이 $T(v_1) = T(1, 1) = (2,\ 2)$, $T(v_2) = T(1, 2) = (3, 6)$

$T(v_1) = (2,\ 2) = a_1 v_1 + a_2 v_2$

$$\Rightarrow \begin{bmatrix} 1 & 1 \\ 1 & 2 \end{bmatrix} \begin{bmatrix} a_1 \\ a_2 \end{bmatrix} = \begin{bmatrix} 2 \\ 2 \end{bmatrix}$$

$$\Rightarrow\ a_1 = 2,\ a_2 = 0$$

$T(v_2) = (3,\ 6) = a_1{}'v_1 + a_2{}'v_2$

$$\Rightarrow \begin{bmatrix} 1 & 1 \\ 1 & 2 \end{bmatrix} \begin{bmatrix} a_1{}' \\ a_2{}' \end{bmatrix} = \begin{bmatrix} 3 \\ 6 \end{bmatrix}$$

$$\Rightarrow\ a_1{}' = 0,\ a_2{}' = 3$$

따라서 T에 대응하는 행렬은

$$[T]_B = \left[\,[T(v_1)]_B \ \vdots\ [T(v_2)]_B\right] = \begin{bmatrix} 2 & 0 \\ 0 & 3 \end{bmatrix}.$$ ■

위 예에서 살펴본 바와 같이 선형사상에 대한 행렬을 구하는 것은 $T(v_j)$를 W의 기저 C로 나타낸 연립방정식을 푸는 것으로 귀결된다. 즉

$$T(v_j) = a_1 w_1 + a_2 w_2 + \cdots + a_m w_m$$

$$\Rightarrow\ Q^{(j)} = [\,T\,]^{(j)}_{B,\,C} = \begin{bmatrix} a_1 \\ a_2 \\ \vdots \\ a_m \end{bmatrix}$$

이므로 $\varPhi = [w_1 w_2 \cdots\ w_m]$라고 하면 선형사상 T의 행렬은

$$Q^{(j)} = \varPhi^{-1} T(v_j), \quad (j = 1,\ 2,\ \cdots,\ n)$$

에 의해 주어진다.

보조정리 4.7

$T: V \to W$가 선형사상이고 $B = \{v_1,\ v_2,\ \cdots,\ v_n\}$와 $C = \{w_1,\ w_2,\ \cdots,\ w_m\}$가 각각 벡터공간 V와 W의 기저이면 T에 대응하는 행렬은 다음과 같이 첨가행렬의 기약행사다리꼴 전환으로 얻어진다.

$$[w_1 w_2 \cdots\ w_m\ \vdots\ T(v_1)\, T(v_2) \cdots\ T(v_n)] \sim_r [I_m\ \vdots\ [\,T\,]_{B,\,C}]$$

|증명| $\varPhi = [w_1 w_2 \cdots\ w_m]$라면 첨가행렬 $[w_1 w_2 \cdots\ w_m\ \vdots\ T(v_1)\, T(v_2) \cdots\ T(v_n)]$은 다음과 같이 $[I_m\ \vdots\ Q]$에 행동치이다.

$$\begin{aligned} \varPhi^{-1}[\varPhi\ \vdots\ T(v_1)\, T(v_2) \cdots\ T(v_n)] &= [I_m\ \vdots\ \varPhi^{-1} T(v_1) \cdots\ \varPhi^{-1} T(v_n)] \\ &= [I_m\ \vdots\ Q^{(1)} \cdots\ Q^{(n)}] \\ &= [I_m\ \vdots\ Q]. \end{aligned}$$

■

예제 4.13 $T: \mathbb{R}^2 \to \mathbb{R}^3$를 다음과 같이 정의된 선형사상이라고 하자.

$$T(x_1,\ x_2) = (x_2,\ x_1 + x_2,\ x_1 - x_2)$$

$\mathbb{R}^2$의 기저 $B = \{v_1,\ v_2\}$와 $\mathbb{R}^3$의 기저 $C = \{w_1,\ w_2,\ w_3\}$에 관한 T의 행렬을 구하라. 단, $v_1 = (3,\ 1)$, $v_2 = (5,\ 2)$, $w_1 = (1,\ 0,\ -1)$, $w_2 = (-1,\ 2,\ 2)$, $w_3 = (0,\ 1,\ 2)$이다.

풀이 $T(v_1)=T(3,\ 1)=(1,\ 4,\ 2)$, $T(v_2)=T(5,\ 2)=(2,\ 7,\ 3)$. 첨가행렬

$$[w_1\, w_2\, w_3 \ \vdots\ T(v_1)\, T(v_2)] = \left[\begin{array}{ccc:cc} 1 & -1 & 0 & 1 & 2 \\ 0 & 2 & 1 & 4 & 7 \\ -1 & 2 & 2 & 2 & 3 \end{array}\right]$$

에 가우스-조르당 소거법을 적용하여 기약 행사다리꼴로 전환하면

$$\left[\begin{array}{ccc:cc} 1 & 0 & 0 & \frac{8}{3} & 5 \\ 0 & 1 & 0 & \frac{5}{3} & 3 \\ 0 & 0 & 1 & \frac{2}{3} & 1 \end{array}\right] = [I_3 \ \vdots\ Q]$$

이다. 따라서 T에 대응하는 행렬은 다음과 같이 주어진다.

$$[T]_{B,\ C} = \begin{bmatrix} \frac{8}{3} & 5 \\ \frac{5}{3} & 3 \\ \frac{2}{3} & 1 \end{bmatrix}$$

■

예제 4.14 $T:\mathbb{R}^3 \to \mathbb{R}^3$를 다음과 같이 정의된 선형사상이라고 하자.

$$T(x_1,\ x_2,\ x_3) = (x_1 - x_2,\ x_2 - x_3,\ x_3 - x_1)$$

$\mathbb{R}^3$의 기저 $B=\{v_1,\ v_2,\ v_3\}$에 대해서 다음을 구하라.
단, $v_1=(1,\ 0,\ 1)$, $v_2=(0,\ 1,\ 1)$, $v_3=(1,\ 1,\ 0)$이다.

(1) 기저 B에 대한 T의 행렬 $[T]_B$를 구하라.

(2) (1)의 결과를 이용하여 $v=(2,\ 1,\ 0)$에 대해 $T(v)$를 구하라.

풀이 (1) $T(v_1)=T(1,\ 0,\ 1)=(1,\ -1,\ 0)$, $T(v_2)=T(0,\ 1,\ 1)=(-1,\ 0,\ 1)$, $T(v_3)=T(1,\ 1,\ 0)=(0,\ 1,\ -1)$이고, 첨가행렬

$$[v_1\, v_2\, v_3 \ \vdots\ T(v_1)\, T(v_2)\, T(v_3)] = \left[\begin{array}{ccc:ccc} 1 & 0 & 1 & 1 & -1 & 0 \\ 0 & 1 & 1 & -1 & 0 & 1 \\ 1 & 1 & 0 & 0 & 1 & -1 \end{array}\right]$$

에 가우스-조르당 소거법을 적용하여 기약 행사다리꼴로 전환하면

$$\begin{bmatrix} 1 & 0 & 0 & \vdots & 1 & 0 & -1 \\ 0 & 1 & 0 & \vdots & -1 & 1 & 0 \\ 0 & 0 & 1 & \vdots & 0 & -1 & 1 \end{bmatrix} = [I_3 \ \vdots \ Q]$$

이다. 따라서 T에 대응하는 행렬은 다음과 같이 주어진다.

$$[T]_B = \begin{bmatrix} 1 & 0 & -1 \\ -1 & 1 & 0 \\ 0 & -1 & 1 \end{bmatrix}$$

(2) $v = (2,\ 1,\ 0) = a_1 v_1 + a_2 v_2 + a_3 v_3$

$$\Rightarrow \begin{bmatrix} 1 & 0 & 1 \\ 0 & 1 & 1 \\ 1 & 1 & 0 \end{bmatrix} \begin{bmatrix} a_1 \\ a_2 \\ a_3 \end{bmatrix} = \begin{bmatrix} 2 \\ 1 \\ 0 \end{bmatrix}$$

$$\Rightarrow a_1 = \frac{1}{2},\ a_2 = -\frac{1}{2},\ a_3 = \frac{3}{2}$$

따라서 $[v]_B = \begin{bmatrix} \frac{1}{2} \\ -\frac{1}{2} \\ \frac{3}{2} \end{bmatrix}$ 이고,

$$[T(v)]_B = [T]_B [v]_B = \begin{bmatrix} 1 & 0 & -1 \\ -1 & 1 & 0 \\ 0 & -1 & 1 \end{bmatrix} \begin{bmatrix} \frac{1}{2} \\ -\frac{1}{2} \\ \frac{3}{2} \end{bmatrix} = \begin{bmatrix} -1 \\ -1 \\ 2 \end{bmatrix}$$

이다. 따라서 $T(v) = (-1)v_1 + (-1)v_2 + 2v_3 = (1,\ 1,\ -2)$이다. ■

다음 정리는 두 선형사상의 합성에 대한 행렬이 각 선형사상에 대응하는 행렬의 곱으로 나타난다는 것을 말해준다.

정리 4.8

B, C, D를 각각 유한차원 벡터공간 U, V, W의 기저라 하면 선형사상 $S : U \to V$와 $T : V \to W$의 합성 $T \circ S$에 대한 행렬은 다음을 만족한다.

$$[T \circ S]_{B,\, D} = [T]_{C,\, D} [S]_{B,\, C}$$

| 증명 | 정리 4.6에 의해 모든 $u \in U$에 대해

$$[(T \circ S)(u)]_D = [T \circ S]_{B, D}[u]_B$$

가 성립한다. 마찬가지로 S와 T에 대해서도 각각

$$[S(u)]_C = [S]_{B, C}[u]_B, \ (u \in U),$$
$$[T(v)]_D = [T]_{C, D}[v]_C, \ (v \in V)$$

이 성립한다. 모든 $u \in U$에 대해 $S(u) \in V$이므로

$$[T \circ S]_{B, D}[u]_B = [T(S(u))]_D = [T]_{C, D}[S(u)]_C = [T]_{C, D}[S]_{B, C}[u]_B$$

가 되어 $[T \circ S]_{B, D} = [T]_{C, D}[S]_{B, C}$가 성립한다. ■

4.2 • 연습문제

1. 다음 선형사상 T의 표준행렬을 구하라.

(1) $T: \mathbb{R}^2 \to \mathbb{R}^2 :: T(x_1, x_2) = (x_1 - x_2, x_1 + x_2)$

(2) $T: \mathbb{R}^3 \to \mathbb{R}^2 :: T(x_1, x_2, x_3) = (x_1, x_3)$

(3) $T: \mathbb{R}^3 \to \mathbb{R}^3 :: T(x_1, x_2, x_3) = (x_1, 0, x_3)$

(4) $T: \mathbb{R}^3 \to \mathbb{R}^3 :: T(x_1, x_2, x_3) = (x_1, x_1 + x_2, x_1 + x_2 + x_3)$

(5) $T: \mathbb{R}^4 \to \mathbb{R}^4 :: T(x_1, x_2, x_3, x_4) = (x_1, 0, x_3, 0)$

(6) $T: \mathbb{R}^n \to \mathbb{R}^n :: T(x_1, x_2, \cdots, x_n) = 3(x_1, x_2, \cdots, x_n)$

2. $T: \mathbb{R}^2 \to \mathbb{R}^3$를 $T(1, 0) = (1, 0, -1)$, $T(0, 1) = (1, 2, 0)$인 선형사상이라 하자.

(1) $T(-1, 1)$을 구하라.

(2) $\mathbb{R}^2$의 임의의 벡터 (x_1, x_2)에 대해서 $T(x_1, x_2)$를 구하라.

(3) T에 대응하는 표준행렬을 구하라.

3. $T:\mathbb{R}^3 \to \mathbb{R}^2$와 $S:\mathbb{R}^2 \to \mathbb{R}^3$를 각각 다음과 같이 정의된 선형사상이라고 하자.

$$T(x_1,\ x_2,\ x_3) = (x_1 - 3x_2 + 2x_3,\ 5x_2 - x_3)$$
$$S(x_1,\ x_2) = (3x_1 - x_2,\ x_1 + x_2,\ 3x_1 + 2x_2)$$

(1) S와 T의 합성 $S \circ T$에 대한 식을 구하라.

(2) $S \circ T$에 대응하는 행렬을 구하라.

4. $\mathbb{R}^2$ 또는 $\mathbb{R}^3$에서 T가 다음과 같이 정의된 선형사상이라고 하자. 각각 T에 대응하는 표준행렬을 구하라.

(1) $T(1,\ -1) = (-1,\ 2),\ T(1,\ 1) = (2,\ 0)$

(2) $T(2,\ 1) = (0,\ 1,\ 2),\ T(1,\ -1) = (1,\ 2,\ 3)$

(3) $T(1,\ 0,\ 1) = (0,\ 1),\ T(0,\ 1,\ -1) = (1,\ 0),\ T(1,\ -1,\ 0) = (0,\ 0)$

(4) $T(1,\ 0,\ 1) = (0,\ -1,\ 1),\ T(0,\ 1,\ -1) = (2,\ 1,\ 0),\ T(1,\ -1,\ 0) = (0,\ 0,\ 1)$

5. 점 $P(1,\ 1)$을 각각 다음과 같이 주어진 각 θ만큼 회전한 점을 구하라.

(1) $\theta = \dfrac{\pi}{3}$　　(2) $\theta = \dfrac{\pi}{2}$

(3) $\theta = \dfrac{\pi}{12}$　　(4) $\theta = \dfrac{7\pi}{12}$

6. $T:\mathbb{R}^2 \to \mathbb{R}^2$가 x축에 대한 선대칭변환일 때 T에 대한 식을 구하고 T가 선형사상임을 보여라. 또한 T에 대응하는 행렬을 구하라.

7. 점 $P(3,\ 2)$의 다음 각 직선 l에 대해 선대칭변환 점을 구하라.

(1) l : x축　　(2) l : y축

(3) l : 직선 $y = x$　　(4) l : 직선 $y = -2x$

8. 2×2 행렬 A가 각각 회전과 선대칭변환에 대응하는 행렬일 때 A가 직교행렬임을 보여라.

9. 다음 각 행렬이 직교행렬인지 조사하라.

(1) $A=\begin{bmatrix}0 & \frac{1}{2} & -\frac{\sqrt{3}}{2} \\ 0 & 1 & 0 \\ 0 & \frac{\sqrt{3}}{2} & \frac{1}{2}\end{bmatrix}$ (2) $A=\begin{bmatrix}1 & 0 & -1 & 0 \\ 0 & 1 & 0 & 0 \\ 1 & 0 & 1 & 0 \\ 0 & 0 & 0 & 1\end{bmatrix}$

(3) $A=\begin{bmatrix}1 & 0 & 0 \\ 0 & \frac{1}{\sqrt{2}} & \frac{1}{\sqrt{2}} \\ 0 & -\frac{1}{\sqrt{2}} & \frac{1}{\sqrt{2}}\end{bmatrix}$ (4) $A=\begin{bmatrix}0 & -1 & 0 \\ 1 & 0 & 0 \\ 0 & 0 & 1\end{bmatrix}$

10. 회전변환 T_θ의 역변환은 $T_{-\theta}$임을 보여라.

11. n차원 단위벡터 $\boldsymbol{u}$에 대해 행렬을 $A=I_n-2\boldsymbol{u}^t\boldsymbol{u}$라 하자.

(1) A는 대칭행렬임을 보여라.

(2) A는 직교행렬임을 보여라.

(3) $A\boldsymbol{u}$를 구하라.

(4) $\boldsymbol{v}$가 $\boldsymbol{u}$에 수직인 벡터일 때 $A\boldsymbol{v}$를 구하라.

12. P_2를 2차 다항식의 벡터공간이라 하자. 다음 물음에 답하라.

(1) $B=\{P_1(x)=3x+3x^2,\ P_2(x)=-1+3x+2x^2,\ P_3(x)=3+7x+2x^2\}$가 P_2의 기저가 됨을 보여라.

(2) 선형사상 $T: P_2 \to P_2$의 기저 B에 대한 행렬이 $[T]_B=\begin{bmatrix}1 & 3 & -1 \\ 2 & 0 & 5 \\ 6 & -2 & 4\end{bmatrix}$일 때 $T(-3+2x+4x^2)$을 구하라.

13. $T: P_2 \to P_3$가 $T(p)=x^2p''(x)-(1-x)p'(x)+xp(x)$로 정의되는 선형사상일 때 P_2와 P_3의 표준기저 $B=\{1,\ x,\ x^2\}$와 $C=\{1,\ x,\ x^2,\ x^3\}$에 대해 T의 행렬을 구하라.

14. $T: M_2 \to P_2$는 $T\left(\begin{bmatrix}a & b \\ c & d\end{bmatrix}\right)=(a-d)+(a-b)x+(b-2c)x^2$으로 정의된 선형사상이다. $B=\{E_1,\ E_2,\ E_3,\ E_4\}$를 아래와 같은 M_2의 원소의 집합이라고 하자.

$$E_1=\begin{bmatrix}1 & 0 \\ 0 & 1\end{bmatrix},\ E_2=\begin{bmatrix}0 & 1 \\ 1 & 0\end{bmatrix},\ E_3=\begin{bmatrix}0 & 1 \\ 0 & 1\end{bmatrix},\ E_4=\begin{bmatrix}0 & 0 \\ 1 & 1\end{bmatrix}$$

(1) B는 M_2의 기저가 됨을 보여라.

(2) P_2의 표준기저 $C=\{1,\ x,\ x^2\}$에 대해 T의 행렬을 구하라.

(3) (2)의 결과를 써서 $T\left(\begin{bmatrix} 2 & 3 \\ 0 & -1 \end{bmatrix}\right)$을 구하라.

4.3 기저의 변환과 행렬의 닮음

많은 응용문제들은 한 좌표계로부터 다른 좌표계로 전환함으로서 단순화될 수 있다. 벡터공간에서 좌표계를 바꾸는 것은 본질적으로는 기저를 바꾸는 것과 동일하다. 이 절에서는 추이행렬을 통한 기저의 변환과 행렬의 닮음에 대해 논의한다.

먼저 벡터공간에서 기저의 변환에 대해 알아보자.

정리 4.9

n차원 벡터공간 V의 두 기저를 각각 $B=\{v_1,\ v_2,\ \cdots,\ v_n\}$와 $C=\{w_1,\ w_2,\ \cdots,\ w_n\}$라 하고 $n\times n$ 행렬 P를 열이 다음과 같이 주어진 행렬이라 하자.

$$P^{(j)}=[v_j]_C,\quad (j=1,\ 2,\ \cdots,\ n)$$

그러면 P는 정칙행렬이고 V의 벡터 v에 대해서

$$[v]_C=P[v]_B$$

가 성립한다.

| 증명 | $id: V\rightarrow V$를 V 상에서의 항등사상이라고 하자. 즉 $id(v)=v,\ (v\in V)$. 그러면 각 j에 대해 $id(v_j)=v_j$이므로 $[id]_{B,\,C}$의 열은

$$[id(v_j)]_C=[v_j]_C=P^{(j)},\quad (j=1,\ 2,\ \cdots,\ n)$$

가 되어 $[id]_{B,\,C}$가 B에서 C로의 행렬 P임을 알 수 있다. 따라서 정리 4.6에 의해

$$P[v]_B = [id]_{B,\,C}[v]_B = [id(v)]_C = [v]_C$$

가 성립한다.

이제 P가 가역임을 보이자. V의 임의의 벡터 v에 대해 $P[v]_B = 0$이라 하면 $P[v]_B = [v]_C$이므로 $[v]_C = 0$이고, 이때 기저 C가 일차독립이므로 $v = 0$이다. 따라서 $[v]_B = 0$이므로 P는 정칙행렬이다. ■

정리 4.9에 주어진 행렬 P를 벡터공간 V의 B에서 C로의 **추이행렬**(transition matrix) 이라고 한다. 또한 정리 4.9에 의해 P가 정칙이므로 P의 역행렬에 대해

$$[v]_B = P^{-1}[v]_C$$

이고 P^{-1}은 C에서 B로의 추이행렬에 해당한다.

예제 4.15 $V = P_2$의 기저를 $B = \{1,\ x,\ x^2\}$, $C = \{1,\ x+1,\ x^2+x+2\}$라고 하자.

(1) 각 $r(x) \in V$에 대해

$$P[r(x)]_B = [r(x)]_C$$

를 만족하는 추이행렬 P를 구하라.

(2) (1)의 결과를 이용하여 $r(x) = 1 - 2x + 3x^2$일 때 $[r(x)]_C$를 구하라.

풀이 (1) P는 B에서 C로의 추이행렬이므로 B의 각 원소를 C의 일차결합으로 나타내면

$$\begin{aligned} 1 &= 1, \\ x &= (x+1) - 1, \\ x^2 &= (x^2+x+2) - (x+1) - 1 \end{aligned}$$

이다. 따라서 C에 대한 B의 좌표행렬은

$$[1]_C = \begin{bmatrix} 1 \\ 0 \\ 0 \end{bmatrix},\ [x]_C = \begin{bmatrix} -1 \\ 1 \\ 0 \end{bmatrix},\ [x^2]_C = \begin{bmatrix} -1 \\ -1 \\ 1 \end{bmatrix}$$

이므로 B에서 C로의 추이행렬 P는

$$P = \begin{bmatrix} 1 & -1 & -1 \\ 0 & 1 & -1 \\ 0 & 0 & 1 \end{bmatrix}.$$

(2) $[r(x)]_B = \begin{bmatrix} 1 \\ -2 \\ 3 \end{bmatrix}$ 이므로

$$[r(x)]_C = P[r(x)]_B = \begin{bmatrix} 1 & -1 & -1 \\ 0 & 1 & -1 \\ 0 & 0 & 1 \end{bmatrix} \begin{bmatrix} 1 \\ -2 \\ 3 \end{bmatrix} = \begin{bmatrix} 0 \\ -5 \\ 3 \end{bmatrix}.$$

따라서 $r(x)$는 기저 C의 일차결합으로

$r(x) = -5(x+1) + 3(x^2+x+2)$로 주어진다. ■

추이행렬을 이용하여 두 개의 서로 다른 기저 B와 C에 대해 벡터공간 V 상에서 정의된 선형사상에 대한 행렬을 구할 수 있다.

정리 4.10

$T: V \to V$를 n차원 벡터공간 V 상에서의 선형사상이라 하고 V의 두 기저를 각각 B와 C라고 하면 C에서 B로의 추이행렬 P에 대해 다음 관계식이 성립한다.

$$[T]_C = P^{-1}[T]_B P$$

| 증명 | 정리 4.9에 의해 P를 C에서 B로의 추이행렬이라 하면

$$[v]_B = P[v]_C, \quad (v \in V),$$
$$P^{-1}[w]_B = [w]_C, \quad (w \in V)$$

가 성립한다. $v \in V$에 대해 $T(v) = w$이면 정리 4.6에 의해

$$[T]_B[v]_B = [T(v)]_B = [w]_B,$$
$$[T]_C[v]_C = [T(v)]_C = [w]_C$$

가 성립하므로

$$P^{-1}[T]_B P[v]_C = P^{-1}[T]_B[v]_B = P^{-1}[w]_B = [w]_C = [T]_C[v]_C$$

이다. 따라서 $P^{-1}[T]_B P = [T]_C$가 되어 정리가 증명된다. ■

정리 4.10의 관계식을 도식화하면 그림 4.5와 같다.

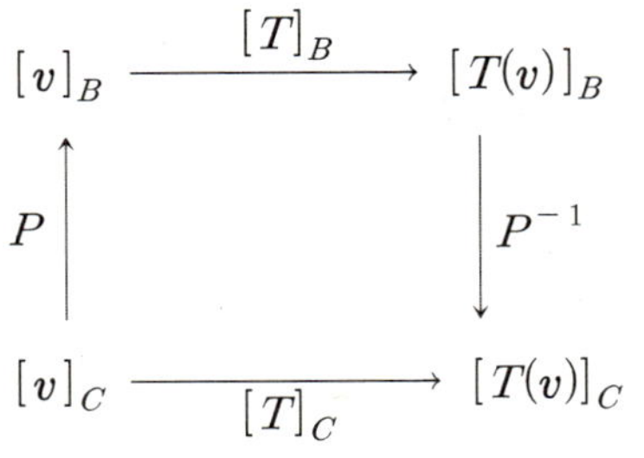

그림 4.5 기저 변환

예제 4.16 $V = P_2$ 이고 $T : V \to V$를 다음과 같이 정의된 선형사상이라고 하자.

$$T(a_0 + a_1 x + a_2 x^2) = (a_1 - 2a_2) + (2a_0 + 3a_2)x + 2a_2 x^2$$

V의 기저를 $B = \{1, x, x^2\}$, $C = \{1+x, 1-x, x+x^2\}$라고 하자. $[T]_B$와 $[T]_C$를 구하라.

풀이 $T(1) = 2x$, $T(x) = 1$, $T(x^2) = -2 + 3x + 2x^2$이다. 따라서

$$[T]_B = \left[[T(1)]_B \,\vdots\, [T(x)]_B \,\vdots\, [T(x^2)]_B \right] = \begin{bmatrix} 0 & 1 & -2 \\ 2 & 0 & 3 \\ 0 & 0 & 2 \end{bmatrix}.$$

C에서 B로의 추이행렬 $P = \left[P^{(1)} P^{(2)} P^{(3)} \right]$는

$$P^{(1)} = [1+x]_B,\ P^{(2)} = [1-x]_B,\ P^{(3)} = [x+x^2]_B$$

로부터 다음과 같이 주어진다.

$$P = \begin{bmatrix} 1 & 1 & 0 \\ 1 & -1 & 1 \\ 0 & 0 & 1 \end{bmatrix}$$

이고, 추이행렬의 역행렬은

$$P^{-1} = \frac{1}{2} \begin{bmatrix} 1 & 1 & -1 \\ 1 & -1 & 1 \\ 0 & 0 & 2 \end{bmatrix}$$

이다. 따라서 정리 4.10으로부터

$$[T]_C = P^{-1}[T]_B P = \frac{1}{2}\begin{bmatrix} 3 & 1 & 0 \\ -1 & -3 & -2 \\ 0 & 0 & 4 \end{bmatrix}.$$ ■

정사각행렬 A와 A'에 대해

$$A' = P^{-1}AP$$

인 가역행렬 P가 존재하면 A'은 A와 **닮음행렬**(similar matrix)이라고 한다. A'이 A와 닮음행렬이면 $A' = P^{-1}AP$에서 $Q = P^{-1}$에 대해

$$A = PBP^{-1} = (P^{-1})^{-1}A'P^{-1} = Q^{-1}A'Q$$

이므로 A는 A'과 닮음행렬이다. 행렬의 닮음관계는 동치관계를 이룸을 쉽게 보일 수 있다.

정리 4.10으로부터 V가 n차원 벡터공간일 때 A와 A'이 V의 서로 다른 두 기저에 대해 선형사상 $T: V \to V$의 행렬을 나타내면 A와 A'은 서로 닮음행렬임을 알 수 있다. 역으로, A가 기저 $B = \{v_1, v_2, \cdots, v_n\}$에 대한 T의 행렬 $A = [T]_B$이고 가역행렬 $P = [p_{ij}]$에 대해 $A' = P^{-1}AP$를 만족한다고 하자. 벡터 $w_1, w_2, \cdots, w_n$이

$$\begin{aligned} w_1 &= p_{11}v_1 + p_{21}v_2 + \cdots + p_{n1}v_n \\ w_2 &= p_{12}v_1 + p_{22}v_2 + \cdots + p_{n2}v_n \\ &\vdots \\ w_n &= p_{1n}v_1 + p_{2n}v_2 + \cdots + p_{nn}v_n \end{aligned}$$

에 의해 정의되면 $C = \{w_1, w_2, \cdots, w_n\}$는 V의 기저를 이루고 $A' = [T]_C$이다.

정리 4.10을 이용하면 $T: V \to V$가 n차원 벡터공간 V 상에서의 선형사상이라 할 때 다음 알고리즘과 같이 주어진 기저 B에 대해 C에 대한 행렬이 B에 대한 행렬보다 간결하게 표현되도록 기저 C를 결정하는데 유용하게 이 관계를 활용할 수 있다.

(1) 일단계 : 주어진 기저 B에 대한 T의 행렬 $[T]_B$를 계산한다.

(2) 이단계 : 행렬의 기술을 써서 $A' = P^{-1}[T]_B P$가 더욱 단순한 형태가 되는 정칙행렬 P를 구한다.

(3) 삼단계 : P의 각 열에 대해 $[w_j]_B = P^{(j)}$인 벡터 $w_1, w_2, \cdots, w_n$을 구한다.

$\Rightarrow$ $C = \{w_1, w_2, \cdots, w_n\}$은 V의 기저이고 $[T]_C = A'$이다.

위에서 언급한 행렬의 기술로는 대각화의 기법 등을 이용할 수 있다. 특히 A'이 대각행렬이면 선형사상 T는 대각화가능하다고 한다. 이에 관한 예시는 예제 6.10을 참조하라.

4.3 • 연습문제

1. 3차원 벡터공간 V의 두 기저 $B = \{u_1, u_2, u_3\}$, $C = \{v_1, v_2, v_3\}$에 대해서 C에서 B로의 추이행렬이 다음과 같다.

$$P = \begin{bmatrix} 1 & -2 & 3 \\ 4 & 1 & -1 \\ 1 & 2 & 0 \end{bmatrix}$$

(1) B의 각 원소를 C의 일차결합으로 나타내라.

(2) C의 각 원소를 B의 일차결합으로 나타내라.

2. 선형사상 $T : V \to V$의 3차원 벡터공간 V의 기저 $B = \{u_1, u_2, u_3\}$에 대한 행렬이

$$[T]_B = \begin{bmatrix} 1 & -1 & 1 \\ 0 & 1 & 2 \\ -2 & 3 & 0 \end{bmatrix}$$

이다. $v_1 = u_1$, $v_2 = u_1 + u_2$, $v_3 = u_1 + u_2 + u_3$에 대해 $C = \{v_1, v_2, v_3\}$라 할 때 C가 V의 기저를 이룸을 보이고 이때 $[T]_C$를 구하라.

3. (1) $\mathbb{R}^3$의 표준기저에 대한 행렬 $A=\begin{bmatrix}1&1&2\\2&1&3\\1&0&1\end{bmatrix}$를 다음 기저 B로 표현하라.

$$B=\{\boldsymbol{u}_1=(1,\ 1,\ 0),\ \boldsymbol{u}_2=(1,\ 0,\ 1),\ \boldsymbol{u}_3=(0,\ 1,\ 1)\}$$

(2) 행렬 $A=\begin{bmatrix}1&1&1\\1&2&3\\3&2&1\end{bmatrix}$가 기저 $B=\{(1,\ 1,\ 2),\ (1,\ 2,\ 3),\ (3,\ 4,\ 1)\}$에 대한 표현일 때 기저 $C=\{(1,\ 0,\ 0),\ (0,\ 1,\ -1),\ (0,\ 1,\ 1)\}$에 대한 A의 표현을 구하라.

4. $T:\mathbb{R}^3\to\mathbb{R}^3$가 $T(x_1,\ x_2,\ x_3)=(x_1+x_2,\ x_2+x_3,\ x_3+x_1)$으로 정의된 사상이라 할 때 다음을 구하라.

(1) $\mathbb{R}^3$의 표준기저 $B=\{\boldsymbol{e}_1=(1,\ 0,\ 0),\ \boldsymbol{e}_2=(0,\ 1,\ 0),\ \boldsymbol{e}_3=(0,\ 0,\ 1)\}$에 대한 T의 행렬 A

(2) 기저 $B'=\{\boldsymbol{u}_1=(1,\ 1,\ 0),\ \boldsymbol{u}_2=(0,\ 1,\ 1),\ \boldsymbol{u}_3=(1,\ 0,\ 1)\}$에 대한 T의 행렬 A'

(3) $A'=P^{-1}AP$인 가역행렬 P

5. $T:\mathbb{R}^2\to\mathbb{R}^2$를 $T(x_1,\ x_2)=(x_1+2x_2,\ 2x_1-x_2)$로 정의된 선형사상이라 하자. $\boldsymbol{u}_1=(-1,\ 1)$, $\boldsymbol{u}_2=(1,\ 1)$, $\boldsymbol{v}_1=(1,\ 2)$, $\boldsymbol{v}_2=(2,\ 1)$에 대해 $\mathbb{R}^2$의 두 기저를 각각 $B=\{\boldsymbol{u}_1,\ \boldsymbol{u}_2\}$와 $C=\{\boldsymbol{v}_1,\ \boldsymbol{v}_2\}$라 하자.

(1) B에서 C로의 추이행렬을 구하라.

(2) 다음 각 벡터의 C에 대한 좌표행렬을 구하라.

$$\boldsymbol{w}_1=(2,\ 3),\ \boldsymbol{w}_2=(0,\ -2),\ \boldsymbol{w}_3=(a,\ b)$$

(3) 위 결과를 활용하여 각 $T(\boldsymbol{w}_i)$에 대한 좌표행렬 $[T(\boldsymbol{w}_i)]_C$를 구하라.

6. 벡터 $\boldsymbol{u}_1=\begin{bmatrix}1\\0\end{bmatrix}$, $\boldsymbol{u}_2=\begin{bmatrix}4\\-1\end{bmatrix}$, $\boldsymbol{v}_1=\begin{bmatrix}1\\3\end{bmatrix}$, $\boldsymbol{v}_2=\begin{bmatrix}1\\1\end{bmatrix}$에 대해서 $\mathbb{R}^2$의 기저를 $B=\{\boldsymbol{u}_1,\ \boldsymbol{u}_2\}$, $C=\{\boldsymbol{v}_1,\ \boldsymbol{v}_2\}$라 할 때 다음을 구하라.

(1) $\boldsymbol{w}=\begin{bmatrix}3\\7\end{bmatrix}$일 때 B와 C에 대한 좌표행렬 $[\boldsymbol{w}]_B$와 $[\boldsymbol{w}]_C$

(2) 기저 C에서 B로의 추이행렬 P

(3) 기저 B에서 C로의 추이행렬 Q

(4) $T:\mathbb{R}^2\to\mathbb{R}^2$가 다음과 같이 정의된 선형사상일 때, $[T]_B$와 $[T]_C$를 구하고 둘

사이의 관계를 기술하라.

$$T\begin{bmatrix} x_1 \\ x_2 \end{bmatrix} = \begin{bmatrix} 2x_1 + 3x_2 \\ 3x_1 - 4x_2 \end{bmatrix}$$

(5) T가 (4)에 정의된 선형사상일 때 $[T]_{C,B}$를 구하고 이를 이용해서 $v = \begin{bmatrix} 1 \\ -1 \end{bmatrix}$에 대해 $[T(v)]_C$를 계산하라.

7. $T : P_2 \to P_2$가 다음과 같이 정의되어 있다.

$$T(a_0 + a_1x + a_2x^2) = (a_0 - a_1) + (a_1 - a_2)x + (a_0 + a_1 + a_2)x^2$$

P_2에 대한 표준기저 $B = \{1, x, x^2\}$와 기저 $C = \{1+x, 1+x^2, 1-x+x^2\}$에 대해 추이행렬을 구하고 이를 이용하여 다음 각 다항식을 C의 일차결합으로 나타내라.

$$p(x) = 3 - x,\ q(x) = 2 + x^2,\ r(x) = -1 + 2x + 3x^2$$

8. 다음에 각각 주어진 벡터공간, 선형사상 T와 기저 B, C에 대해 C에서 B로의 추이행렬과 $[T]_B$, $[T]_C$를 구하라.

(1) $T : \mathbb{R}^2 \to \mathbb{R}^2$ :: $T(x_1, x_2) = (x_1 - 2x_2, -x_2)$;

$B = \{\boldsymbol{u}_1 = (1, 0),\ \boldsymbol{u}_2 = (0, 1)\}$, $C = \{\boldsymbol{v}_1 = (2, 1),\ \boldsymbol{v}_2 = (-3, 4)\}$

(2) $T : \mathbb{R}^3 \to \mathbb{R}^3$ :: $T(x_1, x_2, x_3) = (x_1 + 2x_2 - x_3,\ x_2 - x_3,\ x_1 + 5x_2)$;

$B = \{\boldsymbol{u}_1 = (1, 0, 0),\ \boldsymbol{u}_2 = (1, 1, 0),\ \boldsymbol{u}_3 = (1, 1, 1)\}$,

$C = \{\boldsymbol{v}_1 = (1, 0, 1),\ \boldsymbol{v}_2 = (0, 1, 1),\ \boldsymbol{v}_3 = (0, 0, 1)\}$

(3) $T : \mathbb{R}^3 \to \mathbb{R}^3$ :: $T(\boldsymbol{x}) = A\boldsymbol{x}$, $A = \begin{bmatrix} 1 & -2 & 1 \\ 2 & -1 & -1 \\ 0 & 1 & 1 \end{bmatrix}$;

$B = \left\{\boldsymbol{e}_1 = \begin{bmatrix} 1 \\ 0 \\ 0 \end{bmatrix},\ \boldsymbol{e}_2 = \begin{bmatrix} 0 \\ 1 \\ 0 \end{bmatrix},\ \boldsymbol{e}_3 = \begin{bmatrix} 0 \\ 0 \\ 1 \end{bmatrix}\right\}$,

$C = \left\{\boldsymbol{v}_1 = \begin{bmatrix} 1 \\ 1 \\ 1 \end{bmatrix},\ \boldsymbol{v}_2 = \begin{bmatrix} 2 \\ -1 \\ 0 \end{bmatrix},\ \boldsymbol{v}_3 = \begin{bmatrix} 0 \\ 1 \\ 2 \end{bmatrix}\right\}$

(4) $T : P_2 \to P_2$ :: $T(p) = xp''(x) + (x+1)p'(x) + p(x)$;

$B = \{1, x, x^2\}$, $C = \{1+x,\ 2-3x+x^2,\ 2x+3x^2\}$

9. 다음 행렬 A가 $\mathbb{R}^3$의 기저 B에 대해 $\begin{bmatrix} 1 & 0 & 0 \\ 0 & 1 & 0 \\ 0 & 0 & 0 \end{bmatrix}$로 표현되도록 기저 B를 구하라.

$$A = \begin{bmatrix} 1 & 1 & 1 \\ -1 & 1 & 1 \\ 0 & -2 & 1 \end{bmatrix}$$

10. 다음 두 행렬 $A = \begin{bmatrix} 1 & 1 \\ -1 & 4 \end{bmatrix}$와 $B = \begin{bmatrix} 2 & 1 \\ 1 & 3 \end{bmatrix}$가 닮음행렬임을 보여라.

11. A와 B가 닮음행렬일 때 다음을 보여라.

(1) $|A| = |B|$

(2) 모든 자연수 n에 대해 A^n과 B^n은 닮음행렬이다.

(3) A와 B가 닮음행렬이고 B와 C가 닮음행렬이면 A와 C는 닮음행렬이다.

제 5 장

05

내적공간과 직교화

5.1 내적공간

벡터공간을 다루는데 있어서 내적은 벡터의 크기뿐만 아니라 벡터의 사잇각 등 벡터사이의 위치관계를 나타내는 주요한 소재이다.

V를 벡터공간이라 하자. $V \times V$에 다음과 같은 성질을 갖는 실수 $<\ ,\ >$를 배정하는 함수를 V 위에서 정의된 **내적**(inner product)이라고 하고, 이러한 내적을 반영한 벡터공간을 **내적공간**(inner product space)이라고 한다. 복소내적공간은 제7장에서 따로 다루고 별도의 언급이 없는 한 내적공간을 실수내적공간으로 간주한다.

(1) $\langle v,\ v \rangle \geq 0,\ \ \forall v \in V\ ;\ \langle v,\ v \rangle = 0 \Leftrightarrow v = 0$ (양성)

(2) $\langle u,\ v \rangle = \langle v,\ u \rangle,\ \ \forall u,\ v \in V$ (가환성)

(3) $\langle ku,\ v \rangle = k\langle u,\ v \rangle = \langle u,\ kv \rangle,\ \ (k \in \mathbb{R},\ u,\ v \in V)$ (동차성)

(4) $\langle u+v,\ w \rangle = \langle u,\ w \rangle + \langle v,\ w \rangle,\ \ \forall u,\ v,\ w \in V$ (분배성)

예제 5.1 2×2 대칭행렬 $A = \begin{bmatrix} 3 & 2 \\ 2 & 4 \end{bmatrix}$와 $u = \begin{bmatrix} u_1 \\ u_2 \end{bmatrix}$, $v = \begin{bmatrix} v_1 \\ v_2 \end{bmatrix} \in \mathbb{R}^2$에 대해서 다음과 같이 정의된 함수는 $\mathbb{R}^2$ 상에서 내적을 이룸을 보여라.

$$\langle u,\ v \rangle = u^t A v = 3u_1v_1 + 2u_1v_2 + 2u_2v_1 + 4u_2v_2$$

풀이 (1) 모든 $v = \begin{bmatrix} v_1 \\ v_2 \end{bmatrix} \in \mathbb{R}^2$에 대해

$$\langle v,\ v \rangle = 3v_1^2 + 4v_1v_2 + 4v_2^2 = 2v_1^2 + (v_1 + 2v_2)^2$$

이므로 $\langle v,\ v \rangle \geq 0$이고

$$\langle v,\ v \rangle = 2v_1^2 + (v_1 + 2v_2)^2 = 0 \Leftrightarrow v_1 = v_2 = 0.$$

(2) A는 대칭행렬이고 $u^t A v$는 1×1 행렬이므로 $(u^t A v)^t = u^t A v$이다. 따라서

$$\langle u,\ v \rangle = u^t A v = (u^t A v)^t = v^t A (u^t)^t = v^t A u = \langle v,\ u \rangle.$$

(3) $\langle ku,\ v\rangle = (ku^t)Av = k(u^tAv) = k\langle u,\ v\rangle,$

$\langle ku,\ v\rangle = (ku^t)Av = u^tA(kv) = \langle u,\ kv\rangle.$

(4) $\langle u+v,\ w\rangle = (u+v)^tAw = (u^t+v^t)Aw$

$= u^tAw + v^tAw = \langle u,\ w\rangle + \langle v,\ w\rangle.$ ■

예제 5.2 $x_0,\ x_1,\ \cdots,\ x_n$을 서로 다른 $n+1$개의 실수라 하자. n차 다항식의 공간 P_n에서 다음과 같이 정의된 값이 내적을 이룸을 보여라.

$$\langle p,\ q\rangle := \sum_{i=0}^{n} p(x_i)q(x_i)$$

풀이 (1) 모든 $p \in P_n$에 대해 $\langle p,\ p\rangle = \sum_{i=0}^{n} p(x_i)^2 \geq 0$임은 명백하고, $\langle p,\ p\rangle = 0$이면 $p(x_0) = p(x_1) = \cdots = p(x_n) = 0$이 되어 $x_0,\ x_1,\ \cdots,\ x_n$은 n차 다항식 $p(x)$의 서로 다른 $n+1$개의 근이므로 $p = 0$이다.

(2), (3), (4)는 정의로부터 직접 얻어진다. ■

정리 3.2에 의해 두 n-벡터 $\boldsymbol{u} = (u_1,\ u_2,\ \cdots,\ u_n)$와 $\boldsymbol{v} = (v_1,\ v_2,\ \cdots,\ v_n)$의 유클리드 내적

$$\boldsymbol{u} \cdot \boldsymbol{v} = u_1v_1 + u_2v_2 + \cdots + u_nv_n$$

은 $\mathbb{R}^n$에서 내적을 이룬다. 이를 행렬벡터로 표현하면 유클리드 내적은 행렬의 곱으로

$$\boldsymbol{u} \cdot \boldsymbol{v} = u_1v_1 + u_2v_2 + \cdots + u_nv_n = [v_1\,v_2 \cdots\ v_n]\begin{bmatrix} u_1 \\ u_2 \\ \vdots \\ u_n \end{bmatrix} = \boldsymbol{v}^t\boldsymbol{u}$$

와 같이 표시할 수 있다.

일반적으로 각 성분에 가중값을 두어 유클리드 내적을 다음과 같이 확장할 수 있다.

주어진 양의 실수 $\omega_1,\ \omega_2,\ \cdots,\ \omega_n$에 대해서 $\boldsymbol{u} = (u_1,\ \cdots,\ u_n)$, $\boldsymbol{v} = (v_1,\ \cdots,\ v_n) \in \mathbb{R}^n$일 때

$$\langle \boldsymbol{u},\ \boldsymbol{v}\rangle_\omega = \omega_1u_1v_1 + \omega_2u_2v_2 + \cdots + \omega_nu_nv_n$$

은 $\mathbb{R}^n$에서 내적을 이룸을 쉽게 확인할 수 있다. 이를 **가중 유클리드 내적**(weighted Euclidean inner product)이라 하고 각 j에 대해 ω_j를 j-성분에 대한 **가중값**(weight)이라 한다. 또한

$n \times n$ 정사각행렬 $A = [a_{ij}]$가 가역이면 $\mathbb{R}^n$에서 유클리드 내적에 의해 다음과 같이 정의된 값은 $\mathbb{R}^n$에서 내적을 이룬다. 이를 **행렬 A에 의해 생성된 내적**이라고 한다.

$$\langle \boldsymbol{u},\ \boldsymbol{v} \rangle_A := A\boldsymbol{u} \cdot A\boldsymbol{v} = \boldsymbol{v}^t A^t A\boldsymbol{u}$$

이때 단위행렬 I_n에 의해 생성된 내적이 유클리드 내적임은 자명하다.

예제 5.3 가중 유클리드 내적은 대각행렬 $A = \begin{bmatrix} \sqrt{\omega_1} & 0 & \cdots & 0 \\ 0 & \sqrt{\omega_2} & \cdots & 0 \\ \vdots & \vdots & \ddots & \vdots \\ 0 & 0 & \cdots & \sqrt{\omega_n} \end{bmatrix}$에 의해 생성된 $\mathbb{R}^n$에서의 내적임을 보여라.

풀이 $\langle \boldsymbol{u},\ \boldsymbol{v} \rangle_A = A\boldsymbol{u} \cdot A\boldsymbol{v} = \boldsymbol{v}^t A^t A\boldsymbol{u}$

$$= [v_1 v_2 \cdots\ v_n] \begin{bmatrix} \sqrt{\omega_1} & 0 & \cdots & 0 \\ 0 & \sqrt{\omega_2} & \cdots & 0 \\ \vdots & \vdots & \ddots & \vdots \\ 0 & 0 & \cdots & \sqrt{\omega_n} \end{bmatrix}^t \begin{bmatrix} \sqrt{\omega_1} & 0 & \cdots & 0 \\ 0 & \sqrt{\omega_2} & \cdots & 0 \\ \vdots & \vdots & \ddots & \vdots \\ 0 & 0 & \cdots & \sqrt{\omega_n} \end{bmatrix} \begin{bmatrix} u_1 \\ u_2 \\ \vdots \\ u_n \end{bmatrix}$$

$$= \omega_1 u_1 v_1 + \omega_2 u_2 v_2 + \cdots + \omega_n u_n v_n = \langle \boldsymbol{u},\ \boldsymbol{v} \rangle_\omega.$$ ■

내적공간 V 상에서 정의된 내적 $<\ ,\ >$에 대해서 $\|\boldsymbol{v}\| = \sqrt{\langle \boldsymbol{v},\ \boldsymbol{v} \rangle}$로 정의하면 $\|\boldsymbol{v}\|$는 **벡터 v의 길이**(length), 또는 **크기**(size)를 나타내는 장치자로 쓰이며 다음 성질에 의해 벡터 V 상에서 노름을 이룸을 알 수 있다. 이를 내적에 의해 유도된 **자연노름**(natural norm)이라고 한다.

정리 5.1

V가 $<\ ,\ >$을 내적으로 하는 내적공간일 때 $\|\boldsymbol{v}\| = \sqrt{\langle \boldsymbol{v},\ \boldsymbol{v} \rangle}$로 정의된 양의 실수에 대해 다음 부등식이 성립한다.

(1) (**코시-슈바르츠 부등식** : Cauchy-Schwarz inequality)

$$|\langle \boldsymbol{u},\ \boldsymbol{v} \rangle| \le \|\boldsymbol{u}\|\,\|\boldsymbol{v}\|, \quad \forall\, \boldsymbol{u},\ \boldsymbol{v} \in V$$

(2) (**삼각부등식** : triangle inequality)

$$\|\boldsymbol{u}+\boldsymbol{v}\| \le \|\boldsymbol{u}\| + \|\boldsymbol{v}\|, \quad \forall\, \boldsymbol{u},\ \boldsymbol{v} \in V$$

| 증명 | (1) 임의의 실수 t에 대해

$$0 \le \|u - tv\|^2 = \langle u - tv,\ u - tv \rangle$$
$$= \langle u,\ u \rangle - 2t\langle u,\ v \rangle + t^2\langle v,\ v \rangle$$

가 성립하므로 t에 관한 2차식의 판별식에 의해

$$\langle u,\ v \rangle^2 - \|u\|^2\|v\|^2 \le 0$$

이고, 이항하여 제곱근을 취하면 (1)의 결과가 얻어진다.

(2) 코시-슈바르츠 부등식을 이용하면

$$\begin{aligned}\|u+v\|^2 &= \langle u+v,\ u+v \rangle \\ &= \langle u,\ u \rangle + 2\langle u,\ v \rangle + \langle v,\ v \rangle \\ &\le \|u\|^2 + 2\|u\|\|v\| + \|v\|^2 \\ &= (\|u\| + \|v\|)^2\end{aligned}$$

으로부터 삼각부등식이 성립한다. ■

코시-슈바르츠 부등식에 의하면 영이 아닌 두 벡터 u와 v에 대하여

$$-1 \le \frac{\langle u,\ v \rangle}{\|u\|\|v\|} \le 1$$

이므로 다음 조건을 만족하는 실수 θ가 단 하나 존재한다.

$$\cos\theta = \frac{\langle u,\ v \rangle}{\|u\|\|v\|},\ 0 \le \theta \le \pi$$

이와 같이 정의한 θ는 **벡터의 사잇각**(intersection angle)을 정의하기 위해 사용할 수 있다.

내적공간의 주요 특징 중의 하나는 직교성을 부여할 수 있다는 데 있다. 내적공간 V의 두 원소 u와 v는 $\langle u,\ v \rangle = 0$이면 내적 $\langle\ ,\ \rangle$에 대해 서로 **직교**(orthogonal)한다고 말한다. 벡터의 직교성은 두 벡터를 직각을 이루는 변으로 하는 직각삼각형에 대한 다음의 피타고라스 정리로부터 쉽게 확인할 수 있다.

정리 5.2 **피타고라스 정리**

V가 $<\ ,\ >$을 내적으로 하는 내적공간일 때, 영이 아닌 두 벡터 $\boldsymbol{u}$, $\boldsymbol{v} \in V$가 서로 직교할 필요충분조건은 $\|\boldsymbol{u}+\boldsymbol{v}\|^2 = \|\boldsymbol{u}\|^2 + \|\boldsymbol{v}\|^2$이다.

| 증명 | 그림 5.1에서처럼 $\boldsymbol{u}$와 $\boldsymbol{v}$가 서로 수직인 변을 이루는 벡터라면 $\boldsymbol{u}+\boldsymbol{v}$는 직각삼각형의 빗변에 해당한다. 따라서 직각삼각형에 대한 피타고라스 정리로부터

$$\|\boldsymbol{u}+\boldsymbol{v}\|^2 = \|\boldsymbol{u}\|^2 + \|\boldsymbol{v}\|^2$$

을 얻는다. 이때

$$\begin{aligned}\|\boldsymbol{u}+\boldsymbol{v}\|^2 &= \langle \boldsymbol{u}+\boldsymbol{v},\ \boldsymbol{u}+\boldsymbol{v} \rangle \\ &= \|\boldsymbol{u}\|^2 + 2\langle \boldsymbol{u},\ \boldsymbol{v} \rangle + \|\boldsymbol{v}\|^2\end{aligned}$$

이므로 $\boldsymbol{u}$와 $\boldsymbol{v}$가 서로 수직인 벡터이면 $\boldsymbol{u}$와 $\boldsymbol{v}$가 서로 수직인 변을 이루는 벡터의 내적은 $\langle \boldsymbol{u},\ \boldsymbol{v} \rangle = 0$이다. 역으로 $\langle \boldsymbol{u},\ \boldsymbol{v} \rangle = 0$이면 $\|\boldsymbol{u}+\boldsymbol{v}\|^2 = \|\boldsymbol{u}\|^2 + \|\boldsymbol{v}\|^2$이므로 $\boldsymbol{u}$와 $\boldsymbol{v}$는 직교한다. ■

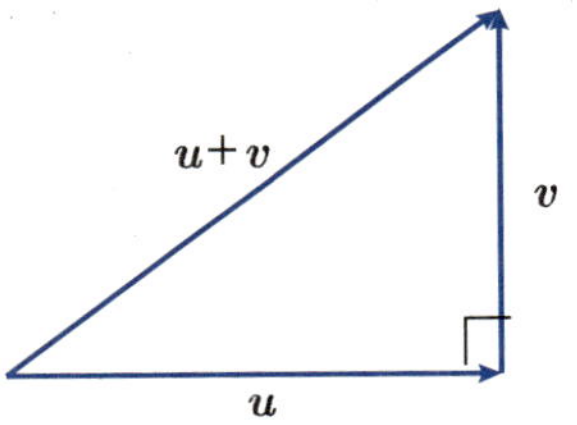

그림 5.1 피타고라스 정리

예제 5.4 구간 $[-1,\ 1]$에서 연속인 함수의 공간 $C([-1,\ 1])$에서 내적이 다음과 같이 정의되어 있다.

$$\langle f,\ g \rangle = \int_{-1}^{1} f(x)g(x)\,dx$$

x와 x^2가 서로 직교함을 보이고 $x+x^2$의 노름을 구하라.

풀이 x^3은 홀함수이므로 $\langle x,\ x^2 \rangle = \int_{-1}^{1} x^3\,dx = 0$이다.
따라서 x와 x^2은 내적에 대해 서로 직교한다.

한편 $\|x\|^2 = \int_{-1}^{1} x^2\,dx = \frac{2}{3}$, $\|x^2\|^2 = \int_{-1}^{1} x^4\,dx = \frac{2}{5}$

이고 x와 x^2이 서로 직교하므로 피타고라스 정리에 의해

$$\|x + x^2\|^2 = \|x\|^2 + \|x^2\|^2 = \frac{2}{3} + \frac{2}{5} = \frac{16}{15}$$

이다. 따라서 $\|x + x^2\| = \frac{4}{\sqrt{15}}$ 이다. ■

W를 내적공간 V의 임의의 부분집합이라 할 때 W의 각 원소와 직교하는 V의 원소의 집합을 W의 **직교여집합**(orthogonal complement)이라 하고 $W^{\perp}$로 정의한다.

$$W^{\perp} = \{\boldsymbol{v} \in V \mid \langle \boldsymbol{v}, \boldsymbol{w} \rangle = 0,\ \forall \boldsymbol{w} \in W\}$$

정리 5.3

내적공간 V의 임의의 부분집합 W에 대해서 $W^{\perp}$는 V의 부분공간을 이루며 $W \cap W^{\perp} = \{\boldsymbol{0}\}$이다.

| 증명 | 명백히 $\boldsymbol{0} \in W^{\perp}$이다. 또한 $\boldsymbol{u}, \boldsymbol{v} \in W^{\perp}$이면 임의의 스칼라 k, ℓ과 $\boldsymbol{w} \in W$에 대해

$$\langle k\boldsymbol{u} + \ell\boldsymbol{v}, \boldsymbol{w} \rangle = k\langle \boldsymbol{u}, \boldsymbol{w} \rangle + \ell\langle \boldsymbol{v}, \boldsymbol{w} \rangle = k0 + \ell 0 = 0$$

이므로 $k\boldsymbol{u} + \ell\boldsymbol{v} \in W^{\perp}$이다. 따라서 $W^{\perp}$는 V의 부분공간이다.

한편, $\boldsymbol{w} \in W \cap W^{\perp}$이면 $\langle \boldsymbol{w}, \boldsymbol{w} \rangle = \|\boldsymbol{w}\|^2 = 0$이다. 따라서 $\boldsymbol{w} = \boldsymbol{0}$이다. ■

예제 5.5 W를 $\boldsymbol{u}_1 = (-1, 1, 1, 1)$과 $\boldsymbol{u}_2 = (2, -1, -1, 1)$에 의해 생성된 $\mathbb{R}^4$의 부분공간이라 할 때 $W^{\perp}$의 기저를 구하라.

풀이 $\boldsymbol{w} = (x_1, x_2, x_3, x_4) \in W^{\perp}$이면

$$\langle \boldsymbol{w}, \boldsymbol{u}_1 \rangle = -x_1 + x_2 + x_3 + x_4 = 0,$$
$$\langle \boldsymbol{w}, \boldsymbol{u}_2 \rangle = 2x_1 - x_2 - x_3 + x_4 = 0$$

이므로 제차 연립방정식을 만족하는 해를 구하면 첨가행렬에 대해

$$\begin{bmatrix} -1 & 1 & 1 & 1 & \vdots & 0 \\ 2 & -1 & -1 & 1 & \vdots & 0 \end{bmatrix} \sim_r \begin{bmatrix} -1 & 1 & 1 & 1 & \vdots & 0 \\ 0 & 1 & 1 & 3 & \vdots & 0 \end{bmatrix}$$

으로부터 자유변수를 $x_3 = s$, $x_4 = t$로 두면

$$x_1 = -2t,\ x_2 = -s-3t$$

이므로 해공간은 두 벡터 $\boldsymbol{w}_1 = (0,\ -1,\ 1,\ 0)$, $\boldsymbol{w}_2 = (-2,\ -3,\ 0,\ 1)$에 의해 생성된다. 따라서 $W^{\perp}$의 기저는 $\{\boldsymbol{w}_1,\ \boldsymbol{w}_2\}$이다. ■

벡터공간에서 노름은 내적과 독립적으로 정의할 수 있다. 벡터공간 V에서 각 벡터 $\boldsymbol{v} \in V$에 다음 성질을 갖는 양의 실수 $\|\boldsymbol{v}\|$를 배정하는 함수를 V 위에서 정의된 **노름**(norm)이라고 하고 이러한 노름을 반영한 벡터공간을 **노름공간**(normed space)이라고 한다.

(1) $\|\boldsymbol{v}\| \geq 0,\ \forall \boldsymbol{v} \in V$; $\|\boldsymbol{v}\| = 0 \Leftrightarrow \boldsymbol{v} = \boldsymbol{0}$ (양성)
(2) $\|k\boldsymbol{v}\| = |k|\,\|\boldsymbol{v}\|,\ \forall k \in \mathbb{R},\ \boldsymbol{v} \in V$ (동차성)
(3) $\|\boldsymbol{u}+\boldsymbol{v}\| \leq \|\boldsymbol{u}\| + \|\boldsymbol{v}\|,\ \forall \boldsymbol{u},\ \boldsymbol{v} \in V$ (삼각부등식)

벡터공간에서 목적에 따라 다양한 노름을 부여하는 것이 가능하다.

예를 들면, $\mathbb{R}^n$에서 벡터 $\boldsymbol{u} = (u_1,\ u_2,\ \cdots,\ u_n)$에 대해서

$$\|\boldsymbol{u}\|_1 = |u_1| + |u_2| + \cdots + |u_n|$$

는 노름의 모든 성질을 만족함을 쉽게 확인할 수 있다. 이를 **ℓ_1-노름**이라고 한다.

다른 중요한 경우로는

$$\|\boldsymbol{u}\|_\infty = \max_{1 \leq i \leq n} |u_i|$$

로서 이를 **ℓ_∞-노름**, 또는 **평등노름**(uniform norm)이라고 한다. 유클리드 내적에 의해 유도된 노름은 다음과 같이 **ℓ_2-노름**으로 나타난다.

$$\|\boldsymbol{u}\|_2 = \left(\sum_{i=1}^{n} |u_i|^2\right)^{1/2} = \sqrt{\boldsymbol{u} \cdot \boldsymbol{u}}$$

ℓ_1이나 ℓ_∞-노름은 내적에 의해 유도되지 않음에 주목하라. 따라서 수직성에 대한 피타고라스 정리가 성립하지 않는다. 예를 들어, $\boldsymbol{u} = (2,\ 1)$, $\boldsymbol{v} = (-2,\ 4)$는 $\mathbb{R}^2$에서 서로 수직이다. 그러나

$$\|\boldsymbol{u}\|_1^2 + \|\boldsymbol{v}\|_1^2 = 3^2 + 6^2 = 45$$

이지만

$$\|\boldsymbol{u}+\boldsymbol{v}\|_1^2 = 5^2 = 25$$

이므로 $\|\boldsymbol{u}+\boldsymbol{v}\|_1^2 \neq \|\boldsymbol{u}\|_1^2 + \|\boldsymbol{v}\|_1^2$이다. 한편, 내적에 의해 유도되는 ℓ_2-노름에서는

$$\|\boldsymbol{u}\|_2^2 + \|\boldsymbol{v}\|_2^2 = 5 + 20 = 25 = \|\boldsymbol{u}+\boldsymbol{v}\|_2^2$$

로서 피타고라스 정리가 성립한다.

$T : \mathbb{R}^m \to \mathbb{R}^n$이 선형사상일 때 다음과 같이 내적 관계에 의해 정의된 사상 $T^* : \mathbb{R}^n \to \mathbb{R}^m$를 T의 **수반사상**(adjoint mapping)이라고 한다.

$$\langle T\boldsymbol{x},\ \boldsymbol{y}\rangle = \langle \boldsymbol{x},\ T^*\boldsymbol{y}\rangle, \quad \forall\, \boldsymbol{x} \in \mathbb{R}^m,\ \boldsymbol{y} \in \mathbb{R}^n$$

보조정리 5.4

선형사상 $T : \mathbb{R}^m \to \mathbb{R}^n$의 수반사상 $T^* : \mathbb{R}^n \to \mathbb{R}^m$는 선형사상이다.

| 증명 | 고정된 벡터 $\boldsymbol{y} \in \mathbb{R}^n$에 대해서 $L\boldsymbol{x} = \langle T\boldsymbol{x},\ \boldsymbol{y}\rangle$라 하면 명백히 L은 $\mathbb{R}^m$에서 $\mathbb{R}^1$으로의 선형사상으로서 $\mathbb{R}^m$의 표준기저 $\{\boldsymbol{e}_j\}$에 대해 $\boldsymbol{x} = \sum_{j=1}^{m} x_j \boldsymbol{e}_j$라 두면

$$\begin{aligned} L\boldsymbol{x} &= L\left(\sum_{j=1}^{m} x_j\, \boldsymbol{e}_j\right) = \sum_{j=1}^{m} x_j\, L(\boldsymbol{e}_j) \\ &= \langle (x_1,\ \cdots,\ x_m),\ (L(\boldsymbol{e}_1),\ \cdots,\ L(\boldsymbol{e}_m))\rangle \\ &= \langle \boldsymbol{x},\ \boldsymbol{v}\rangle,\ (\boldsymbol{v} = (L(\boldsymbol{e}_1),\ \cdots,\ L(\boldsymbol{e}_m))) \end{aligned}$$

인 $\boldsymbol{v} \in \mathbb{R}^m$가 유일하게 존재한다. 이 $\boldsymbol{v}$를 $T^*\boldsymbol{y}$라고 정의하면

$$\langle T\boldsymbol{x},\ \boldsymbol{y}\rangle = \langle \boldsymbol{x},\ T^*\boldsymbol{y}\rangle, \quad \forall\, \boldsymbol{x} \in \mathbb{R}^m,\ \boldsymbol{y} \in \mathbb{R}^n$$

가 성립한다.

이제

$$\begin{aligned}\langle x,\ T^*(y+z)\rangle &= \langle Tx,\ y+z\rangle = \langle Tx,\ y\rangle + \langle Tx,\ z\rangle \\ &= \langle x,\ T^*y\rangle + \langle x,\ T^*z\rangle \\ &= \langle x,\ T^*y + T^*z\rangle\end{aligned}$$

이므로 $T^*(y+z) = T^*y + T^*z$이다. 한편 스칼라 $k \in \mathbb{R}$에 대해

$$\begin{aligned}\langle x,\ T^*(ky)\rangle &= \langle Tx,\ ky\rangle \\ &= \langle T(kx),\ y\rangle \\ &= k\langle x,\ T^*y\rangle \\ &= \langle x,\ kT^*y\rangle\end{aligned}$$

로부터 $T^*(ky) = kT^*y$가 성립한다. 따라서 수반사상 T^*는 선형사상이다. ■

수반사상의 정의로부터 $T^{**} := (T^*)^*$에 대해 $T^{**} = T$임은 자명하다.

정리 5.5 부분공간의 기본정리(Fundamental subspaces theorem)

선형사상 $T : \mathbb{R}^m \to \mathbb{R}^n$과 수반사상 $T^* : \mathbb{R}^n \to \mathbb{R}^m$에 대해서 다음이 성립한다.

$$N(T^*) = R(T)^\perp,\ R(T^*) = N(T)^\perp$$

| 증명 | $y \in N(T^*)$이면 $T^*y = 0$이고 $\langle x,\ T^*y\rangle = 0,\ \forall x \in \mathbb{R}^m$. 따라서

$$0 = \langle x,\ T^*y\rangle = \langle Tx,\ y\rangle,\ \forall x \in \mathbb{R}^m$$

이고, $y \in R(T)^\perp$이므로 $N(T^*) \subset R(T)^\perp$가 성립한다.

한편, $y \in R(T)^\perp$이면 $\langle Tx,\ y\rangle = 0,\ \forall x \in \mathbb{R}^m$. 따라서

$$0 = \langle Tx,\ y\rangle = \langle x,\ T^*y\rangle,\ \forall x \in \mathbb{R}^m$$

이 성립하므로

$$\| T^*y \|^2 = \langle T^*y,\ T^*y\rangle = 0 \Rightarrow T^*y = 0$$

이고, $y \in N(T^*)$이므로 $R(T)^\perp \subset N(T^*)$이다. 이 두 결과를 종합하여

$$N(T^*) = R(T)^\perp$$

를 얻는다. 두 번째 결과는 첫 번째 결과에 직교여집합을 취하면 정리 5.12에

의해 $R(T)^{\perp\perp} = R(T)$이므로

$$R(T) = R(T)^{\perp\perp} = N(T^*)^{\perp}$$

을 얻는다. 따라서 $T^{**} = T$이므로 여기에 T 대신 T^*를 적용하면

$$R(T^*) = N(T^{**})^{\perp} = N(T)^{\perp}$$

가 되어 정리가 증명된다. ■

정리 5.6

선형사상 $T : \mathbb{R}^m \to \mathbb{R}^n$와 수반사상 $T^* : \mathbb{R}^n \to \mathbb{R}^m$에 대해서 다음이 성립한다.

$$\dim(R(T)) = \dim(R(T^*))$$

| 증명 | $\dim(N(T)) + \dim(N(T)^{\perp}) = m$이고, 정리 5.5에 의해 $N(T)^{\perp} = R(T^*)$이므로

$$\dim(N(T)) + \dim(R(T^*)) = m$$

이다. 한편, 정리 4.3의 (3)에 의해서

$$\dim(N(T)) + \dim(R(T)) = m$$

이므로 이 둘을 비교하여 결과를 얻는다. ■

$A \in M_{n,\,m}$를 선형사상 $T : \mathbb{R}^m \to \mathbb{R}^n$에 대응하는 행렬이라 하면 T^*에 대응하는 행렬은 A^t이다. 마찬가지로, 행렬 $A \in M_{n,\,m}$에 대해서 A에 대응하는 선형사상 T_A의 수반사상 T_A^*의 행렬은 A^t이다. 따라서 정리 5.5와 정리 5.6을 행렬에 적용하면 다음 결과를 유도할 수 있다.

$$N(A^t) = R(A)^{\perp},\ R(A^t) = N(A)^{\perp}\,;$$
$$\dim(R(A)) = \dim(R(A^t))\,;$$

따라서 부분공간의 기본정리의 직접적인 결과로서 행렬의 행계수와 열계수가 서로 일치한다는 정리 3.17을 확인할 수 있다.

정리 5.7

선형사상 $T : \mathbb{R}^n \to \mathbb{R}^n$에 대해서 다음 동치관계가 성립한다.

(1) T는 일대일이다. (2) T는 전사이다.

(3) T^*는 일대일이다. (4) T^*는 전사이다.

증명 (1) ⇔ (2) : 정리 4.3의 (3)에 의해서

$$\dim(N(T)) + \dim(R(T)) = n$$

이 성립한다. 따라서 T가 일대일이면 $N(T) = \{0\}$이고 $\dim(N(T)) = 0$이므로 $\dim(R(T)) = n$이 되어 $R(T) = \mathbb{R}^n$이다. 역으로 T가 전사이면 $\dim(R(T)) = n$이므로 $\dim(N(T)) = 0$이 되어 T는 일대일이다.

(3) ⇔ (4) : 선형인 수반사상 $T : \mathbb{R}^n \to \mathbb{R}^n$에 대해서 역시

$$\dim(N(T^*)) + \dim(R(T^*)) = n$$

이 성립하므로 위의 경우와 같이 동치관계가 성립한다.

(2) ⇔ (4) : 정리 5.6의 직접적인 결과이다. ■

5.1 • 연습문제

1. $M_{m,n}$의 두 원소 $A = [a_{ij}]$, $B = [b_{ij}]$에 대해

$$\langle A, B \rangle = \sum_{i=1}^{m} \sum_{j=1}^{n} a_{ij} b_{ij}$$

로 정의된 함수는 $M_{m,n}$에서 내적을 이룸을 보여라. 이때 $\langle A, B \rangle$는 AB^t의 대각원소의 합과 같음을 보여라. 이를 $M_{m,n}$에서의 트레이스 내적(trace inner product)이라고 한다. 그리고 트레이스 내적에 의해 $M_{m,n}$ 상에서 유도된 노름을 프로베니우스 노름(Frobenius norm)이라 하고 $\|A\|_F$로 나타낸다.

2. 행렬 A가 $m\times n$ 행렬이고 A의 계수(rank)가 n이면 $\mathbb{R}^n$ 상에서 다음과 같이 정의된 $\|\cdot\|_A$가 노름을 이룸을 보여라.

$$\|u\|_A = \sqrt{u^tA^tAu}$$

3. 내적공간 V의 원소 $v_1, v_2, \cdots, v_n$에 대해 행렬 A가 다음과 같이 정의되어 있다.

$$A = [a_{ij}]\ ;\ a_{ij} = \langle v_i, v_j \rangle, (i, j = 1, 2, \cdots, n)$$

$v_1, v_2, \cdots, v_n$가 일차독립일 필요충분조건은 A가 정칙임을 보여라.

4. V가 내적공간이고 $x, y \in V$일 때 다음이 성립함을 보여라.

(1) $\|x+y\|^2 + \|x-y\|^2 = \|x\|^2 + \|y\|^2$

(2) $\langle x, y \rangle = \dfrac{1}{4}\|x+y\|^2 - \dfrac{1}{4}\|x-y\|^2$

(3) $\|x+y\| = \|x\| + \|y\| \Leftrightarrow \|sx+ty\| = s\|x\| + t\|y\|,\ \forall s, t \geq 0$

5. 벡터 $x = (1, -1, 2)$와 $y = (2, 0, -1)$에 대해 다음을 구하라.

(1) x와 y는 서로 직교함을 보여라.

(2) $\|x\|_2$, $\|y\|_2$와 $\|x+y\|_2$를 구하고 피타고라스 정리가 성립함을 확인하라.

6. T를 내적공간 V 상에서 정의된 선형사상이라 하자. 임의의 단위벡터 e에 대해

$$\langle Te, e \rangle \langle e, Te \rangle \leq \|Te\|^2$$

이 성립함을 보여라.

7. $x \in \mathbb{R}^n$에 대해 노름에 대해 다음 관계가 성립함을 보여라.

(1) $\|x\|_\infty \leq \|x\|_1 \leq n\|x\|_\infty$

(2) $\|x\|_\infty \leq \|x\|_2 \leq \sqrt{n}\|x\|_\infty$

(3) $\|x\|_2 \leq \|x\|_1 \leq \sqrt{n}\|x\|_2$

8. 주어진 영이 아닌 벡터 $a \in \mathbb{R}^m$와 $\mathbb{R}^m$에서의 내적에 대해 다음과 같이 정의된 함수

$$Tx = \langle x, a \rangle$$

는 $\mathbb{R}^m$에서 $\mathbb{R}^1$으로의 선형사상임을 보여라. 역으로 $\mathbb{R}^m$에서 $\mathbb{R}^1$으로의 모든 선형사상은 이러한 형식으로 나타나며 이때 a가 유일함을 보여라.

9. W가 벡터공간 V의 부분공간이고 $v \in V$가 모든 $w \in W$에 대해

$$\langle v, w\rangle + \langle w, v\rangle \leq \|w\|^2$$

이면 $v \in W^{\perp}$임을 보여라.

10. 유클리드 내적공간 $\mathbb{R}^3$에서 $u_1 = (1, 0, -1)$, $u_2 = (1, -1, 1)$와 직교하는 단위벡터를 구하라.

11. 다음 각 벡터공간 V의 부분공간 W에 대해 $W^{\perp}$를 구하라.

(1) $V = \mathbb{R}^3$; $W = \{(x, y, z) \in V \mid 2x - y + 3z = 0\}$

(2) $V = \mathbb{R}^3$; $W = \{(x, y, z) \in V \mid x + y + z = 0, x + y - z = 0\}$

(3) $V = \mathbb{R}^4$; $W = SP\langle u_1 = (1, -2, 0, 1), u_2 = (2, 1, 0, 2)\rangle$

(4) $V = P_3$; $W = \left\{p \in V \mid x^3 p\left(\frac{1}{x}\right) = p(x)\right\}$

12. U와 W를 유한차원 벡터공간 V의 부분공간이라고 하자. 다음을 보여라

(1) $(U + W)^{\perp} = U^{\perp} \cap W^{\perp}$

(2) $(U \cap W)^{\perp} = U^{\perp} + W^{\perp}$

13. W를 벡터공간 V의 부분집합이라고 하자. 다음을 보여라.

(1) $W^{\perp} = (SP\langle W\rangle)^{\perp}$

(2) V가 유한차원 벡터공간이면 $W^{\perp\perp} = SP\langle W\rangle$

14. $T : \mathbb{R}^3 \to \mathbb{R}^3$를 다음과 같이 정의된 선형사상이라고 하자.

$$T(x_1, x_2, x_3) = (2x_1 + x_2, 3x_1 - 4x_3, 2x_1 - 3x_2 - 3x_3)$$

(1) 대응하는 수반사상 T^*를 구하라.

(2) $\mathbb{R}^3$의 표준기저에 대한 T와 T^*의 행렬을 구하고 이를 비교하여 상관관계를 보여라.

(3) $N(T)$, $R(T)$, $N(T^*)$, $R(T^*)$를 구하고 정리 5.6을 검증하라.

15. 선형사상 $T : \mathbb{R}^m \to \mathbb{R}^n$에 대한 수반사상을 $T^* : \mathbb{R}^n \to \mathbb{R}^m$라 하자.

(1) T에 대응하는 행렬을 $A \in M_{n,\,m}$라고 하면 T^*에 대응하는 행렬은 A^t임을 보여라.

(2) $T^{**} = T$임을 보여라.

16. V가 내적공간이고 $T : V \to V$가 선형사상이라고 하자. W가 $T(W) \subset W$인 V의 부분공간일 때 W를 T 불변 부분공간(T invariant subspace)라고 한다. W가 T 불변인 부분공간이면 T의 수반사상 T^*에 대해 $W^\perp$는 T^* 불변임을 보여라.

17. 다음에 주어진 각 행렬 A에 대해 $N(A)$, $R(A)$, $N(A^t)$, $R(A^t)$의 기저를 구하고 $N(A) = R(A^t)^\perp$와 $N(A^t) = R(A)^\perp$가 성립함을 확인하라.

(1) $A = \begin{bmatrix} 1 & 1 & -1 \\ 0 & 2 & 1 \\ 1 & 3 & 0 \end{bmatrix}$ (2) $A = \begin{bmatrix} 1 & 0 & 1 \\ 1 & 1 & 1 \end{bmatrix}$

(3) $A = \begin{bmatrix} 0 & 0 & 1 & 2 & 1 \\ -1 & 2 & 1 & 0 & 0 \\ 1 & -2 & 0 & 2 & 0 \\ 0 & 0 & 1 & 2 & 0 \end{bmatrix}$

5.2 직교성

일반적으로 임의의 기저에 의해 결정되는 좌표축은 서로 수직을 이루지 않는다. 벡터의 합이나 스칼라 곱과 같은 단순한 문제에서는 좌표축이 서로 수직을 이루는 문제가 그리 중요하지 않을 수 있다. 그러나 내적이 관련되는 문제에서는 좌표축이 서로 수직을 이루도록 설정하면 계산이 한결 간결하고 수월해지는 효과를 누릴 수 있다.

내적공간인 벡터의 집합에서 서로 다른 모든 쌍의 벡터가 서로 수직을 이룰 때 그 집합을 직교집합(orthogonal set)이라 하고 특히 모든 벡터의 노름이 1인 단위벡터로 구성된 직교집합을 정규직교집합(orthonormal set)이라 한다. 직교집합은 벡터의 크기를 1로 조정함으로서 정규직교집합으로 쉽게 전환할 수 있다. 특히 정규직교집합으로 구성된 내적공간의 기저를 정규직교기저(orthonormal basis)라고 한다.

예제 5.6 $\mathbb{R}^3$에서 정의된 벡터 $v_1 = (0, 1, 0)$, $v_2 = (1, 0, 1)$, $v_3 = (-1, 0, 1)$은 서로 직교함을 보이고 이를 정규직교집합으로 전환하라.

풀이 $v_1 \cdot v_2 = (0)(1) + (1)(0) + (0)(1) = 0,$

$v_1 \cdot v_3 = (0)(-1) + (1)(0) + (0)(1) = 0,$

$v_2 \cdot v_3 = (1)(-1) + (0)(0) + (1)(1) = 0$

이므로 $\{v_1, v_2, v_3\}$는 직교집합이다.

v_1, v_2, v_3를 정규직교집합으로 전환하기 위해서 각 벡터를 자신의 노름으로 나누어 다음과 같이 단위벡터로 조정하면 $\{u_1, u_2, u_3\}$가 정규직교집합이다.

$$u_1 = \frac{v_1}{\|v_1\|} = (0,\ 1,\ 0),$$

$$u_2 = \frac{v_2}{\|v_2\|} = \left(\frac{1}{\sqrt{2}},\ 0,\ \frac{1}{\sqrt{2}}\right),$$

$$u_3 = \frac{v_3}{\|v_3\|} = \left(-\frac{1}{\sqrt{2}},\ 0,\ \frac{1}{\sqrt{2}}\right).$$

■

정리 5.8

$S = \{e_1, e_2, \cdots, e_n\}$를 내적공간의 정규직교집합이라 하자.

(1) $x = \sum_{j=1}^{n} c_j e_j$이면 각 k에 대해 $c_k = \langle x, e_k \rangle$이다.

(2) S는 일차독립이다.

| 증명 | (1) $\langle x, e_k \rangle = \sum_{j=1}^{n} c_j \langle e_j, e_k \rangle = \sum_{j=1}^{n} c_j \delta_{jk} = c_k.$

(2) $x = \sum_{j=1}^{n} c_j e_j = 0$으로 두면 각 $c_j = \langle 0, e_j \rangle = 0$이므로 S는 일차독립이다.

■

정리 5.9

V가 내적공간이고 $S = \{e_1, e_2, \cdots, e_m\}$를 V 내에서 정규직교집합이라 하자. $W = SP\langle S \rangle$를 S에 의해 생성된 V의 부분공간이라 하면 각 벡터 $v \in V$는

$$v = v' + v'', \quad (v' \in W,\ v'' \in W^{\perp})$$

으로 유일하게 표현할 수 있다. 이때

$$v' = \sum_{j=1}^{m} \langle v,\ e_j \rangle e_j$$

이다.

| 증명 | $v' = \sum_{j=1}^{m} \langle v,\ e_j \rangle e_j$은 명백히 W의 원소이다. 이제 $v'' = v - v'$이 W와 직교함을 보이자. 정리 5.8에 의해 각 k에 대해 $\langle v',\ e_k \rangle = \langle v,\ e_k \rangle$이므로

$$\langle v'',\ e_k \rangle = \langle v,\ e_k \rangle - \langle v',\ e_k \rangle = 0.$$

$w \in W$이면 w는 S의 일차결합으로서 $w = \sum_{k=1}^{m} c_k e_k$의 형태로 쓸 수 있다. 따라서

$$\langle v'',\ w \rangle = \sum_{k=1}^{m} c_k \langle v'',\ e_k \rangle = 0$$

이고 $v'' \in W^{\perp}$이다.

이제 v가 W와 $W^{\perp}$의 원소의 합으로 유일하게 표현됨을 보이자. 이를 위해

$$v = v_1' + v_1'' = v_2' + v_2'', \quad (v_1',\ v_2' \in W,\ v_1'',\ v_2'' \in W^{\perp})$$

이라고 하면

$$v_1' - v_2' = v_2'' - v_1'' \in W \cap W^{\perp}$$

이다. 이때 정리 5.3에 의해 $W \cap W^{\perp} = \{0\}$이므로 $v_1' = v_2'$, $v_1'' = v_2''$이 되어 유일성이 증명된다. ■

정리 5.10

내적공간 V의 임의의 정규직교집합은 V의 정규직교기저로 확장될 수 있다.
또한 영이 아닌 모든 내적공간은 정규직교기저를 갖는다.

| 증명 | $e_1,\ e_2,\ \cdots,\ e_k$를 내적공간 V의 임의의 정규직교집합이라 하자.

$W = SP\langle e_1, e_2, \cdots, e_k \rangle$가 $W \neq V$인 V의 부분공간이라고 할 때 $e_1, \cdots, e_{k+1}$이 정규직교집합이 되는 벡터 $e_{k+1} \in V$가 존재함을 보이면 충분하다. $W \neq V$일 때 $v \in V - W$인 임의의 벡터 v를 택하여 정리 5.9를 적용하면

$$v = v' + v'', \quad (v' \in W, \ v'' \in W^{\perp})$$

이고 $v'' \neq 0$이다. 이때 $e_{k+1} = \dfrac{v''}{\|v''\|}$로 택하면 e_{k+1}은 W에 수직인 단위벡터이므로 $e_1, \cdots, e_{k+1}$는 $e_1, e_2, \cdots, e_k$를 확장한 V의 정규직교집합이다.
아울러 V를 영이 아닌 내적공간이라 하면 $v \neq 0$인 V의 임의의 원소를 택해 정규직교집합 $e_1 = \dfrac{v}{\|v\|}$를 설정한 후 첫 번째 명제와 같이 이를 V의 정규직교기저로 확장할 수 있다. ■

정리 5.11

유한차원 내적공간 V의 부분공간 W에 대해서 다음이 성립한다.

$$\dim(W) + \dim(W^{\perp}) = \dim(V)$$

| 증명 | V를 n차원 벡터공간이라 하자. 정리 5.10에 의해 W의 정규직교기저 $e_1, e_2, \cdots, e_k$를 구한 후 이를 V의 정규직교기저 $e_1, \cdots, e_n$으로 확장할 수 있다. 이때 $e_{k+1}, \cdots, e_n$이 $W^{\perp}$의 기저를 이룸을 보이면 $\dim(W^{\perp}) = n - k$가 되어 정리가 증명된다. 명백히 $e_{k+1}, \cdots, e_n$은 $W^{\perp}$에 놓인다.
한편, 임의의 $v \in V$에 대해 $e_1, \cdots, e_n$이 V의 정규직교기저이므로 정리 5.8에 의해

$$v = \sum_{j=1}^{n} \langle v, e_j \rangle e_j$$

로 쓸 수 있다. $v \in W^{\perp}$이면 처음 k개의 항이 0이 되며 따라서 $e_{k+1}, \cdots, e_n$은 $W^{\perp}$를 생성하고, 아울러 일차독립이므로 $e_{k+1}, \cdots, e_n$은 $W^{\perp}$의 기저를 이룬다. ■

정리 5.11에 의해 내적공간 V는 부분공간 W에 대해서 직교여집합 $W^{\perp}$의 직합

$$V = W \oplus W^{\perp}$$

으로 나타낼 수 있다.

예제 5.7 A가 $m\times n$ 행렬일 때 제차 연립일차방정식 $A\boldsymbol{x}=0$의 해공간의 차원은 $n-\operatorname{rank}(A)$임을 보여라.

풀이 해공간을 W라고 하면 W는 $\mathbb{R}^n$의 부분공간이고, $x\in W$이면 각 $i=1, \cdots, m$에 대해 $(A\boldsymbol{x})_{(i)}=A_{(i)}\boldsymbol{x}=0$이므로 W는 A의 행공간의 직교여집합이다. 따라서

$$n=\dim(W)+\dim(W^{\perp})=\dim(W)+\operatorname{rank}(A)$$

로부터

$$\dim(W)=n-\operatorname{rank}(A)$$

이다. ■

정리 5.12

내적공간 V의 임의의 부분공간 W에 대해서 다음이 성립한다.

$$W^{\perp\perp}=W$$

| 증명 | 직교여집합의 정의에 의해 $W\subset W^{\perp\perp}$임은 자명하다. 이때 정리 5.11에 의해

$$V=W\oplus W^{\perp}=W^{\perp}\oplus W^{\perp\perp}$$

이므로 $\dim(W)=\dim(W^{\perp\perp})$이 되어 $W^{\perp\perp}=W$가 성립한다. ■

정리 5.12는 벡터공간의 부분공간을 해석하는 다른 수단을 제공한다.

정리 5.13

V를 n차원 내적공간이라 하자. V의 모든 m차원 부분공간 W는 $n-m$개의 $n-1$차원 부분공간의 교집합으로 나타낼 수 있다.

| 증명 | V가 n차원 벡터공간이고 W를 $\dim(W)=m$인 V의 부분공간이라 하면 정리 5.10에 의해 $e_{m+1}, \cdots, e_n$이 $W^{\perp}$의 기저가 되는 직교집합이 존재한다.

이때

$$T_j : V \to \mathbb{R} \; ; \; T_j(\boldsymbol{x}) = \langle \boldsymbol{x}, \, \boldsymbol{e}_j \rangle, \; (j = m+1, \, \cdots, \, n)$$

은 선형사상으로서 각 $j = m+1, \, \cdots, \, n$에 대해서

$$V_j = \{\boldsymbol{e}_j\}^{\perp} = N(T_j)$$

는 $(n-1)$차원인 V의 부분공간을 이룬다. 따라서

$$\begin{aligned} W = W^{\perp\perp} &= SP\langle \boldsymbol{e}_{m+1}, \, \cdots, \, \boldsymbol{e}_n \rangle^{\perp} \\ &= \bigcap_{j=m+1}^{n} SP\langle \boldsymbol{e}_j \rangle^{\perp} = \bigcap_{j=m+1}^{n} V_j \end{aligned}$$

가 되어 정리가 성립한다. ■

정리 5.13에 의해 Π가 $\mathbb{R}^n$에 놓이는 m차원 평면이면 Π 상의 한 점 $\boldsymbol{a}$에 대해서 평면 Π는

$$\langle \boldsymbol{x} - \boldsymbol{a}, \, \boldsymbol{n}_j \rangle = 0, \; (j = 1, \, 2, \, \cdots, \, n-m)$$

을 만족하는 $n-m$개의 일차독립인 방향벡터 $\boldsymbol{n}_j$에 의해 결정된다. 이 벡터를 평면 Π에 **법선벡터**(normal vector)라고 한다.

예제 5.8 점 $(1, \, 1, \, -2)$를 지나고 $(-1, \, -3, \, 2)$의 방향과 수직을 이루는 평면의 방정식을 구하라.

풀이 평면을 Π라 하면 점 $\boldsymbol{a} = (1, \, 1, \, -2) \in \Pi$이고 법선벡터가 $\boldsymbol{n} = (-1, \, -3, \, 2)$이므로 평면은 $\boldsymbol{x} = (x, \, y, \, z) \in \Pi$일 때 유클리드 내적에 대해

$$(\boldsymbol{x} - \boldsymbol{a}) \cdot \boldsymbol{n} = 0$$

으로 주어진다. 따라서 평면의 방정식은 다음과 같다.

$$\begin{aligned} &(x-1, \, y-1, \, z+2) \cdot (-1, \, -3, \, 2) = 0 \\ &\Rightarrow -(x-1) - 3(y-1) + 2(z+2) = 0 \\ &\Rightarrow x + 3y - 2z = 8 \end{aligned}$$

■

5.2 • 연습문제

1. 벡터가 다음과 같이 주어져 있다.

$$u_1 = \begin{bmatrix} 1 \\ 1 \\ 1 \end{bmatrix},\ u_2 = \begin{bmatrix} -1 \\ 2 \\ -1 \end{bmatrix},\ u_3 = \begin{bmatrix} -1 \\ 0 \\ 1 \end{bmatrix},\ v_1 = \begin{bmatrix} 1 \\ 2 \\ 1 \end{bmatrix},\ v_2 = \begin{bmatrix} 0 \\ 1 \\ 1 \end{bmatrix}$$

(1) $B = \{u_1,\ u_2,\ u_3\}$가 직교집합임을 보여라.

(2) B를 정규직교집합으로 전환하라.

(3) v_1과 v_2를 각각 B의 일차결합으로 나타내라.

2. 아래에서 각각 $B = \{u_1,\ u_2,\ u_3\}$가 직교집합이 되도록 상수 a, b, c를 결정하라.

(1) $u_1 = \begin{bmatrix} 1 \\ 1 \\ 1 \end{bmatrix},\ u_2 = \begin{bmatrix} 1 \\ 1 \\ -2 \end{bmatrix},\ u_3 = \begin{bmatrix} a \\ b \\ c \end{bmatrix}$

(2) $u_1 = \begin{bmatrix} 1 \\ 1 \\ 1 \end{bmatrix},\ u_2 = \begin{bmatrix} 2 \\ 1 \\ a \end{bmatrix},\ u_3 = \begin{bmatrix} 2 \\ b \\ c \end{bmatrix}$

(3) $u_1 = \begin{bmatrix} 2 \\ 1 \\ -1 \end{bmatrix},\ u_2 = \begin{bmatrix} a \\ 1 \\ -1 \end{bmatrix},\ u_3 = \begin{bmatrix} b \\ 3 \\ c \end{bmatrix}$

3. 내적공간 V의 정규직교기저 $\{e_1,\ e_2,\ e_3\}$에 대해서 $u,\ v \in V$를 각각

$$u = e_1 + e_2 - 3e_3,\ \ v = 2e_1 - 3e_2 + e_3$$

라 하자. 다음을 구하라.

(1) $\langle u,\ v \rangle$

(2) $\|u\|,\ \|v\|$

(3) u와 v의 사잇각 θ

4. 내적공간 V의 정규직교기저 $\{e_1,\ e_2,\ \cdots,\ e_n\}$에 대해서 $v \in V$가 $v = \sum_{i=1}^{n} c_i e_i$이면

$$\| v \|^2 = \sum_{i=1}^{n} c_i^2$$

임을 보여라. 이를 파세발 공식(Parseval's formula)이라고 한다.

5. 선형사상 $T: \mathbb{R}^m \to \mathbb{R}^n$에 대해서 $\mathbb{R}^m$의 정규직교기저 $B = \{\boldsymbol{e}_1, \cdots, \boldsymbol{e}_m\}$와 $\mathbb{R}^n$의 정규직교기저 $C = \{\boldsymbol{f}_1, \cdots, \boldsymbol{f}_n\}$에 대한 T의 행렬을 각각 $[T]_{B,\,C} = [a_{ij}]$, 수반사상 T^*의 행렬을 $[T^*]_{C,\,B} = [a_{ij}^*]$이라 하자.

(1) 모든 i, j에 대해 $a_{ij} = \langle T\boldsymbol{e}_j, \boldsymbol{f}_i \rangle$임을 보여라.

(2) $[T^*]_{C,\,B}$는 $[T]_{B,\,C}$의 전치행렬과 같음을 보여라.

6. $\mathbb{R}^3$에서의 직교집합 $B = \{\boldsymbol{u}_1, \boldsymbol{u}_2, \boldsymbol{u}_3\}$에 대해 3×3 행렬을 $A = [\boldsymbol{u}_1\, \boldsymbol{u}_2\, \boldsymbol{u}_3]$로 택하면 $A^t A = D$인 대각행렬로 나타남을 보여라. 또한 문제 2에 주어진 각 직교집합 B에 대해 대각행렬 D를 계산하라.

7. 벡터 $\boldsymbol{u}_1 = (1, 0, 0, -1)$, $\boldsymbol{u}_2 = (0, -1, 1, 0)$을 포함하는 $\mathbb{R}^4$의 정규직교기저를 구하라.

8. 다음 제차 연립일차방정식의 해공간에 대한 정규직교기저를 구하라.

$$\begin{cases} x_1 + x_2 - 3x_3 - 2x_4 = 0 \\ 2x_1 - x_2 \qquad\quad - x_4 = 0 \\ 3x_1 + x_2 - 5x_3 - 4x_4 = 0 \end{cases}$$

9. W를 두 벡터 $\boldsymbol{u}_1 = \left(\frac{4}{5}, 0, -\frac{3}{5}\right)$, $\boldsymbol{u}_2 = (0, 1, 0)$으로 생성된 $\mathbb{R}^3$의 부분공간이라 하자.

(1) W가 이루는 평면을 구하라.

(2) $w = (1, 2, 3) \in \mathbb{R}^3$를 W와 $W^\perp$의 합으로 나타내라.

10. $\mathbb{R}^3$에서 다음을 만족하는 평면을 구하라.

(1) 점 $P(1, 2, -1)$를 지나 평면 $2x - y + z = 3$에 수직인 평면

(2) 점 $P(1, 2, -1)$를 지나 평면 $2x - y + z = 3$에 평행한 평면

(3) 세 점 $P(1, -1, 1)$, $Q(3, -4, 1)$와 $R(1, 2, 0)$을 지나는 평면

5.3 그람-슈미트 직교화 과정과 QR 분해

정리 5.10에 의해 내적공간에 대한 정규직교기저가 존재한다. 이제 유한차원 내적공간에서 주어진 기저를 가지고 정규직교기저를 생성하는 방법에 대해 알아보자.

V를 n차원 내적공간이라 하고 $\{v_1,\ v_2,\ \cdots,\ v_n\}$을 V의 임의의 기저라고 하자. V의 기저를 다음과 같이 정규직교기저로 전환하는 과정을 그람-슈미트 직교화 과정(Gram-Schmidt orthogonalization process)이라고 한다.

먼저 독립인 두 벡터 $u,\ v$에 대해 u와 v에 의해 만들어지는 공간을 생성하는 두 정규직교벡터를 구하는 간단한 예시를 통해 직교화 과정의 원리를 살펴보자.

u와 평행한 단위벡터를 e_1이라고 하면, $e_1 = \dfrac{u}{\|u\|}$이고, v를 u위로 정사영시킨 벡터를 $\mathrm{Pr}_u(v)$라고 하면 그림 5.2에서와 같이

$$\mathrm{Pr}_u(v) = \langle v,\ e_1 \rangle e_1 = \left\langle v,\ \frac{u}{\|u\|} \right\rangle \frac{u}{\|u\|}$$

이다. 이때 $v - \mathrm{Pr}_u(v)$는 u에 수직인 벡터이므로 이를 정규화시키면

$$e_2 = \frac{v - \mathrm{Pr}_u(v)}{\|v - \mathrm{Pr}_u(v)\|}$$

가 되어 $\{e_1,\ e_2\}$는 u와 v에 의해 생성된 벡터공간의 정규직교벡터를 이룬다.

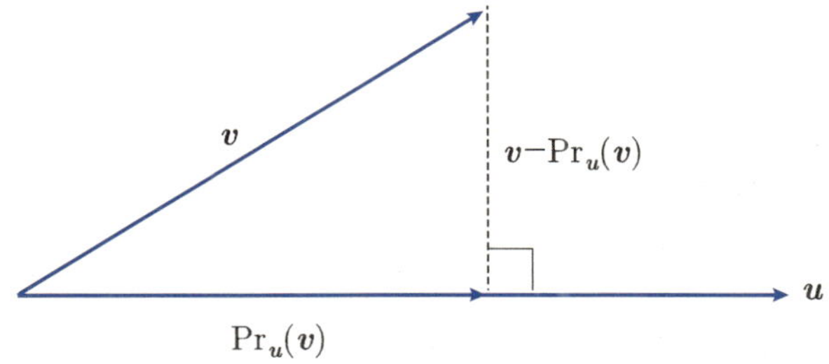

그림 5.2 벡터 v의 u 위로의 정사영과 직교벡터

예제 5.9 $u = (1,\ 1),\ v = (-1,\ 2)$에 대해 u와 v에 의해 생성되는 벡터공간에 대한 정규직교기저를 구하라.

풀이 u 방향의 단위벡터를 e_1이라고 하면

$$e_1 = \frac{u}{\|u\|} = \frac{1}{\sqrt{2}}(1,\ 1)$$

이고, v의 u 위로의 정사영은

$$\mathrm{Pr}_u(v) = \langle v,\ e_1 \rangle e_1 = \frac{1}{\sqrt{2}} e_1 = \frac{1}{2}(1,\ 1)$$

이므로

$$v - \mathrm{Pr}_u(v) = (-1,\ 2) - \frac{1}{2}(1,\ 1) = \left(-\frac{3}{2},\ \frac{3}{2}\right).$$

따라서

$$e_2 = \frac{v - \mathrm{Pr}_u(v)}{\|v - \mathrm{Pr}_u(v)\|} = \frac{1}{\sqrt{2}}(-1,\ 1)$$

이고, e_1과 e_2는 $\mathbb{R}^2$를 생성하는 정규직교벡터를 이룬다. ■

정리 5.14 그람-슈미트 직교화 과정(Gram-Schmidt orthogonalization process)

V를 n차원 내적공간이라 하자. V의 임의의 기저 $\{v_1,\ v_2,\ \cdots,\ v_n\}$으로부터 다음과 같이 생성된 벡터 $\{e_1,\ e_2,\ \cdots,\ e_n\}$은 V의 정규직교기저를 이룬다.

$$u_1 = v_1\ ;\ e_1 = \frac{u_1}{\|u_1\|}\ ;$$

$$u_k = v_k - \sum_{j=1}^{k-1} \langle v_k,\ e_j \rangle e_j\ ;\ e_k = \frac{u_k}{\|u_k\|}\ ;$$

| 증명 | $\sum_{j=1}^{k-1} \langle v_k,\ e_j \rangle e_j$는 $v_1,\ v_2,\ \cdots,\ v_{k-1}$에 의해 생성되고, $u_k \neq 0$이므로 $\|u_k\| \neq 0$이고 $\|e_k\| = 1,\ (k = 1,\ \cdots,\ n)$이다. 따라서 $\{u_1,\ \cdots,\ u_n\}$이 직교기저가 됨을 보이면 충분하다. 이를 위해 $u_1,\ \cdots,\ u_{k-1}$이 직교인 벡터라 가정하고 수학적 귀납법을 적용한다.

$u_k = v_k - \sum_{j=1}^{k-1} \langle v_k,\ e_j \rangle e_j$에 의해 명백히 $u_k \in SP\langle v_1,\ \cdots,\ v_k \rangle$이다.

또한, $r < k$에 대해

$$\langle u_k,\ u_r\rangle = \left\langle v_k - \sum_{j=1}^{k-1}\langle v_k,\ e_j\rangle e_j,\ u_r\right\rangle$$
$$= \langle v_k,\ u_r\rangle - \sum_{j=1}^{k-1}\langle v_k,\ e_j\rangle\langle e_j,\ u_r\rangle$$

이고, 정의에 의해 $u_r = \|u_r\| e_r$,

$$\langle e_j,\ u_r\rangle = \|u_r\|\langle e_j,\ e_r\rangle = \|u_r\|\delta_{jr}$$

이므로 위 식은

$$\begin{aligned}\langle u_k,\ u_r\rangle &= \langle v_k,\ u_r\rangle - \langle v_k,\ e_r\rangle\|u_r\| \\ &= \langle v_k,\ u_r\rangle - \langle v_k,\ u_r\rangle \\ &= 0\end{aligned}$$

이 되어 모든 $r < k$에 대해 u_k가 u_r에 직교인 벡터임을 말해준다.

따라서 수학적 귀납법에 의해 $u_1,\ \cdots,\ u_n$은 직교인 벡터로서 일차독립이고

$$\{u_1,\ \cdots,\ u_n\} \subset SP\langle v_1,\ \cdots,\ v_n\rangle = V \ \Rightarrow\ SP\langle u_1,\ \cdots,\ u_n\rangle = V$$

가 되어 $\{u_1,\ \cdots,\ u_n\}$은 V의 직교기저이다. ■

예제 5.10 유클리드 내적공간 $\mathbb{R}^3$에서 벡터 $v_1 = (1,\ 1,\ 1)$, $v_2 = (0,\ 1,\ 1)$, $v_3 = (0,\ 0,\ 1)$에 의해 생성되는 정규직교기저를 구하라.

풀이 $|[v_1 v_2 v_3]| = \begin{vmatrix} 1 & 0 & 0 \\ 1 & 1 & 0 \\ 1 & 1 & 1 \end{vmatrix} = 1 \neq 0$이므로 $v_1,\ v_2,\ v_3$는 일차독립이고 $\mathbb{R}^3$의 기저를 이룬다.

$\{v_1,\ v_2,\ v_3\}$에 의해 생성되는 정규직교기저 $\{e_1,\ e_2,\ e_3\}$를 구하기 위해 직교화 과정을 아래와 같이 순차적으로 적용한다.

$$u_1 = v_1 = (1,\ 1,\ 1)\ ;\ e_1 = \frac{u_1}{\|u_1\|} = \frac{1}{\sqrt{3}}(1,\ 1,\ 1),$$
$$\begin{aligned} u_2 &= v_2 - (v_2 \cdot e_1)e_1 \\ &= (0,\ 1,\ 1) - \frac{2}{3}(1,\ 1,\ 1) = \frac{1}{3}(-2,\ 1,\ 1)\ ; \end{aligned}$$
$$e_2 = \frac{u_2}{\|u_2\|} = \frac{1}{\sqrt{6}}(-2,\ 1,\ 1),$$

$$
\begin{aligned}
u_3 &= v_3 - (v_3 \cdot e_1)e_1 - (v_3 \cdot e_2)e_2 \\
&= (0,\ 0,\ 1) - \frac{1}{3}(1,\ 1,\ 1) - \frac{1}{6}(-2,\ 1,\ 1) \\
&= \frac{1}{2}(0,\ -1,\ 1)\ ; \\
e_3 &= \frac{u_3}{\|u_3\|} = \frac{1}{\sqrt{2}}(0,\ -1,\ 1).
\end{aligned}
$$
■

앞의 4장에서 다룬 평면에서의 직교변환을 일반화하여 $Q \in M_{m,\,n}$일 때 모든 $\boldsymbol{x} \in \mathbb{R}^n$에 대해 $\|Q\boldsymbol{x}\| = \|\boldsymbol{x}\|$이면, 즉 Q가 $\mathbb{R}^n$에서 $\mathbb{R}^m$으로의 벡터의 길이를 보존하는 선형변환에 대응하는 행렬이면 Q를 직교행렬이라고 정의할 수 있다. $Q \in M_{m,\,n}$가 직교행렬이면

$$\|Q\boldsymbol{x}\|^2 = \langle Q\boldsymbol{x},\ Q\boldsymbol{x} \rangle = \langle \boldsymbol{x},\ Q^tQ\boldsymbol{x} \rangle = \|\boldsymbol{x}\|^2 = \langle \boldsymbol{x},\ \boldsymbol{x} \rangle$$

이므로 $Q^tQ = I_n$을 만족한다. 특히 $m = n$일 경우 Q가 정사각행렬인 직교행렬이면 정리 1.7에 의해 $Q^{-1} = Q^t$이고 이에 따라 직교행렬은 $Q^tQ = I_n = QQ^t$를 만족한다.

행렬의 열공간을 직교화하는 것은 직교행렬과 연계한 행렬의 분해로 연결된다. 행렬 $A \in M_{m,\,n}$에 대해 그림 5.3과 같이 A를 직교행렬 $Q \in M_{m,\,n}$와 상부삼각행렬 $R \in M_{n,\,n}$의 곱으로 표현한 것을 A의 **QR 분해**(QR decomposition)라고 한다.

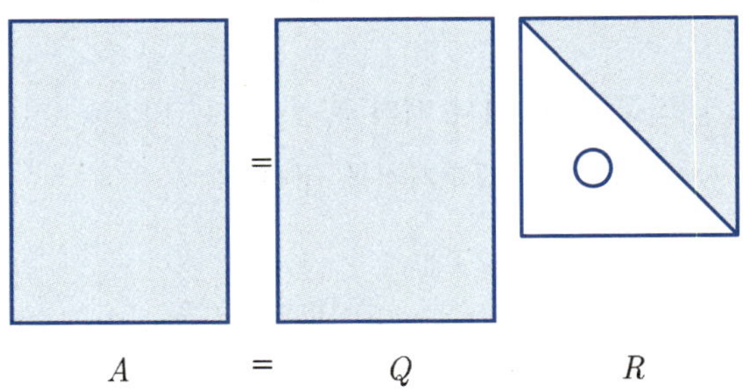

그림 5.3 행렬의 QR 분해

직교화 과정을 적용하여 행렬 A의 QR 분해를 유도할 수 있다.

정리 5.15 그람-슈미트 QR 분해(Gram-Schmidt QR decomposition)

$m \geq n$일 때 A가 $m \times n$ 행렬이고 $\mathrm{rank}(A) = n$이면 A는 직교행렬 Q와 상부삼각행렬 R의 곱으로 분해된다. 이때 R의 대각원소는 모든 양수로 이루어진다.

$$A = QR,\ \ (Q \in M_{m,\,n},\ R \in M_{n,\,n})$$

| 증명 | $A \in M_{m,n}$에 대해 A의 j번째 열을 $A^{(j)}$라 하면 $A = [A^{(1)} A^{(2)} \cdots A^{(n)}]$이고 A의 계수가 n이므로 열벡터는 일차독립이다. A의 열에 순차적으로 그람-슈미트 직교화 과정을 적용하면

$$u_1 = A^{(1)}\ ;\ e_1 = \frac{u_1}{\|u_1\|},$$

$$u_k = A^{(k)} - \sum_{j=1}^{k-1} \langle A^{(k)}, e_j \rangle e_j\ ;\ e_k = \frac{u_k}{\|u_k\|},\ (k = 2, \cdots, n).$$

이때 $\{e_1, e_2, \cdots, e_n\}$은 A의 열공간과 같은 공간을 생성하는 정규직교기저를 이룬다.
여기서

$$r_{jk} = \langle A^{(k)}, e_j \rangle,\ (j = 1, \cdots, k-1),\ r_{kk} = \|u_k\|$$

라 두면 모든 k에 대해 $r_{kk} > 0$이고,

$$\begin{aligned} A^{(k)} &= \sum_{j=1}^{k-1} \langle A^{(k)}, e_j \rangle e_j + u_k \\ &= \sum_{j=1}^{k-1} \langle A^{(k)}, e_j \rangle e_j + \|u_k\| e_k \\ &= \sum_{j=1}^{k-1} r_{jk} e_j + r_{kk} e_k \\ &= \sum_{j=1}^{k} r_{jk} e_j, \quad (k = 1, 2, \cdots, n) \end{aligned}$$

이다. 따라서

$$\begin{aligned} A &= [A^{(1)} A^{(2)} \cdots A^{(n)}] \\ &= [r_{11}e_1 \vdots\ r_{12}e_1 + r_{22}e_2 \vdots\ \cdots\ \vdots\ r_{1n}e_1 + \cdots + r_{nn}e_n] \\ &= [e_1\ e_2\ \cdots\ e_n] \begin{bmatrix} r_{11} & r_{12} & r_{13} & \cdots & r_{1n} \\ 0 & r_{22} & r_{23} & \cdots & r_{2n} \\ 0 & 0 & r_{33} & \cdots & r_{3n} \\ 0 & \cdots & 0 & \ddots & \vdots \\ 0 & \cdots & \cdots & 0 & r_{nn} \end{bmatrix} \\ &= QR \end{aligned}$$

이다.

역으로 QR이 위와 같은 형식으로 주어지면 각 $k=1,\ 2,\ \cdots,\ n$에 대해

$$(QR)^{(k)} = QR^{(k)} = Q\begin{bmatrix} r_{1k} \\ \vdots \\ r_{kk} \\ 0 \\ \vdots \\ 0 \end{bmatrix} = Q\left(\sum_{j=1}^{k} r_{jk} e_j\right),\ e_j = \begin{bmatrix} 0 \\ \vdots \\ 0 \\ 1 \\ 0 \\ \vdots \\ 0 \end{bmatrix} \leftarrow j\text{째}$$

$$= \sum_{j=1}^{k} r_{jk} Q e_j = \sum_{j=1}^{k} r_{jk} Q^{(j)}$$

$$= \sum_{j=1}^{k} r_{jk} e_j = A^{(k)}$$

가 되어 $A=QR$이 성립한다. 한편,

$$\left(Q^t Q\right)_{(ij)} = \left(Q^t\right)_{(i)} Q^{(j)} = \langle Q^{(i)},\ Q^{(j)} \rangle = \langle e_i,\ e_j \rangle = \delta_{ij}$$

이므로 $Q=\left[e_1\, e_2 \cdots\ e_n\right]$은 직교행렬이다. ■

예제 5.11 그람-슈미트 직교화 과정을 이용하여 다음 행렬의 QR 분해를 구하라.

$$A = \begin{bmatrix} 1 & 1 & 1 \\ -1 & 0 & 1 \\ 1 & 1 & 0 \end{bmatrix}$$

풀이

$$r_{11} = \| A^{(1)} \| = \sqrt{3},\ e_1 = \frac{A^{(1)}}{r_{11}} = \frac{1}{\sqrt{3}}\begin{bmatrix} 1 \\ -1 \\ 1 \end{bmatrix};$$

$$r_{12} = \langle A^{(2)},\ e_1 \rangle = \frac{2}{\sqrt{3}},\ u_2 = A^{(2)} - r_{12} e_1 = \begin{bmatrix} 1 \\ 0 \\ 1 \end{bmatrix} - \frac{2}{3}\begin{bmatrix} 1 \\ -1 \\ 1 \end{bmatrix} = \frac{1}{3}\begin{bmatrix} 1 \\ 2 \\ 1 \end{bmatrix},$$

$$r_{22} = \| u_2 \| = \frac{\sqrt{6}}{3},\ e_2 = \frac{u_2}{r_{22}} = \frac{1}{\sqrt{6}}\begin{bmatrix} 1 \\ 2 \\ 1 \end{bmatrix};$$

$$r_{13} = \langle A^{(3)},\ e_1 \rangle = 0,\ r_{23} = \langle A^{(3)},\ e_2 \rangle = \frac{3}{\sqrt{6}},$$

$$u_3 = A^{(3)} - r_{13} e_1 - r_{23} e_2 = \begin{bmatrix} 1 \\ 1 \\ 0 \end{bmatrix} - \frac{1}{2}\begin{bmatrix} 1 \\ 2 \\ 1 \end{bmatrix} = \frac{1}{2}\begin{bmatrix} 1 \\ 0 \\ -1 \end{bmatrix},$$

$$r_{33} = \| u_3 \| = \frac{1}{\sqrt{2}},\ e_3 = \frac{u_3}{r_{33}} = \frac{1}{\sqrt{2}}\begin{bmatrix} 1 \\ 0 \\ -1 \end{bmatrix};$$

따라서

$$Q=[e_1\, e_2\, e_3]=\begin{bmatrix} \frac{1}{\sqrt{3}} & \frac{1}{\sqrt{6}} & \frac{1}{\sqrt{2}} \\ -\frac{1}{\sqrt{3}} & \frac{2}{\sqrt{6}} & 0 \\ \frac{1}{\sqrt{3}} & \frac{1}{\sqrt{6}} & -\frac{1}{\sqrt{2}} \end{bmatrix},\ R=\begin{bmatrix} \sqrt{3} & \frac{2}{\sqrt{3}} & 0 \\ 0 & \frac{\sqrt{6}}{3} & \frac{3}{\sqrt{6}} \\ 0 & 0 & \frac{1}{\sqrt{2}} \end{bmatrix}.$$ ■

5.3 • 연습문제

1. 유클리드 내적공간에서 다음 각 주어진 벡터에 의해 생성되는 벡터공간에 대한 정규직교 기저를 구하라.

(1) $\mathbf{u}_1=\begin{bmatrix}1\\2\end{bmatrix},\ \mathbf{u}_2=\begin{bmatrix}2\\1\end{bmatrix}$

(2) $\mathbf{u}_1=\begin{bmatrix}1\\1\\1\end{bmatrix},\ \mathbf{u}_2=\begin{bmatrix}-1\\1\\0\end{bmatrix},\ \mathbf{u}_3=\begin{bmatrix}1\\2\\1\end{bmatrix}$

(3) $\mathbf{u}_1=(1,\ 1,\ 0,\ 1),\ \mathbf{u}_2=(1,\ 0,\ 1,\ 1),\ \mathbf{u}_3=(1,\ 1,\ 1,\ 0)$

2. W를 다음과 같은 $\mathbb{R}^3$의 부분공간이라고 하자.

$$W=SP<\mathbf{u}_1=(0,\ 1,\ -2),\ \mathbf{u}_2=(1,\ 0,\ 2)>$$

(1) $W^{\perp}$의 기저를 구하라.

(2) W와 $W^{\perp}$의 기하학적 의미를 구하라.

(3) $\mathbf{x}\in\mathbb{R}^3$를 $W^{\perp}$ 위로 정사영시키는 선형사상 P와 표준기저에 대응하는 행렬을 구하라.

3. $\mathbb{R}^3$에서 내적이 $\langle \mathbf{u},\ \mathbf{v}\rangle=u_1v_1+2u_2v_2+3u_3v_3$로 정의될 때 벡터 $\mathbf{u}_1=(1,\ 1,\ 1)$, $\mathbf{u}_2=(1,\ 1,\ 0)$, $\mathbf{u}_3=(1,\ 0,\ 0)$을 그람-슈미트 직교화 과정을 써서 정규직교기저로 변환하라.

4. $V = C([-1,\ 1])$에서 $\langle f,\ g \rangle$가 $\langle f,\ g \rangle = \int_{-1}^{1} f(x)g(x)\,dx$로 정의되어 있다.

(1) $\langle f,\ g \rangle$가 V 상에서 내적을 이룸을 보여라.

(2) P_3의 표준기저 $B = \{1,\ x,\ x^2,\ x^3\}$를 그람-슈미트 직교화 과정을 적용하여 정규직교기저로 전환하라.

5. 다음 행렬 A에 대한 그람-슈미트 직교화 과정을 적용하여 $R(A)$의 정규직교기저를 구하라.

(1) $A = \begin{bmatrix} 2 & 5 \\ 1 & 10 \end{bmatrix}$　　(2) $A = \begin{bmatrix} 2 & 1 \\ 1 & 1 \\ 2 & 1 \end{bmatrix}$

6. 그람-슈미트 직교화 과정을 적용하여 $A = \begin{bmatrix} 1 & 1 & 1 \\ 0 & 1 & 1 \\ 0 & 0 & 1 \end{bmatrix}$의 QR 분해를 구하라.

7. 그람-슈미트 직교화 과정을 이용하여 다음 각 행렬의 QR 분해를 구하라.

(1) $\begin{bmatrix} 2 & 5 \\ 1 & 10 \end{bmatrix}$　　(2) $\begin{bmatrix} -1 & 3 \\ 1 & 5 \end{bmatrix}$

(3) $\begin{bmatrix} 2 & 1 \\ 1 & 1 \\ 2 & 1 \end{bmatrix}$　　(4) $\begin{bmatrix} 2 & 1 & 3 \\ 4 & 2 & 1 \\ 9 & 1 & 2 \end{bmatrix}$

(5) $\begin{bmatrix} 1 & -2 & -1 \\ 2 & 0 & 1 \\ 2 & -4 & 2 \\ 4 & 0 & 0 \end{bmatrix}$　　(6) $\begin{bmatrix} 1 & -1 & 4 \\ 1 & 4 & 2 \\ 1 & 4 & -2 \\ 1 & -1 & 0 \end{bmatrix}$

8. $u_1 = \frac{1}{2}(1,\ 1,\ -1,\ 1)$과 $u_2 = \frac{1}{6}(1,\ 3,\ 5,\ 1)$는 $\mathbb{R}^4$에서 정규직교인 벡터이다. 다음 행렬의 영공간에 대한 정규직교기저를 구함으로서 이를 $\mathbb{R}^4$의 정규직교기저로 확장하라.

$$\begin{bmatrix} 1 & 1 & -1 & 1 \\ 1 & 3 & 5 & 1 \end{bmatrix}$$

5.4 하우스홀더 변환과 QR 분해

직교화 과정을 이용한 QR 분해는 아이디어가 단순하고 이해하기 쉽지만 계산량이 과다하여 큰 시스템의 분해를 위한 계산도구로서는 다소 적합하지 않은 면이 있다. 이에 따라 각 과정에서 계수(rank)가 1인 복사연산자를 시스템의 분해를 위한 직교변환으로 활용할 수 있다.

0이 아닌 주어진 벡터 $\boldsymbol{u} \in \mathbb{R}^m$에 대해서

$$P = I_m - 2\frac{\boldsymbol{u}\boldsymbol{u}^t}{\|\boldsymbol{u}\|^2}$$

를 하우스홀더 변환(Householder transformation)이라고 한다.

정리 5.16

하우스홀더 변환의 주요 특징은 다음과 같다.

(1) P는 단위행렬 I_m의 계수가 1인 변경을 나타낸다.

(2) $\boldsymbol{x} \in \mathbb{R}^m$에 대해서 $\boldsymbol{x}' = P\boldsymbol{x}$는 초평면 $(SP\langle \boldsymbol{u} \rangle)^{\perp}$에 대한 $\boldsymbol{x}$의 복사를 나타낸다.

(3) P는 직교행렬이고 $P^t = P$이다.

(4) $\boldsymbol{x} \neq 0 \in \mathbb{R}^m$에 대해 $\boldsymbol{u} = \boldsymbol{x} \pm \|\boldsymbol{x}\| \boldsymbol{e}_1$을 택하면 복사 $P = I_m - 2\dfrac{\boldsymbol{u}\boldsymbol{u}^t}{\|\boldsymbol{u}\|^2}$에 대해 $P\boldsymbol{x} = \mp \|\boldsymbol{x}\| \boldsymbol{e}_1$이다.

| 증명 | (1) $\boldsymbol{u} \neq 0 \in \mathbb{R}^m$에 대해 $\boldsymbol{u}\boldsymbol{u}^t$는 계수가 1인 $m \times m$ 행렬이므로 자명하다.

(2) $\boldsymbol{x}' \in \mathbb{R}^m$을 $(SP\langle \boldsymbol{u} \rangle)^{\perp}$에 대한 $\boldsymbol{x}$의 복사인 벡터라 하면

$$\frac{\boldsymbol{x}+\boldsymbol{x}'}{2} = \boldsymbol{x} - \mathrm{Pr}_{\boldsymbol{u}}(\boldsymbol{x}) = \boldsymbol{x} - \left\langle \boldsymbol{x},\ \frac{\boldsymbol{u}}{\|\boldsymbol{u}\|} \right\rangle \frac{\boldsymbol{u}}{\|\boldsymbol{u}\|}$$

$$\Rightarrow \boldsymbol{x} + \boldsymbol{x}' = 2\boldsymbol{x} - 2\left\langle \boldsymbol{x},\ \frac{\boldsymbol{u}}{\|\boldsymbol{u}\|} \right\rangle \frac{\boldsymbol{u}}{\|\boldsymbol{u}\|} = 2\boldsymbol{x} - 2\frac{\boldsymbol{u}(\boldsymbol{u}^t\boldsymbol{x})}{\|\boldsymbol{u}\|^2}$$

$$\Rightarrow \boldsymbol{x}' = \boldsymbol{x} - 2\frac{\boldsymbol{u}\boldsymbol{u}^t\boldsymbol{x}}{\|\boldsymbol{u}\|^2} = \left(I_m - 2\frac{\boldsymbol{u}\boldsymbol{u}^t}{\|\boldsymbol{u}\|^2}\right)\boldsymbol{x} = P\boldsymbol{x}.$$

(3) $P^t = \left(I_m - 2\dfrac{\boldsymbol{u}\boldsymbol{u}^t}{\|\boldsymbol{u}\|^2}\right)^t = I_m - 2\dfrac{(\boldsymbol{u}\boldsymbol{u}^t)^t}{\|\boldsymbol{u}\|^2}$

$$= I_m - 2\frac{u^{tt}u^t}{\|u\|^2} = I_m - 2\frac{uu^t}{\|u\|^2} = P.$$

한편, $P^t = P$에서

$$P^tP = P^2 = \left(I_m - 2\frac{uu^t}{\|u\|^2}\right)^2 = I_m - 4\frac{uu^t}{\|u\|^2} + 4\frac{u(u^tu)u^t}{\|u\|^4}$$

$$= I_m - 4\frac{uu^t}{\|u\|^2} + 4\frac{uu^t}{\|u\|^2} = I_m.$$

마찬가지로, $PP^t = I_m$이므로 P는 직교행렬이다.

(4) $Px \in SP\langle e_1 \rangle$이 되도록 u를 택하려면

$$Px = x - 2\frac{u(u^tx)}{\|u\|^2} \in SP\langle e_1 \rangle$$

이므로 $u \in SP\langle x,\ e_1 \rangle$.

따라서 $u = x + \alpha e_1$이라 두면

$$Px = x - 2\frac{uu^tx}{\|u\|^2} = x - 2\frac{(x + \alpha e_1)(\|x\|^2 + \alpha x_1)}{\|u\|^2}$$

$$= \left(1 - 2\frac{\|x\|^2 + \alpha x_1}{\|u\|^2}\right)x - 2\alpha\frac{u^tx}{\|u\|^2}e_1.$$

이때 $Px \in SP\langle e_1 \rangle$일 필요충분조건은 $\left(1 - 2\frac{\|x\|^2 + \alpha x_1}{\|u\|^2}\right)x = 0$이므로

$x \neq 0$으로부터 $1 - 2\frac{\|x\|^2 + \alpha x_1}{\|u\|^2} = 0$.

$\|u\|^2 = \|x\|^2 + 2\alpha x_1 + \alpha^2$이므로

$$\begin{aligned} 1 - 2\frac{\|x\|^2 + \alpha x_1}{\|u\|^2} = 0 &\Rightarrow \|u\|^2 - 2(\|x\|^2 + \alpha x_1) = 0 \\ &\Rightarrow \|x\|^2 + 2\alpha x_1 + \alpha^2 - 2(\|x\|^2 + \alpha x_1) = 0 \\ &\Rightarrow -\|x\|^2 + \alpha^2 = 0 \\ &\Rightarrow \alpha = \pm\|x\| \end{aligned}$$

따라서

$$P\boldsymbol{x} \in SP\langle \boldsymbol{e}_1 \rangle \Leftrightarrow \alpha = \pm\|\boldsymbol{x}\| \Leftrightarrow \boldsymbol{u} = \boldsymbol{x} \pm \|\boldsymbol{x}\|\boldsymbol{e}_1$$

이므로

$$\boldsymbol{u} = \boldsymbol{x} \pm \|\boldsymbol{x}\|\boldsymbol{e}_1 \Rightarrow P\boldsymbol{x} = -2\alpha\frac{\boldsymbol{u}^t\boldsymbol{x}}{\|\boldsymbol{u}\|^2}\boldsymbol{e}_1 = \mp\|\boldsymbol{x}\|\boldsymbol{e}_1. \qquad ■$$

정리 5.16의 (2)에 의해 하우스홀더 변환을 그림 5.4와 같이 주어지는 하우스홀더 복사(Householder reflector)라고 하기도 한다.

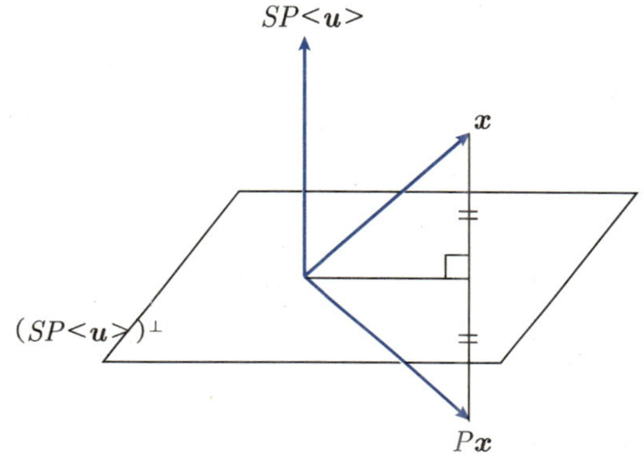

그림 5.4 하우스홀더 변환

정리 5.16의 (4)에서 변환에 따른 수치계산의 안정성을 위해 P를 구성하기 위한 벡터 $\boldsymbol{u} = \boldsymbol{x} + \alpha\boldsymbol{e}_1$, $(\alpha = \pm\|\boldsymbol{x}\|)$의 선정에서 α의 부호를 $\mathrm{sgn}(x_1)$과 일치하도록 표준화하면 대응하는 하우스홀더 변환은

$$\boldsymbol{x} = \begin{bmatrix} x_1 \\ x_2 \\ \vdots \\ x_m \end{bmatrix} \xrightarrow{P = I_m - 2\frac{\boldsymbol{u}\boldsymbol{u}^t}{\|\boldsymbol{u}\|^2}} P\boldsymbol{x} = \begin{bmatrix} -\alpha \\ 0 \\ \vdots \\ 0 \end{bmatrix}$$

로 구현된다. 이때 이와 같은 $P\boldsymbol{x} = \boldsymbol{x} - 2\frac{\boldsymbol{u}(\boldsymbol{u}^t\boldsymbol{x})}{\|\boldsymbol{u}\|^2}$의 계산을 수행하기 위해 행렬을 생성하는 대신 두 내적 $\boldsymbol{u}^t\boldsymbol{x} = \langle \boldsymbol{u}, \boldsymbol{x} \rangle$와 $\|\boldsymbol{u}\|^2 = \langle \boldsymbol{u}, \boldsymbol{u} \rangle$의 계산이 요구됨에 유의한다.

정리 5.17

$\boldsymbol{x} = \begin{bmatrix} x_1 \\ x_2 \\ \vdots \\ x_m \end{bmatrix} \in \mathbb{R}^m$을 k째 성분이 $x_k \neq 0$인 벡터라 하면

$$\boldsymbol{u_k} = \begin{bmatrix} 0 \\ \vdots \\ 0 \\ x_k \\ \vdots \\ x_m \end{bmatrix} + \alpha_k \boldsymbol{e_k}, \left(\alpha_k = \mathrm{sgn}(x_k) \sqrt{\sum_{j=k}^{m} x_j^2} \right)$$

에 대해 $P_k = I_m - 2\dfrac{\boldsymbol{u_k u_k^t}}{\|\boldsymbol{u_k}\|^2}$에 의한 $\boldsymbol{x}$의 변환은 다음과 같이 구현된다.

$$\boldsymbol{x} = \begin{bmatrix} x_1 \\ \vdots \\ x_{k-1} \\ x_k \\ x_{k+1} \\ \vdots \\ x_m \end{bmatrix} \xrightarrow{P_k = I_m - 2\frac{\boldsymbol{u_k u_k^t}}{\|\boldsymbol{u_k}\|^2}} P_k \boldsymbol{x} = \begin{bmatrix} x_1 \\ \vdots \\ x_{k-1} \\ -\alpha_k \\ 0 \\ \vdots \\ 0 \end{bmatrix}$$

| 증명 |

$$\boldsymbol{x} = \begin{bmatrix} x_1 \\ x_2 \\ \vdots \\ x_{k-1} \\ 0 \\ \vdots \\ 0 \end{bmatrix} + \begin{bmatrix} 0 \\ 0 \\ \vdots \\ 0 \\ x_k \\ \vdots \\ x_m \end{bmatrix} := \widetilde{\boldsymbol{x}_1} + \widetilde{\boldsymbol{x}_2}$$

이라 두면, $\boldsymbol{u_k^t} \widetilde{\boldsymbol{x}_1} = 0$이고 $2\dfrac{\boldsymbol{u_k^t} \widetilde{\boldsymbol{x}_2}}{\|\boldsymbol{u_k}\|^2} = 1$이므로

$$P_k(\widetilde{\boldsymbol{x}_1}) = \widetilde{\boldsymbol{x}_1} - 2\frac{\boldsymbol{u_k}(\boldsymbol{u_k^t} \widetilde{\boldsymbol{x}_1})}{\|\boldsymbol{u_k}\|^2} = \widetilde{\boldsymbol{x}_1}, \quad P_k(\widetilde{\boldsymbol{x}_2}) = -\alpha_k \boldsymbol{e_k}.$$

따라서

$$P_k(\boldsymbol{x}) = P_k(\widetilde{\boldsymbol{x}_1} + \widetilde{\boldsymbol{x}_2}) = P_k(\widetilde{\boldsymbol{x}_1}) + P_k(\widetilde{\boldsymbol{x}_2}) = \widetilde{\boldsymbol{x}_1} - \alpha_k \boldsymbol{e_k}$$

로부터 결과가 얻어진다. ■

예제 5.12 다음을 만족하는 하우스홀더 변환 P_3를 구하라.

$$\boldsymbol{x}=\begin{bmatrix}1\\2\\3\\4\end{bmatrix}\xrightarrow{P_3}\begin{bmatrix}1\\2\\-\alpha_3\\0\end{bmatrix},\quad (\alpha_3=\mathrm{sgn}(x_3)\sqrt{x_3^2+x_4^2}=\sqrt{3^2+4^2}=5)$$

풀이

$$P_3=I_4-2\frac{\boldsymbol{u_3}\boldsymbol{u_3}^t}{\|\boldsymbol{u_3}\|^2},\ \boldsymbol{u_3}=\begin{bmatrix}0\\0\\3\\4\end{bmatrix}+\alpha_3\boldsymbol{e_3}=\begin{bmatrix}0\\0\\3\\4\end{bmatrix}+\begin{bmatrix}0\\0\\5\\0\end{bmatrix}=\begin{bmatrix}0\\0\\8\\4\end{bmatrix}.$$

이때 $P_3\boldsymbol{x}$를 직접 계산해서 점검해보면

$$P_3\boldsymbol{x}=\boldsymbol{x}-2\frac{\langle\boldsymbol{u_3},\ \boldsymbol{x}\rangle\boldsymbol{u_3}}{\|\boldsymbol{u_3}\|^2}=\boldsymbol{x}-2\frac{40\boldsymbol{u_3}}{\|\boldsymbol{u_3}\|^2}$$

$$=\boldsymbol{x}-2\frac{40\boldsymbol{u_3}}{80}=\boldsymbol{x}-\boldsymbol{u_3}=\begin{bmatrix}1\\2\\3\\4\end{bmatrix}-\begin{bmatrix}0\\0\\8\\4\end{bmatrix}=\begin{bmatrix}1\\2\\-5\\0\end{bmatrix}.$$ ■

시스템행렬의 QR 분해에 정리 5.17을 적용할 수 있다. $A=[a_{ij}]\in M_{m,\,n}$, $(a_{11}\neq 0)$을 주어진 시스템 행렬이라 하자. $\alpha_1=\mathrm{sgn}(a_{11})\|A^{(1)}\|$에 대해 $\boldsymbol{u_1}=A^{(1)}+\alpha_1\boldsymbol{e_1}$으로 택하면 $P_1=I_m-2\dfrac{\boldsymbol{u_1}\boldsymbol{u_1}^t}{\|\boldsymbol{u_1}\|^2}$에 의해

$$A^{(1)}\xrightarrow{P_1}\begin{bmatrix}-\alpha_1\\0\\\vdots\\0\end{bmatrix}$$

$$\Rightarrow\ \widehat{A_1}=P_1A=\begin{bmatrix}-\alpha_1 & a_{12}^{(2)} & \cdots & a_{1n}^{(2)}\\0 & a_{22}^{(2)} & \cdots & a_{2n}^{(2)}\\0 & a_{32}^{(2)} & \cdots & a_{3n}^{(2)}\\\vdots & \vdots & \ddots & \vdots\\0 & a_{m2}^{(2)} & \cdots & a_{mn}^{(2)}\end{bmatrix}.$$

다음 $a_{22}^{(2)}\neq 0$이라 할 때, $\alpha_2=\mathrm{sgn}(a_{22}^{(2)})\sqrt{\sum_{j=2}^{m}(a_{j2}^{(2)})^2}$에 대해 $\boldsymbol{u_2}=\begin{bmatrix}0\\a_{22}^{(2)}\\\vdots\\a_{m2}^{(2)}\end{bmatrix}+\alpha_2\boldsymbol{e_2}$로 택하면 $P_2=I_m-2\dfrac{\boldsymbol{u_2}\boldsymbol{u_2}^t}{\|\boldsymbol{u_2}\|^2}$에 의해

$$\hat{A}_1^{(2)} = \begin{bmatrix} a_{12}^{(2)} \\ a_{22}^{(2)} \\ a_{32}^{(2)} \\ \vdots \\ a_{m2}^{(2)} \end{bmatrix} \xrightarrow{P_2} \begin{bmatrix} a_{12}^{(2)} \\ -\alpha_2 \\ 0 \\ 0 \\ \vdots \\ 0 \end{bmatrix}$$

$$\Rightarrow \ \widehat{A_2} = P_2 \widehat{A_1} = P_2 P_1 A = \begin{bmatrix} -\alpha_1 & a_{12}^{(2)} & a_{13}^{(3)} & \cdots & a_{1n}^{(3)} \\ 0 & -\alpha_2 & a_{23}^{(3)} & \cdots & a_{2n}^{(3)} \\ 0 & 0 & a_{33}^{(3)} & \cdots & a_{3n}^{(3)} \\ \vdots & \vdots & \vdots & \ddots & \vdots \\ 0 & 0 & a_{m3}^{(3)} & \cdots & a_{mn}^{(3)} \end{bmatrix}.$$

귀납적으로 $m \geq n$일 때 $k = 2,\ 3,\ \cdots,\ n$에 대해 $\alpha_k = \mathrm{sgn}(a_{kk}^{(k)})\sqrt{\sum_{j=k}^{m} |a_{jk}^{(k)}|^2}$,

$\boldsymbol{u_k} = \begin{bmatrix} 0 \\ 0 \\ \vdots \\ 0 \\ a_{kk}^{(k)} \\ \vdots \\ a_{mk}^{(k)} \end{bmatrix} + \alpha_k \boldsymbol{e_k}$로 택해 $P_k = I_m - 2\dfrac{\boldsymbol{u_k}\boldsymbol{u_k}^t}{\|\boldsymbol{u_k}\|^2}$를 설정하면

$$\widehat{A_k} = P_k \widehat{A}_{k-1} = P_k P_{k-1} \cdots P_1 A = \begin{bmatrix} -\alpha & a_{12}^{(2)} & a_{13}^{(3)} & \cdots & a_{1k}^{(k)} & a_{1(k+1)}^{(k+1)} & \cdots & a_{1n}^{(k+1)} \\ 0 & -\alpha_2 & a_{23}^{(3)} & \cdots & a_{2k}^{(k)} & a_{2(k+1)}^{(k+1)} & \cdots & a_{2n}^{(k+1)} \\ 0 & 0 & -\alpha_3 & \cdots & a_{3k}^{(k)} & a_{3(k+1)}^{(k+1)} & \cdots & a_{3n}^{(k+1)} \\ 0 & 0 & 0 & \ddots & \vdots & \vdots & & \vdots \\ \vdots & \vdots & \vdots & & -\alpha_k & a_{k(k+1)}^{(k+1)} & \cdots & a_{kn}^{(k+1)} \\ \vdots & \vdots & \vdots & & \vdots & \vdots & & \vdots \\ 0 & 0 & 0 & \cdots & 0 & a_{n(k+1)}^{(k+1)} & \cdots & a_{nn}^{(k+1)} \end{bmatrix}.$$

이와 같은 과정을 반복 적용하면 아래와 같이 직교행렬 Q를 얻을 수 있다.

$$P_n P_{n-1} \cdots P_1 A = \begin{bmatrix} -\alpha_1 & & * \\ & \ddots & \\ O & & -\alpha_n \\ \cdots & \cdots & \cdots \\ & O & \end{bmatrix} = R(\text{상부삼각행렬})$$

$$\Rightarrow \ (P_n P_{n-1} \cdots P_1)^t (P_n P_{n-1} \cdots P_1 A) = (P_n P_{n-1} \cdots P_1)^t R = A$$

$$\Rightarrow \ Q = P_1^t P_2^t \cdots P_n^t = P_1 P_2 \cdots P_n (\text{직교행렬})$$

$$\Rightarrow \ A = (P_n P_{n-1} \cdots P_1)^t R = QR.$$

예제 5.13 하우스홀더 변환을 이용하여 다음 행렬 A의 QR 분해를 구하라.

$$A = \begin{bmatrix} 2 & 0 \\ 1 & 1 \\ -2 & 2 \end{bmatrix}$$

풀이 $\alpha_1 = \mathrm{sgn}(a_{11}) \| A^{(1)} \| = 3$; $\boldsymbol{u}_1 = A^{(1)} + \alpha_1 \boldsymbol{e}_1 = \begin{bmatrix} 5 \\ 1 \\ -2 \end{bmatrix}$;

$$P_1 = I_3 - 2\frac{\boldsymbol{u}_1 \boldsymbol{u}_1^t}{\|\boldsymbol{u}_1\|^2} = \begin{bmatrix} -\frac{2}{3} & -\frac{1}{3} & \frac{2}{3} \\ -\frac{1}{3} & \frac{14}{15} & \frac{2}{15} \\ \frac{2}{3} & \frac{2}{15} & \frac{11}{15} \end{bmatrix};$$

$$\widehat{A}_1 = P_1 A = \begin{bmatrix} -3 & 1 \\ 0 & \frac{6}{5} \\ 0 & \frac{8}{5} \end{bmatrix};$$

$$\alpha_2 = \mathrm{sgn}(a_{22}^{(2)}) \| \widehat{A}_1^{(2)}(2:3) \| = 2 \; ; \; \boldsymbol{u}_2 = \begin{bmatrix} 0 \\ \frac{6}{5} \\ \frac{8}{5} \end{bmatrix} + \alpha_2 \boldsymbol{e}_2 = \begin{bmatrix} 0 \\ \frac{16}{5} \\ \frac{8}{5} \end{bmatrix};$$

$$P_2 = I_3 - 2\frac{\boldsymbol{u}_2 \boldsymbol{u}_2^t}{\|\boldsymbol{u}_2\|^2} = \begin{bmatrix} 1 & 0 & 0 \\ 0 & -\frac{3}{5} & -\frac{4}{5} \\ 0 & -\frac{4}{5} & \frac{3}{5} \end{bmatrix};$$

$$\Rightarrow \; R = P_2 \widehat{A}_1 = P_2 P_1 A = \begin{bmatrix} -3 & 1 \\ 0 & -2 \\ 0 & 0 \end{bmatrix}, \; Q = \begin{bmatrix} -\frac{2}{3} & -\frac{1}{3} & \frac{2}{3} \\ -\frac{1}{3} & -\frac{2}{3} & -\frac{2}{3} \\ \frac{2}{3} & -\frac{2}{3} & \frac{1}{3} \end{bmatrix}.$$ ■

5.4 • 연습문제

1. 벡터 $u = \begin{bmatrix} 9 \\ 1 \\ 5 \\ 1 \end{bmatrix}$에 대한 하우스홀더 변환 P를 구하고, $x = \begin{bmatrix} 3 \\ 1 \\ 5 \\ 1 \end{bmatrix}$에 대해 Px를 계산하라.

2. 다음 각 주어진 벡터 $\boldsymbol{x}$에 대해 $P\boldsymbol{x} = \alpha \boldsymbol{e}_1$, $(\alpha = \|\boldsymbol{x}\|)$인 하우스홀더 변환 P를 구하라.

(1) $\boldsymbol{x} = \begin{bmatrix} 6 \\ 2 \\ 3 \end{bmatrix}$　　(2) $\boldsymbol{x} = \begin{bmatrix} 8 \\ -1 \\ -4 \end{bmatrix}$

3. 다음 각 주어진 벡터 $\boldsymbol{x}$에 대해 $P\boldsymbol{x}$가 벡터 $\boldsymbol{x}$의 끝의 두 성분이 0이 되도록 하우스홀더 변환 P를 설정하라.

(1) $\boldsymbol{x} = \begin{bmatrix} 5 \\ 8 \\ 4 \\ 1 \end{bmatrix}$　　(2) $\boldsymbol{x} = \begin{bmatrix} 4 \\ -3 \\ -2 \\ -1 \\ 2 \end{bmatrix}$

4. 임의의 영이 아닌 m-벡터 $\boldsymbol{u}$에 대해 $m \times m$ 하우스홀더 변환을

$$P = I_m - 2\frac{\boldsymbol{u}\boldsymbol{u}^t}{\|\boldsymbol{u}\|^2}$$

로 정의한다.

(1) $\mathbb{R}^m$에서 $\|\boldsymbol{x}\| = \|\boldsymbol{y}\|$인 임의의 두 벡터 $\boldsymbol{x}$와 $\boldsymbol{y}$에 대해서 $P\boldsymbol{x} = \boldsymbol{y}$를 만족하는 하우스홀더 변환을 구하라.

(2) $\boldsymbol{z} = P\boldsymbol{x}$라 하자. 다음을 보여라.

(a) $u_i = 0$이면 $z_i = x_i$.

(b) $\boldsymbol{u} \perp \boldsymbol{x}$이면 $\boldsymbol{z} = \boldsymbol{x}$

5. $A \in M_{m,\,n}$, $(m \geq n)$의 계수가 n이면 A의 QR 분해 $A = QR$에 대해 다음이 성립함을 보여라.

$$SP\langle A^{(1)},\ A^{(2)},\ \cdots,\ A^{(k)}\rangle = SP\langle Q^{(1)},\ Q^{(2)},\ \cdots,\ Q^{(k)}\rangle,\ (k = 1,\ 2,\ \cdots,\ n)$$

6. 연습문제 5.3의 문제 7번에 주어진 행렬에 대해 하우스홀더 변환을 적용하여 QR 분해를 구하라.

5.5 최소제곱문제와 최적화

2차원 데이터를 해석하는 방법으로 최소제곱에 의한 최적해를 구하는 방법을 생각할 수 있다. 최소제곱문제는 일반적으로 과결정인 연립일차방정식으로 형식화 할 수 있다. 과결정시스템(over-determined system of linear equations)은 방정식의 개수가 미지수의 개수보다 많은 연립일차방정식을 뜻한다.

과결정시스템 $A\boldsymbol{x}=\boldsymbol{b}$; $A\in M_{m,\,n}$, $(m>n)$에서 A와 $\boldsymbol{b}$가 주어질 때 이 시스템을 의미 있게 하기 위해 $A\boldsymbol{x}$와 $\boldsymbol{b}$가 m-벡터이므로 아래와 같이 이 두 벡터 간의 거리를 최소로 하는 벡터 $\boldsymbol{x}^*$를 구하는 최소제곱문제(the least squares problem : 간단히 LSP)로 환원해서 생각할 수 있다. 이러한 방식을 데이터의 해석에 대한 최소제곱방법(the least squares method)이라고 한다.

(LSP) $\min\limits_{\boldsymbol{x}\in\mathbb{R}^n}\|A\boldsymbol{x}-\boldsymbol{b}\|=\|A\boldsymbol{x}^*-\boldsymbol{b}\|$를 만족하는 $\boldsymbol{x}^*\in\mathbb{R}^n$을 구하라.

최소제곱방법에 대한 전형적인 활용 사례로는 2차원 데이터에 가장 근접한 곡선을 구하는 문제를 들 수 있다. 이 곡선을 데이터 점으로부터 거리가 최소인 적합곡선(fitting curve)이라고 한다.

예를 들어, 평면상에 $m+1$개의 데이터 $(x_0,\ y_0)$, $(x_1,\ y_1)$, $\cdots$, $(x_m,\ y_m)$가 주어져 있을 때 주어진 y-데이터와 거리가 가장 가까운 직선

$$y=p_1(x)=c_0+c_1x$$

를 구하는 문제를 생각해 보자.

이 문제의 경우 목적함수 $\sum_{j=0}^{m}(y_j - p_1(x_j))^2$가 최소인 $p_1(x)$를 구하기 위해

$$E(c_0,\ c_1) := \sum_{j=0}^{m}(y_j - p_1(x_j))^2 = \sum_{j=0}^{m}(y_j - c_0 - c_1 x_j)^2$$

가 c_0와 c_1에 대한 함수로서 최소가 될 필요조건은 임계점이어야 하므로 각각 c_0와 c_1에 대해 미분을 취해서 0으로 두면

$$\begin{cases} c_0\text{에 대해 미분 : } 2\sum_{j=0}^{m}(y_j - c_0 - c_1 x_j)(-1) = 0 \\ c_1\text{에 대해 미분 : } 2\sum_{j=0}^{m}(y_j - c_0 - c_1 x_j)(-x_j) = 0 \end{cases}$$

$$\Rightarrow \begin{cases} c_0 \sum_{j=0}^{m} 1 + c_1 \sum_{j=0}^{m} x_j = \sum_{j=0}^{m} y_j \\ c_0 \sum_{j=0}^{m} x_j + c_1 \sum_{j=0}^{m} x_j^2 = \sum_{j=0}^{m} x_j y_j \end{cases}$$

$$\Rightarrow \begin{bmatrix} \sum_{j=0}^{m} 1 & \sum_{j=0}^{m} x_j \\ \sum_{j=0}^{m} x_j & \sum_{j=0}^{m} x_j^2 \end{bmatrix} \begin{bmatrix} c_0 \\ c_1 \end{bmatrix} = \begin{bmatrix} \sum_{j=0}^{m} y_j \\ \sum_{j=0}^{m} x_j y_j \end{bmatrix}$$

인 연립일차방정식을 얻는다. 이 연립방정식을 풀어 적합직선을 구할 수 있다.

한편, 이 문제를 방정식의 문제로 전환하면 $m > 1$일 때

$$p_1(x_j) = y_j, \quad (j = 0,\ 1,\ \cdots,\ m)$$

로부터 다음과 같은 과결정시스템이 얻어진다.

$$\underbrace{\begin{bmatrix} 1 & x_0 \\ 1 & x_1 \\ \vdots & \vdots \\ 1 & x_m \end{bmatrix}}_{\boldsymbol{A}} \underbrace{\begin{bmatrix} c_0 \\ c_1 \end{bmatrix}}_{\boldsymbol{x}} = \underbrace{\begin{bmatrix} y_0 \\ y_1 \\ \vdots \\ y_m \end{bmatrix}}_{\boldsymbol{b}}$$

이때

$$A^t A\boldsymbol{x} = A^t \boldsymbol{b}$$

$$\Rightarrow \begin{bmatrix} 1 & 1 & \cdots & 1 \\ x_0 & x_1 & \cdots & x_m \end{bmatrix} \begin{bmatrix} 1 & x_0 \\ 1 & x_1 \\ \vdots & \vdots \\ 1 & x_m \end{bmatrix} \begin{bmatrix} c_0 \\ c_1 \end{bmatrix} = \begin{bmatrix} 1 & 1 & \cdots & 1 \\ x_0 & x_1 & \cdots & x_m \end{bmatrix} \begin{bmatrix} y_0 \\ y_1 \\ \vdots \\ y_m \end{bmatrix}$$

$$\Rightarrow \begin{bmatrix} \sum_{j=0}^{m} 1 & \sum_{j=0}^{m} x_j \\ \sum_{j=0}^{m} x_j & \sum_{j=0}^{m} x_j^2 \end{bmatrix} \begin{bmatrix} c_0 \\ c_1 \end{bmatrix} = \begin{bmatrix} \sum_{j=0}^{m} y_j \\ \sum_{j=0}^{m} x_j y_j \end{bmatrix}$$

이를 풀어서 데이터에 가장 근접한 직선 $p_1(x) = c_0 + c_1 x$를 구할 수 있다. 여기서 과결정시스템 $A\boldsymbol{x} = \boldsymbol{b}$에 대해 방정식

$$A^t A\boldsymbol{x} = A^t \boldsymbol{b}$$

이 데이터의 최소화를 위한 목적함수 $E(c_0, c_1)$의 임계조건과 일치함에 주목하라.

방정식

$$A^t A\boldsymbol{x} = A^t \boldsymbol{b}$$

를 과결정시스템 $A\boldsymbol{x} = \boldsymbol{b}$에 대한 **정규방정식**(normal equation)이라고 한다.

예제 5.14 아래 데이터에 대해서 최소제곱방법을 이용한 최적직선을 구하라.

x_j	-1	0	1	1	2
y_j	-3	-1	2	3	2

풀이 최소제곱문제에 대한 최적직선을 $p_1(x) = c_0 + c_1 x$라 두면 $p_1(x_j) = y_j$, $(j = 0, 1, \cdots, 4)$로부터 과결정시스템

$$\begin{bmatrix} 1 & -1 \\ 1 & 0 \\ 1 & 1 \\ 1 & 1 \\ 1 & 2 \end{bmatrix} \begin{bmatrix} c_0 \\ c_1 \end{bmatrix} = \begin{bmatrix} -3 \\ -1 \\ 2 \\ 3 \\ 2 \end{bmatrix}$$

을 얻는다. 이에 대한 정규방정식은

$$\begin{bmatrix} 5 & 3 \\ 3 & 7 \end{bmatrix} \begin{bmatrix} c_0 \\ c_1 \end{bmatrix} = \begin{bmatrix} 3 \\ 12 \end{bmatrix}$$

이고 이를 풀어 $c_0 = -\frac{15}{26}$, $c_1 = \frac{51}{26}$을 얻는다. 따라서 최적직선은

$$p_1(x) = -\frac{15}{26} + \frac{51}{26}x$$

이다. 데이터와 최적직선을 예시하면 그림 5.5와 같다. ■

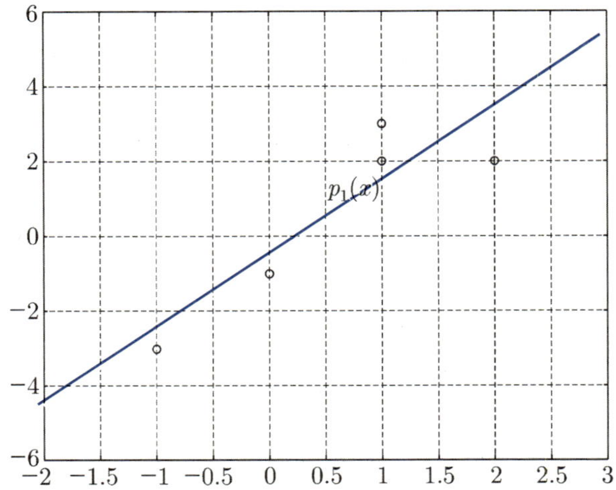

그림 5.5 데이터에 대한 최적직선

최소제곱문제의 최적해의 존재와 유일성에 대한 결과는 다음과 같다.

정리 5.18

최소제곱문제 (LSP)에 대해 해 $\boldsymbol{x}^*$가 존재하면 $\boldsymbol{x}^*$는 정규방정식

$$A^t A\boldsymbol{x}^* = A^t\boldsymbol{b}$$

를 만족한다.

| 증명 | 부분공간의 기본정리(정리 5.5)에 의해

$$\boldsymbol{b} \in \mathbb{R}^m = R(A) + R(A)^\perp = R(A) + N(A^t)$$

이므로 $\boldsymbol{b}$를 다음과 같이 분해할 수 있다.

$$\boldsymbol{b} = \boldsymbol{b}_r + \boldsymbol{b}_0,\ (\boldsymbol{b}_r \in R(A),\ \boldsymbol{b}_0 \in N(A^t) = R(A)^\perp)$$

모든 $\boldsymbol{x} \in \mathbb{R}^n$에 대해 $A\boldsymbol{x} \in R(A)$이므로 $A\boldsymbol{x} - \boldsymbol{b}_r \in R(A)$이다. 반면에 $\boldsymbol{b}_0 \in R(A)^{\perp}$이므로 $\langle A\boldsymbol{x} - \boldsymbol{b}_r,\ \boldsymbol{b}_0 \rangle = 0$이다. 따라서

$$\begin{aligned} \| A\boldsymbol{x} - \boldsymbol{b} \|^2 &= \| (A\boldsymbol{x} - \boldsymbol{b}_r) - \boldsymbol{b}_0 \|^2 \\ &= \langle (A\boldsymbol{x} - \boldsymbol{b}_r) - \boldsymbol{b}_0,\ (A\boldsymbol{x} - \boldsymbol{b}_r) - \boldsymbol{b}_0 \rangle \\ &= \langle A\boldsymbol{x} - \boldsymbol{b}_r,\ A\boldsymbol{x} - \boldsymbol{b}_r \rangle - 2\langle A\boldsymbol{x} - \boldsymbol{b}_r,\ \boldsymbol{b}_0 \rangle + \langle \boldsymbol{b}_0,\ \boldsymbol{b}_0 \rangle \\ &= \| A\boldsymbol{x} - \boldsymbol{b}_r \|^2 + \| \boldsymbol{b}_0 \|^2 \end{aligned}$$

이므로 $\| A\boldsymbol{x} - \boldsymbol{b} \|$의 최소값은 $\| A\boldsymbol{x} - \boldsymbol{b}_r \|$의 최소값을 택하는 점에서 구해진다. 이때 $\boldsymbol{b}_r \in R(A)$이므로 $A\boldsymbol{x}^* = \boldsymbol{b}_r = \boldsymbol{b} - \boldsymbol{b}_0$를 만족하는 $\boldsymbol{x}^* \in \mathbb{R}^n$이 존재한다. 따라서

$$A\boldsymbol{x}^* - \boldsymbol{b} = -\boldsymbol{b}_0 \in N(A^t) \ \Rightarrow\ A^t(A\boldsymbol{x}^* - \boldsymbol{b}) = 0$$

이 되어 $\boldsymbol{x}^*$는 방정식

$$A^t A\boldsymbol{x}^* = A^t\boldsymbol{b}$$

를 만족한다. ■

정리 5.19

A가 $m \times n$ 행렬이고 정규방정식

$$A^t A\boldsymbol{x} = A^t\boldsymbol{b}$$

이 유일한 해를 가질 필요충분조건은 $\text{rank}(A) = n$이다.

| 증명 | $A^t A\boldsymbol{x} = A^t\boldsymbol{b}$가 유일한 해를 가질 필요충분조건은 $A^t A\boldsymbol{x} = 0$이 오직 자명한 해 $\boldsymbol{x} = 0$을 가질 때이다. 이때 $A^t A\boldsymbol{x} = 0$이면 $A\boldsymbol{x} \in N(A^t) = R(A)^{\perp}$이고, 명백히 $A\boldsymbol{x} \in R(A)$이므로 $A\boldsymbol{x} \in R(A) \cap R(A)^{\perp} = \{0\}$이다. 따라서 $A\boldsymbol{x} = 0$이다.

여기서 $A^t A\boldsymbol{x} = 0$이 오직 자명한 해 $\boldsymbol{x} = 0$을 가지려면

$$0 = A\boldsymbol{x} = x_1 A^{(1)} + x_2 A^{(2)} + \cdots + x_n A^{(n)}$$

에서 A의 열 $A^{(1)}, \cdots, A^{(n)}$이 일차독립이어야 한다. 따라서 $\text{rank}(A) = n$이다. ■

정리 5.19로부터 $A \in M_{m,n}$에서 A의 계수가 n이면 A^tA의 역이 존재하고 최소제곱문제의 해는 정규방정식 $A^tA\boldsymbol{x}^* = A^t\boldsymbol{b}$로부터 $\boldsymbol{x}^* = (A^tA)^{-1}A^t\boldsymbol{b}$로 주어진다. 이때

$$(A^tA)^{-1}A^t$$

를 A의 **무어-펜로즈 역**(Moore-Penrose inverse)이라고 한다.

예제 5.15 다음 과결정시스템에 대한 최소제곱해를 구하라.

$$\begin{aligned} x_1 + \ \ x_2 &= 2 \\ -x_1 + \ \ x_2 &= 1 \\ 2x_1 + 3x_2 &= 3 \end{aligned}$$

풀이 $A = \begin{bmatrix} 1 & 1 \\ -1 & 1 \\ 2 & 3 \end{bmatrix}$, $\boldsymbol{x} = \begin{bmatrix} x_1 \\ x_2 \end{bmatrix}$, $\boldsymbol{b} = \begin{bmatrix} 2 \\ 1 \\ 3 \end{bmatrix}$에 대해서 시스템은 $A\boldsymbol{x} = \boldsymbol{b}$이고, 이에 대한 정규방정식 $A^tA\boldsymbol{x} = A^t\boldsymbol{b}$는

$$\begin{bmatrix} 6 & 6 \\ 6 & 11 \end{bmatrix} \begin{bmatrix} x_1 \\ x_2 \end{bmatrix} = \begin{bmatrix} 7 \\ 12 \end{bmatrix}$$

이다. 이를 풀면 최소제곱문제에 대한 최적해는 $\boldsymbol{x}^* = \begin{bmatrix} \frac{1}{6} \\ 1 \end{bmatrix}$이다. ■

예제 5.16 예제 5.14의 데이터에 대한 2차 최소제곱해를 구하라.

풀이 최적 2차 다항식을 $p_2(x) = c_0 + c_1x + c_2x^2$라고 하면

$$p_2(x_j) = y_j, \quad (j = 0, 1, \cdots, 4)$$

로부터 과결정시스템

$$\begin{bmatrix} 1 & -1 & 1 \\ 1 & 0 & 0 \\ 1 & 1 & 1 \\ 1 & 1 & 1 \\ 1 & 2 & 4 \end{bmatrix} \begin{bmatrix} c_0 \\ c_1 \\ c_2 \end{bmatrix} = \begin{bmatrix} -3 \\ -1 \\ 2 \\ 3 \\ 2 \end{bmatrix}$$

를 얻고, 이에 대한 정규방정식은

$$\begin{bmatrix} 5 & 3 & 7 \\ 3 & 7 & 9 \\ 7 & 9 & 19 \end{bmatrix} \begin{bmatrix} c_0 \\ c_1 \\ c_2 \end{bmatrix} = \begin{bmatrix} 3 \\ 12 \\ 10 \end{bmatrix}$$

이다. 이를 풀면 $c_0 = 0.06452$, $c_1 = 2.66129$, $c_2 = -0.75806$이므로 구 하고자 하는 최적 2차 다항식은

$$p_2(x) = 0.06452 + 2.66129x - 0.75806x^2$$

이다.

데이터와 2차 최적곡선을 예시하면 그림 5.6과 같다. ■

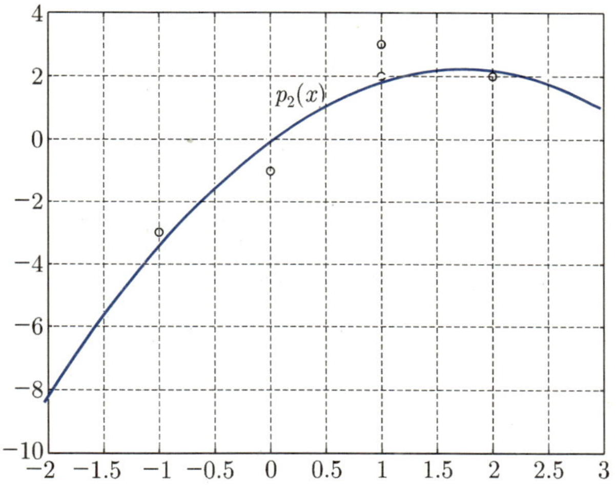

그림 5.6 이산데이터와 2차 최적곡선

정리 5.19에 의해 $A \in M_{m,n}$에서 $\text{rank}(A) < n$이면 과결정시스템에 대한 최소제곱해는 유일하지 않다. 이때 $\text{rank}(A) < n$일 때에도 (LSP)의 유의미한 해를 유일하게 고정하기 위하여 해에 다음의 부가적인 조건을 첨가한다.

$$\boldsymbol{x} \in N(A)^{\perp} = R(A^t)$$

그러면 정리 5.19의 증명과정에서 $A\boldsymbol{x} = 0$이면

$$\boldsymbol{x} \in N(A) \cap N(A)^{\perp} = \{0\} \Rightarrow \boldsymbol{x} = 0$$

이 되어 해의 유일성을 확보할 수 있게 된다.

주어진 행렬 A에 대해 $\boldsymbol{x} = A'\boldsymbol{b}$가 다음을 만족할 때, A'을 행렬 A의 최소제곱유사역원

(the least squares pseudo inverse), 또는 간략히 유사역원 (pseudo inverse)이라고 한다.

(1) $A^tAx = A^tb$ ($x = A'b$가 정규방정식의 해)

(2) $x = A'b \in R(A^t)$ (해의 유일성을 위한 추가 조건)

만일 A가 가역이면 (A^tA)는 가역이고 이에 따라

$$A' = (A^tA)^{-1}A^t = A^{-1}A^{-t}A^t = A^{-1}$$

이므로 행렬의 유사역원은 역행렬 A^{-1}의 일반화로 간주할 수 있다. 한편, 유사역원 조건 (1)과 (2)에 따라 추정한 A'이 A의 유사역원임을

$$A^tAA' = A^t$$

를 통해 검증할 수 있다. 정의에 따라 행렬 $A \in M_{m,n}$의 유사역원 A'을 구하는 기본적인 과정을 다음과 같이 정리할 수 있다.

(1) 일단계 : $b \in \mathbb{R}^m$에 대해 b의 $R(A)$로의 성분 b_r을 구한다.

(2) 이단계 : $Ax^* = b_r$인 $x^* \in R(A^t)$를 구한다.

$\Rightarrow$ $x^* = A'b$로부터 유사역원 A'을 도출한다.

(3) 삼단계 : (검증) $A^tAA' = A^t$이 성립함을 확인한다.

예제 5.17 $A = \begin{bmatrix} 1 & 1 \\ 0.5 & 0.5 \end{bmatrix}$에 대해 A의 유사역원 A'을 구하라.

풀이 (일단계) $R(A) = \begin{bmatrix} 1 \\ 0.5 \end{bmatrix} = \begin{bmatrix} 2 \\ 1 \end{bmatrix}$로 한정된 1차원 공간

$b = \begin{bmatrix} b_1 \\ b_2 \end{bmatrix} \in \mathbb{R}^2$에 대해 b의 $R(A)$로의 성분 b_r을 구하면 $v = \begin{bmatrix} 2 \\ 1 \end{bmatrix}$이라 할 때

$$b_r = \left\langle b, \frac{v}{\|v\|} \right\rangle \frac{v}{\|v\|} = \langle b, v \rangle \frac{v}{\|v\|^2} = \frac{2b_1 + b_2}{5} \begin{bmatrix} 2 \\ 1 \end{bmatrix}.$$

(이단계) $R(A^t) = \begin{bmatrix} 1 \\ 1 \end{bmatrix}$로 생성된 1차원 공간

$$x^* \in R(A^t)\text{이므로 } x^* = k\begin{bmatrix} 1 \\ 1 \end{bmatrix}, \ (k \in \mathbb{R})$$

이때 $A\begin{bmatrix}1\\1\end{bmatrix}=\begin{bmatrix}2\\1\end{bmatrix}$ 이므로 $A\boldsymbol{x}^*=\boldsymbol{b}_r$ 로부터

$$A\boldsymbol{x}^* = \frac{2b_1+b_2}{5}A\begin{bmatrix}1\\1\end{bmatrix} = A\left(\frac{2b_1+b_2}{5}\begin{bmatrix}1\\1\end{bmatrix}\right)$$

따라서

$$\boldsymbol{x}^* = A'\boldsymbol{b} = \frac{2b_1+b_2}{5}\begin{bmatrix}1\\1\end{bmatrix} = \frac{1}{5}\begin{bmatrix}2 & 1\\2 & 1\end{bmatrix}\begin{bmatrix}b_1\\b_2\end{bmatrix}$$

로부터 A의 최소제곱유사역원

$$A' = \frac{1}{5}\begin{bmatrix}2 & 1\\2 & 1\end{bmatrix}$$

을 얻는다.

(삼단계) 검증을 위해

$$A^tAA' = A^t$$

이 성립함을 확인한다. ■

위 예시자료를 토대로 $\boldsymbol{b}=\begin{bmatrix}1\\3\end{bmatrix}$에 대해 2차원 평면에서 행렬 $A=\begin{bmatrix}1 & 1\\0.5 & 0.5\end{bmatrix}$의 유사역원을 구하는 과정을 그래픽으로 표현하면 그림 5.7과 같다.

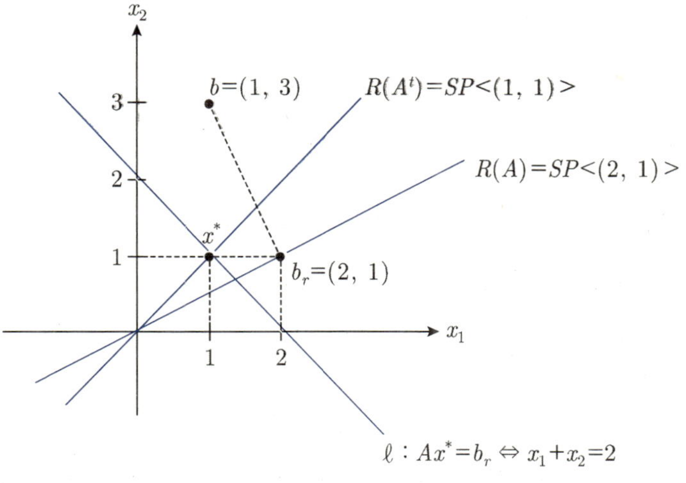

그림 5.7 2차원 평면에서 $A=\begin{bmatrix}1 & 1\\0.5 & 0.5\end{bmatrix}$의 유사역원의 그래픽 구현

■ QR 분해에 의한 유사역원

행렬의 유사역원은 역행렬을 확장한 개념으로서 이차원의 데이터에 대한 최적 근사모델로서 합당한 의미를 가진다. 아울러 주어진 시스템행렬의 계수(rank)에 관계없이 A가 완전한 계수를 가지는 경우에도 $(A^tA)^{-1}$의 직접적인 계산에 따른 연산처리가 과다할 수 있고 역행렬의 직접적인 계산이 데이터의 변동에 매우 민감한 문제가 발생할 수 있어 시스템행렬의 유사역원을 구하기 위한 효율적이고도 안정적인 알고리즘의 모색이 필연적이다. 이러한 문제를 해결하기 위한 방안으로 행렬의 QR 분해와 특이값분해를 고려할 수 있다. 특이값분해와 이를 이용한 유사역원의 구현은 7.5절에서 다루고 여기에서는 QR 분해를 이용한 최소제곱해를 통해 $A\in M_{m,\,n}$의 유사역원을 구하는 과정을 살펴보자.

주어진 $\boldsymbol{b}\in\mathbb{R}^m$에 대해 $A=QR$이면

$$\|A\boldsymbol{x}-\boldsymbol{b}\|=\|Q^t(A\boldsymbol{x}-\boldsymbol{b})\|=\|(Q^tQ)R\boldsymbol{x}-Q^t\boldsymbol{b}\|=\|R\boldsymbol{x}-Q^t\boldsymbol{b}\|$$

이므로 $Q^t\boldsymbol{b}=\begin{bmatrix}\boldsymbol{b}_1\\ \cdots\\ \boldsymbol{b}_2\end{bmatrix}$, $(\boldsymbol{b}_1\in\mathbb{R}^n,\ \boldsymbol{b}_2\in\mathbb{R}^{m-n})$에 대해

$$\|A\boldsymbol{x}-\boldsymbol{b}\|^2=\|R\boldsymbol{x}-Q^t\boldsymbol{b}\|^2=\|R\boldsymbol{x}-\boldsymbol{b}_1\|^2+\|\boldsymbol{b}_2\|^2.$$

따라서 $\|A\boldsymbol{x}-\boldsymbol{b}\|^2$을 최소로하는 최적해 $\boldsymbol{x}^*$는 $\|R\boldsymbol{x}-\boldsymbol{b}_1\|^2$이 최소가 되는 해와 일치하므로

$$\boldsymbol{x}^*=R'\boldsymbol{b}_1=R'Q^t\boldsymbol{b}$$

이고 이것으로부터 A의 유사역원은

$$A'=R'Q^t$$

으로 주어진다. 이때

$$\boldsymbol{x}^*=R'\boldsymbol{b}_1=R'Q^t\boldsymbol{b}$$

는 R이 상부삼각행렬이라는 구조를 이용하여 쉽게 계산할 수 있다. 또한 R의 유사역원 R'을 직접 계산하는 대신에 상부삼각행렬로 표현되는 연립방정식

$$R\boldsymbol{x}^*=Q^t\boldsymbol{b}$$

을 거꾸로 풀어 $\boldsymbol{x}^*$의 정보를 $\boldsymbol{b}$의 항으로 나타냄으로서 A'의 정보를 유추하는 방법을 택하는 것이 계산량을 줄이고 연산의 정확성을 유지할 수 있는 효율적인 방법이다. 이에 따라 QR

분해를 이용해서 시스템행렬 A의 유사역원을 구하는 과정을 다음과 같이 정리할 수 있다.

> (1) 일단계 : 적절한 직교변환 Q를 써서 A의 QR 분해를 구한다 : $A = QR$
> (2) 이단계 : 연립방정식 $R\boldsymbol{x}^* = Q^t\boldsymbol{b}$의 해를 구한다.
> (3) 삼단계 : 이단계의 $\boldsymbol{x}^* = A'\boldsymbol{b} = R'Q^t\boldsymbol{b}$로부터 유사역원 A'을 도출한다.

예제 5.18 다음 행렬 A의 QR 분해를 이용하여 행렬의 유사역원을 구하라.

$$A = \begin{bmatrix} 2 & 0 \\ 1 & 1 \\ -2 & 2 \end{bmatrix}$$

풀이 (일단계) A의 QR 분해 :

예제 5.13의 결과에 의해 A의 QR 분해는 다음과 같다.

$$A = QR :: Q = \begin{bmatrix} -\frac{2}{3} & -\frac{1}{3} & \frac{2}{3} \\ -\frac{1}{3} & -\frac{2}{3} & -\frac{2}{3} \\ \frac{2}{3} & -\frac{2}{3} & \frac{1}{3} \end{bmatrix}, \quad R = \begin{bmatrix} -3 & 1 \\ 0 & -2 \\ 0 & 0 \end{bmatrix}$$

(이단계) $R\boldsymbol{x}^* = Q^t\boldsymbol{b}$ 풀기 :

주어진 $\boldsymbol{b} = \begin{bmatrix} b_1 \\ b_2 \\ b_3 \end{bmatrix}$에 대해서

$$R\boldsymbol{x}^* = Q^t\boldsymbol{b} \;\Rightarrow\; \begin{cases} -3x_1 + x_2 = -\frac{2}{3}b_1 - \frac{1}{3}b_2 + \frac{2}{3}b_3 \\ \qquad\; -2x_2 = -\frac{1}{3}b_1 - \frac{2}{3}b_2 - \frac{2}{3}b_3 \end{cases}$$

$$\Rightarrow\; \boldsymbol{x}^* = \begin{bmatrix} x_1 \\ x_2 \end{bmatrix} = \begin{bmatrix} \frac{5}{18} & \frac{2}{9} & -\frac{1}{9} \\ \frac{1}{6} & \frac{1}{3} & \frac{1}{3} \end{bmatrix} \begin{bmatrix} b_1 \\ b_2 \\ b_3 \end{bmatrix} := R'Q^t\boldsymbol{b}$$

(삼단계) A'의 도출 :

이단계의 결과로부터

$$\boldsymbol{x}^* = \begin{bmatrix} x_1 \\ x_2 \end{bmatrix} = \begin{bmatrix} \frac{5}{18} & \frac{2}{9} & -\frac{1}{9} \\ \frac{1}{6} & \frac{1}{3} & \frac{1}{3} \end{bmatrix} \begin{bmatrix} b_1 \\ b_2 \\ b_3 \end{bmatrix} = A'\boldsymbol{b}$$

$$\Rightarrow \quad A' = R'Q^t = \begin{bmatrix} \frac{5}{18} & \frac{2}{9} & -\frac{1}{9} \\ \frac{1}{6} & \frac{1}{3} & \frac{1}{3} \end{bmatrix}.$$ ■

5.5 • 연습문제

1. 아래와 같이 주어진 데이터에 대해서 최소제곱방법에 의한 최적직선을 각각 다음의 방법을 적용하여 구하라.

x_j	1	2	3
y_j	1	3	1

(1) 목적함수 $E = \sum_{j=0}^{2}(y_j - p_1(x_j))^2$의 임계점 조사

(2) 과결정시스템의 정규방정식의 해 조사

2. 다음에 주어진 데이터에 대해서 최소제곱방법을 이용한 최적직선을 구하라.

(1)

x_j	0	1	2	3
y_j	3	2	4	4

(2)

x_j	-2	-2	1	2
y_j	2	1	0	-1

3. 다음에 주어진 각 데이터 $(x_j,\ y_j)$에 대해서 최소제곱방법을 이용한 최적 2차곡선을 구하라.

(1)

x_j	0	1	2	3
y_j	3	2	4	4

(2)

x_j	-2	-1	0	1	2
y_j	12	5	3	2	4

4. 다음 각 과결정시스템에 대한 최소제곱해를 구하라.

(1) $\begin{cases} x_1 + x_2 = 3 \\ -2x_1 + 3x_2 = 1 \\ 2x_1 - x_2 = 2 \end{cases}$ (2) $\begin{cases} x_1 + x_2 + x_3 = 4 \\ -x_1 + x_2 + x_3 = 0 \\ -x_2 + x_3 = 1 \\ x_1 + x_3 = 2 \end{cases}$

5. A와 $\boldsymbol{b}$가 다음과 같을 때 다음 각 연립일차방정식 $A\boldsymbol{x} = \boldsymbol{b}$의 최소제곱해를 구하라.

(1) $A = \begin{bmatrix} 1 & 2 \\ 2 & 4 \\ -1 & -2 \end{bmatrix}$, $\boldsymbol{b} = \begin{bmatrix} 3 \\ 2 \\ 1 \end{bmatrix}$ (2) $A = \begin{bmatrix} 1 & 1 & 3 \\ -1 & 3 & 1 \\ 1 & 2 & 4 \end{bmatrix}$, $\boldsymbol{b} = \begin{bmatrix} -2 \\ 0 \\ 8 \end{bmatrix}$

6. $m \times n$ 대각행렬 $D = [d_{ij}]$, $(d_{ij} = \sigma_i \delta_{ij})$의 유사역원은 다음과 같은 $n \times m$ 대각행렬 D'임을 보여라.

$$D' = [d_{ij}'], \ (\sigma_i \neq 0\text{이면 } d_{ij}' = \frac{1}{\sigma_i}\delta_{ij}, \ \sigma_i = 0\text{이면 } d_{ij}' = 0)$$

7. 다음 각 행렬의 유사역원을 구하라.

(1) $\begin{bmatrix} 1 & 0 & 0 \\ 0 & 1 & 0 \\ 1 & 1 & 0 \end{bmatrix}$ (2) $\begin{bmatrix} 3 & -1 \\ 1 & 1 \\ -1 & 3 \end{bmatrix}$

(3) $\begin{bmatrix} 3 & 1 & 2 \\ -1 & 1 & -2 \end{bmatrix}$ (4) $\begin{bmatrix} -1 & 0 & 1 \\ -1 & \frac{2}{3} & \frac{2}{3} \\ -1 & -\frac{2}{3} & \frac{7}{3} \end{bmatrix}$

8. A의 QR 분해가 각각 다음과 같을 때 A의 유사역원과 연립일차방정식 $A\boldsymbol{x} = \boldsymbol{b}$에 대한 최소제곱해를 구하라.

(1) $Q = \frac{1}{\sqrt{2}}\begin{bmatrix} 1 & 1 \\ 1 & -1 \\ 0 & 0 \end{bmatrix}$, $R = \begin{bmatrix} 1 & 1 \\ 0 & 1 \end{bmatrix}$, $\boldsymbol{b} = \begin{bmatrix} 1 \\ 1 \\ 1 \end{bmatrix}$

(2) $Q = \begin{bmatrix} 1 & 0 & 0 \\ 0 & \frac{1}{\sqrt{2}} & -\frac{1}{\sqrt{2}} \\ 0 & \frac{1}{\sqrt{2}} & \frac{1}{\sqrt{2}} \end{bmatrix}$, $R = \begin{bmatrix} 1 & 1 \\ 0 & 1 \\ 0 & 0 \end{bmatrix}$, $\boldsymbol{b} = \begin{bmatrix} 1 \\ \sqrt{2} \\ -\sqrt{2} \end{bmatrix}$

9. $A \in M_{m,\,n}$이 계수가 n인 행렬이고 그람-슈미트 직교화 과정을 통한 A의 QR 분해를 $A = QR$이라 하자. $\boldsymbol{b} \in \mathbb{R}^m$에 대해 $\boldsymbol{b}$를 $R(A)$로 정사영시킨 벡터가

$$\boldsymbol{p} = c_1 Q^{(1)} + c_2 Q^{(2)} + \cdots + c_n Q^{(n)}$$

일 때 다음을 보여라.

(1) $\boldsymbol{c} = \begin{bmatrix} c_1 \\ c_2 \\ \vdots \\ c_n \end{bmatrix} = Q^t \boldsymbol{b}$

(2) $\boldsymbol{p} = QQ^t \boldsymbol{b}$

(3) $QQ^t = A(A^tA)^{-1}A^t$

10. A와 $\boldsymbol{b}$가 각각 다음과 같을 때 그람-슈미트 직교화 과정을 적용하여 A의 QR 분해와 유사역원, 그리고 연립일차방정식 $A\boldsymbol{x} = \boldsymbol{b}$의 최소제곱해를 구하라.

(1) $A = \begin{bmatrix} 2 & 1 \\ 1 & 1 \\ 2 & 1 \end{bmatrix}$, $\boldsymbol{b} = \begin{bmatrix} 12 \\ 6 \\ 18 \end{bmatrix}$ (2) $A = \begin{bmatrix} 3 & -1 \\ 4 & 2 \\ 0 & 2 \end{bmatrix}$, $\boldsymbol{b} = \begin{bmatrix} 0 \\ 20 \\ 10 \end{bmatrix}$

11. A와 $\boldsymbol{b}$가 각각 다음과 같을 때 하우스홀더 변환을 적용하여 A의 QR 분해와 의사가역, 그리고 연립일차방정식 $A\boldsymbol{x} = \boldsymbol{b}$의 최소제곱해를 구하라.

(1) $A = \begin{bmatrix} 2 & 1 \\ 1 & 1 \\ 2 & 1 \end{bmatrix}$, $\boldsymbol{b} = \begin{bmatrix} 12 \\ 6 \\ 18 \end{bmatrix}$ (2) $A = \begin{bmatrix} 1 & 2 \\ 1 & 3 \\ 1 & 2 \\ 1 & -1 \end{bmatrix}$, $\boldsymbol{b} = \begin{bmatrix} -3 \\ 10 \\ 3 \\ 6 \end{bmatrix}$

제 6 장

06

고유값과 대각화

6.1 고유값과 고유벡터

A가 $n\times n$ 정사각행렬이고 영이 아닌 n-벡터 $\boldsymbol{x}\in\mathbb{R}^n$와 스칼라 λ에 대하여

$$A\boldsymbol{x}=\lambda\boldsymbol{x}$$

가 성립할 때 λ를 행렬 A의 고유값(eigenvalue)이라 하고, $\boldsymbol{x}$를 λ에 대응하는 고유벡터(eigenvector)라고 한다. 고유벡터에 의해 생성되는 벡터공간을 λ에 대응하는 고유공간(eigenspace)이라고 한다.

예제 6.1 행렬 $A=\begin{bmatrix}1 & 1\\ -2 & 4\end{bmatrix}$에서 $\boldsymbol{x}_1=\begin{bmatrix}1\\1\end{bmatrix}$이면

$$A\boldsymbol{x}_1=\begin{bmatrix}1 & 1\\ -2 & 4\end{bmatrix}\begin{bmatrix}1\\1\end{bmatrix}=\begin{bmatrix}2\\2\end{bmatrix}=2\begin{bmatrix}1\\1\end{bmatrix}=2\boldsymbol{x}_1$$

이므로 $\lambda_1=2$는 A의 고유값, $\boldsymbol{x}_1=\begin{bmatrix}1\\1\end{bmatrix}$은 λ_1에 대응하는 고유벡터이다.
또한, $\boldsymbol{x}_2=\begin{bmatrix}1\\2\end{bmatrix}$에 대해

$$A\boldsymbol{x}_2=\begin{bmatrix}1 & 1\\ -2 & 4\end{bmatrix}\begin{bmatrix}1\\2\end{bmatrix}=\begin{bmatrix}3\\6\end{bmatrix}=3\begin{bmatrix}1\\2\end{bmatrix}=3\boldsymbol{x}_2$$

이므로 $\lambda_2=3$은 A의 고유값, $\boldsymbol{x}_2=\begin{bmatrix}1\\2\end{bmatrix}$는 λ_2에 대한 고유벡터이다. ■

예제 6.2 x-축에 대한 대칭이동의 행렬 $A=\begin{bmatrix}1 & 0\\ 0 & -1\end{bmatrix}$의 고유값과 고유벡터를 구하라.

풀이 정의에 따라

$$\begin{bmatrix}1 & 0\\ 0 & -1\end{bmatrix}\begin{bmatrix}x\\y\end{bmatrix}=\lambda\begin{bmatrix}x\\y\end{bmatrix}$$

을 만족하는 λ와 그에 대응하는 영이 아닌 해 $\begin{bmatrix}x\\y\end{bmatrix}$를 구한다.
$\lambda\begin{bmatrix}x\\y\end{bmatrix}=\begin{bmatrix}\lambda & 0\\ 0 & \lambda\end{bmatrix}\begin{bmatrix}x\\y\end{bmatrix}$이므로 위 식을 정리하면 연립방정식

$$\begin{bmatrix}\lambda-1 & 0\\ 0 & \lambda+1\end{bmatrix}\begin{bmatrix}x\\y\end{bmatrix}=\begin{bmatrix}0\\0\end{bmatrix}$$

이 얻어진다. 이 연립방정식이 영이 아닌 해를 가지려면 계수행렬의 행렬식이 0이어야 하므로 $(\lambda-1)(\lambda+1)=0$이다. $\lambda=1$이면 $y=0$이고 x는 0이 아닌 어떠한 실수도 가능하다. 따라서 x-축을 따라가는 벡터 $\begin{bmatrix} a \\ 0 \end{bmatrix}$, $(a \neq 0)$은 모두 $\lambda=1$에 대응하는 고유벡터이다. 특히 이 벡터는 대칭이동 $\begin{bmatrix} 1 & 0 \\ 0 & -1 \end{bmatrix}$에 의해 같은 방향으로 옮겨진다. 한편, $\lambda=-1$이면 $x=0$이고 y는 0이 아닌 어떠한 실수도 가능하다. 따라서 y-축을 따르는 벡터 $\begin{bmatrix} 0 \\ b \end{bmatrix}$, $(b \neq 0)$은 모두 $\lambda=-1$에 대응하는 고유벡터이고, 이 벡터는 대칭이동 $\begin{bmatrix} 1 & 0 \\ 0 & -1 \end{bmatrix}$에 의해 반대방향으로 옮겨진다. ■

위 예제 6.2에서 살펴본 바와 같이 A가 $n\times n$ 정사각행렬일 때 A의 고유값 λ는

$$A\boldsymbol{x}=\lambda\boldsymbol{x} \iff A\boldsymbol{x}=\lambda I_n\boldsymbol{x} \iff (\lambda I_n - A)\boldsymbol{x}=\mathbf{0}$$

을 만족하고 또한 $\boldsymbol{x}\neq\mathbf{0}$이므로 제차연립방정식 $(\lambda I_n - A)\boldsymbol{x}=\mathbf{0}$이 자명하지 않은 해를 가져야 한다. 따라서 행렬식 $|\lambda I_n - A|$이 0이 된다.

행렬식

$$p(\lambda)=|\lambda I_n - A|=\begin{vmatrix} \lambda-a_{11} & -a_{12} & \cdots & -a_{1n} \\ -a_{21} & \lambda-a_{22} & \cdots & -a_{2n} \\ \vdots & \vdots & \ddots & \vdots \\ -a_{n1} & -a_{n2} & \cdots & \lambda-a_{nn} \end{vmatrix}$$
$$=(\lambda-a_{11})(\lambda-a_{22})\cdots(\lambda-a_{nn})+(\lambda\text{에 관한 } n-2\text{차 이하의 항})$$

은 λ에 관한 n차 다항식으로서 이를 A의 **특성다항식**(characteristic polynomial)이라고 하고, $|\lambda I_n - A|=0$을 A의 **특성방정식**(characteristic equation)이라고 한다. 대수학의 기본정리에 의하면 n차 다항식은 복소수체에서 중근을 고려하여 n개의 근을 갖는다. 따라서 $n\times n$ 행렬은 중근까지 고려하면 n개의 고유값을 갖는다. 그러나 실수체로 제한하면 고유값이 존재하지 않을 수도 있다.

예제 6.3 $A=\begin{bmatrix} 1 & -3 \\ -3 & 1 \end{bmatrix}$의 특성다항식과 고유값을 구하라.

풀이 A가 2×2 행렬이므로 특성다항식은 λ에 관한 2차 다항식

$$p(\lambda)=|\lambda I_2-A|=\begin{vmatrix}\lambda-1 & 3\\ 3 & \lambda-1\end{vmatrix}=(\lambda-1)^2-9=\lambda^2-2\lambda-8$$

이고, 특성다항식의 근을 구하면 $p(\lambda)=\lambda^2-2\lambda-8=(\lambda-4)(\lambda+2)=0$으로부터 두 개의 상이한 고유값 $\lambda=-2,\ 4$를 얻는다. ■

예제 6.4 $A=\begin{bmatrix}2 & 2\\ -3 & -2\end{bmatrix}$의 특성다항식과 고유값을 구하라.

풀이 A가 2×2 행렬이므로 특성다항식은 λ에 관한 2차 다항식

$$p(\lambda)=|\lambda I_2-A|=\begin{vmatrix}\lambda-2 & -2\\ 3 & \lambda+2\end{vmatrix}=(\lambda-2)(\lambda+2)+6=\lambda^2+2$$

이고, $p(\lambda)=\lambda^2+2=0$으로부터 고유값은 허근 $\lambda=\pm\sqrt{2}\,i$로 주어진다. 따라서 실수체에서는 A의 고유값이 존재하지 않는다. ■

일괄 참조를 위해 앞에서 논의한 고유값에 대한 조건을 정리하면 다음과 같다.

정리 6.1

A가 $n\times n$ 정사각행렬일 때 다음은 서로 동치관계를 이룬다.

(1) λ는 A의 고유값이다.

(2) $(\lambda I_n-A)\boldsymbol{x}=0$은 자명하지 않은 해를 가진다.

(3) λ는 특성다항식 $p(\lambda)=|\lambda I_n-A|$의 근이다.

예제 6.5 행렬 $A=\begin{bmatrix}1 & 2 & -1\\ 1 & 0 & 1\\ 4 & -4 & 5\end{bmatrix}$의 고유값과 고유벡터를 구하라.

풀이 A의 특성다항식은

$$\begin{aligned}|\lambda I_3-A|&=\begin{vmatrix}\lambda-1 & -2 & 1\\ -1 & \lambda & -1\\ -4 & 4 & \lambda-5\end{vmatrix}=\lambda^3-6\lambda^2+11\lambda-6\\ &=(\lambda-1)(\lambda-2)(\lambda-3)\end{aligned}$$

이므로 A의 고유값은 $\lambda_1=1,\ \lambda_2=2,\ \lambda_3=3$이다. A의 각 고유값 λ에 대응

하는 A의 고유벡터를 $\boldsymbol{x} = \begin{bmatrix} x_1 \\ x_2 \\ x_3 \end{bmatrix}$라고 하면 $(\lambda I_3 - A)\boldsymbol{x} = \boldsymbol{0}$으로부터 다음의 연립방정식을 얻는다.

$$\begin{bmatrix} \lambda-1 & -2 & 1 \\ -1 & \lambda & -1 \\ -4 & 4 & \lambda-5 \end{bmatrix} \begin{bmatrix} x_1 \\ x_2 \\ x_3 \end{bmatrix} = \begin{bmatrix} 0 \\ 0 \\ 0 \end{bmatrix}$$

(1) $\lambda_1 = 1$일 때 $(\lambda_1 I_3 - A)\boldsymbol{x} = \boldsymbol{0}$이라 하면

$$\begin{bmatrix} 0 & -2 & 1 \\ -1 & 1 & -1 \\ -4 & 4 & -4 \end{bmatrix} \begin{bmatrix} x_1 \\ x_2 \\ x_3 \end{bmatrix} = \begin{bmatrix} 0 \\ 0 \\ 0 \end{bmatrix} \Leftrightarrow \begin{cases} 2x_2 - x_3 = 0 \\ x_1 - x_2 + x_3 = 0 \end{cases}$$

이므로 자유변수를 $x_3 = 2t$라 두면 $x_2 = t,\ x_1 = -t$이다.

따라서 $\lambda_1 = 1$에 대응하는 고유벡터는

$$\boldsymbol{x} = t\begin{bmatrix} -1 \\ 1 \\ 2 \end{bmatrix},\ (t \in \mathbb{R})$$

이다.

(2) $\lambda_2 = 2$일 때 $(\lambda_2 I_3 - A)\boldsymbol{x} = \boldsymbol{0}$이라 하면

$$\begin{bmatrix} 1 & -2 & 1 \\ -1 & 2 & -1 \\ -4 & 4 & -3 \end{bmatrix} \begin{bmatrix} x_1 \\ x_2 \\ x_3 \end{bmatrix} = \begin{bmatrix} 0 \\ 0 \\ 0 \end{bmatrix} \Leftrightarrow \begin{cases} x_1 - 2x_2 + x_3 = 0 \\ 4x_1 - 4x_2 + 3x_3 = 0 \end{cases}$$

이므로 자유변수를 $x_3 = 4t$라 두면 $x_2 = t,\ x_1 = -2t$이다.

따라서 $\lambda_2 = 2$에 대응하는 고유벡터는

$$\boldsymbol{x} = t\begin{bmatrix} -2 \\ 1 \\ 4 \end{bmatrix},\ (t \in \mathbb{R})$$

이다.

(3) $\lambda_3 = 3$일 때 $(\lambda_3 I_3 - A)\boldsymbol{x} = \boldsymbol{0}$이라 하면

$$\begin{bmatrix} 2 & -2 & 1 \\ -1 & 3 & -1 \\ -4 & 4 & -2 \end{bmatrix} \begin{bmatrix} x_1 \\ x_2 \\ x_3 \end{bmatrix} = \begin{bmatrix} 0 \\ 0 \\ 0 \end{bmatrix} \Leftrightarrow \begin{cases} 2x_1 - 2x_2 + x_3 = 0 \\ x_1 - 3x_2 + x_3 = 0 \end{cases}$$

이므로 자유변수를 $x_3 = 4t$라 두면 $x_2 = t$, $x_1 = -t$이다.

따라서 $\lambda_3 = 3$에 대응하는 고유벡터는

$$\boldsymbol{x} = t\begin{bmatrix} -1 \\ 1 \\ 4 \end{bmatrix}, \quad (t \in \mathbb{R})$$

이다. ■

유한차원 벡터공간 V 상에서 정의되는 선형사상 $T: V \to V$의 고유값과 고유벡터는 V의 기저 B에 대한 행렬 $[T]_B$의 고유값과 고유벡터에 대응하는 V의 원소를 나타낸다.

정리 6.2

유한차원 벡터공간 V 상에서의 선형사상 $T: V \to V$의 특성다항식은 기저의 선택에 의존하지 않는다.

| 증명 | n차원 벡터공간 V의 두 기저를 각각 B와 C라고 할 때 정리 4.10에 의해 C에서 B로의 추이행렬 P에 대해서

$$[T]_C = P^{-1}[T]_B P$$

이므로

$$\begin{aligned} \lambda I_n - [T]_C &= \lambda I_n - P^{-1}[T]_B P \\ &= P^{-1}(\lambda I_n - [T]_B)P \end{aligned}$$

가 성립한다. 따라서

$$\begin{aligned} |\lambda I_n - [T]_C| &= |P^{-1}(\lambda I_n - [T]_B)P| \\ &= |P|^{-1}|\lambda I_n - [T]_B||P| \\ &= |\lambda I_n - [T]_B| \end{aligned}$$

이므로 T의 특성다항식은 기저의 선택에 독립적이다. ■

예제 6.6 $T: P_2 \to P_2$가

$$T(a_0 + a_1x + a_2x^2) = (3a_0 - 2a_1) + (-2a_0 + 3a_1)x + (5a_2)x^2$$

으로 정의되는 선형사상일 때 T의 고유공간의 기저를 구하라.

풀이 P_2의 표준기저 $B=\{1, x, x^2\}$에 대해서 T의 행렬을 A라 하면

$$A=[T]_B=\left[[T(1)]_B\ [T(x)]_B\ [T(x^2)]_B\right]=\begin{bmatrix} 3 & -2 & 0 \\ -2 & 3 & 0 \\ 0 & 0 & 5 \end{bmatrix}.$$

A의 특성다항식은 $p(\lambda)=|\lambda I_3-A|=(\lambda-1)(\lambda-5)^2$이므로

고유값은 $\lambda_1=1, \lambda_2=5$(중근)이다. 여기서 각 고유값에 대응하는 A의 고유벡터를 구한다.

(1) $\lambda_1=1$일 때 $(\lambda_1 I_3-A)\boldsymbol{x}=\mathbf{0}$이라 하면

$$\begin{bmatrix} -2 & 2 & 0 \\ 2 & -2 & 0 \\ 0 & 0 & -4 \end{bmatrix}\begin{bmatrix} x_1 \\ x_2 \\ x_3 \end{bmatrix}=\begin{bmatrix} 0 \\ 0 \\ 0 \end{bmatrix} \Leftrightarrow \begin{cases} x_1-x_2 & =0 \\ & x_3=0 \end{cases}$$

이므로 자유변수를 $x_2=t$라 두면 $x_1=t,\ x_3=0$이다.

따라서 $\lambda_1=1$에 대응하는 고유벡터는

$$\boldsymbol{x}=t\begin{bmatrix} 1 \\ 1 \\ 0 \end{bmatrix},\ (t\in\mathbb{R})$$

이고, P_2에서 고유공간의 기저는 고유공간의 생성벡터 $v_1=\begin{bmatrix} 1 \\ 1 \\ 0 \end{bmatrix}$에 대응하는 다항식 $p_1(x)=1+x$이다.

(2) $\lambda_2=5$일 때 $(\lambda_2 I_3-A)\boldsymbol{x}=\mathbf{0}$이라 하면

$$\begin{bmatrix} 2 & 2 & 0 \\ 2 & 2 & 0 \\ 0 & 0 & 0 \end{bmatrix}\begin{bmatrix} x_1 \\ x_2 \\ x_3 \end{bmatrix}=\begin{bmatrix} 0 \\ 0 \\ 0 \end{bmatrix} \Leftrightarrow \begin{cases} x_1+x_2 & =0 \\ & 0x_3=0 \end{cases}$$

이므로 자유변수 $x_2=s$와 $x_3=t$에 대해서 $x_1=-s$이므로 $\lambda_2=5$에 대응하는 고유벡터는 다음과 같다.

$$\boldsymbol{x}=s\begin{bmatrix} -1 \\ 1 \\ 0 \end{bmatrix}+t\begin{bmatrix} 0 \\ 0 \\ 1 \end{bmatrix},\ (s,\ t\in\mathbb{R})$$

따라서 P_2에서 고유공간의 기저는 각각 고유공간의 생성벡터 $v_2=\begin{bmatrix} -1 \\ 1 \\ 0 \end{bmatrix}$

와 $v_3 = \begin{bmatrix} 0 \\ 0 \\ 1 \end{bmatrix}$에 대응하는 다항식 $p_2(x) = -1 + x$와 $p_3(x) = x^2$으로 구성된다. ■

특성다항식의 정의에 따라

$$\begin{aligned} p(\lambda) &= |\lambda I_n - A| \\ &= (\lambda - a_{11})(\lambda - a_{22}) \cdots (\lambda - a_{nn}) + (\lambda\text{에 관한 } n-2\text{차 이하의 항}) \end{aligned}$$

이므로 $\lambda_1, \lambda_2, \cdots, \lambda_n$이 A의 고유값이라면 이를

$$p(\lambda) = (\lambda - \lambda_1)(\lambda - \lambda_2) \cdots (\lambda - \lambda_n)$$

과 비교하면 A의 고유값의 합과 곱에 대한 다음의 성질을 얻는다.

$$\begin{aligned} &\lambda_1 + \lambda_2 + \cdots + \lambda_n = \sum_{j=1}^{n} a_{jj} := \operatorname{tr}(A), \\ &\lambda_1 \lambda_2 \cdots \lambda_n = p(0) = |A| \end{aligned}$$

위에서 A의 대각원소의 합을 A의 **대각합** (trace)이라고 하고 $\operatorname{tr}(A)$로 정의한다. 따라서 고유값의 합과 곱은 직접 계산을 거치지 않더라도 행렬 A로부터 직접 유도되는 내재적인 성질이라고 볼 수 있다.

예제 6.7 $A = \begin{bmatrix} 3 & 2 \\ -1 & -2 \end{bmatrix}$의 고유값의 합과 곱을 구하고, 이를 이용하여 A의 특성다항식을 유도하라.

풀이 고유값을 λ_1, λ_2라고 하면

$$\begin{aligned} &\lambda_1 + \lambda_2 = \operatorname{tr}(A) = 3 - 2 = 1, \\ &\lambda_1 \lambda_2 = |A| = -4 \end{aligned}$$

이다. 또한 이것으로부터 A의 특성다항식이

$$p(\lambda) = \lambda^2 - (\lambda_1 + \lambda_2)\lambda + \lambda_1 \lambda_2 = \lambda^2 - \lambda - 4$$

로 주어짐을 알 수 있다. ■

6.1 • 연습문제

1. 다음 각 행렬의 특성다항식, 고유값과 고유벡터를 구하라.

(1) $\begin{bmatrix} 2 & -1 \\ -1 & 2 \end{bmatrix}$ (2) $\begin{bmatrix} 1 & -1 \\ 1 & 3 \end{bmatrix}$

(3) $\begin{bmatrix} 1 & 2 & 1 \\ 0 & 3 & 1 \\ 0 & 5 & -1 \end{bmatrix}$ (4) $\begin{bmatrix} -2 & 0 & 1 \\ -6 & -2 & 0 \\ 19 & 5 & -4 \end{bmatrix}$

(5) $\begin{bmatrix} -1 & 0 & 1 \\ -1 & 3 & 0 \\ -4 & -13 & -1 \end{bmatrix}$ (6) $\begin{bmatrix} 1 & -1 & -1 & -1 \\ -1 & 1 & -1 & -1 \\ -1 & -1 & 1 & -1 \\ -1 & -1 & -1 & 1 \end{bmatrix}$

2. 3×3 행렬 A의 고유값과 고유벡터가 각각 다음과 같을 때 대응하는 행렬 A를 구하라.

(1) $\lambda_1 = -1,\ \lambda_2 = 2,\ \lambda_3 = 3 ::\quad \boldsymbol{x}_1 = \begin{bmatrix} 0 \\ 1 \\ -1 \end{bmatrix},\ \boldsymbol{x}_2 = \begin{bmatrix} 1 \\ 1 \\ 0 \end{bmatrix},\ \boldsymbol{x}_3 = \begin{bmatrix} 0 \\ 1 \\ 1 \end{bmatrix}$

(2) $\lambda_1 = -1,\ \lambda_2 = 2,\ \lambda_3 = 2 ::\quad \boldsymbol{x}_1 = \begin{bmatrix} 0 \\ 1 \\ -1 \end{bmatrix},\ \boldsymbol{x}_2 = \begin{bmatrix} 1 \\ 1 \\ 0 \end{bmatrix},\ \boldsymbol{x}_3 = \begin{bmatrix} 0 \\ 1 \\ 1 \end{bmatrix}$

3. 다음 각 행렬의 고유공간의 기저를 구하라.

(1) $\begin{bmatrix} 2 & 2 \\ -1 & 5 \end{bmatrix}$ (2) $\begin{bmatrix} 1 & 2 & 0 \\ 2 & 1 & 0 \\ 0 & 0 & 1 \end{bmatrix}$

(3) $\begin{bmatrix} 2 & -3 & 1 \\ 1 & -2 & 1 \\ 1 & -3 & 2 \end{bmatrix}$ (4) $\begin{bmatrix} -2 & 0 & 1 \\ -6 & -2 & 0 \\ 19 & 5 & -4 \end{bmatrix}$

4. 행렬 $A = \begin{bmatrix} -2 & 2 & 3 \\ -2 & 3 & 2 \\ -4 & 2 & 5 \end{bmatrix}$에 대해 각각 다음 행렬의 고유값과 고유공간의 기저를 구하고 이를 비교하라.

(1) A (2) A^{-1}

(3) $A - 2I_3$ (4) $A - 3I_3$

5. 다음 선형사상 $T : \mathbb{R}^3 \rightarrow \mathbb{R}^3$에 대한 고유공간의 기저를 구하라.

(1) $T(x,\ y,\ z) = (x - y,\ y - z,\ z - x)$

(2) $T(x,\ y,\ z) = (x+y+z,\ 2y+z,\ 2y+3z)$

6. $T: P_2 \to P_2$가 다음과 같이 정의되는 선형사상일 때 T의 고유값과 고유공간의 기저를 구하라.

(1) $T(a_0 + a_1x + a_2x^2) = (5a_0 + 6a_1 + 2a_2) - (a_1 + 8a_2)x + (a_0 - 2a_2)x^2$

(2) $T(a_0 + a_1x + a_2x^2) = (2a_0 + a_1 - a_2) + (-a_1 + 2a_2)x - a_2x^2$

7. $T: M_2 \to M_2$가 다음과 같이 정의되는 선형사상일 때 T의 고유값과 고유공간의 기저를 구하라.

(1) $T\left(\begin{bmatrix} a & b \\ c & d \end{bmatrix}\right) = \begin{bmatrix} 2c & a+c \\ b-2c & d \end{bmatrix}$

(2) $T\left(\begin{bmatrix} a & b \\ c & d \end{bmatrix}\right) = \begin{bmatrix} a-c+d & b+d \\ -2a+2c-2d & 2b+2d \end{bmatrix}$

8. n 차원 벡터공간 V에서의 선형사상 $T: V \to V$에 대해 다음을 만족하는 V의 원소 v가 존재한다고 하자.

$$T^{n-1}v \neq 0, \quad T^n v = 0$$

(1) $B = \{v,\ Tv,\ \cdots,\ T^{n-1}v\}$는 V의 기저를 이룸을 보여라.

(2) $[T]_B$를 구하라.

(3) T의 고유값과 고유벡터를 구하라.

9. 평면에서 각각 다음과 같은 변환에 대한 고유값과 고유벡터를 구하라.

(1) x 축에 대한 대칭변환

(2) y 축에 대한 대칭변환

(3) θ각 만큼의 회전변환

10. $P^2 = P$가 되는 정사각행렬을 멱등행렬 (idempotent matrix)이라고 한다.

(1) 멱등행렬의 고유값은 0과 1임을 보여라.

(2) 단위벡터 $\boldsymbol{u} \in \mathbb{R}^n$에 대해서 $n \times n$ 행렬 $P = \boldsymbol{u}\boldsymbol{u}^t$는 멱등행렬임을 보여라.

(3) $\boldsymbol{u},\ \boldsymbol{v} \in \mathbb{R}^n$이 서로 직교하는 단위벡터이면 $P = \boldsymbol{u}\boldsymbol{u}^t + \boldsymbol{v}\boldsymbol{v}^t$는 멱등행렬임을 보여라.

11. 정사각행렬 A의 대각합 $\mathrm{tr}(A)$에 대하여 다음이 성립함을 보여라

(1) $\mathrm{tr}(A^t) = \mathrm{tr}(A)$

(2) A와 B가 같은 크기의 정사각행렬이면 $\mathrm{tr}(AB) = \mathrm{tr}(BA)$

(3) $A \in M_{m,n}$에 대해 $\mathrm{tr}(A^tA) = 0$이면 $A = O$임을 보여라.

(4) $A = PBP^{-1}$이면 $\mathrm{tr}(A) = \mathrm{tr}(B)$임을 보여라.

12. A와 B가 정사각행렬일 때 AB와 BA는 같은 고유값을 가짐을 보여라.

13. A, $B \in M_n$에 대해서 $\Gamma = \begin{bmatrix} A & \vdots & B \\ \cdots & \cdot & \cdots \\ B & \vdots & A \end{bmatrix} \in M_{2n}$의 고유값은 $A+B$와 $A-B$의 고유값과 같음을 보여라. 또한 Γ의 고유벡터를 $A+B$와 $A-B$의 고유벡터로 나타내라.

6.2 행렬의 대각화

A가 정사각행렬일 때 A가 대각행렬 D와 닮음행렬이면 정칙행렬 P가 존재해서

$$P^{-1}AP = D$$

가 성립한다. 이때 A를 **대각화가능한 행렬**(diagonalizable matrix)이라 하고, P를 **대각화에 대한 추이행렬**이라고 한다. 행렬의 대각화는 6.3절에서 살펴보듯이 행렬의 거듭제곱이나 차분방정식, 2차 점화식에 의한 수열, 미분방정식의 해법에의 적용 등 다양하고 폭넓게 실제 생활에 편리하게 이용할 수 있다. 행렬의 대각화는 행렬의 고유벡터의 성질에 의존한다.

정리 6.3

$\lambda_1, \lambda_2, \cdots, \lambda_k$, $(1 \le k \le n)$를 $n \times n$ 정사각행렬 A의 서로 다른 고유값이라 하고 $\boldsymbol{x}_1, \boldsymbol{x}_2, \cdots, \boldsymbol{x}_k$를 각각 이에 대응하는 고유벡터라고 하면 $\{\boldsymbol{x}_1, \boldsymbol{x}_2, \cdots, \boldsymbol{x}_k\}$는 일차독립이다.

| 증명 | $\{\boldsymbol{x}_1, \boldsymbol{x}_2, \cdots, \boldsymbol{x}_k\}$가 일차종속이라고 가정하자. r을 $\{\boldsymbol{x}_1, \boldsymbol{x}_2, \cdots, \boldsymbol{x}_k\}$에 의해 생성된 $\mathbb{R}^n$의 부분공간의 차원이라고 하자. 필요하면 적절히 순서를 재배열함으로서 $\{\boldsymbol{x}_1, \boldsymbol{x}_2, \cdots, \boldsymbol{x}_r\}$이 일차독립이라고 가정할 수 있다. 그러면 $\{\boldsymbol{x}_1, \boldsymbol{x}_2, \cdots, \boldsymbol{x}_r, \boldsymbol{x}_{r+1}\}$이 일차종속이므로

$$k_1\boldsymbol{x}_1 + \cdots + k_r\boldsymbol{x}_r + k_{r+1}\boldsymbol{x}_{r+1} = \mathbf{0} \tag{1}$$

을 만족하는 모두는 영이 아닌 스칼라 $k_1, \cdots, k_r, k_{r+1}$이 존재한다. 이때 $\{\boldsymbol{x}_1, \boldsymbol{x}_2, \cdots, \boldsymbol{x}_r\}$이 일차독립이므로 $k_{r+1} \neq 0$이다. 이 식의 양변에 행렬 A를 곱하면

$$k_1A\boldsymbol{x}_1 + \cdots + k_rA\boldsymbol{x}_r + k_{r+1}A\boldsymbol{x}_{r+1} = A\mathbf{0} = \mathbf{0}$$

으로부터

$$k_1\lambda_1\boldsymbol{x}_1 + \cdots + k_r\lambda_r\boldsymbol{x}_r + k_{r+1}\lambda_{r+1}\boldsymbol{x}_{r+1} = \mathbf{0} \tag{2}$$

을 얻는다. 이제 (1) 식에 λ_{r+1}을 곱해 (2) 식에서 빼면

$$k_1(\lambda_1 - \lambda_{r+1})\boldsymbol{x}_1 + \cdots + k_r(\lambda_r - \lambda_{r+1})\boldsymbol{x}_r = \mathbf{0}$$

이고, $\{\boldsymbol{x}_1, \boldsymbol{x}_2, \cdots, \boldsymbol{x}_r\}$이 일차독립이므로

$$k_1(\lambda_1 - \lambda_{r+1}) = \cdots = k_r(\lambda_r - \lambda_{r+1}) = 0$$

을 얻는다. 이때 $\lambda_1, \cdots, \lambda_{r+1}$이 서로 다르므로

$$k_1 = k_2 = \cdots = k_r = 0$$

이다. 그러면 (1)에서 $k_{r+1}\boldsymbol{x}_{r+1} = \mathbf{0}$ 이고 $\boldsymbol{x}_{r+1}$이 영벡터가 아니므로 $k_{r+1} = 0$이 되어 모순이다. 따라서 $\{\boldsymbol{x}_1, \boldsymbol{x}_2, \cdots, \boldsymbol{x}_k\}$는 일차독립이다. ■

정리 6.4

$n \times n$ 행렬 A가 대각화가능한 행렬일 필요충분조건은 A가 n개의 일차독립인 고유벡터를 갖는 것이다.

| 증명 | A가 n개의 일차독립인 고유벡터 $\boldsymbol{x}_1, \boldsymbol{x}_2, \cdots, \boldsymbol{x}_n$을 갖는다고 하자. 각 j에 대해 λ_j를 $\boldsymbol{x}_j$에 대응하는 고유값이라 하면 $A\boldsymbol{x}_j = \lambda_j\boldsymbol{x}_j$가 성립한다. 이때 고유벡

터를 열로 하는 행렬

$$P = [\boldsymbol{x}_1 \boldsymbol{x}_2 \cdots \boldsymbol{x}_n]$$

을 구성하면 $P^{(j)} = \boldsymbol{x}_j$, $(j = 1, \cdots, n)$이고

$$\begin{aligned} AP &= [A\boldsymbol{x}_1 A\boldsymbol{x}_2 \cdots A\boldsymbol{x}_n] \\ &= [\lambda_1 \boldsymbol{x}_1 \lambda_2 \boldsymbol{x}_2 \cdots \lambda_n \boldsymbol{x}_n] \\ &= [\boldsymbol{x}_1 \boldsymbol{x}_2 \cdots \boldsymbol{x}_n] \begin{bmatrix} \lambda_1 & 0 & \cdots & 0 \\ 0 & \lambda_2 & \cdots & 0 \\ \vdots & \vdots & \ddots & \vdots \\ 0 & 0 & \cdots & \lambda_n \end{bmatrix} \\ &= PD \end{aligned}$$

이다. 여기서 $\boldsymbol{x}_1, \boldsymbol{x}_2, \cdots, \boldsymbol{x}_n$이 일차독립이므로 정리 1.8에 의해 P는 가역이다. 따라서 $P^{-1}AP = D$이므로 A는 대각화가능한 행렬이다.

역으로, A가 대각화가능하면 정칙행렬 P와 대각행렬 D가 존재해서 $AP = PD$이므로 D의 대각원을 $\lambda_1, \lambda_2, \cdots, \lambda_n$이라 하면 $j = 1, \cdots, n$에 대해

$$AP^{(j)} = (AP)^{(j)} = (PD)^{(j)} = PD^{(j)} = P(\lambda_j \boldsymbol{e}_j) = \lambda_j P\boldsymbol{e}_j = \lambda_j P^{(j)}$$

이므로 λ_j는 A의 고유값이고 $P^{(j)}$는 λ_j에 대응하는 고유벡터이다. 또한 P가 가역이므로 A의 고유벡터 $P^{(1)}, P^{(2)}, \cdots, P^{(n)}$은 일차독립이다. ■

정리 6.3과 정리 6.4에 의해 명백히 A가 n개의 서로 다른 고유값을 가지면 A는 대각화가 능하다. A를 대각화하는 추이행렬 P를 구하는 과정을 정리하면 다음과 같다.

(1) 일단계 : A의 고유값 $\lambda_1, \cdots, \lambda_n$을 구한다.

(2) 이단계 : A의 일차독립인 고유벡터 $\boldsymbol{x}_1, \cdots, \boldsymbol{x}_n$을 구한다.
이때 $A\boldsymbol{x}_j = \lambda_j \boldsymbol{x}_j$라 가정하고 λ_j는 서로 다를 필요는 없다.

(3) 삼단계 : $P^{(j)} = \boldsymbol{x}_j$, $(j = 1, \cdots, n)$가 되도록 추이행렬 P를 구성한다.

예제 6.8 다음 행렬 A가 대각화가능하면 대각화에 대한 추이행렬 P를 구하고 A를 대각화하라.

$$A=\begin{bmatrix}-1 & 0 & 1\\ 3 & 0 & -3\\ 1 & 0 & -1\end{bmatrix}$$

풀이 A의 특성방정식은

$$p(\lambda)=|\lambda I_3-A|=\begin{vmatrix}\lambda+1 & 0 & -1\\ -3 & \lambda & 3\\ -1 & 0 & \lambda+1\end{vmatrix}=\lambda^2(\lambda+2)=0$$

이다. 따라서 A의 고유값은 $\lambda_1=0$(중근), $\lambda_2=-2$이다.

(1) $\lambda_1=0$에 대응하는 A의 고유벡터 :

$(\lambda_1 I_3-A)\boldsymbol{x}=\mathbf{0}$에 대응하는 연립방정식은

$$\begin{bmatrix}1 & 0 & -1\\ -3 & 0 & 3\\ -1 & 0 & 1\end{bmatrix}\begin{bmatrix}x_1\\ x_2\\ x_3\end{bmatrix}=\begin{bmatrix}0\\ 0\\ 0\end{bmatrix}$$

이고 계수행렬에 가우스 소거법을 적용하면

$$\begin{bmatrix}1 & 0 & -1\\ -3 & 0 & 3\\ -1 & 0 & 1\end{bmatrix}\sim_r\begin{bmatrix}1 & 0 & -1\\ 0 & 0 & 0\\ 0 & 0 & 0\end{bmatrix}$$

이다. 따라서 자유변수를 $x_2=t,\ x_3=s,\ (s,\ t\in\mathbb{R})$이라 두면 $x_1=x_3=s$이므로 $\lambda_1=0$에 대응하는 고유벡터는

$$\boldsymbol{x}=s\begin{bmatrix}1\\ 0\\ 1\end{bmatrix}+t\begin{bmatrix}0\\ 1\\ 0\end{bmatrix},\ (s,\ t\in\mathbb{R})$$

이고, 고유공간은 두 개의 일차독립인 벡터 $v_1=\begin{bmatrix}1\\ 0\\ 1\end{bmatrix}$과 $v_2=\begin{bmatrix}0\\ 1\\ 0\end{bmatrix}$에 의해 생성된다.

(2) $\lambda_2=-2$에 대응하는 A의 고유벡터 :

$(\lambda_2 I_3-A)\boldsymbol{x}=\mathbf{0}$에 대응하는 연립방정식은

$$\begin{bmatrix}-1 & 0 & -1\\ -3 & -2 & 3\\ -1 & 0 & -1\end{bmatrix}\begin{bmatrix}x_1\\ x_2\\ x_3\end{bmatrix}=\begin{bmatrix}0\\ 0\\ 0\end{bmatrix}$$

이고 계수행렬에 가우스 소거법을 적용하면

$$\begin{bmatrix} -1 & 0 & -1 \\ -3 & -2 & 3 \\ -1 & 0 & -1 \end{bmatrix} \sim_r \begin{bmatrix} 1 & 0 & 1 \\ 0 & 1 & -3 \\ 0 & 0 & 0 \end{bmatrix}$$

이다. 따라서 자유변수를 $x_3 = t$, $(t \in \mathbb{R})$라 두면 $x_1 = -t$, $x_2 = 3t$이므로 $\lambda_2 = -2$에 대응하는 고유벡터는

$$\boldsymbol{x} = t\begin{bmatrix} -1 \\ 3 \\ 1 \end{bmatrix}, \quad (t \in \mathbb{R})$$

이고, 고유공간은 일차독립인 벡터 $\boldsymbol{v}_3 = \begin{bmatrix} -1 \\ 3 \\ 1 \end{bmatrix}$에 의해 생성된다.

(1)과 (2)로부터 A는 3개의 일차독립인 고유벡터 $\{\boldsymbol{v}_1, \boldsymbol{v}_2, \boldsymbol{v}_3\}$를 가지므로 A는 대각화가능하고

$$P = [\boldsymbol{v}_1\ \boldsymbol{v}_2\ \boldsymbol{v}_3] = \begin{bmatrix} 1 & 0 & -1 \\ 0 & 1 & 3 \\ 1 & 0 & 1 \end{bmatrix}, \ D = \mathrm{diag}(\lambda_1, \lambda_1, \lambda_2) = \begin{bmatrix} 0 & 0 & 0 \\ 0 & 0 & 0 \\ 0 & 0 & -2 \end{bmatrix}$$

에 대하여 $A = PDP^{-1}$이다. ■

예제 6.9 다음 행렬이 대각화가능한지 판단하고 대각화가능하다면 대각화하라.

$$A = \begin{bmatrix} 0 & 1 & 0 \\ 0 & 0 & 1 \\ 2 & -5 & 4 \end{bmatrix}$$

풀이 A의 특성방정식은

$$p(\lambda) = |\lambda I_3 - A| = \begin{vmatrix} \lambda & -1 & 0 \\ 0 & \lambda & -1 \\ -2 & 5 & \lambda - 4 \end{vmatrix} = \lambda^3 - 4\lambda^2 + 5\lambda - 2$$
$$= (\lambda - 2)(\lambda - 1)^2 = 0$$

이다. 따라서 A의 고유값은 $\lambda_1 = 1$(중근), $\lambda_2 = 2$이다.

(1) $\lambda_1 = 1$에 대응하는 A의 고유벡터 :

$(\lambda_1 I_3 - A)\boldsymbol{x} = 0$에 대응하는 연립방정식은

$$\begin{bmatrix} 1 & -1 & 0 \\ 0 & 1 & -1 \\ -2 & 5 & -3 \end{bmatrix}\begin{bmatrix} x_1 \\ x_2 \\ x_3 \end{bmatrix} = \begin{bmatrix} 0 \\ 0 \\ 0 \end{bmatrix}$$

이고 계수행렬에 가우스 소거법을 적용하면

$$\begin{bmatrix} 1 & -1 & 0 \\ 0 & 1 & -1 \\ -2 & 5 & -3 \end{bmatrix} \sim_r \begin{bmatrix} 1 & -1 & 0 \\ 0 & 1 & -1 \\ 0 & 0 & 0 \end{bmatrix}$$

이다. 따라서 자유변수를 $x_3 = t$, $(t \in \mathbb{R})$라 두면 $\lambda_1 = 1$에 대응하는 고유벡터는

$$\boldsymbol{x} = t\begin{bmatrix} 1 \\ 1 \\ 1 \end{bmatrix}, \quad (t \in \mathbb{R})$$

이고, 고유공간은 한 개의 일차독립인 벡터 $v_1 = \begin{bmatrix} 1 \\ 1 \\ 1 \end{bmatrix}$에 의해 생성된다.

(2) $\lambda_2 = 2$에 대응하는 A의 고유벡터 :

$(\lambda_2 I_3 - A)\boldsymbol{x} = 0$에 대응하는 연립방정식은

$$\begin{bmatrix} 2 & -1 & 0 \\ 0 & 2 & -1 \\ -2 & 5 & -2 \end{bmatrix}\begin{bmatrix} x_1 \\ x_2 \\ x_3 \end{bmatrix} = \begin{bmatrix} 0 \\ 0 \\ 0 \end{bmatrix}$$

이고 계수행렬에 가우스 소거법을 적용하면

$$\begin{bmatrix} 2 & -1 & 0 \\ 0 & 2 & -1 \\ -2 & 5 & -2 \end{bmatrix} \sim_r \begin{bmatrix} 2 & -1 & 0 \\ 0 & 2 & -1 \\ 0 & 0 & 0 \end{bmatrix}$$

이다. 따라서 자유변수를 $x_3 = 2t$, $(t \in \mathbb{R})$라 두면 $\lambda_2 = 2$에 대응하는 고유벡터는

$$\boldsymbol{x} = t\begin{bmatrix} 1 \\ 1 \\ 2 \end{bmatrix}, \quad (t \in \mathbb{R})$$

이고, 고유공간은 일차독립인 벡터 $v_2 = \begin{bmatrix} 1 \\ 1 \\ 2 \end{bmatrix}$에 의해 생성된다.

(1)과 (2)로부터 A의 일차독립인 고유벡터는 v_1과 v_2의 두 개뿐이므로 정리 6.4에 의해 A는 대각화가능하지 않다. ■

행렬의 대각화는 기저의 변환에 따른 추이행렬과 직접적인 연계성을 갖는다.

예제 6.10 다음과 같이 정의된 선형사상 $T: \mathbb{R}^3 \to \mathbb{R}^3$에 대하여 T의 행렬을 대각화하는 $\mathbb{R}^3$의 기저를 구하라.

$$T(x_1,\ x_2,\ x_3) = (3x_1 - 2x_2, -2x_1 + 3x_2, 5x_3)$$

풀이 $\mathbb{R}^3$의 표준기저를 $B = \{e_1,\ e_2,\ e_3\}$라 하면 B에 대한 T의 행렬은

$$A = [T]_B = \begin{bmatrix} 3 & -2 & 0 \\ -2 & 3 & 0 \\ 0 & 0 & 5 \end{bmatrix}$$

이다. 한편, 기저 $C = \{w_1,\ w_2,\ w_3\}$에 대해 $[T]_C$가 대각행렬이라면 정리 4.10에 의해 C에서 B로의 추이행렬 P에 대해서

$$[T]_C = P^{-1}[T]_B P$$

가 성립한다. 따라서 T의 행렬을 대각화하는 기저 C는 A의 대각화에 따른 추이행렬 P로부터 유도될 수 있다.

A의 특성다항식은

$$p(\lambda) = |\lambda I_3 - A| = (\lambda - 1)(\lambda - 5)^2$$

이고 A의 고유값은 $\lambda_1 = 1,\ \lambda_2 = 5$(중근)이다.

이때 $\lambda_1 = 1$에 대응하는 고유공간은 $v_1 = \begin{bmatrix} 1 \\ 1 \\ 0 \end{bmatrix}$에 의해 생성되고,

$\lambda_2 = 5$에 대응하는 고유공간은 두 개의 벡터 $v_2 = \begin{bmatrix} -1 \\ 1 \\ 0 \end{bmatrix}$와 $v_3 = \begin{bmatrix} 0 \\ 0 \\ 1 \end{bmatrix}$에 의해 생성된다. 따라서 A의 대각화에 따른 추이행렬은

$$P = [v_1\ v_2\ v_3] = \begin{bmatrix} 1 & -1 & 0 \\ 1 & 1 & 0 \\ 0 & 0 & 1 \end{bmatrix}$$

이고,

$$\begin{aligned} P^{-1}AP &= \begin{bmatrix} 0.5 & 0.5 & 0 \\ -0.5 & 0.5 & 0 \\ 0 & 0 & 1 \end{bmatrix} \begin{bmatrix} 3 & -2 & 0 \\ -2 & 3 & 0 \\ 0 & 0 & 5 \end{bmatrix} \begin{bmatrix} 1 & -1 & 0 \\ 1 & 1 & 0 \\ 0 & 0 & 1 \end{bmatrix} \\ &= \begin{bmatrix} 1 & 0 & 0 \\ 0 & 5 & 0 \\ 0 & 0 & 5 \end{bmatrix} = D \end{aligned}$$

를 만족한다. 따라서 C에서 B로의 추이행렬 P에 대해

$$P^{(j)} = v_j = [w_j]_B, \quad (j = 1,\ 2,\ 3)$$

이므로 T를 대각화하는 기저는

$$w_1 = P^{(1)} = \begin{bmatrix} 1 \\ 1 \\ 0 \end{bmatrix},\ w_2 = P^{(2)} = \begin{bmatrix} -1 \\ 1 \\ 0 \end{bmatrix},\ w_3 = P^{(3)} = \begin{bmatrix} 0 \\ 0 \\ 1 \end{bmatrix}$$

이고, 이때 T의 대각행렬은 $[T]_C = D$이다. ■

■ 대칭행렬의 직교대각화

정사각행렬 P에 대해 $P^{-1} = P^t$이면 P를 직교행렬 (orthogonal matrix)이라고 한다. 따라서 P가 직교행렬일 필요충분조건은

$$P^t P = I_n = PP^t$$

이다. 이 관계식으로부터

$$(P^t P)_{(ij)} = P^{(i)t} P^{(j)} = P^{(i)} \cdot P^{(j)} = (I_n)_{(ij)} = \delta_{ij}$$

이 성립하므로 직교행렬 P의 각 열은 정규직교벡터임을 알 수 있다.

다음은 직교행렬의 기본성질이다. 특히 직교행렬은 벡터의 길이와 벡터사이의 각도를 보존하는 성질을 가지고 있다.

정리 6.5

$n \times n$ 직교행렬 P에 대해 다음이 성립한다.

(1) $\|P\boldsymbol{x}\| = \|\boldsymbol{x}\|,\ \forall\, \boldsymbol{x} \in \mathbb{R}^n$

(2) $(P\boldsymbol{x})^t(P\boldsymbol{y}) = \boldsymbol{x}^t\boldsymbol{y},\ \forall\, \boldsymbol{x},\ \boldsymbol{y} \in \mathbb{R}^n$

(3) $|P|^2 = 1$

| 증명 | (2)와 (3)은 직교행렬의 정의로부터 직접 얻어지므로 생략하고 (1)이 성립함을 보이자.

n-벡터 $\boldsymbol{x}$에 대해

$$\|P\boldsymbol{x}\|^2 = (P\boldsymbol{x})^t(P\boldsymbol{x}) = \boldsymbol{x}^t P^t P\boldsymbol{x} = \boldsymbol{x}^t I_n \boldsymbol{x} = \boldsymbol{x}^t \boldsymbol{x} = \|\boldsymbol{x}\|^2$$

이므로 (1)이 성립한다. ■

정사각행렬 A에 대하여 A를 대각화하는 직교행렬 P가 존재할 때 A는 **직교대각화가능**(orthogonally diagonalizable)하다고 하고 P는 A를 **직교대각화하는 행렬**이라고 한다. 즉

$$P^t AP = D$$

를 만족하는 직교행렬 P와 대각행렬 D가 존재하면 A는 직교대각화가능하다.

정리 6.6

$n \times n$ 정사각행렬 A에 대하여 다음은 동치이다.

(1) A는 직교대각화가능하다.

(2) A는 n개의 고유벡터의 정규직교집합을 갖는다.

(3) A는 대칭행렬이다.

| 증명 | (1) $\Rightarrow$ (2) :

A가 직교대각화가능하면 $P^{-1}AP = P^t AP = D$로 되는 직교행렬 P와 대각행렬 D가 존재하므로 D의 대각원을 순서대로 $\lambda_1, \cdots, \lambda_n$이라 하면 $AP = PD$로부터

$$(AP)^{(j)} = (PD)^{(j)}$$
$$\Rightarrow\ AP^{(j)} = PD^{(j)} = P(\lambda_j \boldsymbol{e}_j) = \lambda_j P\boldsymbol{e}_j = \lambda_j P^{(j)},\ (j = 1, \cdots, n)$$

이므로 D의 각 대각원은 A의 고유값이고 직교행렬 P의 각 열은 고유벡터이다. 또한 직교행렬 P의 열벡터는 정규직교벡터이므로 A는 n개의 정규직교벡터를 갖는다.

(2) $\Rightarrow$ (1) :

A가 각 j에 대해 $A\boldsymbol{v}_j = \lambda_j \boldsymbol{v}_j$인 n개의 고유벡터 $\{\boldsymbol{v}_1, \boldsymbol{v}_2, \cdots, \boldsymbol{v}_n\}$를 정규직교집합으로 갖는다면 $P = [\boldsymbol{v}_1\ \boldsymbol{v}_2 \cdots\ \boldsymbol{v}_n]$는 직교행렬이고

대각행렬 $D = \mathrm{diag}(\lambda_1, \lambda_2, \cdots, \lambda_n)$에 대해

$$AP = PD$$

를 만족한다. 따라서 A는 직교대각화가능하다.

(1) $\Rightarrow$ (3) :
A가 직교대각화가능하므로 $P^tAP = D$인 직교행렬 P와 대각행렬 D가 존재한다. 그러면 $A = PDP^t$이고, 대각행렬 D에 대해 $D^t = D$이므로

$$A^t = (PDP^t)^t = P^{tt}D^tP^t = PDP^t = A$$

가 성립한다. 따라서 A는 대칭행렬이다.

(3) $\Rightarrow$ (1) :
A가 대칭행렬이면 A의 고유값은 모두 실수이다(보조정리 7.3 참조). 따라서 $P^tAP = U$인 직교행렬 P와 상부삼각행렬 U가 존재한다. (이것은 슈르의 정리의 특수한 경우로서 복소행렬과 연계하여 7.3절에서 소개한다.)
그러므로

$$U^t = (P^tAP)^t = P^tA^tP = P^tAP = U$$

이고, $U^t = U$인 상부삼각행렬은 대각행렬이므로 대각행렬 D에 대해 $U = D$가 되어 $P^tAP = D$를 만족한다. 따라서 대칭행렬 A는 직교대각화가 가능하다. ■

정리 6.7

대칭행렬 A의 서로 다른 두 고유값에 대응하는 고유벡터는 서로 직교한다.

| 증명 | 대칭행렬 A의 임의의 서로 다른 두 고유값을 λ_1과 λ_2라 하고 v_1과 v_2를 각각 대응하는 고유벡터라고 하자. 즉

$$Av_1 = \lambda_1 v_1, \quad Av_2 = \lambda_2 v_2.$$

여기서 A가 대칭이므로

$$v_1^t A v_2 = (Av_1)^t v_2 = (\lambda_1 v_1)^t v_2 = \lambda_1 v_1^t v_2$$

이고,

$$v_1^t A v_2 = v_1^t (A v_2) = v_1^t (\lambda_2 v_2) = \lambda_2 v_1^t v_2$$

이다. 따라서

$$(\lambda_1 - \lambda_2) v_1^t v_2 = v_1^t A v_2 - v_1^t A v_2 = 0$$

이 성립한다. 이때 $\lambda_1 \neq \lambda_2$이므로

$$v_1 \cdot v_2 = v_1^t v_2 = 0$$

이다. 따라서 v_1과 v_2는 서로 직교한다. ■

예제 6.11 다음 대칭행렬 A를 직교대각화하라.

$$A = \begin{bmatrix} -2 & 5 \\ 5 & -2 \end{bmatrix}$$

풀이 A의 특성방정식은

$$\begin{aligned} p(\lambda) &= |\lambda I_2 - A| = \begin{vmatrix} \lambda+2 & -5 \\ -5 & \lambda+2 \end{vmatrix} = \lambda^2 + 4\lambda - 21 \\ &= (\lambda+7)(\lambda-3) = 0 \end{aligned}$$

이다. 따라서 A의 고유값은 $\lambda_1 = -7$, $\lambda_2 = 3$이다.

이때 각 고유값에 대응하는 고유벡터는

$$v_1 = \begin{bmatrix} -1 \\ 1 \end{bmatrix}, \quad v_2 = \begin{bmatrix} 1 \\ 1 \end{bmatrix}$$

이다. 명백히 v_1, v_2는 서로 직교하고 이를 정규화하여 열로 배치하면 A를 직교대각화하는 행렬 P는

$$P = \frac{1}{\sqrt{2}} \begin{bmatrix} -1 & 1 \\ 1 & 1 \end{bmatrix}$$

이고,

$$P^t A P = \begin{bmatrix} -7 & 0 \\ 0 & 3 \end{bmatrix} = D$$

가 성립한다. ■

예제 6.12 다음 대칭행렬 A를 직교대각화하는 직교행렬 P를 구하라.

$$A=\begin{bmatrix} 1 & -1 & -1 & -1 \\ -1 & 1 & -1 & -1 \\ -1 & -1 & 1 & -1 \\ -1 & -1 & -1 & 1 \end{bmatrix}$$

풀이 A의 특성방정식은

$$p(\lambda)=|\lambda I_4-A|=(\lambda-2)^3(\lambda+2)$$

이므로 A의 고유값은 $\lambda_1=2$(3중근), $\lambda_2=-2$이다.

이때 대응하는 고유벡터는 다음과 같이 주어진다.

$$v_1=\begin{bmatrix} 1 \\ -1 \\ 0 \\ 0 \end{bmatrix},\ v_2=\begin{bmatrix} 1 \\ 0 \\ -1 \\ 0 \end{bmatrix},\ v_3=\begin{bmatrix} 1 \\ 0 \\ 0 \\ -1 \end{bmatrix},\ v_4=\begin{bmatrix} 1 \\ 1 \\ 1 \\ 1 \end{bmatrix}$$

여기서 $\lambda_1=2$에 대응하는 고유벡터는 $\{v_1,\ v_2,\ v_3\}$이고 $\lambda_2=-2$에 대응하는 고유벡터는 v_4이다. 따라서 정리 6.7에 의해 v_4는 $v_1,\ v_2,\ v_3$와 서로 직교를 이룬다. 직교행렬 P를 구하기 위해 그람-슈미트 직교화 과정을 적용하여 $v_1,\ v_2,\ v_3$를 정규직교화하고, v_4를 정규화한다.

$$u_1=v_1\ ;\ e_1=\frac{u_1}{\|u_1\|}=\frac{1}{\sqrt{2}}\begin{bmatrix} 1 \\ -1 \\ 0 \\ 0 \end{bmatrix},$$

$$u_2=v_2-\frac{v_2\cdot u_1}{\|u_1\|^2}u_1=\begin{bmatrix} \frac{1}{2} \\ \frac{1}{2} \\ -1 \\ 0 \end{bmatrix}\ ;\ e_2=\frac{u_2}{\|u_2\|}=\sqrt{\frac{2}{3}}\begin{bmatrix} \frac{1}{2} \\ \frac{1}{2} \\ -1 \\ 0 \end{bmatrix},$$

$$u_3=v_3-\frac{v_3\cdot u_1}{\|u_1\|^2}u_1-\frac{v_3\cdot u_2}{\|u_2\|^2}u_2=\begin{bmatrix} \frac{1}{3} \\ \frac{1}{3} \\ \frac{1}{3} \\ -1 \end{bmatrix}\ ;\ e_3=\frac{\sqrt{3}}{2}\begin{bmatrix} \frac{1}{3} \\ \frac{1}{3} \\ \frac{1}{3} \\ -1 \end{bmatrix}\ ;$$

$$e_4 = \frac{v_4}{\|v_4\|} = \frac{1}{2}\begin{bmatrix}1\\1\\1\\1\end{bmatrix}.$$

그러면 A를 직교대각화하는 직교행렬은

$$P = [e_1\ e_2\ e_3\ e_4] = \begin{bmatrix} \frac{1}{\sqrt{2}} & \frac{1}{\sqrt{6}} & \frac{1}{2\sqrt{3}} & \frac{1}{2} \\ -\frac{1}{\sqrt{2}} & \frac{1}{\sqrt{6}} & \frac{1}{2\sqrt{3}} & \frac{1}{2} \\ 0 & -\sqrt{\frac{2}{3}} & \frac{1}{2\sqrt{3}} & \frac{1}{2} \\ 0 & 0 & -\frac{\sqrt{3}}{2} & \frac{1}{2} \end{bmatrix}$$

이고,

$$P^t AP = \begin{bmatrix} 2 & 0 & 0 & 0 \\ 0 & 2 & 0 & 0 \\ 0 & 0 & 2 & 0 \\ 0 & 0 & 0 & -2 \end{bmatrix} = D$$

이 성립함을 어렵지 않게 검증할 수 있다. ■

6.2 • 연습문제

1. 다음 각 행렬이 대각화가능한지 판단하고 대각화가능하다면 이를 대각화하라.

(1) $\begin{bmatrix} 1 & 3 \\ 2 & 3 \end{bmatrix}$ (2) $\begin{bmatrix} 5 & -5 \\ 7 & -6 \end{bmatrix}$

(3) $\begin{bmatrix} 1 & 0 & 0 \\ 0 & 1 & 1 \\ 0 & 1 & 1 \end{bmatrix}$ (4) $\begin{bmatrix} 0 & 1 & 0 \\ 0 & 0 & 1 \\ 2 & -5 & 4 \end{bmatrix}$

(5) $\begin{bmatrix} 0 & 0 & 0 \\ 0 & 1 & 0 \\ 1 & 0 & 1 \end{bmatrix}$ (6) $\begin{bmatrix} 5 & 0 & 0 \\ 1 & 5 & 0 \\ 0 & 1 & 5 \end{bmatrix}$

2. 다음과 같이 정의된 선형사상 T에 대해 T의 행렬을 대각화하는 기저를 구하라.

(1) $T:\mathbb{R}^2 \to \mathbb{R}^2 :: T(x_1,\ x_2)=(3x_1+4x_2, 2x_1+x_2)$

(2) $T:\mathbb{R}^3 \to \mathbb{R}^3 :: T(x_1,\ x_2,\ x_3)=(2x_1-x_2-x_3,\ x_1-x_3,\ -x_1+x_2+2x_3)$

(3) $T:\mathbb{R}^3 \to \mathbb{R}^3 :: T(x_1,\ x_2,\ x_3)=(x_3-x_2,\ x_3-x_1,\ x_1+x_2)$

3. P_k를 k차 이하의 다항식의 벡터공간이라고 하자. 다음과 같이 정의된 선형사상 T를 대각화하는 기저를 구하라.

(1) $T:P_1 \to P_1 :: T(a_0+a_1x)=(a_0+2a_1)+(-2a_0+a_1)x$

(2) $T:P_2 \to P_2 :: T(a_0+a_1x+a_2x^2)=2(a_1-a_2)+(2a_0+3a_2)x+3a_2x^2$

(3) $T:P_2 \to P_2 :: T(p)=x^2p''(x)+(2x-1)p'(x)+3p(x)$

4. 다음 대칭행렬을 직교대각화하는 행렬 P를 구하고 P^tAP를 계산하라.

(1) $A=\begin{bmatrix} 5 & 2 \\ 2 & 5 \end{bmatrix}$ (2) $A=\begin{bmatrix} 1 & 0 & 2 \\ 0 & -2 & 5 \\ 2 & 5 & -2 \end{bmatrix}$

(3) $A=\begin{bmatrix} 2 & 1 & 1 \\ 1 & 2 & 1 \\ 1 & 1 & 2 \end{bmatrix}$ (4) $A=\begin{bmatrix} 4 & 5 & 2 & 8 \\ 0 & 6 & 7 & 5 \\ 2 & 4 & 5 & 3 \\ 9 & 7 & 3 & 6 \end{bmatrix}$

5. $b \neq 0$일 때 대칭행렬 $\begin{bmatrix} a & b \\ b & a \end{bmatrix}$를 직교대각화하는 직교행렬 P를 구하라.

6. $\boldsymbol{u}=\begin{bmatrix} 1 \\ 0 \\ 1 \end{bmatrix}$에 대해 $A=I_3-\boldsymbol{u}\boldsymbol{u}^t$를 직교대각화하는 직교행렬 P를 구하라.

7. A를 서로 다른 고유값을 갖는 정칙인 대칭행렬이라고 하자. A의 고유벡터를 열벡터로 조성한 행렬을 M이라고 하면 MM^t는 대각행렬임을 보여라.

8. 다음 각 연립일차방정식 $A\boldsymbol{x}=\boldsymbol{b}$에 대해 시스템행렬 A의 대각화를 구하고 이를 이용하여 방정식의 해를 구하라.

(1) $\begin{cases} 2x_1+x_2-x_3=1 \\ 3x_1+2x_2-3x_3=1 \\ 3x_1+x_2-2x_3=1 \end{cases}$ (2) $\begin{cases} 4x_1+x_2+x_3=-2 \\ x_1+4x_2+x_3=1 \\ x_1+x_2+4x_3=3 \end{cases}$

9. 다음을 보여라.

(1) A의 영이 아닌 고유값 λ에 대해서 $\frac{1}{\lambda}|A|$는 $\mathrm{adj}(A)$의 고유값이다.

(2) $\boldsymbol{x}$가 A의 고유벡터이면 $\boldsymbol{x}$는 또한 $\mathrm{adj}(A)$의 고유벡터이다.

(3) $A=[a_{ij}]$가 직교행렬이면 A의 ij-여인수 A_{ij}는 $A_{ij}=a_{ij}|A|$이다.

6.3 대각화의 응용

행렬의 대각화는 행렬의 거듭제곱의 계산을 단순화하거나 이차선형점화식으로 주어지는 수열의 일반항을 구하는 문제라든지 선형연립미분방정식의 해를 구하는 문제 등 여러 실용적인 문제를 해결하는 주요한 도구로 활용할 수 있다.

■ 정사각행렬의 거듭제곱과 차분방정식

정사각행렬 A가 대각화가능하면 추이행렬 P와 대각행렬 D가 존재해서

$$A=PDP^{-1}$$

를 만족하므로 A의 k개의 거듭제곱 A^k는

$$A^k=(PDP^{-1})^k=(PDP^{-1})(PDP^{-1})\cdots(PDP^{-1})=PD^kP^{-1}$$

로 단순화되고, 이때 $D=\mathrm{diag}(\lambda_1,\ \lambda_2,\ \cdots,\ \lambda_n)$이라면 $D^k=\mathrm{diag}(\lambda_1^k,\ \lambda_2^k,\ \cdots,\ \lambda_n^k)$이므로 이를 이용하여 거듭제곱을 용이하게 계산할 수 있다.

예제 6.13 행렬 $A=\begin{bmatrix}2 & 2\\1 & 3\end{bmatrix}$에 대해 다음을 구하라.

(1) $\begin{bmatrix}2 & 2\\1 & 3\end{bmatrix}^{10}\begin{bmatrix}5\\2\end{bmatrix}$

(2) A^{10}

풀이 A의 특성방정식은

$$p(\lambda)=|\lambda I_2-A|=(\lambda-1)(\lambda-4)$$

이므로 A의 고유값은 $\lambda_1=1$, $\lambda_2=4$이다.

이때 대응하는 고유벡터는 순서대로 다음과 같다.

$$v_1=\begin{bmatrix}-2\\1\end{bmatrix},\quad v_2=\begin{bmatrix}1\\1\end{bmatrix}$$

(1) v_1, v_2는 일차독립이므로 $u=\begin{bmatrix}5\\2\end{bmatrix}$를 v_1과 v_2의 일차결합으로 나타내면

$$u=-v_1+3v_2$$

이다. 따라서 다음이 성립한다.

$$\begin{aligned}\begin{bmatrix}2&2\\1&3\end{bmatrix}^{10}\begin{bmatrix}5\\2\end{bmatrix}&=A^{10}u=A^{10}(-v_1+3v_2)\\&=-A^{10}v_1+3A^{10}v_2\\&=-\lambda_1^{10}v_1+3\lambda_2^{10}v_2\\&=-\begin{bmatrix}-2\\1\end{bmatrix}+3\cdot4^{10}\begin{bmatrix}1\\1\end{bmatrix}\\&=\begin{bmatrix}2+3\cdot4^{10}\\-1+3\cdot4^{10}\end{bmatrix}.\end{aligned}$$

(2) A를 대각화하면 추이행렬 $P=[v_1\ v_2]=\begin{bmatrix}-2&1\\1&1\end{bmatrix}$에 대하여

$P^{-1}=\frac{1}{3}\begin{bmatrix}-1&1\\1&2\end{bmatrix}$이고,

$$P^{-1}AP=\frac{1}{3}\begin{bmatrix}-1&1\\1&2\end{bmatrix}\begin{bmatrix}2&2\\1&3\end{bmatrix}\begin{bmatrix}-2&1\\1&1\end{bmatrix}=\begin{bmatrix}1&0\\0&4\end{bmatrix}:=D$$

이므로

$$\begin{aligned}A^{10}&=(PDP^{-1})^{10}=PD^{10}P^{-1}\\&=\begin{bmatrix}-2&1\\1&1\end{bmatrix}\begin{bmatrix}1^{10}&0\\0&4^{10}\end{bmatrix}\frac{1}{3}\begin{bmatrix}-1&1\\1&2\end{bmatrix}\\&=\frac{1}{3}\begin{bmatrix}2+4^{10}&-2+2\cdot4^{10}\\-1+4^{10}&1+2\cdot4^{10}\end{bmatrix}.\end{aligned}$$

■

A가 $n\times n$ 정사각행렬일 때 반복법으로 주어지는 방정식

$$\boldsymbol{x}_k = A\boldsymbol{x}_{k-1}, \quad (k=1,\ 2,\ \cdots)$$

을 **차분방정식**(difference equation)이라고 한다. 초기벡터 $\boldsymbol{x}_0$가 지정이 되면 차분방정식에 의해 생성되는 벡터의 수열 $\{\boldsymbol{x}_k\}$는

$$\boldsymbol{x}_k = A\boldsymbol{x}_{k-1} = A^2\boldsymbol{x}_{k-2} = \cdots = A^k\boldsymbol{x}_0$$

에 의해 표현된다. 따라서 A가 대각화가능하면 $A=PDP^{-1}$인 추이행렬 P와 대각행렬 D가 존재하므로

$$\boldsymbol{x}_k = A^k\boldsymbol{x}_0 = PD^kP^{-1}\boldsymbol{x}_0$$

에 의해 차분방정식에 의해 생성되는 수열의 패턴을 분석할 수 있다.

예제 6.14 어떤 생태학자에 의해 매달 고지대에 살고 있는 사슴들의 60%가 고지대에 남아있고 40%는 저지대로 이동하며, 한편 저지대에 살고 있는 사슴들의 80%는 저지대에 살고 20%가 고지대로 이동하는 것이 관찰되었다. 현재 전체 사슴들 중 90%가 고지대에 있고 10%가 저지대에 있다면 오랜 시간이 지난 후 각각 고지대와 저지대에 살아남는 사슴의 비율을 구하라.

풀이 h_n과 ℓ_n을 각각 n개월 후 고지대와 저지대에 살고 있는 사슴의 비율이라고 하면

$$h_{n+1} = 0.6h_n + 0.2\ell_n,\ \ell_{n+1} = 0.4h_n + 0.8\ell_n,$$
$$h_0 = 0.9,\ \ell_0 = 0.1$$

이고, 이를 행렬 형태로 나타내면 다음과 같다.

$$\begin{bmatrix} h_{n+1} \\ \ell_{n+1} \end{bmatrix} = \begin{bmatrix} 0.6 & 0.2 \\ 0.4 & 0.8 \end{bmatrix}\begin{bmatrix} h_n \\ \ell_n \end{bmatrix}, \quad \begin{bmatrix} h_0 \\ \ell_0 \end{bmatrix} = \begin{bmatrix} 0.9 \\ 0.1 \end{bmatrix}$$

이때 $\boldsymbol{x}_n = \begin{bmatrix} h_n \\ \ell_n \end{bmatrix}$, $A = \begin{bmatrix} 0.6 & 0.2 \\ 0.4 & 0.8 \end{bmatrix}$이라고 하면, $\boldsymbol{x}_0 = \begin{bmatrix} 0.9 \\ 0.1 \end{bmatrix}$에 대해

$$\boldsymbol{x}_n = A\boldsymbol{x}_{n-1} = \cdots = A^n\boldsymbol{x}_0$$

이다.

A의 특성다항식은

$$|\lambda I_2 - A| = \begin{vmatrix} \lambda - 0.6 & -0.2 \\ -0.4 & \lambda - 0.8 \end{vmatrix} = \lambda^2 - 1.4\lambda + 0.4 = (\lambda - 1)(\lambda - 0.4)$$

이므로 고유값은 $\lambda_1 = 1$, $\lambda_2 = 0.4$이고 각 고유값에 대응하는 고유벡터 $\begin{bmatrix} 1 \\ 2 \end{bmatrix}$와 $\begin{bmatrix} 1 \\ -1 \end{bmatrix}$를 얻는다. 따라서 추이행렬 $P = \begin{bmatrix} 1 & 1 \\ 2 & -1 \end{bmatrix}$와 그 역행렬 $P^{-1} = \frac{1}{3}\begin{bmatrix} 1 & 1 \\ 2 & -1 \end{bmatrix}$에 대해서 A의 대각화는

$$A = P \begin{bmatrix} 1 & 0 \\ 0 & 0.4 \end{bmatrix} P^{-1}$$

로 주어진다. 따라서

$$\boldsymbol{x}_n = A^n \boldsymbol{x}_0 = P \begin{bmatrix} 1 & 0 \\ 0 & 0.4^n \end{bmatrix} P^{-1} \boldsymbol{x}_0$$

로부터

$$h_n = \frac{1}{3} + \frac{17}{30} 0.4^n, \ \ell_n = \frac{2}{3} - \frac{17}{30} 0.4^n$$

을 얻는다. 이때 $n \to \infty$를 취하면 저지대의 사슴수가 고지대의 두 배가 됨을 결과로부터 예측할 수 있다. ■

■ 이차선형점화식으로 주어지는 수열의 일반항 구하기

주어진 실수 a와 b에 대해서 2차점화식

$$x_{n+1} = a x_n + b x_{n-1}, \quad (n = 1, 2, \cdots)$$

의 형식으로 표현된 점화식을 이차선형점화식(linear regression formula of the 2nd order)이라고 한다. 피보나치 수열은 대표적인 이차선형점화식이다. 두 개의 초기값 x_0와 x_1이 지정되면 점화식에 의해 수열 $\{x_n\}$이 생성된다. 이차선형점화식의 일반항 x_n을 유도하기 위해서 행렬의 대각화를 이용할 수 있다. 위의 점화식을 행렬로

$$\begin{bmatrix} x_{n+1} \\ x_n \end{bmatrix} = \begin{bmatrix} a & b \\ 1 & 0 \end{bmatrix} \begin{bmatrix} x_n \\ x_{n-1} \end{bmatrix}$$

와 같이 나타낼 수 있으므로 행렬 $\begin{bmatrix} a & b \\ 1 & 0 \end{bmatrix}$의 대각화를 통해 이차점화식에 의해 생성되는 수열

$\{x_n\}$에 대한 일반항 x_n의 형식을 유도할 수 있다.

피보나치 수열을 예로 들어 이차점화식으로 주어지는 수열의 일반항을 구해보자.

$$x_0 = x_1 = 1,\ x_{n+1} = x_n + x_{n-1},\ (n = 1,\ 2,\ \cdots)$$

로 주어지는 수열을 **피보나치 수열**(Fibonacci sequence)이라고 한다.

예제 6.15 행렬의 대각화를 이용하여 피보나치 수열에 대한 일반항 x_n을 구하라.

풀이 피보나치 점화식에 대한 행렬은

$$\begin{bmatrix} x_{n+1} \\ x_n \end{bmatrix} = \begin{bmatrix} 1 & 1 \\ 1 & 0 \end{bmatrix} \begin{bmatrix} x_n \\ x_{n-1} \end{bmatrix}, \quad (n = 1,\ 2,\ \cdots)$$

이므로

$$\begin{bmatrix} x_n \\ x_{n-1} \end{bmatrix} = \begin{bmatrix} 1 & 1 \\ 1 & 0 \end{bmatrix} \begin{bmatrix} x_{n-1} \\ x_{n-2} \end{bmatrix} = \begin{bmatrix} 1 & 1 \\ 1 & 0 \end{bmatrix}^2 \begin{bmatrix} x_{n-2} \\ x_{n-3} \end{bmatrix} = \cdots = \begin{bmatrix} 1 & 1 \\ 1 & 0 \end{bmatrix}^{n-1} \begin{bmatrix} x_1 \\ x_0 \end{bmatrix}$$

에 주목하여 행렬의 대각화를 통해 일반항 x_n을 구한다.

행렬 $A = \begin{bmatrix} 1 & 1 \\ 1 & 0 \end{bmatrix}$에 대한 특성다항식은

$$p(\lambda) = |\lambda I_2 - A| = \begin{vmatrix} \lambda - 1 & -1 \\ -1 & \lambda \end{vmatrix} = \lambda^2 - \lambda - 1$$

이므로 고유값은 $\lambda = \dfrac{1 \pm \sqrt{5}}{2}$이다.

여기서 표현을 간결하게 하기 위해 고유값을 각각

$$\frac{1+\sqrt{5}}{2} = \varphi, \qquad \frac{1-\sqrt{5}}{2} = \overline{\varphi}$$

라고 두자. 고유값 φ와 $\overline{\varphi}$에 대응하는 고유벡터는 각각

$$v_1 = \begin{bmatrix} \varphi \\ 1 \end{bmatrix}, \quad v_2 = \begin{bmatrix} \overline{\varphi} \\ 1 \end{bmatrix}$$

이고 대각화에 대한 추이행렬은

$$P = [v_1 \ \ v_2] = \begin{bmatrix} \varphi & \overline{\varphi} \\ 1 & 1 \end{bmatrix}$$

이다. 첨가행렬 $[P\ \vdots\ I_2] = \begin{bmatrix} \varphi & \overline{\varphi} & \vdots & 1 & 0 \\ 1 & 1 & \vdots & 0 & 1 \end{bmatrix}$에 가우스-조르당 소거법을 적용하여 P의 역행렬

$$P^{-1} = \frac{1}{\sqrt{5}}\begin{bmatrix} 1 & -\overline{\varphi} \\ -1 & \varphi \end{bmatrix}$$

를 얻는다. 따라서 A의 대각화는

$$P^{-1}AP = \begin{bmatrix} \varphi & 0 \\ 0 & \overline{\varphi} \end{bmatrix} := D$$

이고, 이로부터

$$\begin{aligned} \begin{bmatrix} x_n \\ x_{n-1} \end{bmatrix} &= \begin{bmatrix} 1 & 1 \\ 1 & 0 \end{bmatrix}^{n-1} \begin{bmatrix} x_1 \\ x_0 \end{bmatrix} = A^{n-1}\begin{bmatrix} 1 \\ 1 \end{bmatrix} \\ &= PD^{n-1}P^{-1}\begin{bmatrix} 1 \\ 1 \end{bmatrix} \\ &= \frac{1}{\sqrt{5}}\begin{bmatrix} \varphi & \overline{\varphi} \\ 1 & 1 \end{bmatrix}\begin{bmatrix} \varphi^{n-1} & 0 \\ 0 & \overline{\varphi}^{n-1} \end{bmatrix}\begin{bmatrix} 1 & -\overline{\varphi} \\ -1 & \varphi \end{bmatrix}\begin{bmatrix} 1 \\ 1 \end{bmatrix} \\ &= \frac{1}{\sqrt{5}}\begin{bmatrix} \varphi^{n+1} - \overline{\varphi}^{n+1} \\ \varphi^{n} - \overline{\varphi}^{n} \end{bmatrix} \end{aligned}$$

을 얻는다. 따라서 피보나치 수열의 일반항은

$$\begin{aligned} x_n &= \frac{1}{\sqrt{5}}\left(\varphi^{n+1} - \overline{\varphi}^{n+1}\right) \\ &= \frac{1}{\sqrt{5}}\left(\frac{1+\sqrt{5}}{2}\right)^{n+1} - \frac{1}{\sqrt{5}}\left(\frac{1-\sqrt{5}}{2}\right)^{n+1} \end{aligned}$$

이다. 이를 **비네의 공식** (Binet's formula)이라고 한다. ■

■ 행렬의 지수계산과 상수계수의 선형연립미분방정식

주어진 스칼라 a에 대해 지수 e^a는 멱급수로

$$e^a = 1 + a + \frac{1}{2!}a^2 + \frac{1}{3!}a^3 + \cdots$$

로 표현된다. 유사하게 $n \times n$ 정사각행렬 A에 대해 **행렬지수** (matrix exponential) e^A를 다음

과 같이 수렴하는 멱급수의 형태로 정의하자.

$$e^A = I_n + A + \frac{1}{2!}A^2 + \frac{1}{3!}A^3 + \cdots$$

특별히 대각행렬 $D = \mathrm{diag}(\lambda_1,\ \lambda_2,\ \cdots,\ \lambda_n)$의 경우에 행렬지수는

$$e^D = \sum_{k=0}^{\infty}\frac{1}{k!}D^k = \begin{bmatrix} \sum_{k=0}^{\infty}\frac{1}{k!}\lambda_1^k & 0 & \cdots & 0 \\ 0 & \sum_{k=0}^{\infty}\frac{1}{k!}\lambda_2^k & \cdots & 0 \\ \vdots & \vdots & \ddots & \vdots \\ 0 & 0 & \cdots & \sum_{k=0}^{\infty}\frac{1}{k!}\lambda_n^k \end{bmatrix}$$

$$= \begin{bmatrix} e^{\lambda_1} & 0 & \cdots & 0 \\ 0 & e^{\lambda_2} & \cdots & 0 \\ \vdots & \vdots & \ddots & \vdots \\ 0 & 0 & \cdots & e^{\lambda_n} \end{bmatrix}$$

형태의 대각행렬로 주어진다. 따라서 $n \times n$ 정사각행렬 A가 대각화가능하면

$$A = PDP^{-1}$$

인 대각행렬 D가 존재하므로

$$A^k = PD^kP^{-1},\ (k = 0,\ 1,\ 2,\ \cdots),$$

$$e^A = \sum_{k=0}^{\infty}\frac{1}{k!}A^k = \sum_{k=0}^{\infty}\frac{1}{k!}(PD^kP^{-1})$$

$$= P\left(\sum_{k=0}^{\infty}\frac{1}{k!}D^k\right)P^{-1} = Pe^DP^{-1}$$

로 손쉽게 계산할 수 있다.

예제 6.16 다음 행렬의 행렬지수를 계산하라.

$$A = \begin{bmatrix} 1 & -2 \\ 1 & 4 \end{bmatrix}$$

풀이 A에 대한 고유값은 $\lambda_1 = 2$와 $\lambda_2 = 3$이고 대응하는 고유벡터는 각각

$$v_1 = \begin{bmatrix} 2 \\ -1 \end{bmatrix},\quad v_2 = \begin{bmatrix} 1 \\ -1 \end{bmatrix}$$

이다. 따라서 추이행렬 $P=[v_1\ v_2]$에 대해

$$A=PDP^{-1}=\begin{bmatrix}2 & 1\\ -1 & -1\end{bmatrix}\begin{bmatrix}2 & 0\\ 0 & 3\end{bmatrix}\begin{bmatrix}1 & 1\\ -1 & -2\end{bmatrix}$$

이고,

$$\begin{aligned}e^A=Pe^DP^{-1}&=\begin{bmatrix}2 & 1\\ -1 & -1\end{bmatrix}\begin{bmatrix}e^2 & 0\\ 0 & e^3\end{bmatrix}\begin{bmatrix}1 & 1\\ -1 & -2\end{bmatrix}\\ &=\begin{bmatrix}2e^2-e^3 & 2e^2-2e^3\\ -e^2+e^3 & -e^2+2e^3\end{bmatrix}.\end{aligned}$$

■

행렬지수는 초기조건을 갖는 상수계수의 선형연립미분방정식의 해를 구성하는 장치로 직접 활용할 수 있다.

다음과 같은 간단한 형태의 미분방정식

$$\frac{dy}{dt}=ay,\quad y(0)=y_0$$

은 $\frac{d}{dt}(ye^{-at})=(y'-ay)e^{-at}=0$으로부터 일반해가 $y=ce^{at}\,(c=\text{상수})$으로 주어짐을 알 수 있고, 초기조건 $y(0)=y_0$을 반영하여 해 $y=y_0e^{-at}$을 얻는다.

유사한 형식을 적용하여 이를 선형연립미분방정식

$$\begin{aligned}y_1{}'&=a_{11}y_1+a_{12}y_2+\cdots+a_{1n}y_n\\ y_2{}'&=a_{21}y_1+a_{22}y_2+\cdots+a_{2n}y_n\\ &\ \vdots\qquad\ \vdots\qquad\quad \vdots\qquad\qquad\quad \vdots\\ y_n{}'&=a_{n1}y_1+a_{n2}y_2+\cdots+a_{nn}y_n\end{aligned}$$

으로 확대 적용할 수 있다. 행렬

$$A=\begin{bmatrix}a_{11} & a_{12} & \cdots & a_{1n}\\ a_{21} & a_{22} & \cdots & a_{2n}\\ \vdots & \vdots & & \vdots\\ a_{n1} & a_{n2} & \cdots & a_{nn}\end{bmatrix},\quad \boldsymbol{y}=\begin{bmatrix}y_1\\ y_2\\ \vdots\\ y_n\end{bmatrix},\quad \boldsymbol{y_0}=\begin{bmatrix}y_1(0)\\ y_2(0)\\ \vdots\\ y_n(0)\end{bmatrix}$$

을 쓰면 초기조건을 갖는 연립미분방정식은 다음과 같은 행렬 형식으로 표현된다.

$$\boldsymbol{y}'=A\boldsymbol{y},\quad \boldsymbol{y}(0)=\boldsymbol{y_0}$$

계수행렬 A의 행렬지수함수 e^{tA}의 멱급수는 수렴반경 내에서 항별 미분가능하므로

$$\begin{aligned}\frac{d}{dt}e^{tA} &= \frac{d}{dt}\left(I_n + tA + \frac{1}{2!}t^2A^2 + \frac{1}{3!}t^3A^3 + \cdots\right)\\ &= \left(A + tA^2 + \frac{1}{2!}t^2A^2 + \cdots\right)\\ &= A\left(I_n + tA + \frac{1}{2!}t^2A^2 + \cdots\right)\\ &= Ae^{tA}\end{aligned}$$

가 성립한다. 따라서 위와 유사하게

$$\boldsymbol{y}(t) = e^{tA}\boldsymbol{y}_0$$

로 설정하면

$$\boldsymbol{y}' = Ae^{tA}\boldsymbol{y}_0 = A\boldsymbol{y}, \quad \boldsymbol{y}(0) = \boldsymbol{y}_0$$

를 만족한다. 따라서 초기조건을 갖는 선형연립미분방정식의 해는

$$\boldsymbol{y}(t) = e^{tA}\boldsymbol{y}_0$$

로 주어진다.

A가 대각화가능하면 대각행렬 $D = \mathrm{diag}(\lambda_1, \lambda_2, \cdots, \lambda_n)$에 대해 $A = PDP^{-1}$로 분해되므로

$$P^{(j)} = \boldsymbol{v}_j, \ (j = 1, 2, \cdots, n), \ P^{-1}\boldsymbol{y}_0 = \boldsymbol{c}$$

에 대해

$$\begin{aligned}\boldsymbol{y}(t) &= e^{tA}\boldsymbol{y}_0 = Pe^{tD}P^{-1}\boldsymbol{y}_0 = Pe^{tD}\boldsymbol{c}\\ &= \begin{bmatrix}\boldsymbol{v}_1 & \boldsymbol{v}_2 & \cdots & \boldsymbol{v}_n\end{bmatrix}\begin{bmatrix}c_1e^{\lambda_1 t}\\ c_2e^{\lambda_2 t}\\ \vdots\\ c_ne^{\lambda_n t}\end{bmatrix}\\ &= c_1e^{\lambda_1 t}\boldsymbol{v}_1 + c_2e^{\lambda_2 t}\boldsymbol{v}_2 + \cdots + c_ne^{\lambda_n t}\boldsymbol{v}_n\end{aligned}$$

이다. 따라서 A가 대각화가능하면 선형연립미분방정식의 해는

$$\boldsymbol{y} = c_1e^{\lambda_1 t}\boldsymbol{v}_1 + c_2e^{\lambda_2 t}\boldsymbol{v}_2 + \cdots + c_ne^{\lambda_n t}\boldsymbol{v}_n, \quad (\boldsymbol{c} = P^{-1}\boldsymbol{y}_0)$$

로 주어진다.

예제 6.17 다음 초기값 문제의 해를 구하라.

$$y_1{}' = y_1 - 2y_2, \quad y_1(0) = 4$$
$$y_2{}' = y_1 + 4y_2, \quad y_2(0) = -3$$

풀이 연립방정식의 계수행렬 $A = \begin{bmatrix} 1 & -2 \\ 1 & 4 \end{bmatrix}$와 초기조건 $\boldsymbol{y}_0 = \begin{bmatrix} 4 \\ -3 \end{bmatrix}$에 대해서 연립미분방정식은 $\boldsymbol{y}' = A\boldsymbol{y}$, $\boldsymbol{y}(0) = \boldsymbol{y}_0$로 주어진다.

예제 6.16에 의해 A의 고유값 $\lambda_1 = 2$, $\lambda_2 = 3$와 대응하는 고유벡터 $\boldsymbol{v}_1 = \begin{bmatrix} 2 \\ -1 \end{bmatrix}$, $\boldsymbol{v}_2 = \begin{bmatrix} 1 \\ -1 \end{bmatrix}$에 의해

$$A = PDP^{-1} = \begin{bmatrix} 2 & 1 \\ -1 & -1 \end{bmatrix}\begin{bmatrix} 2 & 0 \\ 0 & 3 \end{bmatrix}\begin{bmatrix} 1 & 1 \\ -1 & -2 \end{bmatrix}$$

이고 $\boldsymbol{c} = P^{-1}\boldsymbol{y}_0 = \begin{bmatrix} 1 & 1 \\ -1 & -2 \end{bmatrix}\begin{bmatrix} 4 \\ -3 \end{bmatrix} = \begin{bmatrix} 1 \\ 2 \end{bmatrix}$이므로 초기값 문제의 해는

$$\boldsymbol{y}(t) = \begin{bmatrix} y_1(t) \\ y_2(t) \end{bmatrix} = c_1 e^{\lambda_1 t}\boldsymbol{v}_1 + c_2 e^{\lambda_2 t}\boldsymbol{v}_2$$
$$= e^{2t}\begin{bmatrix} 2 \\ -1 \end{bmatrix} + 2e^{3t}\begin{bmatrix} 1 \\ -1 \end{bmatrix} = \begin{bmatrix} 2e^{2t} + 2e^{3t} \\ -e^{2t} - 2e^{3t} \end{bmatrix}$$

이다. ■

다음 예의 경우에서처럼 행렬 A가 대각화가능하지 않을 때에도 연립미분방정식의 해를 구하기 위해 행렬지수를 이용할 수 있다.

예제 6.18 행렬지수를 써서 다음 초기값 문제의 해를 구하라.

$$y_1{}' = y_2, \quad y_1(0) = 2$$
$$y_2{}' = y_3, \quad y_2(0) = 1$$
$$y_3{}' = 0, \quad y_3(0) = 4$$

풀이 계수행렬 $A = \begin{bmatrix} 0 & 1 & 0 \\ 0 & 0 & 1 \\ 0 & 0 & 0 \end{bmatrix}$와 초기조건 $\boldsymbol{y}_0 = \begin{bmatrix} 2 \\ 1 \\ 4 \end{bmatrix}$에 대해서 연립미분방정식은 $\boldsymbol{y}' = A\boldsymbol{y}$, $\boldsymbol{y}(0) = \boldsymbol{y}_0$로 주어진다.

A의 고유값은 $\lambda = 0$(3중근)이고 고유공간은 단일 벡터 $\begin{bmatrix} 1 \\ 0 \\ 0 \end{bmatrix}$에 의해 생성되므

로 A는 대각화가능하지 않다. 이때 $A^3 = O$이므로 A의 행렬지수로부터

$$e^{tA} = I_3 + tA + \frac{1}{2!}t^2A^2$$
$$= \begin{bmatrix} 1 & t & t^2/2 \\ 0 & 1 & t \\ 0 & 0 & 1 \end{bmatrix}$$

이다. 따라서 초기값 문제의 해는 다음과 같이 주어진다.

$$\boldsymbol{y}(t) = \begin{bmatrix} y_1(t) \\ y_2(t) \\ y_3(t) \end{bmatrix} = e^{tA}\boldsymbol{y}_0 = \begin{bmatrix} 1 & t & t^2/2 \\ 0 & 1 & t \\ 0 & 0 & 1 \end{bmatrix}\begin{bmatrix} 2 \\ 1 \\ 4 \end{bmatrix} = \begin{bmatrix} 2+t+2t^2 \\ 1+4t \\ 4 \end{bmatrix}$$ ■

6.3 • 연습문제

1. 행렬의 대각화를 이용하여 다음을 계산하라.

(1) $\begin{bmatrix} 0 & 2 \\ 3 & 0 \end{bmatrix}^{10}$

(2) $\begin{bmatrix} 2 & -1 \\ -1 & 2 \end{bmatrix}^{10}\begin{bmatrix} 3 \\ 1 \end{bmatrix}$

(3) $\begin{bmatrix} 1 & 3 \\ 2 & 0 \end{bmatrix}^{6}\begin{bmatrix} -1 \\ 1 \end{bmatrix}$

(4) $\begin{bmatrix} 0 & 0 & 1 & 1 \\ -1 & 2 & 0 & 1 \\ -1 & 0 & 2 & 1 \\ 1 & 0 & -1 & 0 \end{bmatrix}^{5}$

(5) $\begin{bmatrix} -5 & 0 & 6 \\ -3 & 1 & 3 \\ -4 & 0 & 5 \end{bmatrix}^{10}\begin{bmatrix} -1 \\ 0 \\ 1 \end{bmatrix}$

(6) $\begin{bmatrix} 2 & 0 & -2 \\ 0 & 2 & -2 \\ 3 & 0 & -3 \end{bmatrix}^{5}\begin{bmatrix} 1 \\ 1 \\ 1 \end{bmatrix}$

2. 차분방정식 $\boldsymbol{x}_k = A\boldsymbol{x}_{k-1}$, $(k = 1, 2, \cdots)$에서 행렬 A와 초기벡터 $\boldsymbol{x}_0$가 각각 다음과 같이 주어질 때 $\boldsymbol{x}_{10}$을 구하고, $\lim\limits_{k\to\infty} \boldsymbol{x}_k$를 추정하라.

(1) $A = \begin{bmatrix} 0 & 1 \\ 1 & 0 \end{bmatrix}$, $\boldsymbol{x}_0 = \begin{bmatrix} 2 \\ 4 \end{bmatrix}$

(2) $A = \begin{bmatrix} 0.8 & 0.2 \\ 0.2 & 0.8 \end{bmatrix}$, $\boldsymbol{x}_0 = \begin{bmatrix} 1 \\ 2 \end{bmatrix}$

(3) $A = \begin{bmatrix} 3 & -1 & -1 \\ -12 & 0 & 5 \\ 4 & -2 & -1 \end{bmatrix}$, $\boldsymbol{x}_0 = \begin{bmatrix} 3 \\ -14 \\ 8 \end{bmatrix}$

(4) $A = \begin{bmatrix} -6 & 1 & 3 \\ -3 & 0 & 2 \\ -20 & 2 & 10 \end{bmatrix}$, $\boldsymbol{x}_0 = \begin{bmatrix} 1 \\ 1 \\ -1 \end{bmatrix}$

3. 다음 각 문제를 차분방정식으로 수식화하고 대각화를 이용하여 문제를 해결하라.

(1) 인구가 항상 백만 명으로 유지되는 지역이 있고 이 지역은 시내와 시외로 나뉘어 있다. 매년 시내 인구의 15%가 시외로 이동하고 시외 인구의 10%가 시내로 이동하면 오랜 시간이 흐른 뒤에 시내 인구와 시외 인구를 예측하라.

(2) 두 식품 A와 B에 대한 시장조사를 하였더니 A를 구입하는 소비자의 80%는 한 달 후에도 같은 식품을 구매하고 20%는 식품 B로 구매를 바꾸었다. 한편, 식품 B를 구매하는 소비자의 60%는 한 달 후에도 같은 식품을 구입하며 40%가 식품 A로 구매를 바꾸었다. 모든 소비자가 A와 B 이외의 다른 식품을 구매하지 않는다고 하고 현재 A와 B의 시장 점유율이 $1:9$라고 할 때 시간이 흐른 뒤 A와 B의 시장점유율을 예측하라.

4. 행렬의 대각화를 이용하여 다음 이차선형점화식의 일반항 x_n을 구하라.

(1) $x_{n+1} = 5x_n - 6x_{n-1}$ :: $x_0 = 1,\ x_1 = 5$

(2) $x_{n+1} = 4x_n + 5x_{n-1}$ :: $x_0 = 4,\ x_1 = -1$

5. 다음에 주어진 행렬 A에 대해 e^A를 계산하라.

(1) $A = \begin{bmatrix} 3 & -2 \\ 4 & -3 \end{bmatrix}$

(2) $A = \begin{bmatrix} 1 & 1 \\ 0 & 0 \end{bmatrix}$

(3) $A = \begin{bmatrix} 3 & 1 \\ 1 & 3 \end{bmatrix}$

(4) $A = \begin{bmatrix} 0 & 2 & 1 \\ 0 & 0 & 2 \\ 0 & 0 & 0 \end{bmatrix}$

(5) $A = \begin{bmatrix} 0 & 0 & -2 \\ 1 & 2 & 1 \\ 1 & 0 & 3 \end{bmatrix}$

(6) $A = \begin{bmatrix} 1 & 1 & 1 \\ -1 & -1 & -1 \\ 1 & 1 & 1 \end{bmatrix}$

6. $A = \begin{bmatrix} 0 & 2 \\ 0 & 0 \end{bmatrix}$과 $B = \begin{bmatrix} 0 & 0 \\ 3 & 0 \end{bmatrix}$에 대해 다음을 조사하라.

(1) $AB \neq BA$

(2) $e^{tA}e^{tB} \neq e^{t(A+B)}$

7. 행렬지수를 써서 다음 각 초기값 문제의 해를 구하라.

(1) $\begin{cases} y_1' = y_1 + y_2, & y_1(0) = 1 \\ y_2' = 4y_1 - 2y_2, & y_2(0) = 6 \end{cases}$

(2) $\begin{cases} y_1' = 4y_1 + y_2, & y_1(0) = -1 \\ y_2' = 3y_1 + 2y_2, & y_2(0) = 7 \end{cases}$

(3) $\begin{cases} y_1' = 3y_1, & y_1(0) = 1 \\ y_2' = -2y_2, & y_2(0) = 4 \\ y_3' = 5y_3, & y_3(0) = -2 \end{cases}$

(4) $\begin{cases} y_1' = 2y_1 + y_2 + 3y_3, & y_1(0) = 1 \\ y_2' = 2y_2 - y_3, & y_2(0) = 2 \\ y_3' = 2y_3, & y_3(0) = 1 \end{cases}$

8. 다음에 주어진 각 선형연립미분방정식 $\boldsymbol{y}' = A\boldsymbol{y}$, $\boldsymbol{y}(0) = \boldsymbol{y}_0$에 대해서 행렬지수함수를 이용하여 해 $\boldsymbol{y}(t) = e^{tA}\boldsymbol{y}_0$를 구하라.

(1) $A = \begin{bmatrix} 1 & 2 \\ 2 & 1 \end{bmatrix}$, $\boldsymbol{y}_0 = \begin{bmatrix} 1 \\ 5 \end{bmatrix}$

(2) $A = \begin{bmatrix} 1 & 2 \\ 0 & -1 \end{bmatrix}$, $\boldsymbol{y}_0 = \begin{bmatrix} 1 \\ 1 \end{bmatrix}$

(3) $A = \begin{bmatrix} 1 & 1 & 1 \\ 1 & 0 & 1 \\ -1 & -1 & -1 \end{bmatrix}$, $\boldsymbol{y}_0 = \begin{bmatrix} 1 \\ 1 \\ -1 \end{bmatrix}$

(4) $A = \begin{bmatrix} 1 & 1 & 1 \\ 0 & 0 & 1 \\ 0 & 0 & -1 \end{bmatrix}$, $\boldsymbol{y}_0 = \begin{bmatrix} 1 \\ 1 \\ 1 \end{bmatrix}$

9. 정사각행렬 A에 대해서 다음을 보여라.

(1) 대각화가능한 행렬 A에 대해 e^A는 정칙행렬이다.

(2) λ와 $\boldsymbol{x}$를 A의 고유값과 대응하는 고유벡터라고 하면 e^λ는 e^A의 고유값이고 $\boldsymbol{x}$는 대응하는 고유값이다.

10. $\boldsymbol{x} \neq 0$이 $(\lambda I_n - A)\boldsymbol{x} = 0$을 만족하고 $(\lambda I_n - A)\boldsymbol{y} = \boldsymbol{x}$인 벡터 $\boldsymbol{y}$가 존재하면 $\boldsymbol{y}$를 **일반화된 고유벡터** (generalized eigenvector)라고 한다. 행렬 $A = \begin{bmatrix} 1 & 2 \\ 0 & 1 \end{bmatrix}$에 대해서 다음을 구하라.

(1) A에 대한 고유벡터 $\boldsymbol{x}$와 대응하는 일반화된 고유벡터 $\boldsymbol{y}$를 구하라.

(2) $\boldsymbol{x}_0 = \begin{bmatrix} 1 \\ 1 \end{bmatrix}$를 $\boldsymbol{x}$와 $\boldsymbol{y}$의 일차결합으로 나타내고 이를 이용해서 $A^k\boldsymbol{x}_0 = \begin{bmatrix} 2k+1 \\ 1 \end{bmatrix}$가 성립함을 보여라.

6.4 이차형식

행렬은 연립일차방정식의 해의 연구에서 핵심적인 기능과 역할을 담당한다. 이 절에서는 이차방정식의 기하학적 해석에 행렬이 긴밀하게 연계되어 있음을 알아보고자 한다. 특히 대칭행렬의 대각화는 이차곡선이나 이차곡면을 분류하는 핵심적인 장치로 이용된다.

일반적으로 x와 y를 변수로 하는 이차방정식은

$$ax^2+2bxy+cy^2+dx+ey+f=0$$

의 꼴로 나타나며 이때 최고차항인 2차 항의 수식 $ax^2+2bxy+cy^2$을 두 변수 x, y에 관한 이차형식이라고 한다. 이 이차형식은 대칭행렬을 통한 행렬의 곱으로

$$ax^2+2bxy+cy^2=[x\ y]\begin{bmatrix} a & b \\ b & c \end{bmatrix}\begin{bmatrix} x \\ y \end{bmatrix}$$

와 같이 나타낼 수 있다.

일반적으로 $n\times n$ 대칭행렬 $A=[a_{ij}]$에 대하여 x_1, x_2, $\cdots$, x_n을 변수로 갖는 이차형식은 n-벡터 $\boldsymbol{x}=[x_1\,x_2\cdots\,x_n]^t$에 대해

$$q(\boldsymbol{x})=\boldsymbol{x}^tA\boldsymbol{x}=\sum_{i,\,j=1}^{n}a_{ij}x_ix_j$$

로 주어지며 이를 $\mathbb{R}^n$ 상의 이차형식(quadratic form)이라고 한다.

예제 6.19 $2x_1^2+3x_2^2-5x_3^2+4x_1x_2-2x_1x_3+6x_2x_3$

$$=[x_1\,x_2\,x_3]\begin{bmatrix} 2 & 2 & -1 \\ 2 & 3 & 3 \\ -1 & 3 & -5 \end{bmatrix}\begin{bmatrix} x_1 \\ x_2 \\ x_3 \end{bmatrix}=\boldsymbol{x}^tA\boldsymbol{x}.$$ ■

보조정리 7.3에 의해 A가 대칭행렬이면 A의 고유값은 모두 실수이다.

정리 6.8

A가 $n\times n$ 대칭행렬이고 $\lambda_1\geq\lambda_2\geq\cdots\geq\lambda_n$을 크기순으로 배열한 A의 고유값이라 할 때 $\mathbb{R}^n$에서 유클리드 내적에 대해 단위벡터인 n-벡터 $\boldsymbol{x}$에 대하여 다음 관계가 성립

한다.

(1) $\lambda_1 \geq \boldsymbol{x}^t A\boldsymbol{x} \geq \lambda_n$

(2) $\boldsymbol{x}$를 λ_1에 대한 고유벡터로 택하면 $\boldsymbol{x}^t A\boldsymbol{x} = \lambda_1$이고, λ_n에 대한 고유벡터로 택하면 $\boldsymbol{x}^t A\boldsymbol{x} = \lambda_n$이다.

| 증명 | (1) 정리 6.6에 의해 대칭행렬 A는 n개의 고유벡터의 정규직교집합 $S = \{\boldsymbol{v}_1, \boldsymbol{v}_2, \cdots, \boldsymbol{v}_n\}$를 갖는다. 따라서 $\boldsymbol{x} \in \mathbb{R}^n$에 대해

$$\boldsymbol{x} = \langle \boldsymbol{x}, \boldsymbol{v}_1 \rangle \boldsymbol{v}_1 + \langle \boldsymbol{x}, \boldsymbol{v}_2 \rangle \boldsymbol{v}_2 + \cdots + \langle \boldsymbol{x}, \boldsymbol{v}_n \rangle \boldsymbol{v}_n$$

이고,

$$\begin{aligned} A\boldsymbol{x} &= \langle \boldsymbol{x}, \boldsymbol{v}_1 \rangle A\boldsymbol{v}_1 + \langle \boldsymbol{x}, \boldsymbol{v}_2 \rangle A\boldsymbol{v}_2 + \cdots + \langle \boldsymbol{x}, \boldsymbol{v}_n \rangle A\boldsymbol{v}_n \\ &= \langle \boldsymbol{x}, \boldsymbol{v}_1 \rangle \lambda_1 \boldsymbol{v}_1 + \langle \boldsymbol{x}, \boldsymbol{v}_2 \rangle \lambda_2 \boldsymbol{v}_2 + \cdots + \langle \boldsymbol{x}, \boldsymbol{v}_n \rangle \lambda_n \boldsymbol{v}_n \end{aligned}$$

이다. 이때

$$\|\boldsymbol{x}\|^2 = \langle \boldsymbol{x}, \boldsymbol{v}_1 \rangle^2 + \langle \boldsymbol{x}, \boldsymbol{v}_2 \rangle^2 + \cdots + \langle \boldsymbol{x}, \boldsymbol{v}_n \rangle^2 = 1$$

이므로

$$\begin{aligned} \boldsymbol{x}^t A\boldsymbol{x} = \langle \boldsymbol{x}, A\boldsymbol{x} \rangle &= \lambda_1 \langle \boldsymbol{x}, \boldsymbol{v}_1 \rangle^2 + \lambda_2 \langle \boldsymbol{x}, \boldsymbol{v}_2 \rangle^2 + \cdots + \lambda_n \langle \boldsymbol{x}, \boldsymbol{v}_n \rangle^2 \\ &\leq \lambda_1 \langle \boldsymbol{x}, \boldsymbol{v}_1 \rangle^2 + \lambda_1 \langle \boldsymbol{x}, \boldsymbol{v}_2 \rangle^2 + \cdots + \lambda_1 \langle \boldsymbol{x}, \boldsymbol{v}_n \rangle^2 \\ &= \lambda_1 \|\boldsymbol{x}\|^2 = \lambda_1 \end{aligned}$$

이 성립하고, 같은 방법으로 $\boldsymbol{x}^t A\boldsymbol{x} \geq \lambda_n$이 성립한다.

따라서 $\lambda_1 \geq \boldsymbol{x}^t A\boldsymbol{x} \geq \lambda_n$.

(2) $A\boldsymbol{x} = \lambda_1 \boldsymbol{x}$이면 $\boldsymbol{x}^t A\boldsymbol{x} = \langle \boldsymbol{x}, A\boldsymbol{x} \rangle = \langle \boldsymbol{x}, \lambda_1 \boldsymbol{x} \rangle = \lambda_1 \|\boldsymbol{x}\|^2 = \lambda_1$이고,

$A\boldsymbol{x} = \lambda_n \boldsymbol{x}$이면 $\boldsymbol{x}^t A\boldsymbol{x} = \langle \boldsymbol{x}, A\boldsymbol{x} \rangle = \langle \boldsymbol{x}, \lambda_n \boldsymbol{x} \rangle = \lambda_n \|\boldsymbol{x}\|^2 = \lambda_n$이다. ■

일반적으로 $\boldsymbol{x} \in \mathbb{R}^n$가 영벡터가 아닐 때 대칭행렬 A의 최대 고유값 λ_1과 최소 고유값 λ_n에 대해 다음 관계식이 성립한다.

$$\lambda_1 \geq \frac{\boldsymbol{x}^t A\boldsymbol{x}}{\boldsymbol{x}^t \boldsymbol{x}} \geq \lambda_n$$

예제 6.20 단위원 상에서 이차형식 $x_1^2+x_2^2+4x_1x_2$의 최대값과 최소값을 구하라.

풀이 이차형식을 행렬 형식으로 나타내면

$$x_1^2+x_2^2+4x_1x_2=[x_1\ x_2]\begin{bmatrix}1&2\\2&1\end{bmatrix}\begin{bmatrix}x_1\\x_2\end{bmatrix}=\boldsymbol{x}^t A\boldsymbol{x}$$

이다. 대칭행렬 $A=\begin{bmatrix}1&2\\2&1\end{bmatrix}$의 특성방정식은

$$p(\lambda)=|\lambda I_2-A|=(\lambda+1)(\lambda-3)$$

이므로 고유값은 $\lambda_1=3$, $\lambda_2=-1$이고, 대응하는 정규화된 고유벡터는

$$v_1=\frac{1}{\sqrt{2}}\begin{bmatrix}1\\1\end{bmatrix},\ v_2=\frac{1}{\sqrt{2}}\begin{bmatrix}1\\-1\end{bmatrix}$$

이다. 따라서 정리 6.8에 의해 주어진 이차형식의 최대값과 최소값은 다음과 같다.

$$x_1=\frac{1}{\sqrt{2}},\ x_2=\frac{1}{\sqrt{2}}\text{에서 최대값}=3\ \ (=\lambda_1=\text{최대고유값}),$$

$$x_1=\frac{1}{\sqrt{2}},\ x_2=-\frac{1}{\sqrt{2}}\text{에서 최소값}=-1\ \ (=\lambda_2=\text{최소고유값})$$ ■

정리 6.9 주축정리(principal axis theorem)

$q(\boldsymbol{x})=\boldsymbol{x}^t A\boldsymbol{x}$를 $n\times n$ 대칭행렬 A의 이차형식이라 하고 P를 A를 직교대각화하는 행렬이라 하자. $\lambda_1, \lambda_2, \cdots, \lambda_n$을 A의 고유값이라 하면 치환

$$\boldsymbol{y}=P^t\boldsymbol{x}$$

에 의해서 $q(\boldsymbol{x})$는 다음과 같이 나타낼 수 있다.

$$q(\boldsymbol{y})=\lambda_1 y_1^2+\lambda_2 y_2^2+\cdots+\lambda_n y_n^2$$

| 증명 | P가 A를 직교대각화하는 행렬이므로 대각행렬 $D=\mathrm{diag}(\lambda_1, \lambda_2, \cdots, \lambda_n)$에 대해

$$P^tAP=D$$

를 만족한다. 따라서 치환 $\boldsymbol{x} = P\boldsymbol{y}$를 쓰면

$$\begin{aligned} q(\boldsymbol{x}) &= \boldsymbol{x}^t A \boldsymbol{x} = (P\boldsymbol{y})^t A (P\boldsymbol{y}) = \boldsymbol{y}^t (P^t A P) \boldsymbol{y} = \boldsymbol{y}^t D \boldsymbol{y} \\ &= \lambda_1 y_1^2 + \lambda_2 y_2^2 + \cdots + \lambda_n y_n^2 \end{aligned}$$

이다. ■

주축정리는 이차형식의 2차 항에서 나타나는 교차항 $x_i x_j (i \neq j)$를 좌표축을 재구성해서 소거함으로서 이차형식을 알기 쉬운 형태로 표준화 할 수 있음을 보여준다.

예제 6.21 다음 이차형식을 교차항을 없애고 표준화하라.

$$q(x_1,\ x_2,\ x_3) = x_1^2 - x_3^2 - 4x_1x_2 + 4x_2x_3$$

풀이 이차형식 $q(x_1,\ x_2,\ x_3)$의 행렬은

$$A = \begin{bmatrix} 1 & -2 & 0 \\ -2 & 0 & 2 \\ 0 & 2 & -1 \end{bmatrix},$$

특성방정식은

$$p(\lambda) = |\lambda I_3 - A| = \begin{vmatrix} \lambda - 1 & 2 & 0 \\ 2 & \lambda & -2 \\ 0 & -2 & \lambda + 1 \end{vmatrix} = \lambda(\lambda + 3)(\lambda - 3)$$

이고 A의 고유값은 $\lambda_1 = 0,\ \lambda_2 = -3,\ \lambda_3 = 3$이다. 이제 A의 정규화된 고유벡터는 각각

$$v_1 = \frac{1}{3}\begin{bmatrix} 2 \\ 1 \\ 2 \end{bmatrix},\ v_2 = \frac{1}{3}\begin{bmatrix} -1 \\ -2 \\ 2 \end{bmatrix},\ v_3 = \frac{1}{3}\begin{bmatrix} -2 \\ 2 \\ 1 \end{bmatrix}$$

이다. 따라서 직교행렬은

$$P = [v_1 v_2 v_3] = \frac{1}{3}\begin{bmatrix} 2 & -1 & -2 \\ 1 & -2 & 2 \\ 2 & 2 & 1 \end{bmatrix}$$

이다. 치환 $\boldsymbol{x} = P\boldsymbol{y}$를 적용하면 이차형식의 표준형은

$$q(\boldsymbol{x}) = \boldsymbol{x}^t A \boldsymbol{x} = \boldsymbol{y}^t D \boldsymbol{y}$$

$$= [y_1\ y_2\ y_3]\begin{bmatrix}0 & 0 & 0\\ 0 & -3 & 0\\ 0 & 0 & 3\end{bmatrix}\begin{bmatrix}y_1\\ y_2\\ y_3\end{bmatrix} = -3y_2^2 + 3y_3^2$$

과 같다. 이때 이 이차형식의 표준형에 대한 주축은 다음과 같은 좌표축 x_1, x_2, x_3의 회전으로 주어진다.

$$\begin{bmatrix}y_1\\ y_2\\ y_3\end{bmatrix} = \boldsymbol{y} = P^t\boldsymbol{x} = \frac{1}{3}\begin{bmatrix}2 & 1 & 2\\ -1 & -2 & 2\\ -2 & 2 & 1\end{bmatrix}\begin{bmatrix}x_1\\ x_2\\ x_3\end{bmatrix}$$

$$= \frac{1}{3}\begin{bmatrix}2x_1 + x_2 + 2x_3\\ -x_1 - 2x_2 + 2x_3\\ -2x_1 + 2x_2 + x_3\end{bmatrix}$$ ■

기하학적으로는 직선이나 평면을 나타내기 위해 일차방정식을 사용한다.

한편, $\mathbb{R}^n$에서 정의되는 **이차곡면**(quadratic surface)을 대칭행렬 A, 상수벡터 $\boldsymbol{b}\in\mathbb{R}^n$와 스칼라 $c\in\mathbb{R}$에 대해 이차방정식

$$\langle \boldsymbol{x},\ A\boldsymbol{x}\rangle + \langle \boldsymbol{x},\ \boldsymbol{b}\rangle + c = 0, \quad (\boldsymbol{x}\in\mathbb{R}^n)$$

을 만족하는 점들의 집합으로 정의한다. 이때 $n=2$이면 대응하는 집합을 **이차곡선**(quadratic curve)이라고 한다. 대칭행렬 $A = [a_{ij}]$와 벡터 $\boldsymbol{b} = [b_1\, b_2 \cdots\, b_n]^t$에 대해서 이 이차방정식은 이차형식을 포함하는 방정식

$$\sum_{i,\,j=1}^{n} a_{ij}x_ix_j + \sum_{i=1}^{n} b_ix_i + c = 0 \tag{1}$$

으로 표현된다. A를 직교대각화하는 행렬 P에 대해서 치환 $\boldsymbol{x} = P\boldsymbol{y}$를 적용하면

$$P^tAP = D = \begin{bmatrix}\lambda_1 & 0 & \cdots & 0\\ 0 & \lambda_2 & \cdots & 0\\ \vdots & \vdots & \ddots & \vdots\\ 0 & 0 & \cdots & \lambda_n\end{bmatrix}, \quad P^t\boldsymbol{b} = \begin{bmatrix}\mu_1\\ \mu_2\\ \vdots\\ \mu_n\end{bmatrix}$$

에 의해 이차방정식 (1)은 교차항을 없애고 다음과 같이 간결하게 쓸 수 있다.

$$\sum_{i=1}^{n}\lambda_iy_i^2 + \sum_{i=1}^{n}\mu_iy_i + c = 0 \tag{2}$$

완전제곱꼴을 이용하여 식 (2)를 다음과 같이 더욱 간결하게 정리할 수 있다.

$\lambda_i \neq 0$이면

$$\lambda_i y_i^2 + \mu_i y_i = \lambda_i\left(y_i + \frac{\mu_i}{2\lambda_i}\right)^2 - \frac{\mu_i^2}{4\lambda_i}.$$

따라서 A의 고유값 $\lambda_1, \cdots, \lambda_k$가 0이 아니고 나머지가 0이라고 하면 식 (2)는

$$\sum_{i=1}^{k}\lambda_i(y_i+\alpha_i)^2 + \sum_{i=k+1}^{n}\mu_i y_i + d = 0, \quad \left(\alpha_i = \frac{\mu_i}{2\lambda_i}\right) \tag{3}$$

으로 쓸 수 있다. 최종적으로 변수변환

$$z_i = \begin{cases} y_i + \alpha_i, & (i = 1, \cdots, k) \\ y_i, & (i = k+1, \cdots, n) \end{cases}$$

에 의해 식 (3)은 다음과 같이 표현된다.

$$\sum_{i=1}^{k}\lambda_i z_i^2 + \sum_{i=k+1}^{n}\mu_i z_i + d = 0 \tag{4}$$

따라서 이차곡면은 최초의 좌표축 $x_1, x_2, \cdots, x_n$을

$$\text{직교변환 : } \boldsymbol{y} = P^t\boldsymbol{x}, \quad \text{평행이동 : } z_i = y_i + \alpha_i, \ (i = 1, \cdots, k)$$

에 의해 얻어진 좌표축 $z_1, z_2, \cdots, z_n$ 상에서 이차방정식 (4)의 그래프로 주어진다. 이를 정리하면 다음과 같다.

정리 6.10

A가 $n \times n$ 대칭행렬일 때 이차방정식

$$\langle \boldsymbol{x}, A\boldsymbol{x}\rangle + \langle \boldsymbol{x}, \boldsymbol{b}\rangle + c = 0, \quad (\boldsymbol{x} \in \mathbb{R}^n)$$

은 $\lambda_1, \lambda_2, \cdots, \lambda_k$가 A의 0이 아닌 고유값일 때 직교변환과 평행이동에 의해

$$\sum_{i=1}^{k}\lambda_i z_i^2 + \sum_{i=k+1}^{n}\mu_i z_i + d = 0 \tag{4}$$

형태로 전환할 수 있다.

정리 6.10에 따른 공식 (4)에 의해 이차곡면의 특성은 A의 양의 고유값과 음의 고유값의 수, 영이 아닌 μ_i와 d의 부호에 따라 결정됨을 알 수 있다. 예를 들어 A가 양의 정부호 행렬이면 A는 n개의 양의 고유값을 가지고 μ_i는 존재하지 않으므로 식 (4)는

$$\sum_{i=1}^{n} \lambda_i z_i^2 + d = 0$$

으로 나타난다. 따라서 곡면은 $d < 0$일 때 타원면(ellipsoid)이고, $d = 0$이면 한 점, $d > 0$이면 공집합이다. 2차원의 경우 $d < 0$일 때 이차곡선은 고유값의 부호에 따라 다음과 같이 분류된다(그림 6.1).

(1) $\lambda_1 > 0,\ \lambda_2 > 0$인 경우 : $\dfrac{x_1^2}{a^2} + \dfrac{x_2^2}{b^2} = 1$ :: 타원(ellipse)

(2) $\lambda_1 > 0,\ \lambda_2 < 0$인 경우 : $\dfrac{x_1^2}{a^2} - \dfrac{x_2^2}{b^2} = 1$ :: 쌍곡선(hyperbola)

(3) $\lambda_1 > 0,\ \lambda_2 = 0$인 경우 : $x_1^2 = ax_2 + b$ :: 포물선(parabola)

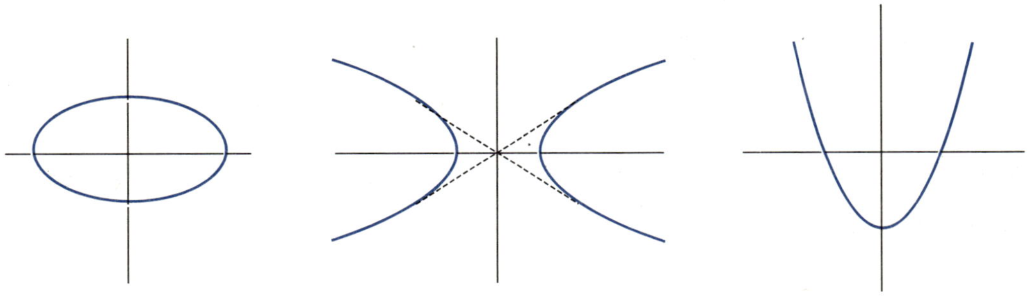

(1) 타원 ($\lambda_1 > 0,\ \lambda_2 > 0$)　(2) 쌍곡선 ($\lambda_1 > 0,\ \lambda_2 < 0$)　(3) 포물선 ($\lambda_1 > 0,\ \lambda_2 = 0$)

그림 6.1 이차곡선의 분류

2차원에서 일반적인 이차방정식은

$$ax^2 + 2bxy + cy^2 + dx + ey + f = 0$$

으로 주어진다. 이때 이차형식에 대한 대칭행렬은

$$A = \begin{bmatrix} a & b \\ b & c \end{bmatrix}$$

이고, A의 특성다항식은

$$p(\lambda) = |\lambda I_2 - A| = \lambda^2 - (a+c)\lambda + ac - b^2$$

이므로 A의 고유값을 λ_1, λ_2라고 하면

$$\lambda_1 + \lambda_2 = a + c, \quad \lambda_1 \lambda_2 = ac - b^2 = |A|$$

이다. 따라서 이차곡선은 이차형식의 행렬 A의 행렬식의 부호에 따라 다음과 같이 분류된다.

$|A| > 0$이면 타원, $|A| < 0$이면 쌍곡선, $|A| = 0$이면 포물선

정리 6.11

a, b, c가 모두 0이 아닌 상수일 때 이차방정식

$$ax^2 + 2bxy + cy^2 + dx + ey + f = 0$$

은 $ac - b^2$의 부호에 따라 다음과 같은 이차곡선을 나타낸다.

$ac - b^2 > 0$: 타원, $ac - b^2 < 0$: 쌍곡선, $ac - b^2 = 0$: 포물선

예제 6.22 다음 이차방정식이 나타내는 곡선이 무엇인지 밝히고 이차곡선의 그래프를 그려라.

$$5x^2 - 4xy + 8y^2 - 36 = 0$$

풀이 대응하는 이차형식의 행렬은

$$A = \begin{bmatrix} 5 & -2 \\ -2 & 8 \end{bmatrix}$$

이고 $|A| = 36 > 0$이므로 이차방정식의 그래프는 타원이다.
이차곡선의 그래프를 그리기 위해 직교변환을 구한다.
A의 특성방정식은

$$p(\lambda) = |\lambda I_2 - A| = \begin{vmatrix} \lambda - 5 & 2 \\ 2 & \lambda - 8 \end{vmatrix} = (\lambda - 4)(\lambda - 9)$$

이므로 A의 고유값은 $\lambda_1 = 4$, $\lambda_2 = 9$이다. 이에 따른 A의 정규화된 고유벡터는 각각

$$v_1 = \frac{1}{\sqrt{5}}\begin{bmatrix}2\\1\end{bmatrix},\ v_2 = \frac{1}{\sqrt{5}}\begin{bmatrix}-1\\2\end{bmatrix}$$

이다. 따라서 직교행렬은

$$P = [v_1\, v_2] = \frac{1}{\sqrt{5}}\begin{bmatrix}2 & -1\\1 & 2\end{bmatrix}$$

이다. 치환 $\begin{bmatrix}x\\y\end{bmatrix} = \boldsymbol{x} = P\boldsymbol{x}' = P\begin{bmatrix}x'\\y'\end{bmatrix}$를 적용하면 이차방정식은

$$\begin{aligned}&5x^2 - 4xy + 8y^2 - 36 = \boldsymbol{x}^t A\boldsymbol{x} - 36 = \boldsymbol{x}'^t D\boldsymbol{x}' - 36 = 0\\ &\Rightarrow\ [x'\ y']\begin{bmatrix}4 & 0\\0 & 9\end{bmatrix}\begin{bmatrix}x'\\y'\end{bmatrix} - 36 = 4x'^2 + 9y'^2 - 36 = 0\\ &\Rightarrow\ \frac{x'^2}{3^2} + \frac{y'^2}{2^2} = 1\end{aligned}$$

으로 표현되며 이는 좌표축 $(x',\ y')$에서 타원을 이룬다. 주축은

$$\begin{bmatrix}x'\\y'\end{bmatrix} = \boldsymbol{x}' = P^t\boldsymbol{x} = \frac{1}{\sqrt{5}}\begin{bmatrix}2 & 1\\-1 & 2\end{bmatrix}\begin{bmatrix}x\\y\end{bmatrix} = \frac{1}{\sqrt{5}}\begin{bmatrix}2x+y\\-x+2y\end{bmatrix}$$

이다. 따라서 x'-축은 v_1 방향, y'-축은 v_2 방향이 되도록 좌표축을 회전해서 그래프를 그리면 그림 6.2와 같다. ■

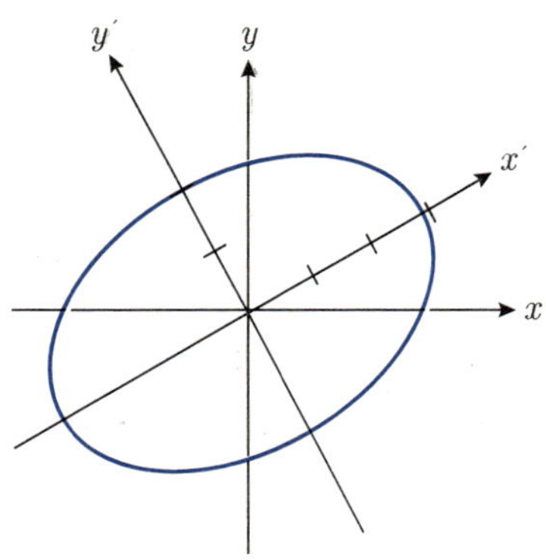

그림 6.2 $5x^2 - 4xy + 8y^2 - 36 = 0$의 그래프

예제 6.23 다음 이차방정식이 나타내는 곡선의 그래프를 그려라.

$$5x^2 - 4xy + 8y^2 + \frac{20}{\sqrt{5}}x - \frac{80}{\sqrt{5}}y + 4 = 0$$

풀이 $A = \begin{bmatrix} 5 & -2 \\ -2 & 8 \end{bmatrix}$, $\boldsymbol{x} = \begin{bmatrix} x \\ y \end{bmatrix}$와 $\boldsymbol{b} = \dfrac{1}{\sqrt{5}}\begin{bmatrix} 20 \\ -80 \end{bmatrix}$에 대해서 이차방정식은

$$\boldsymbol{x}^t A\boldsymbol{x} + \boldsymbol{x}^t\boldsymbol{b} + 4 = 0$$

으로 표현된다. 예제 6.22에 의해 A를 대각화하는 직교행렬은

$$P = \frac{1}{\sqrt{5}}\begin{bmatrix} 2 & -1 \\ 1 & 2 \end{bmatrix}$$

이고 $\boldsymbol{x}' = \begin{bmatrix} x' \\ y' \end{bmatrix}$에 대해 $\boldsymbol{x} = P\boldsymbol{x}'$으로 치환하면 $P^t\boldsymbol{b} = \begin{bmatrix} -8 \\ -36 \end{bmatrix}$이므로

$$\begin{aligned} \boldsymbol{x}^t A\boldsymbol{x} + \boldsymbol{x}^t\boldsymbol{b} + 4 &= \boldsymbol{x}'^t D\boldsymbol{x}' + \boldsymbol{x}'^t(P^t\boldsymbol{b}) + 4 = 0 \\ \Rightarrow \quad & 4x'^2 + 9y'^2 - 8x' - 36y' + 4 = 0 \\ \Rightarrow \quad & 4(x'-1)^2 + 9(y'-2)^2 = 36 \end{aligned}$$

따라서 평행이동 $x'' = x' - 1$, $y'' = y' - 2$에 의해서 이차방정식은

$$\frac{x''^2}{3^2} + \frac{y''^2}{2^2} = 1$$

인 타원의 방정식으로 정리된다. 그래프는 그림 6.3에서와 같이 (v_1, v_2)를 (x', y')축으로 직교좌표 (x, y)를 회전시킨 후 (x'', y'')을 축으로 평행이동하여 얻어진 좌표축에 타원을 그려 넣어서 얻어진다. ■

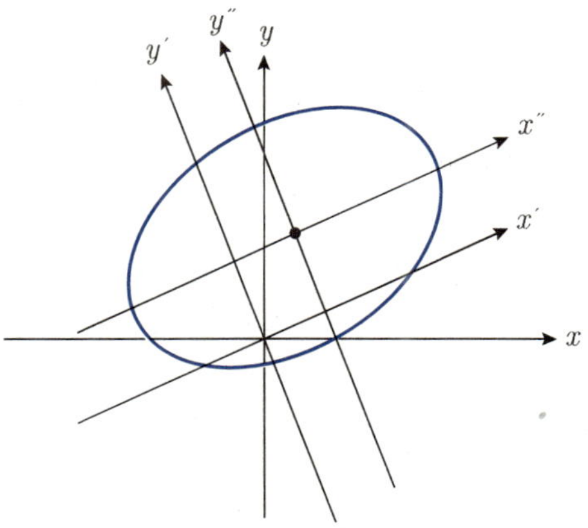

그림 6.3 $5x^2 - 4xy + 8y^2 + \dfrac{20}{\sqrt{5}}x - \dfrac{80}{\sqrt{5}}y + 4 = 0$의 그래프

이차곡선의 경우와 유사하게 $n=3$ 인 경우에는 대응하는 이차형식에서 고유값의 부호에 따라 타원면, 쌍곡면, 포물면 등으로 분류된다.

예제 6.24 다음 이차방정식으로 표현되는 이차곡면을 구하라.

$$4x^2+4y^2+4z^2+4xy+4xz+4yz-3=0$$

풀이 $A=\begin{bmatrix}4&2&2\\2&4&2\\2&2&4\end{bmatrix}$ 와 $\boldsymbol{x}=\begin{bmatrix}x\\y\\z\end{bmatrix}$ 에 대해서 이차방정식은

$$\boldsymbol{x}^tA\boldsymbol{x}-3=0$$

으로 표현된다. A의 특성다항식은

$$p(\lambda)=\begin{vmatrix}\lambda-4&-2&-2\\-2&\lambda-4&-2\\-2&-2&\lambda-4\end{vmatrix}=(\lambda-2)^2(\lambda-8)$$

이므로 고유값은 $\lambda_1=2$(중근), $\lambda_2=8$이다.

이때 대응하는 고유벡터는 다음과 같이 주어진다.

$$\boldsymbol{v}_1=\begin{bmatrix}-1\\1\\0\end{bmatrix},\ \boldsymbol{v}_2=\begin{bmatrix}-1\\0\\1\end{bmatrix},\ \boldsymbol{v}_3=\begin{bmatrix}1\\1\\1\end{bmatrix}$$

여기서 $\lambda_1=2$에 대응하는 고유벡터는 $\{\boldsymbol{v}_1,\ \boldsymbol{v}_2\}$이고 $\lambda_2=8$에 대응하는 고유벡터는 $\boldsymbol{v}_3$이다. 따라서 정리 6.7에 의해 $\boldsymbol{v}_3$는 $\boldsymbol{v}_1,\ \boldsymbol{v}_2$와 서로 직교를 이룬다. 직교행렬 P를 구하기 위해 그람-슈미트 직교화 과정을 적용하여 $\boldsymbol{v}_1,\ \boldsymbol{v}_2$를 정규직교화하고, $\boldsymbol{v}_3$를 정규화한다.

$$\boldsymbol{u}_1=\boldsymbol{v}_1\ ;\ \boldsymbol{e}_1=\frac{\boldsymbol{u}_1}{\|\boldsymbol{u}_1\|}=\frac{1}{\sqrt{2}}\begin{bmatrix}-1\\1\\0\end{bmatrix},$$

$$\boldsymbol{u}_2=\boldsymbol{v}_2-\frac{\boldsymbol{v}_2\cdot\boldsymbol{u}_1}{\|\boldsymbol{u}_1\|^2}\boldsymbol{u}_1=\frac{1}{2}\begin{bmatrix}-1\\-1\\2\end{bmatrix}\ ;\ \boldsymbol{e}_2=\frac{\boldsymbol{u}_2}{\|\boldsymbol{u}_2\|}=\frac{1}{\sqrt{6}}\begin{bmatrix}-1\\-1\\2\end{bmatrix},$$

$$\boldsymbol{e}_3=\frac{\boldsymbol{v}_3}{\|\boldsymbol{v}_3\|}=\frac{1}{\sqrt{3}}\begin{bmatrix}1\\1\\1\end{bmatrix}$$

그러면 A를 직교대각화하는 직교행렬은

$$P=[e_1\ e_2\ e_3]=\begin{bmatrix} -\frac{1}{\sqrt{2}} & -\frac{1}{\sqrt{6}} & \frac{1}{\sqrt{3}} \\ \frac{1}{\sqrt{2}} & -\frac{1}{\sqrt{6}} & \frac{1}{\sqrt{3}} \\ 0 & \frac{2}{\sqrt{6}} & \frac{1}{\sqrt{3}} \end{bmatrix}$$

이고,

$$P^tAP=\begin{bmatrix} 2 & 0 & 0 \\ 0 & 2 & 0 \\ 0 & 0 & 8 \end{bmatrix}=D$$

이 성립한다. 이제 $\boldsymbol{x}'=\begin{bmatrix} x' \\ y' \\ z' \end{bmatrix}$에 대해 $\boldsymbol{x}=P\boldsymbol{x}'$으로 치환하면

$$\begin{aligned} & \boldsymbol{x}^tA\boldsymbol{x}-3=\boldsymbol{x}'^tD\boldsymbol{x}'-3=0 \\ & \Rightarrow \quad 2x'^2+2y'^2+8z'^2-3=0 \\ & \Rightarrow \quad \frac{x'^2}{(3/2)}+\frac{y'^2}{(3/2)}+\frac{z'^2}{(3/8)}=1 \end{aligned}$$

인 타원면(ellipsoid)이 얻어진다. ■

6.4 • 연습문제

1. 다음 각 이차형식을 행렬의 형태로 나타내라.

(1) $4x^2+9y^2$

(2) $4x^2+y^2-4xy$

(3) $5y^2-4xy$

(4) $x^2+y^2-3z^2+xy-2yz$

(5) $2x^2+3y^2+z^2+2xy-xz+yz$

(6) $2x^2-3z^2-5xy+yz$

2. 단위원 $x_1^2+x_2^2=1$ 상에서 다음 각 이차형식의 최대와 최소값을 구하라.

(1) $2x_1^2+3x_2^2-x_1x_2$

(2) $2x_1^2+2x_2^2+3x_1x_2$

3. 단위 구면 $x_1^2+x_2^2+x_3^2=1$ 상에서 다음 각 이차형식의 최대와 최소값을 구하라.

(1) $2x_1^2+x_2^2+x_3^2+2x_1x_2+2x_1x_3$

(2) $3x_1^2+2x_2^2+3x_3^2+2x_1x_3$

4. 다음 각 이차형식을 교차항을 없애고 표준화하라.

(1) $5x^2+2y^2+4xy$

(2) $x^2+2xy+y^2+8x+y$

(3) $2xy$ (평면에서)

(4) $2x^2+5y^2+5z^2+4xy-4xz-8yz$

(5) $-5x^2+y^2-z^2+4xy+6xz$

(6) $5x^2+2y^2+4z^2+4xy-2yz$

5. 다음 각 이차방정식으로 표현되는 이차곡선을 구하라.

(1) $x^2-16y^2+8x+128y=256$

(2) $x^2-8x-14y+49=0$

(3) $2x^2-4xy-y^2+8=0$

(4) $5x^2+4xy+5y^2=9$

(5) $21x^2+6xy+13y^2-114x+34y+73=0$

(6) $3x^2-8xy-12y^2-30x-64y=0$

(7) $x^2-6xy-7y^2+10x+2y+9=0$

6. 다음 각 이차방정식으로 표현되는 이차곡면을 구하라.

(1) $6x^2+3y^2-2z^2+12x-18y-8z+7=0$

(2) $2x^2+3y^2+23z^2+72xz+150=0$

(3) $144x^2+100y^2+81z^2-216xz-540x-720z=0$

(4) $x^2+4y^2+z^2-xy-yz-xz=9$

(5) $2xy+2xz+7yz-6x-6y-4z+9=0$

(6) $2xy-6x+10y+z=31$

6.5 양의 정부호 행렬과 촐레스키 분해

정사각행렬 A가 모든 $\boldsymbol{x} \neq 0$에 대하여 $\boldsymbol{x}^t A\boldsymbol{x} > 0$이면 A를 양의 정부호 행렬(positive definite matrix)이라고 한다. $A = [a_{ij}]$가 $n \times n$ 행렬이면 $\boldsymbol{x} = [x_1 x_2 \cdots x_n]^t$에 대해 $\boldsymbol{x}^t A\boldsymbol{x}$는

$$\boldsymbol{x}^t A\boldsymbol{x} = \sum_{i,j=1}^{n} a_{ij} x_i x_j$$

인 이차형식으로 주어진다. 특히 대칭인 양의 정부호 행렬의 집합을 간단히 PSym(positive definite symmetric matrices)으로 정의하자.

예제 6.25 다음 행렬이 양의 정부호임을 보여라.

$$A = \begin{bmatrix} 2 & -1 & 0 \\ -1 & 2 & -1 \\ 0 & -1 & 2 \end{bmatrix}$$

풀이 $0 \neq \boldsymbol{x} \in \mathbb{R}^3$에 대해

$$\begin{aligned} \boldsymbol{x}^t A\boldsymbol{x} &= [x_1 x_2 x_3] \begin{bmatrix} 2 & -1 & 0 \\ -1 & 2 & -1 \\ 0 & -1 & 2 \end{bmatrix} \begin{bmatrix} x_1 \\ x_2 \\ x_3 \end{bmatrix} \\ &= 2x_1^2 + 2x_2^2 + 2x_3^2 - 2x_1x_2 - 2x_2x_3 \\ &= x_1^2 + (x_1^2 - 2x_1x_2 + x_2^2) + (x_2^2 - 2x_2x_3 + x_3^2) + x_3^2 \\ &= x_1^2 + (x_1 - x_2)^2 + (x_2 - x_3)^2 + x_3^2 > 0 \end{aligned}$$

이다. 따라서 A는 양의 정부호이다. ■

정리 6.12

$A = [a_{ij}]$가 양의 정부호 행렬이면 다음이 성립한다.

(1) A는 정칙이다.

(2) A의 모든 대각원소는 양수이다.

(3) $A \in \mathrm{PSym}$이면 $\max_{1 \le k, j \le n} |a_{kj}| \le \max_{1 \le i \le n} a_{ii}$

(4) $A \in \mathrm{PSym}$이면 모든 $i \neq j$에 대해 $a_{ij}^2 < a_{ii} a_{jj}$이다.

| 증명 | (1) A가 정칙이 아니라면 $A\boldsymbol{x}=0$인 $\boldsymbol{x}\neq 0$이 존재한다. 따라서

$$\boldsymbol{x}^t A\boldsymbol{x} = \boldsymbol{x}^t 0 = 0$$

이 되어 A가 양의 정부호 행렬이라는 사실에 모순이다.

(2) $\mathbb{R}^n$의 표준기저 $\boldsymbol{e}_i$에 대해

$$0 < \boldsymbol{e}_i^t A\boldsymbol{e}_i = \boldsymbol{e}_i^t A^{(i)} = a_{ii}.$$

(3) $i\neq k$일 때 $\mathbb{R}^n$의 표준기저에 대해 $\boldsymbol{e}_i-\boldsymbol{e}_k\neq 0$이므로

$$\begin{aligned}0 < (\boldsymbol{e}_i-\boldsymbol{e}_k)^t A(\boldsymbol{e}_i-\boldsymbol{e}_k) &= \boldsymbol{e}_i^t A\boldsymbol{e}_i - \boldsymbol{e}_k^t A\boldsymbol{e}_i - \boldsymbol{e}_i^t A\boldsymbol{e}_k + \boldsymbol{e}_k^t A\boldsymbol{e}_k \\ &= a_{ii} - a_{ki} - a_{ik} + a_{kk} \\ &= a_{ii} - 2a_{ik} + a_{kk} \quad (A\text{가 대칭이므로}).\end{aligned}$$

따라서 $i\neq k$에 대해

$$\frac{a_{ii}+a_{kk}}{2} > a_{ik}.$$

마찬가지로

$$0 < (\boldsymbol{e}_i+\boldsymbol{e}_k)^t A(\boldsymbol{e}_i+\boldsymbol{e}_k) = a_{ii} + 2a_{ik} + a_{kk}$$

로부터

$$\frac{a_{ii}+a_{kk}}{2} > -a_{ik}$$

가 성립하므로 이 두 결과로부터

$$|a_{ik}| < \frac{a_{ii}+a_{kk}}{2} \leq \max_{1\leq i\leq n} a_{ii}, \quad \forall i\neq k$$

가 얻어진다.

(4) $i\neq j$일 때 스칼라 α에 대해 $\alpha\boldsymbol{e}_i+\boldsymbol{e}_j\neq 0$이므로

$$(\alpha\boldsymbol{e}_i+\boldsymbol{e}_j)^t A(\alpha\boldsymbol{e}_i+\boldsymbol{e}_j) = \alpha^2 a_{ii} + 2\alpha a_{ij} + a_{jj} > 0$$

이다. 이때 우측은 α에 관한 이차식이고 (2)에 의해 $a_{ii}>0$이므로 이차식에 대한 판별식은 $a_{ij}^2 - a_{ii}a_{jj} < 0$이다. 따라서 결과가 성립한다. ■

정리 6.12는 간단한 관찰에 의해 양의 정부호가 아닌 행렬을 가려내는데 도움을 줄 수 있다.

예제 6.26 다음 각 행렬이 양의 정부호가 아님을 보여라.

$$A=\begin{bmatrix}3&2&1\\1&-1&0\\0&1&2\end{bmatrix},\ B=\begin{bmatrix}3&4&-5\\4&2&2\\-5&2&1\end{bmatrix},\ C=\begin{bmatrix}2&0&-1\\0&1&-3\\-1&-3&4\end{bmatrix}$$

풀이 A : 주대각원소가 음수를 포함하고 있으므로 정리 6.12의 (2)에 의해 양의 정부호 행렬이 될 수 없다.

B : 절대값이 가장 큰 원소의 절대값 5가 주대각원의 모든 원소의 절대값 보다 크므로 (3)에 의해 양의 정부호가 될 수 없다.

C : $c_{22}c_{33}=4,\ a_{23}^2=9$이므로 $a_{22}a_{33}<a_{23}^2$이 되어 (4)로부터 양의 정부호가 될 수 없다. ■

정리 6.13

$n\times n$ 대칭행렬 A가 양의 정부호일 필요충분조건은 A의 모든 고유값이 양의 부호를 갖는 것이다.

| 증명 | A가 대칭행렬이고 양의 정부호이므로 λ를 A의 고유값이라고 하면 λ에 대응하는 고유벡터 $\boldsymbol{x}$에 대해

$$\boldsymbol{x}^tA\boldsymbol{x}=\lambda\boldsymbol{x}^t\boldsymbol{x}=\lambda\|\boldsymbol{x}\|^2$$

이다. 따라서

$$\lambda=\frac{\boldsymbol{x}^tA\boldsymbol{x}}{\|\boldsymbol{x}\|^2}>0.$$

역으로, A의 모든 고유값이 양의 부호이면 최소 고유값은 $\lambda_n>0$이다. $\boldsymbol{x}\neq 0$인 n-벡터 $\boldsymbol{x}$에 대해서 $\boldsymbol{y}=\frac{\boldsymbol{x}}{\|\boldsymbol{x}\|}$를 $\boldsymbol{x}$를 정규화한 벡터라면 정리 6.8의 (1)에 의해

$$\boldsymbol{y}^tA\boldsymbol{y}=\frac{\boldsymbol{x}^tA\boldsymbol{x}}{\|\boldsymbol{x}\|^2}\geq\lambda_n>0$$

이므로 $\boldsymbol{x}^tA\boldsymbol{x}>0$이 성립한다. ■

보조정리 6.14

$A \in \mathrm{PSym}$이면 행렬식은 $|A| > 0$이다.

증명 $A \in M_n$의 고유값을 $\lambda_1, \lambda_2, \cdots, \lambda_n$이라 하면 A가 대칭인 양의 정부호 행렬이므로 정리 6.13에 의해 모든 고유값 $\lambda_i > 0$이다.

한편 정리 6.6에 의해 대각행렬 $D = \mathrm{diag}(\lambda_1, \lambda_2, \cdots, \lambda_n)$에 대해서

$$A = PDP^t$$

인 직교행렬 P가 존재한다. 이때 $|P|^2 = 1$이므로

$$|A| = |PDP^t| = |P||D||P^t| = |D| = \lambda_1\lambda_2 \cdots \lambda_n > 0$$

이 성립한다. ■

A가 양의 정부호 행렬일 때 이차형식 $q(\boldsymbol{x}) = \boldsymbol{x}^t A \boldsymbol{x}$는 양의 정부호 형식(positive definite quadratic form)이라고 한다. 따라서 A가 양의 정부호이면 평면이나 공간에서 이차형식 $q(\boldsymbol{x})$는 타원이나 타원면을 기술하는 방정식이다.

예제 6.27 다음 이차형식이 양의 정부호임을 보여라.

$$q(x_1, x_2, x_3) = 2x_1^2 + 3x_2^2 + 3x_3^2 - 2x_1x_2 - 2x_1x_3$$

풀이 이차형식 $q(x_1, x_2, x_3)$의 행렬은

$$A = \begin{bmatrix} 2 & -1 & -1 \\ -1 & 3 & 0 \\ -1 & 0 & 3 \end{bmatrix}$$

이고 특성방정식은

$$p(\lambda) = |\lambda I_3 - A| = (\lambda - 1)(\lambda - 3)(\lambda - 4)$$

이므로 A는 모두 양인 고유값을 갖는다. 따라서 정리 6.13에 의해 이차형식 $q(x_1, x_2, x_3)$는 양의 정부호이다. ■

$A \in \mathrm{PSym}$이면 A의 LU 분해를 $U = L^t$가 되도록 설정할 수 있다. 즉

$$A = GG^t$$

인 하부삼각행렬 G가 존재한다. 이를 A의 **촐레스키 분해**(Cholesky decomposition)라고 한다. 이를 이용하면 행렬의 분해나 이와 관련된 연립일차방정식의 해를 구하는 과정을 한결 단순화 할 수 있다. 이 과정을 정리하여 살펴보자.

주어진 행렬 A에 대해 A의 부분행렬 $A(1:k,\ 1:k)$를 A의 1행에서 k행까지, 그리고 1열에서 k열까지 택한 블록행렬이라고 하자. 예를 들어 $A=[a_{ij}]\in M_n$일 때,

$$A(1,\ 1)=[a_{11}],\ \ A(1:2,\ 1:2)=\begin{bmatrix} a_{11} & a_{12} \\ a_{21} & a_{22} \end{bmatrix},\ \ A(1:3,\ 1:3)=\begin{bmatrix} a_{11} & a_{12} & a_{13} \\ a_{21} & a_{22} & a_{23} \\ a_{31} & a_{32} & a_{33} \end{bmatrix}$$

이다. A의 대각선을 따라 구성된 부분 정사각행렬

$$A(1:k,\ 1:k)=\begin{bmatrix} a_{11} & a_{12} & \cdots & a_{1k} \\ a_{21} & a_{22} & \cdots & a_{2k} \\ \vdots & \vdots & \ddots & \vdots \\ a_{k1} & a_{k2} & \cdots & a_{kk} \end{bmatrix}$$

를 A의 k차의 **주 선도부분행렬**(leading principal submatrix)이라고 한다.

정리 6.15

$A\in M_n$에 대해 A의 모든 주 선도부분행렬이 정칙이면 A의 LU 분해가 유일하게 존재한다.

증명

• 존재성 : 가우스 변환에 의한 소거과정이 $k-1$단계까지 진행되어

$$\widehat{A}_{k-1}=M_{k-1}\cdots M_2M_1A=\begin{bmatrix} a_{11} & a_{12} & \cdots & a_{1k} & \cdots & a_{1n} \\ 0 & a_{22}^{(2)} & \cdots & a_{2k}^{(2)} & \cdots & a_{2n}^{(2)} \\ 0 & 0 & \ddots & \vdots & & \vdots \\ \vdots & \vdots & & a_{kk}^{(k)} & \cdots & a_{kn}^{(k)} \\ \vdots & \vdots & O & \vdots & & \vdots \\ 0 & 0 & & a_{nk}^{(k)} & \cdots & a_{nn}^{(k)} \end{bmatrix}$$

라고 하면

$$\begin{aligned} &|\widehat{A}_{k-1}(1:k,\ 1:k)| \\ &=|M_{k-1}(1:k,\ 1:k)|\cdots|M_1(1:k,\ 1:k)|\,|A(1:k,\ 1:k)| \end{aligned}$$

로부터 각 $M_i(1:k,\ 1:k)$의 행렬식은 1이므로

$$|A(1:k,\ 1:k)| = \left|\hat{A}_{k-1}(1:k,\ 1:k)\right| = a_{11}a_{22}^{(2)} \cdots a_{kk}^{(k)} \neq 0$$

이다. 따라서 $a_{kk}^{(k)} \neq 0$이므로 $a_{kk}^{(k)}$를 다음 단계의 추축원소로 사용하여 가우스 변환 M_k를 설정할 수 있다. 이와 같이 매 단계마다 a_{11}, $a_{22}^{(2)}$, $\cdots$, $a_{(n-1)(n-1)}^{(n-1)}$을 축원소로 해서 가우스 변환 M_1, M_2, $\cdots$, M_{n-1}을 설정하면

$$A = (M_{n-1}M_{n-2} \cdots M_2M_1)^{-1}U = LU$$

인 A의 LU 분해를 얻을 수 있다.

- 유일성 : 이제 단위 하부삼각행렬 L_1과 L_2, 상부삼각행렬 U_1과 U_2에 대해서 A의 LU 분해를 $A = L_1U_1 = L_2U_2$이라 하자. 그러면

$$L_2^{-1}L_1 = U_2U_1^{-1}$$

이고, 이 식의 좌변은 단위 하부삼각행렬이고 우변은 상부삼각행렬이므로

$$L_2^{-1}L_1 = U_2U_1^{-1} = I_n$$

이다. 따라서 $L_1 = L_2$, $U_1 = U_2$가 되어 A의 LU 분해는 유일하다. ■

정리 6.16

$A \in \mathrm{PSym}$이면 A의 모든 주 선도부분행렬도 양의 정부호이다.

| 증명 | A가 $n \times n$ 행렬일 때 $\boldsymbol{e}_i = [0 \cdots 010 \cdots 0]^t \in \mathbb{R}^n$을 i째 성분이 1인 $\mathbb{R}^n$의 표준기저라고 하면 각 k에 대해

$$\begin{aligned}
&[\boldsymbol{e}_1\boldsymbol{e}_2 \cdots \boldsymbol{e}_k]^t A[\boldsymbol{e}_1\boldsymbol{e}_2 \cdots \boldsymbol{e}_k] \\
&= [I_k \ \vdots \ O]\begin{bmatrix} A(1:k,\ 1:k) & \vdots & A(1:k,\ k+1:n) \\ \cdots\cdots & \cdot & \cdots\cdots \\ A(k+1:n,\ 1:k) & \vdots & A(k+1:n,\ k+1:n) \end{bmatrix}\begin{bmatrix} I_k \\ \cdots \\ O \end{bmatrix} \\
&= A(1:k,\ 1:k)
\end{aligned}$$

가 되어 A의 주 선도부분행렬 $A(1:k,\ 1:k)$는 대칭인 양의 정부호 행렬이다.

■

$A \in M_n$가 대칭인 양의 정부호 행렬이면 정리 6.16에 의해 모든 주 선도부분행렬은 양의 정부호이고, 또한 보조정리 6.14에 의해 주 선도부분행렬의 행렬식은 양의 부호를 가지므로 주 선도부분행렬은 정칙이다. 따라서 정리 6.15에 의해 A는 단위 하부삼각행렬 L과 상부삼각행렬 U에 대해서 $A = LU$인 유일한 LU 분해를 갖게 된다.

정리 6.17 촐레스키 분해 (Cholesky decomposition)

$A \in M_n$이 대칭인 양의 정부호 행렬이면 하부삼각행렬 G에 대해서

$$A = GG^t$$

인 A의 촐레스키 분해가 존재한다.

| 증명 | A가 대칭인 양의 정부호 행렬이므로 단위 하부삼각행렬 L과 상부삼각행렬 U에 대해서 $A = LU$인 A의 LU 분해가 유일하게 존재한다. A의 k차의 주 선도부분행렬은

$$A(1:k,\ 1:k) = L(1:k,\ 1:k)\,U(1:k,\ 1:k)$$

으로 쓸 수 있다. 이때 $A(1:k,\ 1:k)$가 양의 정부호이므로 보조정리 6.14에 의해 $|A(1:k,\ 1:k)| > 0$이고, 또한 $|L(1:k,\ 1:k)| = 1$이므로

$$|U(1:k,\ 1:k)| = u_{11}u_{22}\cdots u_{kk} > 0, \quad k = 1,\ 2,\ \cdots,\ n$$

이다. 따라서 U의 모든 대각원소는 양수이다. 이제 대각행렬 D를

$$D = \mathrm{diag}(\sqrt{u_{11}},\ \sqrt{u_{22}},\ \cdots,\ \sqrt{u_{nn}})$$

로 택하여

$$A = LU = (LD)(D^{-1}U) = GF$$

로 두면 $G = LD$는 대각원소가 $g_{ii} = L_{(i)}D^{(i)} = \sqrt{u_{ii}}$인 하부삼각행렬이고 $F = D^{-1}U$는 대각원소가 $f_{ii} = D^{-1}_{(i)}U^{(i)} = \sqrt{u_{ii}}$인 상부삼각행렬이다. 이때 A가 대칭이므로

$$GF = A = A^t = F^tG^t$$

가 성립하고, 이에 따라

$$F(G^t)^{-1} = G^{-1}F^t$$

이다. 여기서 좌변은 상부삼각행렬이고 우변은 하부삼각행렬이므로 $F(G^t)^{-1} = \Lambda$인 대각행렬이다. 따라서 $F = \Lambda G^t$이고 F와 G^t가 같은 대각원소를 가지므로 $\Lambda = I_n$이다.

그러므로 $F = G^t$가 되어 하부삼각행렬 G에 대해

$$A = GG^t$$

인 촐레스키 분해로 나타낼 수 있다. ■

실제 촐레스키 분해를 구하기 위해 $A = GG^t$인 분해로부터 G의 원소를 직접 계산하는 것이 편리하다. 이때 A가 대칭이므로 A의 주대각선 아래의 원소만 고려하면 충분하다. 따라서 $A = [a_{ij}] \in M_n$일 때 a_{ij}, $(i \geq j)$인 경우를 조사한다. $G = [g_{ij}]$라 하면

$$A = GG^t \Rightarrow a_{ij} = G_{(i)}G_{(j)}^t = \sum_{k=1}^{j} g_{ik}g_{jk}, \quad (i \geq j)$$

이다. 이 식으로부터 먼저 $i = j$일 때

$$a_{jj} = g_{j1}^2 + g_{j2}^2 + \cdots + g_{jj}^2$$

이고, 다음 $i > j$일 때

$$a_{ij} = g_{i1}g_{j1} + g_{i2}g_{j2} + \cdots + g_{ij-1}g_{jj-1} + g_{ij}g_{jj}$$

이므로

$$g_{jj} = \left(a_{jj} - \sum_{k=1}^{j-1} g_{jk}^2\right)^{1/2}, \quad (j = 1, 2, \cdots, n)$$

$$g_{ij} = \frac{1}{g_{jj}}\left(a_{ij} - \sum_{k=1}^{j-1} g_{ik}g_{jk}\right), \quad (i = j+1, \cdots, n)$$

에 의해서 촐레스키 분해에 따른 하부삼각행렬 G의 원소를 산정할 수 있다.

예제 6.28 다음 행렬의 촐레스키 분해를 구하라.

$$A = \begin{bmatrix} 2.25 & -3 & 4.5 \\ -3 & 5 & -10 \\ 4.5 & -10 & 34 \end{bmatrix}$$

풀이 $A=GG^t$, $G=[g_{ij}]$라 하면 하부삼각행렬 G의 원소는

$$g_{11}=\sqrt{a_{11}}=\sqrt{2.25}=1.5,$$

$$g_{21}=\frac{a_{21}}{g_{11}}=\frac{-3}{1.5}=2,\ g_{31}=\frac{a_{31}}{g_{11}}=\frac{4.5}{1.5}=3,$$

$$g_{22}=\left(a_{22}-g_{21}^2\right)^{1/2}=\left(5-(-2)^2\right)^{1/2}=1,$$

$$g_{32}=\frac{1}{g_{22}}\left(a_{32}-g_{31}g_{21}\right)=(-10-3\cdot(-2))=-4,$$

$$g_{33}=\left(a_{33}-g_{31}^2-g_{32}^2\right)^{1/2}=\left(34-3^2-(-4)^2\right)^{1/2}=3$$

이다. 따라서 $G=\begin{bmatrix}1.5 & 0 & 0\\ -2 & 1 & 0\\ 3 & -4 & 3\end{bmatrix}$에 대해서 A의 촐레스키 분해는

$$A=\begin{bmatrix}2.25 & -3 & 4.5\\ -3 & 5 & -10\\ 4.5 & -10 & 34\end{bmatrix}=\begin{bmatrix}1.5 & 0 & 0\\ -2 & 1 & 0\\ 3 & -4 & 3\end{bmatrix}\begin{bmatrix}1.5 & -2 & 3\\ 0 & 1 & -4\\ 0 & 0 & 3\end{bmatrix}=GG^t$$

이다. ■

6.5 • 연습문제

1. 다음 각 행렬이 양의 정부호가 아님을 보여라.

$$A=\begin{bmatrix}2 & 2\\ 1 & -3\end{bmatrix},\ B=\begin{bmatrix}3 & 4\\ 4 & 2\end{bmatrix},\ C=\begin{bmatrix}6 & 4 & -2\\ 4 & 5 & 3\\ -2 & 3 & 6\end{bmatrix}$$

2. 행렬 $A=\begin{bmatrix}1 & 2 & 3\\ 2 & 3 & 4\\ 3 & 4 & 4\end{bmatrix}$가 양의 정부호가 아님을 각각 다음의 방법을 통해서 입증해보라.

(1) 고유값이 모두 양수가 아니다.

(2) 이차형식 $\boldsymbol{x}^tA\boldsymbol{x}$가 음수가 되는 벡터 $\boldsymbol{x}\in\mathbb{R}^3$가 존재한다.

(3) 주 선도부분행렬의 행렬식의 값이 모두 양수가 되지는 않는다.

3. 각각 다음과 같은 방법을 써서 아래에 주어진 행렬이 양의 정부호임을 보여라.

$$A=\begin{bmatrix}4&1\\1&4\end{bmatrix},\ B=\begin{bmatrix}9&-3\\-3&2\end{bmatrix},\ C=\begin{bmatrix}4&6&2\\6&10&3\\2&3&5\end{bmatrix},\ D=\begin{bmatrix}4&4&-2\\4&13&-14\\-2&-14&21\end{bmatrix}$$

(1) 이차형식의 부호 조사

(2) 고유값 조사

(3) 주 선도부분행렬의 행렬식의 부호 조사

4. $A=[a_{ij}]\in M_n$가 양의 정부호일 필요충분조건은 $a_{11}>0$이고 동시에 $|A|>0$임을 보여라.

5. 다음 각 이차형식이 양의 정부호가 되도록 k의 값을 구하고 그 그래프를 그려라.

(1) $x_1^2+kx_2^2-4x_1x_2$

(2) $5x_1^2+x_2^2+kx_3^2+4x_1x_2-2x_1x_3-2x_2x_3$

6. $A\in M_n$에 대해 $\mathbb{R}^n$ 상에서

$$\langle \boldsymbol{u},\ \boldsymbol{v}\rangle_A=\boldsymbol{u}^tA\boldsymbol{v}$$

로 정의된 $\langle\ ,\ \rangle_A$가 내적이 될 필요충분조건은 $A\in\mathrm{PSym}$임을 보여라.

7. 아래 주어진 각 행렬에 대해 각각 다음을 구하라.

$$A=\begin{bmatrix}9&-3\\-3&2\end{bmatrix},\ B=\begin{bmatrix}9&3&-6\\3&4&1\\-6&1&9\end{bmatrix},\ C=\begin{bmatrix}2&-1&0\\-1&2&-1\\0&-1&2\end{bmatrix}$$

(1) 주 선도부분행렬의 행렬식을 계산하여 행렬이 양의 정부호임을 보여라.

(2) 행렬의 LU 분해를 구하라.

(3) (2)의 결과를 이용하여 주어진 행렬을 단위 하부삼각행렬 L과 대각행렬 D에 대해 행렬의 곱 LDL^t로 나타내라. 이를 행렬의 LDL^t 분해(LDL^t decomposition)라 고 한다.

(4) LDL^t 분해를 써서 행렬의 촐레스키 분해를 유도하라.

8. 문제 3에 주어진 각 행렬에 대한 촐레스키 분해를 구하라.

9. 촐레스키 분해를 이용하여 다음 각 연립방정식의 해를 구하라.

(1) $\begin{cases} x_1 - 2x_2 + 2x_3 = 4 \\ -2x_1 + 5x_2 - 3x_3 = -7 \\ 2x_1 - 3x_2 + 6x_3 = 10 \end{cases}$

(2) $\begin{bmatrix} 2 & -1 & 0 \\ -1 & 2 & -1 \\ 0 & -1 & 2 \end{bmatrix} \begin{bmatrix} x_1 \\ x_2 \\ x_3 \end{bmatrix} = \begin{bmatrix} -1 \\ 0 \\ 1 \end{bmatrix}$

(3) $\begin{bmatrix} 81 & -36 & 27 & -18 \\ -36 & 116 & -62 & 68 \\ 27 & -62 & 98 & -44 \\ -18 & 68 & -44 & 90 \end{bmatrix} \begin{bmatrix} x_1 \\ x_2 \\ x_3 \\ x_4 \end{bmatrix} = \begin{bmatrix} 252 \\ 148 \\ 76 \\ 134 \end{bmatrix}$

10. A^tA의 촐레스키 분해를 이용하여 다음 각 행렬의 QR 분해를 구하라.

(1) $A = \begin{bmatrix} -7 & -30 & -65 \\ 4 & 12 & -31 \\ 4 & -24 & -22 \end{bmatrix}$

(2) $A = \begin{bmatrix} 2 & -4 & 2 \\ 1 & 0 & -4 \\ \sqrt{3} & 0 & 0 \end{bmatrix}$

11. 다음을 보여라.

(1) A가 양의 정부호면 A^2와 A^{-1}도 양의 정부호이다.

(2) $A \in M_{m,\,n}$의 계수가 n이면 A^tA는 양의 정부호이다.

(3) A가 정칙인 대칭행렬이면 A^2는 양의 정부호이다.

(4) A가 대칭행렬이면 e^A는 대칭인 양의 정부호 행렬이다.

제 7 장

07

복소벡터공간

7.1 복소수의 기본성질

일반적으로 정사각행렬은 복소수를 고유값으로 가질 수 있고, 대응하는 고유벡터도 복소벡터가 될 수 있다. 따라서 복소수체를 기반으로 하는 복소벡터공간을 이해하여야 행렬을 충분히 활용할 수 있을 것이다. 예를 들어 행렬 $A = \begin{bmatrix} 0 & -1 \\ 1 & 0 \end{bmatrix}$의 특성방정식은 $\lambda^2 + 1 = 0$으로서 실수해를 갖지 않는다. 따라서 실수체 상에서 A는 고유값과 고유벡터를 갖지 않는다. 이러한 문제를 해결하기 위해 복소수체로 확대하는 것이 필요하다.

실수범위에서는 해를 갖지 않는 이차방정식 $x^2 + 1 = 0$의 근에 의미를 부여하기 위하여 -1의 제곱 되는 수를 **허수**(imaginary number)라 하고

$$\sqrt{-1} = i$$

로 정의한다. 또한 허수를 반영하여 실수의 순서쌍

$$z = a + bi, \quad (a,\ b\text{는 실수})$$

로 나타낸 수를 **복소수**(complex number), 복소수 전체의 집합을 **복소수체**(complex field)라고 하고 $\mathbb{C}$로 나타낸다. 즉

$$\mathbb{C} = \{a + bi \mid a,\ b \in \mathbb{R}\}.$$

복소수 $z = a + bi$에서 a를 z의 **실수부분**(real part)이라 하며 $a = \text{Re}(z)$로 나타내고, b를 **허수부분**(imaginary part)이라고 하며 $b = \text{Im}(z)$로 나타낸다.

주어진 두 복소수 $z_1 = a_1 + b_1 i$와 $z_2 = a_2 + b_2 i$에 대하여 $a_1 = a_2$, $b_1 = b_2$일 때 z_1과 z_2는 서로 **상등**(equal)하다고 하고 $z_1 = z_2$로 표시한다.

두 복소수의 덧셈과 곱셈은 다음과 같이 $i^2 = -1$을 반영해서 실수부분과 허수부분을 구분하여 순서쌍으로 표현한 수로 정의한다.

$$z_1 + z_2 = (a_1 + b_1 i) + (a_2 + b_2 i) = (a_1 + a_2) + (b_1 + b_2)i,$$
$$z_1 z_2 = (a_1 + b_1 i)(a_2 + b_2 i) = (a_1 a_2 - b_1 b_2) + (a_1 b_2 + a_2 b_1)i$$

복소수 $z = a + bi$에 대하여 허수부분의 부호를 바꾸어 얻어진 수를 z의 **켤레복소수**(complex cojugate)라 하고 $\bar{z}$로 나타낸다. 즉

$$\bar{z} = a - bi.$$

켤레복소수의 정의에 따른 직접적인 결과로서 복소수의 실수부분과 허수부분에 관한 다음 관계식을 얻는다.

$$\mathrm{Re}(z) = \frac{1}{2}(z+\bar{z}), \quad \mathrm{Im}(z) = \frac{1}{2i}(z-\bar{z})$$

또한 복소수 $z = a+bi$의 **동경**(modulus), 또는 **절대값**(absolute value)을 다음과 같이 정의한다.

$$|z| = \sqrt{a^2+b^2}$$

그러면 켤레복소수에 대한 다음의 유용한 성질을 갖는다.

$$z\bar{z} = (a+bi)(a-bi) = a^2+b^2 = |z|^2$$

켤레복소수를 이용하면 복소수의 역수를 쉽게 유도할 수 있다. $z = a+bi \neq 0$이면

$$\frac{1}{z} = \frac{\bar{z}}{z\bar{z}} = \frac{\bar{z}}{|z|^2} = \frac{a}{a^2+b^2} - \frac{b}{a^2+b^2}i$$

는 z의 곱셈 하에서의 역원이 되고 이를 이용해서 복소수의 나눗셈을 계산할 수 있다.

예제 7.1 $z_1 = 3-4i$, $z_2 = -2+7i$에 대하여 $\dfrac{z_2}{z_1}$을 구하라.

풀이 $\dfrac{z_2}{z_1} = \dfrac{\bar{z}_1 z_2}{\bar{z}_1 z_1} = \dfrac{(3+4i)(-2+7i)}{3^2+4^2} = -\dfrac{34}{25} + \dfrac{13}{25}i.$ ■

복소행렬(complex matrix)은 복소수를 성분으로 갖는 행렬이며 행렬에 대한 연산은 실수행렬에서와 같다. 몇 가지 예를 들어 복소행렬의 연산을 살펴보자.

예제 7.2 복소행렬 A와 B가 아래와 같이 주어져 있다.

$$A = \begin{bmatrix} -1 & 2+3i \\ i & 3 \end{bmatrix}, \quad B = \begin{bmatrix} 1-i & 2 \\ 3+2i & 1+i \end{bmatrix}$$

다음을 구하라.

(1) $A+B$ (2) iA (3) AB

풀이 (1) $A+B=\begin{bmatrix}(-1)+(1-i) & (2+3i)+(2)\\ (i)+(3+2i) & (3)+(1+i)\end{bmatrix}=\begin{bmatrix}-i & 4+3i\\ 3+3i & 4+i\end{bmatrix}$

(2) $iA=\begin{bmatrix}i(-1) & i(2+3i)\\ i(i) & i(3)\end{bmatrix}=\begin{bmatrix}-i & -3+2i\\ -1 & 3i\end{bmatrix}$

(3) $AB=\begin{bmatrix}(-1)(1-i)+(2+3i)(3+2i) & (-1)(2)+(2+3i)(1+i)\\ (i)(1-i)+(3)(3+2i) & (i)(2)+(3)(1+i)\end{bmatrix}$

$$=\begin{bmatrix}-1+14i & -3+5i\\ 10+7i & 3+5i\end{bmatrix}$$ ■

예제 7.3 크레이머 규칙을 써서 다음 연립방정식의 해를 구하라.

$$\begin{cases}(2+i)x+y=3i\\ 2x-iy=-1+3i\end{cases}$$

풀이 연립방정식을 행렬로 나타내면

$$\begin{bmatrix}2+i & 1\\ 2 & -i\end{bmatrix}\begin{bmatrix}x\\ y\end{bmatrix}=\begin{bmatrix}3i\\ -1+3i\end{bmatrix}$$

이고, 계수행렬의 행렬식은 $(2+i)(-i)-(2)(1)=-1-2i$이므로 크레이머 규칙에 의해 해는

$$x=\frac{\begin{vmatrix}3i & 1\\ -1+3i & -i\end{vmatrix}}{-1-2i}=\frac{(4-3i)(-1+2i)}{(-1-2i)(-1+2i)}=\frac{2}{5}+\frac{11}{5}i,$$

$$y=\frac{\begin{vmatrix}2+i & 3i\\ 2 & -1+3i\end{vmatrix}}{-1-2i}=\frac{(-5-i)(-1+2i)}{(-1-2i)(-1+2i)}=\frac{7}{5}-\frac{9}{5}i.$$ ■

7.1 • 연습문제

1. $z_1=2-3i,\ z_2=-1+5i$일 때 다음을 계산하라.

(1) z_1+z_2 (2) $2z_1-iz_2$

(3) z_1z_2 (4) $\dfrac{z_2}{z_1}$

(5) $\overline{z_1}\, z_2$

(6) $\dfrac{\overline{z_2}}{\overline{z_1}}$

(7) $\dfrac{z_1}{|z_2|}$

(8) $\left|\dfrac{z_1}{z_2}\right|$

2. 다음 방정식을 만족하는 실수 x와 y를 구하라.

(1) $x(1-i)+y(1+i)=3+2i$

(2) $xi+y(3-7i)=6-2i$

3. 다음을 $a+bi$의 형태로 나타내라.

(1) $(1+2i)(4-6i)$

(2) $\dfrac{5+3i}{1-i}$

(3) $\dfrac{i}{(1+i)(1+2i)(1-2i)}$

(4) $\dfrac{2+i}{\overline{1+i}}$

(5) $\dfrac{1+i}{3+i}-\dfrac{5-2i}{3i}$

(6) $\left(\displaystyle\sum_{k=0}^{10} i^k\right)^{10}$

4. $A=\begin{bmatrix}1-i & i\\ -2 & 1+i\end{bmatrix}$, $B=\begin{bmatrix}3 & 2+i\\ 3-i & 4\end{bmatrix}$에 대해 다음을 계산하라.

(1) $A+iB$

(2) AB

(3) $|A|$

(4) A^{-1}

5. 다음 연립일차방정식의 해를 구하라.

(1) $\begin{cases} x_1-2ix_2= i\\ ix_1+x_2=1-i\end{cases}$

(2) $\begin{bmatrix}-1 & -1-i\\ -1+i & -2\end{bmatrix}\begin{bmatrix}x_1\\ x_2\end{bmatrix}=\begin{bmatrix}0\\ 0\end{bmatrix}$

(3) $\begin{cases} ix_1-x_2+x_3=\dfrac{1}{2}-\dfrac{3}{2}i\\ x_1+ix_2-x_3=0\\ -x_1+x_2+ix_3=-\dfrac{3}{2}-\dfrac{5}{2}i\end{cases}$

6. 두 복소수 z_1과 z_2 사이의 거리는 다음과 같이 나타낼 수 있음을 보여라.

$$|z_1-z_2|=\sqrt{|z_1|^2-2\mathrm{Re}(z_1\overline{z_2})+|z_2|^2}$$

7. 복소수에서 다음 삼각부등식이 성립함을 보여라.

$$|z_1 + z_2| \le |z_1| + |z_2|$$

8. 복소수 $z = x + yi$에 대해 평면상의 점 $(1, -1)$에 중심을 두고 반지름이 4인 원의 방정식은 다음과 같이 주어짐을 보여라.

$$|z - (1 - i)| = 4$$

7.2 복소내적공간

실수행렬에서 특성방정식의 계수가 실수가 되어도 고유값은 복소수로 되는 경우가 있다. 예를 들어 행렬 $A = \begin{bmatrix} 2 & 1 \\ -1 & 2 \end{bmatrix}$의 특성방정식은 $|\lambda I_2 - A| = \lambda^2 - 4\lambda + 5 = 0$이 되어 고유값은 $\lambda = 2 \pm i$로서 복소수이다. 따라서 일반적으로 정사각행렬의 고유값과 고유벡터를 제한없이 구하기 위해서는 복소공간으로 대상을 확장하는 것이 타당하다. n개의 복소수의 성분으로 이루어진 벡터들의 집합을

$$\mathbb{C}^n = \{(z_1, z_2, \cdots, z_n) \mid z_k \in \mathbb{C}, k = 1, 2, \cdots, n\}$$

이라 하고 **복소 n-공간**(complex n-dimensional space)이라 한다. $\mathbb{R}^n$에서 실수 n-벡터들의 덧셈과 스칼라 곱셈은 마찬가지로 복소 n-공간에서도 똑같이 적용된다.

$\mathbb{C}^n$에서 n개의 일차독립인 단위벡터를

$$\mathbf{e}_1 = (1, 0, \cdots, 0), \mathbf{e}_2 = (0, 1, 0, \cdots, 0), \cdots, \mathbf{e}_n = (0, \cdots, 0, 1)$$

이라 하면 임의의 벡터 $v = (z_1, z_2, \cdots, z_n) \in \mathbb{C}^n$는

$$v = (z_1, z_2, \cdots, z_n) = z_1\mathbf{e}_1 + z_2\mathbf{e}_2 + \cdots + z_n\mathbf{e}_n$$

으로 나타낼 수 있으므로 $\{\mathbf{e}_1, \mathbf{e}_2, \cdots, \mathbf{e}_n\}$은 $\mathbb{C}^n$의 기저를 이룬다. $\mathbb{R}^n$에서와 마찬가지로 이

를 $\mathbb{C}^n$에 대한 표준기저라고 한다.

$\mathbb{C}^n$의 두 벡터 $\boldsymbol{u}=(u_1, u_2, \cdots, u_n)$와 $\boldsymbol{v}=(v_1, v_2, \cdots, v_n)$의 유클리드 내적(Euclidean inner product)을

$$\boldsymbol{u}\cdot\boldsymbol{v}=u_1\overline{v_1}+u_2\overline{v_2}+\cdots+u_n\overline{v_n}$$

으로 정의한다. 여기서 $\overline{v_i}$는 복소수 v_i의 켤레복소수를 나타낸다. $\mathbb{R}^n$과 유사하게 $\mathbb{C}^n$에서 유클리드 내적은 다음 성질을 갖는다.

정리 7.1

$\boldsymbol{u}, \boldsymbol{v}, \boldsymbol{w}\in\mathbb{C}^n$이고 $\alpha\in\mathbb{C}$일 때 유클리드 내적은 다음 성질을 만족한다.

(1) $\boldsymbol{u}\cdot\boldsymbol{v}=\overline{\boldsymbol{v}\cdot\boldsymbol{u}}$

(2) $(\boldsymbol{u}+\boldsymbol{v})\cdot\boldsymbol{w}=\boldsymbol{u}\cdot\boldsymbol{w}+\boldsymbol{v}\cdot\boldsymbol{w}$

(3) $(\alpha\boldsymbol{u})\cdot\boldsymbol{v}=\alpha(\boldsymbol{u}\cdot\boldsymbol{v})=\boldsymbol{u}\cdot(\overline{\alpha}\boldsymbol{v})$

(4) $\boldsymbol{u}\cdot\boldsymbol{u}\geq 0$이고 $\boldsymbol{u}\cdot\boldsymbol{u}=0 \Leftrightarrow \boldsymbol{u}=\boldsymbol{0}$

| 증명 | (1), (2), (3)은 유클리드 내적에 관한 정의의 직접적 결과이다.

(4) $\boldsymbol{u}=(u_1, u_2, \cdots, u_n)\in\mathbb{C}^n$에 대해

$$\boldsymbol{u}\cdot\boldsymbol{u}=u_1\overline{u_1}+u_2\overline{u_2}+\cdots+u_n\overline{u_n}=|u_1|^2+|u_2|^2+\cdots+|u_n|^2\geq 0$$

이고,

$$\begin{aligned}\boldsymbol{u}\cdot\boldsymbol{u}=0 &\Leftrightarrow |u_1|=|u_2|=\cdots=|u_n|=0\\ &\Leftrightarrow u_1=u_2=\cdots=u_n=0\\ &\Leftrightarrow \boldsymbol{u}=\boldsymbol{0}.\end{aligned}$$

■

$\boldsymbol{u}=(u_1, u_2, \cdots, u_n)\in\mathbb{C}^n$에서 $\boldsymbol{u}\cdot\boldsymbol{u}\geq 0$이므로 이 수의 제곱근을 $\boldsymbol{u}$의 유클리드 노름(Euclidean norm)이라 하고 $\|\boldsymbol{u}\|$로 표시한다. 즉

$$\|\boldsymbol{u}\|=\sqrt{\boldsymbol{u}\cdot\boldsymbol{u}}=\sqrt{|u_1|^2+|u_2|^2+\cdots+|u_n|^2}$$

또한 두 벡터 $\boldsymbol{u}, \boldsymbol{v}\in\mathbb{C}^n$의 유클리드 거리(Euclidean distance)를

$$d(\boldsymbol{u}, \boldsymbol{v})=\|\boldsymbol{u}-\boldsymbol{v}\|=\sqrt{|u_1-v_1|^2+|u_2-v_2|^2+\cdots+|u_n-v_n|^2}$$

으로 정의한다.

예제 7.4 벡터 $u=(2i,\ 1-i,\ 3)$, $v=(2+i,\ -1,\ 1-3i)\in\mathbb{C}^3$에 대해 유클리드 내적 과 유클리드 거리를 구하라.

풀이

$$\begin{aligned} u\cdot v &= (2i)(\overline{2+i})+(1-i)(\overline{-1})+(3)(\overline{1-3i}) \\ &= (2i)(2-i)+(1-i)(-1)+(3)(1+3i) \\ &= 4+14i, \end{aligned}$$

$$\begin{aligned} d(u,\ v) &= \|u-v\| \\ &= \sqrt{|2i-(2+i)|^2+|(1-i)-(-1)|^2+|3-(1-3i)|^2} \\ &= \sqrt{|-2+i|^2+|2-i|^2+|2+3i|^2} \\ &= \sqrt{23} \end{aligned}$$

■

일반적으로 실수체 위에서의 벡터공간의 개념을 복소수체로 확대하여 가법과 복소수체 $\mathbb{C}$ 상의 스칼라 곱셈 하에서 닫혀져 있는 원소의 집합을 생각할 수 있다.

집합 V가 $u,\ v\in V$와 $\alpha\in\mathbb{C}$에 대해

$$u+v\in V,\quad \alpha u\in V$$

인 성질을 만족하면 V를 **복소벡터공간**(complex vector space)이라 한다. 또한 복소 n-공간에서 유클리드 내적의 개념을 확장하여 일반적인 복소벡터공간에서 내적을 정의할 수 있다. V가 복소벡터공간일 때 $V\times V$에 다음과 같은 성질을 갖는 복소수 $<\ ,\ >$를 배정하는 함수를 **복소벡터공간에서의 내적**(inner product on complex vector space)이라고 하고, 이러한 내적을 반영한 복소벡터공간을 **유니타리 공간**(unitary space)이라고 한다.

(1) $\langle v,\ v\rangle\geq 0,\ \forall v\in V$; $\langle v,\ v\rangle=0 \Leftrightarrow v=0$ (양성)

(2) $\langle u,\ v\rangle=\overline{\langle v,\ u\rangle},\ \forall u,\ v\in V$ (가환성)

(3) $\langle \alpha u,\ v\rangle=\alpha\langle u,\ v\rangle,\ (\alpha\in\mathbb{C},\ u,\ v\in V)$ (동차성)

(4) $\langle u+v,\ w\rangle=\langle u,\ w>+\langle v,\ w\rangle,\ \forall u,\ v,\ w\in V$ (분배성)

명백히 $\mathbb{C}^n$에서의 유클리드 내적은 위 조건을 만족한다.

예제 7.5 $V=\mathbb{C}^2$, $\boldsymbol{u}=(u_1, u_2)$, $\boldsymbol{v}=(v_1, v_2)\in V$에 대해

$$\langle \boldsymbol{u}, \boldsymbol{v}\rangle = 2u_1\overline{v_1}+3u_2\overline{v_2}$$

는 V 상에서 내적을 이룸을 보여라.

풀이 내적의 성질 (3)과 (4)는 명백하므로 (1)과 (2)가 성립함을 보인다.

(1) $\langle \boldsymbol{v}, \boldsymbol{v}\rangle = 2v_1\overline{v_1}+3v_2\overline{v_2} = 2|v_1|^2+3|v_2|^2 \geq 0$이고,

$\langle \boldsymbol{v}, \boldsymbol{v}\rangle = 2|v_1|^2+3|v_2|^2 = 0 \Leftrightarrow v_1=v_2=0 \Leftrightarrow \boldsymbol{v}=0$

(2) $\langle \boldsymbol{u}, \boldsymbol{v}\rangle = 2u_1\overline{v_1}+3u_2\overline{v_2} = \overline{2v_1\overline{u_1}+3v_2\overline{u_2}} = \overline{\langle \boldsymbol{v}, \boldsymbol{u}\rangle}$. ■

복소벡터공간에서 주어진 영이 아닌 두 벡터 $\boldsymbol{u}$, $\boldsymbol{v}$에 대해서 내적 $\langle \boldsymbol{u}, \boldsymbol{v}\rangle=0$이면 두 벡터는 서로 **수직**(perpendicular)을 이룬다고 한다.

예제 7.6 $\mathbb{C}^2$에서 $\boldsymbol{u}=(i, 1)$와 $\boldsymbol{v}=(1, i)$는 유클리드 내적이

$$\boldsymbol{u}\cdot\boldsymbol{v} = (i)\overline{(1)}+(1)\overline{(i)} = i-i=0$$

이므로 서로 수직을 이룬다. ■

복소내적공간에서 주어진 기저를 직교화하기 위해 제5장에서 다룬 그람-슈미트 직교화 과정을 마찬가지로 적용할 수 있다. 이 결과는 행렬을 대각화하는 데 필요하다.

예제 7.7 $\mathbb{C}^4$에서 $ix_1+x_2+x_3+x_4=0$의 해공간의 정규직교기저를 구하라.

풀이 $x_1=ix_2+ix_3+ix_4$이므로 자유변수 $x_2=\ell$, $x_3=s$, $x_3=t$에 대해서 $x_1=i\ell+is+it$이므로 해는

$$\boldsymbol{x}=\begin{bmatrix}x_1\\x_2\\x_3\\x_4\end{bmatrix}=\ell\begin{bmatrix}i\\1\\0\\0\end{bmatrix}+s\begin{bmatrix}i\\0\\1\\0\end{bmatrix}+t\begin{bmatrix}i\\0\\0\\1\end{bmatrix},\quad (\ell, s, t\in\mathbb{C})$$

로 주어진다. 따라서 해공간의 기저는

$$\boldsymbol{v}_1=(i, 1, 0, 0),\ \boldsymbol{v}_2=(i, 0, 1, 0),\ \boldsymbol{v}_3=(i, 0, 0, 1)$$

이다. 이제 해공간의 정규직교기저 $\{e_1, e_2, e_3\}$를 구하기 위해 그람-슈미트 직교화 과정을 아래와 같이 순차적으로 적용한다.

$$u_1 = v_1 = (i, 1, 0, 0) \ ; \ e_1 = \frac{u_1}{\|u_1\|} = \frac{1}{\sqrt{2}}(i, 1, 0, 0),$$

$$\begin{aligned} u_2 &= v_2 - (v_2 \cdot e_1)e_1 \\ &= (i, 0, 1, 0) - \frac{1}{2}(i, 1, 0, 0) = \frac{1}{2}(i, -1, 2, 0) \ ; \end{aligned}$$

$$e_2 = \frac{u_2}{\|u_2\|} = \frac{1}{\sqrt{6}}(i, -1, 2, 0),$$

$$\begin{aligned} u_3 &= v_3 - (v_3 \cdot e_1)e_1 - (v_3 \cdot e_2)e_2 \\ &= (i, 0, 0, 1) - \frac{1}{2}(i, 1, 0, 0) - \frac{1}{6}(i, -1, 2, 0) \\ &= \frac{1}{3}(i, -1, -1, 3) \ ; \end{aligned}$$

$$e_3 = \frac{u_3}{\|u_3\|} = \frac{1}{\sqrt{12}}(i, -1, -1, 3).$$ ■

7.2 • 연습문제

1. $\mathbb{C}^3$의 두 벡터 $u = (3i, 1-i, 2)$, $v = (1+i, -2i, 3+4i)$의 유클리드 내적과 유클리드 거리를 구하라.

2. $u = (u_1, u_2)$, $v = (v_1, v_2) \in \mathbb{C}^2$에 대해 내적이 다음과 같이 정의되어 있다.

$$\langle u, v \rangle = 2u_1\overline{v_1} + 3u_2\overline{v_2}$$

다음 두 벡터의 내적을 구하라.

(1) $u = (i, i)$, $v = (i, -i)$

(2) $u = (2i, -1+2i)$, $v = (3i, -1+2i)$

3. $\mathbb{C}^2$에 대한 정규직교기저 $\{u_1, u_2\}$에 대해서 $z \in \mathbb{C}^2$가 다음과 같이 정의되어 있다.

$$z = (3-2i)u_1 + (2+5i)u_2$$

(1) 각각 $\langle z, u_1 \rangle$, $\langle z, u_2 \rangle$, $\langle u_1, z \rangle$와 $\langle u_2, z \rangle$를 구하라.

(2) $\|z\|$를 구하라.

4. 복소내적공간 V의 두 벡터 u와 v가 서로 수직을 이룰 필요충분조건은

$$\|u+v\|^2 = \|u\|^2 + \|v\|^2, \quad \mathrm{Im}\langle u, v \rangle = 0$$

을 만족함을 보여라. 이를 **일반화된 피타고라스 정리**(generalized Pythagoras theorem)라고 한다.

5. 복소내적공간에서 내적에 관한 다음 항등식이 성립함을 보여라.

$$\langle u, v \rangle = \frac{1}{4}\|u+v\|^2 - \frac{1}{4}\|u-v\|^2 + \frac{i}{4}\|u+iv\|^2 - \frac{i}{4}\|u-iv\|^2$$

6. 다음 벡터에 의해 생성되는 $\mathbb{C}^4$의 부분공간의 정규직교기저를 구하라.

$$u_1 = (1, i, -1, 1), \ u_2 = (-1, 1, 1, i), \ u_3 = (1, 1, i, -1)$$

7. 다음 각 방정식의 해공간의 정규직교기저를 구하라.

(1) $\begin{cases} 2x_1 + (1-i)x_2 = 0 \\ (1+i)x_1 + 2x_2 = 0 \end{cases}$

(2) $\begin{cases} x_1 + ix_2 - x_3 = 0 \\ -x_1 - ix_2 + ix_3 = 0 \\ -ix_1 + x_2 + ix_3 = 0 \end{cases}$

(3) $\begin{cases} x_1 + ix_2 - 2ix_3 + x_4 = 0 \\ ix_1 + 3x_2 + 4x_3 - 2ix_4 = 0 \end{cases}$

8. 치환행렬 $P = \begin{bmatrix} 0 & 1 & 0 & 0 \\ 0 & 0 & 1 & 0 \\ 0 & 0 & 0 & 1 \\ 1 & 0 & 0 & 0 \end{bmatrix}$에 대해서 다음을 구하라.

(1) P의 고유값과 고유벡터

(2) $Q = -2I_4 + P + P^3 = \begin{bmatrix} -2 & 1 & 0 & 1 \\ 1 & -2 & 1 & 0 \\ 0 & 1 & -2 & 1 \\ 1 & 0 & 1 & -2 \end{bmatrix}$의 고유값과 고유벡터

7.3 에르미트, 유니타리, 정규행렬

복소수성분을 갖는 $m \times n$ 행렬의 공간을 $M_{m,n}(\mathbb{C})$로 나타내고, 특히 크기가 $n \times n$인 복소행렬의 공간을 $M_n(\mathbb{C})$로 나타내기로 하자. $n \times n$ 실수행렬의 공간 M_n에서 대칭행렬과 직교행렬의 정의는 $M_n(\mathbb{C})$에서 각각 에르미트 행렬과 유니타리 행렬로 일반화된다. 이에 따라 M_n에서의 대각화 문제를 $M_n(\mathbb{C})$에서의 대각화 문제로 확장해서 적용할 수 있다.

복소행렬 $A = [a_{ij}] \in M_{m,n}(\mathbb{C})$에 대하여 각 성분의 켤레복소수로 구성된 행렬을

$$\overline{A} = [\overline{a_{ij}}] \in M_{m,n}(\mathbb{C})$$

라 정의하고 $\overline{A}$를 A의 **켤레행렬**(conjugate matrix), 그 전치행렬 $\overline{A}^t$를 A의 **켤레전치행렬**(conjugate transpose)이라 하며 이를 간단히 A^*로 정의한다. 즉

$$A^* = \overline{A}^t = [\overline{a_{ij}}]^t \in M_{n,m}(\mathbb{C})$$

이 정의에 따라 A가 실수행렬이면 $A^* = A^t$이다.

예제 7.8 다음 각 행렬의 켤레전치행렬을 구하라.

$$A = \begin{bmatrix} 1-i & 3 & -7i \\ 5 & 2+3i & 4 \end{bmatrix},\ B = \begin{bmatrix} 1 & 2+i \\ 2-i & 3 \end{bmatrix},\ C = \begin{bmatrix} 2 & 3 \\ 1 & -4 \end{bmatrix}$$

풀이 $A^* = \begin{bmatrix} 1+i & 5 \\ 3 & 2-3i \\ 7i & 4 \end{bmatrix},\ B^* = \begin{bmatrix} 1 & 2+i \\ 2-i & 3 \end{bmatrix},\ C^* = \begin{bmatrix} 2 & 1 \\ 3 & -4 \end{bmatrix}.$ ■

$A^* = A$인 복소행렬을 **에르미트 행렬**(Hermitian matrix)이라고 한다. 예제 7.8에 주어진 행

렬 B는 에르미트 행렬이다. 대칭인 실수행렬은 명백히 에르미트 행렬이다. 대칭행렬의 경우와 유사하게 에르미트 행렬은 여러 좋은 성질을 가지고 있다.

정리 7.2

$A \in M_n(\mathbb{C})$가 에르미트 행렬일 때 다음이 성립한다.

(1) A의 고유값은 모두 실수이다.

(2) A의 서로 다른 고유값에 대응하는 고유벡터는 서로 수직이다.

| 증명 | (1) λ를 A의 고유값이고 $\boldsymbol{x}$를 대응하는 고유벡터라고 하면 $A\boldsymbol{x} = \lambda\boldsymbol{x}$이다.

$$(\boldsymbol{x}^*\boldsymbol{x})^* = \boldsymbol{x}^*(\boldsymbol{x}^*)^* = \boldsymbol{x}^*\boldsymbol{x},$$
$$(\boldsymbol{x}^*A\boldsymbol{x})^* = \boldsymbol{x}^*A^*(\boldsymbol{x}^*)^* = \boldsymbol{x}^*A\boldsymbol{x}$$

이고 $\boldsymbol{x}^*\boldsymbol{x}$와 $\boldsymbol{x}^*A\boldsymbol{x}$는 1×1 행렬이므로 $\boldsymbol{x}^*\boldsymbol{x}$와 $\boldsymbol{x}^*A\boldsymbol{x}$는 실수이다. 따라서

$$\boldsymbol{x}^*A\boldsymbol{x} = \boldsymbol{x}^*(\lambda\boldsymbol{x}) = \lambda(\boldsymbol{x}^*\boldsymbol{x}) = \lambda\|\boldsymbol{x}\|^2$$

으로부터 고유값 λ는 실수이다.

(2) λ_1과 λ_2를 서로 다른 고유값이라 하고 $\boldsymbol{x}_1$, $\boldsymbol{x}_2$를 각각 이에 대응하는 고유벡터라 하면

$$(A\boldsymbol{x}_1)^*\boldsymbol{x}_2 = \boldsymbol{x}_1^*A^*\boldsymbol{x}_2 = \boldsymbol{x}_1^*A\boldsymbol{x}_2 = \boldsymbol{x}_1^*(\lambda_2\boldsymbol{x}_2) = \lambda_2(\boldsymbol{x}_1^*\boldsymbol{x}_2),$$
$$(A\boldsymbol{x}_1)^*\boldsymbol{x}_2 = (\lambda_1\boldsymbol{x}_1)^*\boldsymbol{x}_2 = \lambda_1(\boldsymbol{x}_1^*\boldsymbol{x}_2)$$

이므로

$$\lambda_1\boldsymbol{x}_1^*\boldsymbol{x}_2 = \lambda_2\boldsymbol{x}_1^*\boldsymbol{x}_2$$

이다. 여기서 $\lambda_1 \neq \lambda_2$이므로 $\boldsymbol{x}_1 \cdot \boldsymbol{x}_2 = \boldsymbol{x}_1^*\boldsymbol{x}_2 = 0$이다. 따라서 $\boldsymbol{x}_1$과 $\boldsymbol{x}_2$는 서로 수직을 이룬다. ■

보조정리 7.3

실수원소를 갖는 대칭행렬의 고유값은 실수이다.

| 증명 | 행렬 A가 실수원소를 갖는 대칭행렬이라면

$$A=\overline{A},\ A^*=\overline{A}^t=A^t=A$$

이다. 따라서 A는 에르미트 행렬이므로 정리 7.2에 의해 실수인 고유값을 갖는다. ■

예제 7.9 에르미트 행렬 $A=\begin{bmatrix}2&0&0\\0&3&i\\0&-i&3\end{bmatrix}$의 고유값과 고유벡터를 구하라.

풀이 A의 특성다항식은

$$p(\lambda)=|\lambda I_3-A|=\begin{vmatrix}\lambda-2&0&0\\0&\lambda-3&-i\\0&i&\lambda-3\end{vmatrix}=(\lambda-2)^2(\lambda-4)$$

이므로 A의 고유값은 $\lambda_1=2$(중근), $\lambda_2=4$이다.

(1) $\lambda_1=2$에 대응하는 고유벡터 :

$$0x_1=0,\ ix_2-x_3=0$$

으로부터 두 개의 고유벡터 $v_1=\begin{bmatrix}1\\0\\0\end{bmatrix}$, $v_2=\begin{bmatrix}0\\1\\i\end{bmatrix}$를 얻는다.

(2) $\lambda_2=4$에 대응하는 고유벡터 :

$$2x_1=0,\ x_2-ix_3=0$$

으로부터 고유벡터 $v_3=\begin{bmatrix}0\\i\\1\end{bmatrix}$를 얻는다.

이때 $\lambda_2=4$에 대응하는 고유벡터 v_3는 $\lambda_1=2$에 대응하는 고유벡터 v_1과 v_2와 서로 수직을 이룸을 쉽게 확인할 수 있다. ■

정리 6.6에 의해 실수로 이루어진 대칭행렬은 직교대각화 가능함을 알아보았다. 실수행렬 $A\in M_n$은 $A^tA=I_n$이 성립할 때 직교행렬을 이룬다. 이러한 성질을 대칭행렬과 유사한 복소행렬로 확장할 수 있다.

$U^*U=I_n$인 복소행렬 $U\in M_n(\mathbb{C})$를 **유니타리 행렬**(unitary matrix)이라고 한다. 따라서 유니타리 행렬 U는 가역이고 $U^{-1}=U^*$이다. 또한 정의로부터

$$U^{(i)*}U^{(j)}=\delta_{ij}$$

이므로 U의 열벡터는 $\mathbb{C}^n$에서 정규직교집합을 이룬다. 이에 따라 실수체에서 유니타리 행렬은 직교행렬이다.

예제 7.10 $A = \begin{bmatrix} \frac{1+i}{2} & \frac{1+i}{2} \\ \frac{1-i}{2} & \frac{-1+i}{2} \end{bmatrix}$는 $\|A^{(1)}\| = \|A^{(2)}\| = 1$, $A^{(1)} \cdot A^{(2)} = 0$이므로 $\mathbb{C}^2$에서 유니타리 행렬이다. ■

정리 7.4

유니타리 행렬 $U \in M_n(\mathbb{C})$는 다음 성질을 갖는다.

(1) U는 $\mathbb{C}^n$에서 내적과 노름을 보존한다. 특히 $\|U\boldsymbol{x}\| = \|\boldsymbol{x}\|$이다.

(2) λ가 U의 고유값이면 $|\lambda| = 1$이다.

(3) U의 서로 다른 고유값에 대응하는 고유벡터는 수직을 이룬다.

| 증명 | (1) 모든 $\boldsymbol{x}, \boldsymbol{y} \in \mathbb{C}^n$에 대해

$$(U\boldsymbol{x}) \cdot (U\boldsymbol{y}) = (U\boldsymbol{y})^*(U\boldsymbol{x}) = \boldsymbol{y}^*(U^*U)\boldsymbol{x} = \boldsymbol{y}^*\boldsymbol{x} = \boldsymbol{x} \cdot \boldsymbol{y}$$

성립하므로 U는 내적을 보존한다. 아울러 모든 $\boldsymbol{x} \in \mathbb{C}^n$에 대해

$$\|U\boldsymbol{x}\|^2 = (U\boldsymbol{x}) \cdot (U\boldsymbol{x}) = \boldsymbol{x} \cdot \boldsymbol{x} = \|\boldsymbol{x}\|^2$$

이 성립하므로 U는 노름을 보존한다.

(2) λ가 U의 고유값이고 $\boldsymbol{x}$를 대응하는 고유벡터라 하면 $U\boldsymbol{x} = \lambda\boldsymbol{x}$이므로

$$(U\boldsymbol{x}) \cdot (U\boldsymbol{x}) = (\lambda\boldsymbol{x}) \cdot (\lambda\boldsymbol{x}) = (\lambda\boldsymbol{x})^*(\lambda\boldsymbol{x}) = \overline{\lambda}\lambda\boldsymbol{x}^*\boldsymbol{x} = |\lambda|^2\|\boldsymbol{x}\|^2$$

이고 U가 내적을 보존하므로

$$(U\boldsymbol{x}) \cdot (U\boldsymbol{x}) = \boldsymbol{x} \cdot \boldsymbol{x} = \|\boldsymbol{x}\|^2$$

이다. 따라서 $|\lambda|^2 = 1$, 즉 $|\lambda| = 1$이다.

(3) λ, μ를 U의 서로 다른 고유값이라 하고 대응하는 고유벡터를 각각 $\boldsymbol{x}$, $\boldsymbol{y}$라 하면

$$U\boldsymbol{x} = \lambda\boldsymbol{x}, \quad U\boldsymbol{y} = \mu\boldsymbol{y}$$

이고 (2)에 의해 $|\mu|^2 = \mu\bar{\mu} = 1$이므로 $U^* y = U^{-1} y = \bar{\mu} y$이다. 따라서

$$(Ux) \cdot y = (\lambda x) \cdot y = \lambda x \cdot y,$$
$$(Ux) \cdot y = x \cdot (U^* y) = x \cdot (\bar{\mu} y) = \mu x \cdot y$$

로부터 $\lambda x \cdot y = \mu x \cdot y$가 얻어지고 $\lambda \neq \mu$이므로 $x \cdot y = 0$이다. 따라서 두 고유벡터 x와 y는 서로 수직을 이룬다. ■

두 행렬 $A, B \in M_n(\mathbb{C})$에 대해 $U^* A U = B$인 유니타리 행렬 U가 존재하면 A와 B는 **유니타리 닮음**(unitary similar)이라고 하며, 특히 행렬 $A \in M_n(\mathbb{C})$가 대각행렬과 유니타리 닮음이면 A는 **유니타리 대각화가능**(unitary diagonalizable)하다고 한다.

다음 정리는 임의의 정사각행렬을 유니타리 행렬을 써서 상부삼각행렬로 전환할 수 있음을 보여주며 에르미트 행렬의 직교대각화에 대한 토대를 제시한다. 이때 대응하는 상부삼각행렬의 대각원소는 A의 고유값이다. 이 형식에 대한 표현은 유일하지는 않더라도 유니타리 닮음으로 구할 수 있는 가장 간단한 형식을 대표한다.

정리 7.5 슈르의 정리(Schur theorem)

모든 정사각행렬은 상부삼각행렬과 유니타리 닮음이다. 즉 A가 $n \times n$ 행렬이면

$$U^* A U = T$$

를 만족하는 유니타리 행렬 U와 상부삼각행렬 T가 존재한다. 이때 T의 대각행렬은 A의 고유값이다.

| 증명 | n에 대한 수학적 귀납법을 써서 증명한다. 먼저 $n=1$이면 결과는 자명하다. 이제 $(n-1) \times (n-1)$ 행렬에 대해 성립한다고 가정하고 A가 $n \times n$ 행렬일 때 결과가 성립함을 보인다. λ_1을 A의 고유값이라 하고 x_1을 대응하는 단위고유벡터라 하자. 그람-슈미트 직교화 과정을 써서 x_1을 포함하는 $\mathbb{C}^n$의 정규직교기저 $\{x_1, x_2, \cdots, x_n\}$을 생성하고 이를 열로 하는 행렬을

$$U_0 = [x_1 \, x_2 \cdots \, x_n]$$

로 두면 U_0는 유니타리 행렬이다. 또한 $Ax_1 = \lambda_1 x_1$이므로 $U_0^* A U_0$의 첫 번째 열은

$$U_0^*(A U_0^{(1)}) = U_0^*(A\boldsymbol{x}_1) = U_0^*(\lambda_1 \boldsymbol{x}_1) = \lambda_1 U_0^* \boldsymbol{x}_1 = \lambda_1 \boldsymbol{e}_1$$

이다. 따라서 $U_0^* A U_0$는 다음과 같은 형태의 행렬이다.

$$\begin{bmatrix} \lambda_1 & \vdots & * \\ \cdots & \cdot & \cdots\cdots \\ 0 & \vdots & \\ \vdots & \vdots & A_1 \\ 0 & \vdots & \end{bmatrix}$$

여기서 $A_1 \in M_{n-1}(\mathbb{C})$이므로 귀납법 가정에 의해 $V_1^* A_1 V_1 = T_1$이 삼각행렬이 되는 $(n-1)\times(n-1)$ 유니타리 행렬 V_1이 존재한다. 여기서

$$U_1 = \begin{bmatrix} 1 & \vdots & 0 & \cdots & 0 \\ \cdots & \cdot & \cdots & \cdots & \cdots \\ 0 & \vdots & & & \\ \vdots & \vdots & & V_1 & \\ 0 & \vdots & & & \end{bmatrix}$$

으로 두면 명백히 U_1은 유니타리 행렬이고

$$\begin{aligned} U_1^* U_0^* A U_0 U_1 &= \begin{bmatrix} \lambda_1 & \vdots & * \\ \cdots & \cdot & \cdots\cdots \\ 0 & \vdots & \\ \vdots & \vdots & V_1^* A_1 V_1 \\ 0 & \vdots & \end{bmatrix} \\ &= \begin{bmatrix} \lambda_1 & \vdots & * \\ \cdots & \cdot & \cdots\cdots \\ 0 & \vdots & \\ \vdots & \vdots & T_1 \\ 0 & \vdots & \end{bmatrix} \\ &= T \end{aligned}$$

가 성립한다. 여기서 T는 대각행렬이다. 이제 $U = U_0 U_1$으로 두면

$$U^* U = (U_0 U_1)^* (U_0 U_1) = U_1^* U_0^* U_0 U_1 = I_n$$

이므로 U는 유니타리 행렬이고, $U^* A U = T$를 만족한다. ■

슈르의 정리에서 유니타리 행렬 U나 상부삼각행렬 T는 유일하지 않다. 그리고 A의 고유값의 배치에 따라 T의 대각원은 임의의 순서로 배열될 수 있다. 그러나 이때 유니타리 닮음인 상부삼각행렬은 대응하는 대각원 상부의 원소들이 매우 다르게 나타날 수 있다. 예를 들어 아래 행렬 T_1과 T_2는 유니타리 행렬 U에 대해 유니타리 닮음이다.

$$T_1 = \begin{bmatrix} 2 & -1 & 3\sqrt{2} \\ 0 & 1 & \sqrt{2} \\ 0 & 0 & 3 \end{bmatrix}, \quad T_2 = \begin{bmatrix} 1 & 1 & 4 \\ 0 & 2 & 2 \\ 0 & 0 & 3 \end{bmatrix}, \quad U = \frac{1}{\sqrt{2}} \begin{bmatrix} 1 & 1 & 0 \\ 1 & -1 & 0 \\ 0 & 0 & \sqrt{2} \end{bmatrix}$$

즉 $U^* T_1 U = T_2$, $U^* T_2 U = T_1$을 만족한다. 이때 고유값의 재배열에 따라 대응하는 대각원의 상부원소는 서로 다름을 확인할 수 있다.

슈르의 정리에 따라 정사각행렬 A는 유니타리와 상부삼각행렬의 곱 $A = UTU^*$로 분해될 수 있다. 이를 **슈르 분해**(Schur decomposition)라고 한다. 이에 따라 A가 에르미트인 경우에 T는 대각행렬이 된다.

정리 7.6 에르미트 행렬에 대한 스펙트럼 정리

A가 에르미트 행렬이면 A를 대각화하는 유니타리 행렬 U가 존재한다.

| 증명 | 정리 7.5에 의해 $U^* A U = T$인 유니타리 행렬 U와 상부삼각행렬 T가 존재한다. 이때 $A^* = A$이므로

$$T^* = (U^* A U)^* = U^* A^* U^{**} = U^* A U = T$$

가 성립한다. 따라서 T는 에르미트이고 대각행렬이다. ■

정리 7.6에 따라 실수인 대칭행렬의 대각화에 대한 다음 결과가 얻어진다.

보조정리 7.7 대칭행렬에 대한 스펙트럼 정리

A가 대칭행렬이면 A를 대각화하는 직교행렬 P가 존재한다. 즉,

$$P^t A P = D(\text{대각행렬})$$

예제 7.11 $A = \begin{bmatrix} 2 & 1-2i \\ 1+2i & -2 \end{bmatrix}$를 대각화하는 유니타리 행렬 U를 구하라.

풀이 A의 고유값은 $\lambda_1 = 3$, $\lambda_2 = -3$이고 이에 대응하는 고유벡터는 각각

$$\mathbf{x}_1 = \begin{bmatrix} 1-2i \\ 1 \end{bmatrix}, \quad \mathbf{x}_2 = \begin{bmatrix} 1 \\ -1-2i \end{bmatrix}$$

이고, 이를 정규화하면

$$u_1 = \frac{x_1}{\|x_1\|} = \frac{1}{\sqrt{6}}\begin{bmatrix} 1-2i \\ 1 \end{bmatrix}, \quad u_2 = \frac{x_2}{\|x_2\|} = \frac{1}{\sqrt{6}}\begin{bmatrix} 1 \\ -1-2i \end{bmatrix}$$

이다. 따라서 유니타리 행렬은

$$U = [u_1 \ u_2] = \frac{1}{\sqrt{6}}\begin{bmatrix} 1-2i & 1 \\ 1 & -1-2i \end{bmatrix}$$

이고, A의 대각화는

$$\begin{aligned} U^*AU &= \frac{1}{6}\begin{bmatrix} 1+2i & 1 \\ 1 & -1+2i \end{bmatrix}\begin{bmatrix} 2 & 1-2i \\ 1+2i & -2 \end{bmatrix}\begin{bmatrix} 1-2i & 1 \\ 1 & -1-2i \end{bmatrix} \\ &= \begin{bmatrix} 3 & 0 \\ 0 & -3 \end{bmatrix} = D \end{aligned}$$

이다. ■

일반적으로 에르미트 행렬이 아니더라도 $A \in M_n(\mathbb{C})$가 n개의 정규직교집합을 고유벡터로 가지면 A는 유니타리 대각화가능하다. 따라서 $A = UDU^*$인 유니타리 행렬 U와 대각행렬 D가 존재한다. 여기서 $D^* \neq D$이면 $A^* \neq A$이므로 A는 에르미트 행렬이 아니다. 그러나 이때 $D = \mathrm{diag}(\lambda_1, \lambda_2, \cdots, \lambda_n)$에 대해서

$$D^*D = DD^* = \begin{bmatrix} |\lambda_1|^2 & 0 & \cdots & 0 \\ 0 & |\lambda_2|^2 & \cdots & 0 \\ \vdots & \vdots & \ddots & \vdots \\ 0 & 0 & \cdots & |\lambda_n|^2 \end{bmatrix}$$

이므로

$$\begin{aligned} AA^* &= UDU^*UD^*U^* = UDD^*U^*, \\ A^*A &= UD^*U^*UDU^* = UD^*DU^* \end{aligned}$$

에 의해

$$AA^* = A^*A$$

가 성립한다.

행렬 $A \in M_n(\mathbb{C})$가 $AA^* = A^*A$를 만족하면 A를 **정규행렬** (normal matrix)이라고 한다.

위에서 A가 n개의 정규직교집합을 고유벡터로 가지면 A는 정규행렬임을 살펴보았다. 나아가 그 역도 또한 성립한다.

정리 7.8

$A \in M_n(\mathbb{C})$가 정규행렬일 필요충분조건은 A가 n개의 정규직교인 고유벡터를 가질 때이다.

| 증명 | 위의 논의에 따라 $A \in M_n(\mathbb{C})$가 정규행렬이면 A는 n개의 정규직교인 고유벡터를 가짐을 보이면 충분하다. A가 정사각행렬이므로 정리 7.5에 의해 $U^*AU = T$를 만족하는 유니타리 행렬 U와 상부삼각행렬 T가 존재한다. 이때 T는 정규행렬임을 보이자.

$$T^*T = U^*A^*UU^*AU = U^*A^*AU,$$
$$TT^* = U^*AUU^*A^*U = U^*AA^*U$$

이고, $A^*A = AA^*$이므로 $T^*T = TT^*$이다. 따라서 T는 정규행렬이다. 이제 TT^*와 T^*T의 대각원소를 비교하면

$$(TT^*)_{(11)} = T_{(1)}\overline{T_{(1)}}^{\,t} = |t_{11}^2| + |t_{12}|^2 + |t_{13}|^2 + \cdots + |t_{1n}|^2,$$
$$(T^*T)_{(11)} = \overline{T^{(1)}}^{\,t}T^{(1)} = |t_{11}|^2$$

이므로

$$(TT^*)_{(11)} = (T^*T)_{(11)} \Rightarrow |t_{11}^2| + |t_{12}|^2 + |t_{13}|^2 + \cdots + |t_{1n}|^2 = |t_{11}|^2$$
$$\Rightarrow t_{12} = t_{13} = \cdots = t_{1n} = 0$$

이 성립한다. 마찬가지로

$$(TT^*)_{(22)} = (T^*T)_{(22)} \Rightarrow |t_{22}^2| + |t_{23}|^2 + |t_{24}|^2 + \cdots + |t_{2n}|^2 = |t_{12}|^2 + |t_{22}|^2,$$
$$\vdots$$
$$(TT^*)_{(nn)} = (T^*T)_{(nn)} \Rightarrow |t_{nn}|^2 = |t_{1n}^2| + |t_{2n}|^2 + |t_{3n}|^2 + \cdots + |t_{nn}|^2$$

에 의해 모든 $i \neq j$에 대해 $t_{ij} = 0$이므로 T는 대각행렬이다. 따라서 유니타리 행렬 U는 A를 대각화하고 U의 열은 A의 고유벡터이다. ■

정리 7.8에 의해 정규행렬에 대한 대각화의 성질을 다음과 같이 정리하여 소개한다.

정리 7.9 정규행렬에 대한 스펙트럼 정리

$A \in M_n(\mathbb{C})$에 대하여 다음은 서로 동치이다.

(1) A는 유니타리 대각화가능하다.

(2) A는 정규행렬이다.

(3) A는 n개의 정규직교인 고유벡터를 갖는다.

이와 같이 정규행렬은 유니타리 닮음의 맥락에서 자연스럽게 제기되며 유니타리 행렬, 대칭행렬, 에르미트 행렬을 포괄한다. 명백히 유니타리 행렬, 대칭행렬, 에르미트 행렬 등은 정규행렬을 이룬다. 한편 $A \in M_n(\mathbb{C})$가 $A^* = -A$일 때 이를 **반 에르미트 행렬**(skew-Hermitian matrix)이라고 하는데 반 에르미트 행렬도 정규행렬임은 쉽게 확인할 수 있다. 나아가 A= $\begin{bmatrix} 1 & -1 \\ 1 & 1 \end{bmatrix}$는 정규행렬이지만 위에서 언급한 어떠한 행렬의 경우에도 속하지 않는다. 따라서 정규행렬은 더욱 포괄적인 관점에서 행렬의 대각화를 수용함을 알 수 있다.

예제 7.12 $A = \begin{bmatrix} 1 & -1 \\ 1 & 1 \end{bmatrix}$가 정규행렬임을 보이고 A를 대각화하라.

풀이 $AA^* = \begin{bmatrix} 1 & -1 \\ 1 & 1 \end{bmatrix}\begin{bmatrix} 1 & 1 \\ -1 & 1 \end{bmatrix} = \begin{bmatrix} 2 & 0 \\ 0 & 2 \end{bmatrix}$,

$A^*A = \begin{bmatrix} 1 & 1 \\ -1 & 1 \end{bmatrix}\begin{bmatrix} 1 & -1 \\ 1 & 1 \end{bmatrix} = \begin{bmatrix} 2 & 0 \\ 0 & 2 \end{bmatrix}$

이므로 $AA^* = A^*A$이고 A는 정규행렬이다.

A의 고유값은 $\lambda_1 = 1+i$, $\lambda_2 = 1-i$이고 대응하는 정규화된 고유벡터는 각각 $\boldsymbol{x}_1 = \frac{1}{\sqrt{2}}\begin{bmatrix} i \\ 1 \end{bmatrix}$, $\boldsymbol{x}_2 = \frac{1}{\sqrt{2}}\begin{bmatrix} 1 \\ i \end{bmatrix}$이다. 따라서 유니타리 행렬을

$$U = [\boldsymbol{x}_1\ \boldsymbol{x}_2] = \frac{1}{\sqrt{2}}\begin{bmatrix} i & 1 \\ 1 & i \end{bmatrix}$$

로 택하면 A의 대각화는

$$U^*AU = \begin{bmatrix} 1+i & 0 \\ 0 & 1-i \end{bmatrix} = D$$

이다. ■

7.3 • 연습문제

1. 다음에 주어진 각 행렬 A에 대해서 켤레전치행렬 A^*를 구하라.

(1) $A=\begin{bmatrix} 1+i & 3 \\ 4 & 2-5i \\ 4-i & 1 \end{bmatrix}$　　(2) $A=\begin{bmatrix} 1 & i & -1+2i \\ 4-3i & -2 & -3i \end{bmatrix}$

(3) $A=\begin{bmatrix} -2i & 1-i & -1+i \\ 1+i & 0 & 3 \\ -1-i & 3 & 3i \end{bmatrix}$　　(4) $A=\begin{bmatrix} 2i & 1-i & -1+i \\ 4 & 5-7i & -i \\ i & 3 & 1 \end{bmatrix}$

2. 다음 행렬이 유니타리 행렬임을 보이고 A^{-1}를 구하라.

(1) $A=\begin{bmatrix} \frac{3}{5} & \frac{4}{5}i \\ -\frac{4}{5} & \frac{3}{5}i \end{bmatrix}$　　(2) $A=\frac{1}{4}\begin{bmatrix} \sqrt{3}+i & 1-\sqrt{3}\,i \\ 1+\sqrt{3}\,i & \sqrt{3}+i \end{bmatrix}$

(3) $A=\begin{bmatrix} \frac{1+i}{2} & -\frac{1}{2} & \frac{1}{2} \\ \frac{i}{\sqrt{3}} & \frac{1}{\sqrt{3}} & -\frac{i}{\sqrt{3}} \\ \frac{3+i}{2\sqrt{15}} & \frac{4+3i}{2\sqrt{15}} & \frac{5i}{2\sqrt{15}} \end{bmatrix}$

3. 다음 행렬 A가 에르미트 행렬임을 보이고 A를 대각화하는 유니타리 행렬 U를 구하라.

$$A=\begin{bmatrix} 1 & -2i & 0 & 2i \\ 2i & -1 & -2 & 0 \\ 0 & -2 & 1 & -2 \\ -2i & 0 & -2 & -1 \end{bmatrix}$$

4. $A=\begin{bmatrix} -i & k & -i \\ 3-5i & 0 & \ell \\ m & 2+4i & 2 \end{bmatrix}$가 에르미트 행렬이 되도록 $k,\ \ell,\ m$을 결정하고 고유값과 고유벡터를 구하라.

5. 다음 각 행렬이 에르미트인 양의 정부호 행렬임을 보이고 촐레스키 분해를 구하라.

(1) $\begin{bmatrix} 4 & 2i & -i \\ -2i & 10 & 1 \\ i & 1 & 9 \end{bmatrix}$　　(2) $\begin{bmatrix} 1 & 1+i & -1 \\ 1-i & 6 & -3+i \\ -1 & -3-i & 11 \end{bmatrix}$

6. 주어진 실 매개변수 θ_1, θ_2, $\cdots$, θ_n에 대해서 다음 행렬이 유니타리 행렬임을 보여라.

$$U = \mathrm{diag}\left(e^{i\theta_1},\ e^{i\theta_2},\ \cdots,\ e^{i\theta_n}\right)$$

7. 단위벡터 $\boldsymbol{u} \in \mathbb{C}^n$에 대해 행렬 $U = I_n - 2\boldsymbol{u}\boldsymbol{u}^* \in M_n(\mathbb{C})$은 유니타리이면서 동시에 에르미트 행렬임을 보여라.

8. 다음 행렬을 대각화하는 유니타리 행렬 U와 $U^{-1}AU$를 구하라.

(1) $A = \begin{bmatrix} 4 & 1-i \\ 1+i & 5 \end{bmatrix}$ (2) $A = \begin{bmatrix} 6 & 2+2i \\ 2-2i & 4 \end{bmatrix}$

(3) $A = \begin{bmatrix} 5 & 0 & 0 \\ 0 & -1 & -1+i \\ 0 & -1-i & 0 \end{bmatrix}$ (4) $A = \begin{bmatrix} 2 & \frac{i}{\sqrt{2}} & -\frac{i}{\sqrt{2}} \\ -\frac{i}{\sqrt{2}} & 2 & 0 \\ \frac{i}{\sqrt{2}} & 0 & 2 \end{bmatrix}$

9. 다음 각 행렬이 에르미트 행렬인지, 유니타리인지, 정규행렬인지 결정하라.

(1) $\begin{bmatrix} 0 & i \\ i & 0 \end{bmatrix}$ (2) $\begin{bmatrix} 1 & 2-i \\ 2-i & i \end{bmatrix}$

(3) $\begin{bmatrix} \frac{i}{\sqrt{2}} & \frac{1}{\sqrt{2}} \\ -\frac{i}{\sqrt{2}} & \frac{1}{\sqrt{2}} \end{bmatrix}$ (4) $\begin{bmatrix} 1 & 1 & 1 \\ 1 & 0 & 1 \\ 0 & 1 & 1 \end{bmatrix}$

(5) $\begin{bmatrix} 3 & 0 & 0 \\ 0 & \frac{1}{\sqrt{2}} & -\frac{1}{\sqrt{2}} \\ 0 & \frac{1}{\sqrt{2}} & \frac{1}{\sqrt{2}} \end{bmatrix}$ (6) $\begin{bmatrix} 1 & 0 & 0 & 0 \\ 0 & 0 & 1 & 0 \\ 0 & 1 & 0 & 0 \\ 0 & 0 & 0 & 1 \end{bmatrix}$

10. 문제 9의 행렬 중 정규행렬에 대해서 이를 유니타리 대각화하라.

11. 행렬 $A = \frac{1}{3}\begin{bmatrix} 1 & -2 & 2 \\ -2 & 1 & 2 \\ -2 & -2 & 1 \end{bmatrix}$에 대해서 다음에 답하라.

(1) A는 직교행렬임을 보여라.

(2) A의 고유값을 구하라.

(3) A는 대각행렬과 직교 닮음인가?

(4) A는 대각행렬과 유니타리 닮음인가?

12. $U \in M_n(\mathbb{C})$가 유니타리이면 $\overline{U}$, U^t와 U^*도 모두 유니타리임을 보여라.

13. 유니타리 대각화가능하면서 에르미트 행렬이 아닌 예를 들어라.

14. 에르미트 행렬의 행렬식은 실수임을 보여라.

15. 다음 두 행렬은 서로 닮음행렬이지만 유니타리 닮음은 아님을 보여라.

$$A = \begin{bmatrix} 1 & 1 \\ 0 & 2 \end{bmatrix}, \quad B = \begin{bmatrix} 3 & 1 \\ -2 & 0 \end{bmatrix}$$

16. $A \in M_2(\mathbb{C})$의 슈르 분해 UTU^*에 대해 $t_{12} \neq 0$이라고 하자. 다음을 보여라.

(1) A의 고유값은 $\lambda_1 = t_{11}$, $\lambda_2 = t_{22}$이다.

(2) $U^{(1)}$은 $\lambda_1 = t_{11}$에 대응하는 A의 고유벡터이다.

(3) $U^{(2)}$는 $\lambda_2 = t_{22}$에 대응하는 A의 고유벡터가 아니다.

17. $A \in M_n(\mathbb{C})$가 상부삼각행렬 $T = [t_{ij}]$에 유니타리 닮음이면 T의 원소 t_{ij}는 유일하게 결정되지 않지만 $\sum_{i<j} |t_{ij}|^2$은 유일하게 결정됨을 보여라. 또한 T의 원소와 고유값으로 $\sum_{i<j} |t_{ij}|^2$의 값을 결정하라.

18. $A \in M_n(\mathbb{C})$가 정규행렬일 필요충분조건은 모든 $\boldsymbol{x} \in \mathbb{C}^n$에 대해

$$\| A\boldsymbol{x} \| = \| A^*\boldsymbol{x} \|$$

임을 보여라.

19. 정규행렬이 유니타리일 필요충분조건은 모든 고유값의 절대값이 1일 때임을 보여라.

20. 정규행렬이 에르미트일 필요충분조건은 모든 고유값이 실수일 때임을 보여라.

21. $A \in M_n(\mathbb{C})$가 정규행렬이고 $\boldsymbol{x}$, $\boldsymbol{y}$가 서로 다른 고유값에 대응하는 A의 고유벡터이면 $\boldsymbol{x} \perp \boldsymbol{y}$ 임을 보여라.

22. $A \in M_n(\mathbb{C})$에 대해서 $H(A) = \frac{1}{2}(A + A^*)$, $S(A) = \frac{1}{2}(A - A^*)$라고 하면 $A = H(A) + S(A)$로 쓸 수 있다. 이때 A가 정규행렬일 필요충분조건은

$$H(A)S(A) = S(A)H(A)$$

임을 보여라.

7.4 조르당 표준형과 케일리-해밀턴 정리

모든 행렬이 대각화가능한 것은 아니다. 크기가 $n \times n$인 정사각행렬이 n개의 일차독립인 고유벡터를 가질 때 그 행렬은 대각화가능하다. 일반적으로 주어진 고유값의 차수를 고유값의 **대수적 중복도**(algebraic multiplicity)라고 하고, 대응하는 고유공간의 차원을 **기하적 중복도**(geometric multiplicity)라고 한다.

일반적으로 $n \times n$ 행렬 A에 대해 특성다항식이

$$p(\lambda) = |\lambda I_n - A| = (\lambda - \lambda_1)^{n_1}(\lambda - \lambda_2)^{n_2} \cdots (\lambda - \lambda_r)^{n_r}, \quad n_1 + n_2 + \cdots + n_r = n$$

일 때 고유값 λ_k의 중복도 n_k를 λ_k에 대한 대수적 중복도 a_{λ_k}라 하고, $N(\lambda_k I_n - A) = \{\boldsymbol{x} \mid (\lambda_k I_n - A)\boldsymbol{x} = \boldsymbol{0}\}$의 차원을 λ_k의 기하적 중복도 g_{λ_k}로 정의한다. 이때 명백히 기하적 중복도$\leq$ 대수적 중복도이고, 기하적 중복도$<$ 대수적 중복도이면 $\mathbb{C}^n$의 기저를 이루는 고유벡터를 확보할 수 없다. 예를 들어 행렬 $A = \begin{bmatrix} 0 & 1 \\ 0 & 0 \end{bmatrix}$의 특성다항식은 $p(\lambda) = \lambda^2$이므로 고유값 $\lambda = 0$을 중근으로 가지고, 대응하는 고유공간은 단일벡터 $\boldsymbol{x}_1 = \begin{bmatrix} 1 \\ 0 \end{bmatrix}$에 의해 생성된다. 따라서 A의 고유값 $\lambda = 0$의 대수적 중복도는 2이고 기하적 중복도는 1이다.

행렬이 대각화가능하지 않을 때에도 닮음인 관계에 의해 가능한 한 대각화에 가장 가까운 행렬로 나타내는 방법을 생각할 수 있다. 그러면 대각화의 경우처럼 행렬의 대수적 정보를 일별해서 구분하고 간소화하는 것을 가능하게 해준다. 이를 위한 기본적 장치로 먼저 행렬 $A=\begin{bmatrix}0&1\\0&0\end{bmatrix}$를 예로 들자. 고유값 $\lambda=0$에 대한 단일 고유벡터 $\boldsymbol{x}_1=\begin{bmatrix}1\\0\end{bmatrix}$에 대해 $\boldsymbol{x}_2=\begin{bmatrix}0\\1\end{bmatrix}$을 택하면 $\{\boldsymbol{x}_1,\ \boldsymbol{x}_2\}$는 일차독립이고, $A\boldsymbol{x}_2=\boldsymbol{x}_1$, $A^2\boldsymbol{x}_2=A\boldsymbol{x}_1=\mathbf{0}$을 만족한다. 이때 $N(A^2)=SP\langle \boldsymbol{x}_2,\ A\boldsymbol{x}_2\rangle$임에 주목하자.

보조정리 7.10

행렬 $A\in M_n(\mathbb{C})$에 대해서 $\boldsymbol{x}_0\neq\mathbf{0}$가 $A^{k-1}\boldsymbol{x}_0\neq\mathbf{0}$, $A^k\boldsymbol{x}_0=\mathbf{0}$을 만족하면 $\left\{\boldsymbol{x}_0,\ A\boldsymbol{x}_0,\ \cdots,\ A^{k-1}\boldsymbol{x}_0\right\}$는 일차독립이다.

| 증명 | $c_0\boldsymbol{x}_0+c_1A\boldsymbol{x}_0+\cdots+c_{k-1}A^{k-1}\boldsymbol{x}_0=\mathbf{0}$이라 하자. 모든 $p\geq k$에 대해

$$A^p\boldsymbol{x}_0=A^{p-k}\left(A^k\boldsymbol{x}_0\right)=A^{p-k}\mathbf{0}=\mathbf{0}$$

이므로 먼저 위 식에 A^{k-1}을 적용하면 $c_0A^{k-1}\boldsymbol{x}_0=\mathbf{0}$이 되어 $c_0=0$이고, 다음 A^{k-2}를 적용하면 $c_1=0$이다. 이와 같이하여 $c_0=c_1=\cdots=c_{j-1}=0$을 얻었다면 귀납적으로 A^{k-j-1}을 적용하여 $c_j=0$을 얻는다. ■

이제 $N_k=N(A^k)$, $R_k=R(A^k)$라 하면

$$N_1\subset N_2\subset\cdots\subset N_k\subset\cdots\ ;\ \ R_1\supset R_2\supset\cdots\supset R_k\supset\cdots$$

이고 모든 k에 대해 $\dim N_k\leq n$이므로 모든 $j\geq 0$에 대해 $N_q=N_{q+j}$인 최소의 정수 q가 존재한다.

보조정리 7.11

A^k의 영공간을 N_k라 할 때 $N_q=N_{q+j}$, $(j\geq 0)$인 최소의 정수 q에 대해 $\mathbb{C}^n=R_q\oplus N_q$이고 A는 부분공간 R_q에서 가역이다.

| 증명 | 먼저 $R_q\cap N_q=\{\mathbf{0}\}$임을 보이자. $\boldsymbol{u}\in R_q\cap N_q$라면 $A^q\boldsymbol{u}=\mathbf{0}$이고 $\boldsymbol{u}\in R_q$이므로 $A^q\boldsymbol{v}=\boldsymbol{u}$인 $\boldsymbol{v}\in\mathbb{C}^n$가 존재한다. 그러면 $A^{2q}\boldsymbol{v}=A^q(A^q\boldsymbol{v})=A^q\boldsymbol{u}=\mathbf{0}$이므

로 $v \in N_{2q} = N_q$이다. 따라서 $u = A^q v = 0$이다.

• $\mathbb{C}^n = R_q \oplus N_q$:

$\dim N_q + \dim R_q = n$이고 $Sp\langle R_q,\ N_q \rangle = \mathbb{C}^n$이므로 임의의 $\boldsymbol{x} \in \mathbb{C}^n$는

$$\boldsymbol{x} = \boldsymbol{x}_r + \boldsymbol{x}_n, \quad (\boldsymbol{x}_r \in R_q,\ \boldsymbol{x}_n \in N_q)$$

으로 분해될 수 있다. 이제 그러한 분해가 유일함을 보이자.

$$\boldsymbol{x} = \boldsymbol{x}_r + \boldsymbol{x}_n = \boldsymbol{x}_r{}' + \boldsymbol{x}_n{}', \quad (\boldsymbol{x}_r,\ \boldsymbol{x}_r{}' \in R_q,\ \boldsymbol{x}_n,\ \boldsymbol{x}_n{}' \in N_q)$$

이라고 하면

$$\boldsymbol{x}_r - \boldsymbol{x}_r{}' = \boldsymbol{x}_n{}' - \boldsymbol{x}_n \in R_q \cap N_q = \{0\}$$

이므로 $\boldsymbol{x}_r = \boldsymbol{x}_r{}'$, $\boldsymbol{x}_n = \boldsymbol{x}_n{}'$이 되어 그러한 분해는 유일하다.

• A는 R_q에서 가역이다 :

$\boldsymbol{x} \in R_q$에 대해 $A\boldsymbol{x} = 0$이라 하자. $\boldsymbol{x} \in R_q$이므로 $A^q v = \boldsymbol{x}$인 $v \in \mathbb{C}^n$가 존재한다. 그러면 $0 = A\boldsymbol{x} = A^{q+1}v$ 로부터 $v \in N_{q+1}$이고, $N_{q+1} = N_q$이므로 $\boldsymbol{x} = A^q v = 0$이다. ■

N_q의 기저를 구성해 보자. $N_{q-1} \subset N_q$, $N_q \neq N_{q-1}$이므로 $N_q - N_{q-1}$을 생성하는 유한개의 일차독립인 벡터 $\boldsymbol{x}_1,\ \boldsymbol{x}_2,\ \cdots,\ \boldsymbol{x}_{p_1}$이 존재한다. 따라서 각 $j = 1,\ 2,\ \cdots,\ p_1$에 대해 $A^q \boldsymbol{x}_j = 0$이고 $A^{q-1}\boldsymbol{x}_j \neq 0$이다. 각 j에 대해 $A^k \boldsymbol{x}_j$는 N_{q-k}에 속하지만 N_{q-k-1}에는 속하지 않는다. 이때 $\{\boldsymbol{x}_j,\ A\boldsymbol{x}_j,\ \cdots,\ A^{q-1}\boldsymbol{x}_j\}$는 보조정리 7.10에 의해 일차독립을 이루며 행렬 A의 거듭제곱에 대해서 최대길이의 연쇄성을 갖는다. 이를 **극대 연쇄**(maximal chain)라고 한다. 또한

$$0 = c_1 A\boldsymbol{x}_1 + c_2 A\boldsymbol{x}_2 + \cdots + c_{p_1} A\boldsymbol{x}_{p_1} = A(c_1\boldsymbol{x}_1 + c_2\boldsymbol{x}_2 + \cdots + c_{p_1}\boldsymbol{x}_{p_1})$$

이면 $c_1\boldsymbol{x}_1 + c_2\boldsymbol{x}_2 + \cdots + c_{p_1}\boldsymbol{x}_{p_1} \in N_1$이다. 그러나 $\boldsymbol{x}_1,\ \boldsymbol{x}_2,\ \cdots,\ \boldsymbol{x}_{p_1} \in N_q - N_{q-1}$이므로 이들은 N_1에 속하지 않는다. 따라서 $c_1\boldsymbol{x}_1 + c_2\boldsymbol{x}_2 + \cdots + c_{p_1}\boldsymbol{x}_{p_1} \in N_1$이면 $c_1 = c_2 = \cdots = c_{p_1} = 0$이다. 그러므로 $\{A\boldsymbol{x}_1,\ A\boldsymbol{x}_2,\ \cdots,\ A\boldsymbol{x}_{p_1}\}$은 N_{q-1}에서 일차독립이다.

이제 $SP\langle A\boldsymbol{x}_1,\ \cdots,\ A\boldsymbol{x}_{p_1}\rangle \neq N_{q-1}$이면 $N_{q-1} - N_{q-2}$에서 일차독립인 벡터 $\boldsymbol{y}_{11},\ \cdots,\ \boldsymbol{y}_{1r_1}$을 보충하여 N_{q-1}의 기저 $\{A\boldsymbol{x}_1,\ \cdots,\ A\boldsymbol{x}_{p_1},\ \boldsymbol{y}_{11},\ \cdots,\ \boldsymbol{y}_{1r_1}\}$을 구성한다. 그러면 $j = 1,\ \cdots,\ r_1$

에 대해 $\{\boldsymbol{y}_{1j}, A\boldsymbol{y}_{1j}, \cdots, A^{q-2}\boldsymbol{y}_{1j}\}$는 극대 연쇄를 이룬다. 귀납적으로 이와 같은 과정을 N_1에 이르도록 반복해서 적용하면 N_q의 기저를 이루는 극대 연쇄의 집합을 도출할 수 있다.

위의 사실을 토대로 정사각행렬을 대각화에 가까운 표준행렬로 전환해 보자. 행렬 $A \in M_n(\mathbb{C})$의 특성다항식을

$$p(\lambda) = |\lambda I_n - A| = (\lambda - \lambda_1)^{n_1}(\lambda - \lambda_2)^{n_2} \cdots (\lambda - \lambda_r)^{n_r}, \ \ n_1 + n_2 + \cdots + n_r = n$$

이라 할 때 $(\lambda_j I_n - A)^{n_j}$의 영공간을 고유값 λ_j의 **일반화된 고유공간**(generalized eigenspace)이라 하고 H_j로 정의한다. 즉

$$H_j = N\big((\lambda_j I_n - A)^{n_j}\big), \ j = 1, 2, \cdots, r$$

정리 7.12

$\mathbb{C}^n = H_1 \oplus H_2 \oplus \cdots \oplus H_r$이고 $\dim H_j = n_j$, $(j = 1, \cdots, r)$이다.

| 증명 | q_j를 $N_{q_j}(\lambda_j) := N\big((\lambda_j I_n - A)^{q_j}\big)$가 $N_{q_j}(\lambda_j) = N_{q_j+1}(\lambda_j)$를 만족하는 최소의 정수라고 하자. 그리고 $R_{q_j}(\lambda_j) := R\big((\lambda_j I_n - A)^{q_j}\big)$로 정의하면 보조정리 7.11에 의해 각 $j = 1, \cdots, r$에 대해 $\mathbb{C}^n = N_{q_j}(\lambda_j) \oplus R_{q_j}(\lambda_j)$이고 $(\lambda_j I_n - A)$는 부분공간 $R_{q_j}(\lambda_j)$ 위에서 가역이다.

- $\mathbb{C}^n = N_{q_1}(\lambda_1) \oplus N_{q_2}(\lambda_2) \oplus \cdots \oplus N_{q_r}(\lambda_r)$;

  A의 고유값 λ_s, $(s \geq 2)$에 대해 $\boldsymbol{x}_s$를 대응하는 고유벡터라고 하면 $(\lambda_s I_n - A)\boldsymbol{x}_s = \boldsymbol{0}$이다. $\mathbb{C}^n = N_{q_1}(\lambda_1) \oplus R_{q_1}(\lambda_1)$이므로 $\boldsymbol{x}_s$는

$$\boldsymbol{x}_s = \boldsymbol{x}_{N_1} + \boldsymbol{x}_{R_1}, \ (\boldsymbol{x}_{N_1} \in N_{q_1}(\lambda_1), \ \boldsymbol{x}_{R_1} \in R_{q_1}(\lambda_1))$$

  으로 유일하게 분해된다. 이때

$$\begin{aligned}(\lambda_s I_n - A)\boldsymbol{x}_s &= (\lambda_s I_n - \lambda_1 I_n + \lambda_1 I_n - A)\boldsymbol{x}_s = 0 \\ &\Rightarrow (\lambda_1 I_n - A)\boldsymbol{x}_s = (\lambda_1 - \lambda_s)\boldsymbol{x}_s, \ (\lambda_1 - \lambda_s) \neq 0\end{aligned}$$

  이고 $(\lambda_1 I_n - A)\boldsymbol{x}_s \in R_{q_1}(\lambda_1)$이므로

$$\begin{aligned} \boldsymbol{x}_s = \boldsymbol{x}_{N_1} + \boldsymbol{x}_{R_1} &\in R_{q_1}(\lambda_1) \\ \Rightarrow\quad & \boldsymbol{x}_{N_1} = 0 \\ \Rightarrow\quad & \boldsymbol{x}_s = \boldsymbol{x}_{R_1} \in R_{q_1}(\lambda_1) \end{aligned}$$

따라서 λ_1을 제외한 A의 모든 고유값 λ_s에 대응하는 고유벡터는 $\boldsymbol{x}_s \in R_{q_1}(\lambda_1)$이므로 A를 $R_{q_1}(\lambda_1)$으로 제한한 행렬의 고유값은 $\{\lambda_2, \cdots, \lambda_r\}$이다. 이에 따라 귀납적으로 $R_{q_1}(\lambda_1) = N_{q_2}(\lambda_2) \oplus \cdots \oplus N_{q_r}(\lambda_r)$이라 가정할 수 있고, 따라서 다음이 성립한다.

$$\mathbb{C}^n = N_{q_1}(\lambda_1) \oplus R_{q_1}(\lambda_1) = N_{q_1}(\lambda_1) \oplus N_{q_2}(\lambda_2) \oplus \cdots \oplus N_{q_r}(\lambda_r)$$

- $\dim N_{q_j}(\lambda_j) = n_j,\ (j = 1,\ 2,\ \cdots,\ r)$;

각 $N_{q_j}(\lambda_j)$의 기저를 극대 연쇄를 이루도록 배치하여 행렬 S를

$$S = [N_{q_1}(\lambda_1)\text{의 기저},\ N_{q_2}(\lambda_2)\text{의 기저},\ \cdots,\ N_{q_r}(\lambda_r)\text{의 기저}]$$

로 설정하면 S는 가역이고

$$S^{-1}AS = A' = \begin{bmatrix} * & \vdots & & & & \\ \cdots & \cdot & \cdots & \cdot & & O \\ & \vdots & * & \vdots & & \\ & \cdot & \cdots & \cdot & & \\ & & & & \ddots & \\ & O & & & & \cdot\ \cdots \\ & & & & & \vdots\ \ * \end{bmatrix}$$

형태의 대각선을 중심으로 하는 블록행렬로 나타난다. 이때 j번째 블록은 S의 설정에 따라 대각원이 λ_j인 상부삼각행렬로서 크기가 $\dim N_{q_j}(\lambda_j)$인 정사각행렬로 구성된다.

따라서

$$|\lambda I_n - A'| = (\lambda - \lambda_1)^{\dim N_{q_1}(\lambda_1)} \cdots (\lambda - \lambda_r)^{\dim N_{q_r}(\lambda_r)}$$

이고 A가 A'과 닮음이므로

$$|\lambda I_n - A'| = |\lambda I_n - A| = (\lambda - \lambda_1)^{n_1} \cdots (\lambda - \lambda_r)^{n_r}$$

에 의해

$$n_j = \dim N_{q_j}(\lambda_j),\ (j=1,\ 2,\ \cdots,\ r)$$

가 성립한다.

- $H_j = N_{q_j}(\lambda_j),\ (j=1,\ 2,\ \cdots,\ r)$;

  $N_{q_j}(\lambda_j)$의 정의에 의해 명백히 $H_j = N\left((\lambda_j I_n - A)^{n_j}\right) \subset N_{q_j}(\lambda_j)$가 성립한다. 이제 $N_{q_j}(\lambda_j) \subset H_j$임을 보이자. 만약 그렇지 않다면 $\boldsymbol{x_0} \in N_{q_j}(\lambda_j) - H_j$인 영이 아닌 원소 $\boldsymbol{x_0}$가 존재한다. 그러면 $(\lambda_j I_n - A)^{q_j}\boldsymbol{x_0} = \mathbf{0}$ 이지만 $(\lambda_j I_n - A)^{n_j}\boldsymbol{x_0} \neq \mathbf{0}$ 이다. 이때 스칼라 $c_0,\ c_1,\ \cdots,\ c_{n_j}$에 대해

$$c_0\boldsymbol{x_0} + c_1(\lambda_j I_n - A)\boldsymbol{x_0} + \cdots + c_{n_j}(\lambda_j I_n - A)^{n_j}\boldsymbol{x_0} = \mathbf{0}$$

  로 두면 $(\lambda_j I_n - A)^{q_j}\boldsymbol{x_0} = \mathbf{0}$ 이지만 $(\lambda_j I_n - A)^{q_j - 1}\boldsymbol{x_0} \neq \mathbf{0}$ 이므로 위 식에 $(\lambda_j I_n - A)^{q_j - 1}$을 적용하여 $c_0 = 0$을 얻는다. 이와 같이 순차적으로 $(\lambda_j I_n - A)^{q_j - m},\ (m = 1,\ \cdots,\ n_j - 1)$을 적용하면

$$c_0 = c_1 = \cdots = c_{n_j} = 0$$

  이 얻어진다. 그러므로 $\left\{\boldsymbol{x_0},\ (\lambda_j I_n - A)\boldsymbol{x_0},\ \cdots,\ (\lambda_j I_n - A)^{n_j}\boldsymbol{x_0}\right\}$는 $N_{q_j}(\lambda_j)$에서 일차독립이다. 따라서 $\dim N_{q_j}(\lambda_j) \geq n_j + 1$이 되어 $\dim N_{q_j}(\lambda_j) = n_j$라는 사실에 모순이다.
  그러므로 $N_{q_j}(\lambda_j) \subset H_j$가 되어

$$H_j = N_{q_j}(\lambda_j),\ q_j = n_j,\ (j=1,\ 2,\ \cdots,\ r)$$

  이 성립한다. ■

정리 7.12에 제시된 형식에 따라 행렬을 표현하기 위해 H_j의 기저에 관한 극대 연쇄를

$$\left\{\boldsymbol{x_j},\ (A - \lambda_j I_n)\boldsymbol{x_j},\ \cdots,\ (A - \lambda_j I_n)^{p_j - 1}\boldsymbol{x_j}\right\},\ (0 \leq p_j \leq n_j)$$

형태로 설정하고 이를 역순으로 배열하여

$$\left\{y_1 = (A - \lambda_j I_n)^{p_j - 1}\boldsymbol{x_j},\ y_2 = (A - \lambda_j I_n)^{p_j - 2}\boldsymbol{x_j},\ \cdots,\ y_{p_j} = \boldsymbol{x_j}\right\}$$

로 두자. 이를 조르당 기저(Jordan basis), 또는 일반화된 고유벡터(generalized eigenvector)라고 한다. 이때 각 $i=1, \cdots, p_j$에 대해

$$(A-\lambda_j I_n)(A-\lambda_j I_n)^{p_j-i}\boldsymbol{x}_j=(A-\lambda_j I_n)\boldsymbol{y}_i=A\boldsymbol{y}_i-\lambda_j\boldsymbol{y}_i$$

이고,

$$(A-\lambda_j I_n)(A-\lambda_j I_n)^{p_j-i}\boldsymbol{x}_j=(A-\lambda_j I_n)^{p_j-i+1}\boldsymbol{x}_j=\boldsymbol{y}_{i-1}$$

이므로

$$A\boldsymbol{y}_i=\lambda_j\boldsymbol{y}_i+\boldsymbol{y}_{i-1},\ (i=1, \cdots, p_j)$$

가 성립한다. 따라서

$$\begin{aligned}A\left[\cdots\ (\boldsymbol{y}_1\boldsymbol{y}_2\cdots\ \boldsymbol{y}_{p_j})\cdots\right]&=\left[\cdots\ (A\boldsymbol{y}_1 A\boldsymbol{y}_2\cdots\ A\boldsymbol{y}_{p_j})\cdots\right]\\&=\left[\cdots\ (\lambda_j\boldsymbol{y}_1\lambda_j\boldsymbol{y}_2\cdots\ \lambda_j\boldsymbol{y}_{p_j})\cdots\right]+\left[\cdots\ (0\ \boldsymbol{y}_1\boldsymbol{y}_2\cdots\ \boldsymbol{y}_{p_j-1})\cdots\right]\\&=\left[\cdots\ (\boldsymbol{y}_1\boldsymbol{y}_2\cdots\ \boldsymbol{y}_{p_j})\cdots\right]\begin{bmatrix}* & \vdots & & O & & & \\ \cdots & \cdot & \cdots & \cdots & \cdots & \cdot & \\ & \vdots & \lambda_j & 1 & O & \vdots & \\ & \vdots & & \lambda_j & \ddots & \vdots & \\ O & \vdots & & & \ddots\ 1 & \vdots & O\\ & \vdots & O & & \lambda_j & \vdots & \\ & \cdot & \cdots & \cdots & \cdots & \cdot & \cdots\\ & & & O & & \vdots & *\end{bmatrix}\end{aligned}$$

형태의 블록행렬로 표현된다.

다음과 같은 형태의 $k\times k$ 상부삼각행렬을 조르당 블록(Jordan block)이라고 한다.

$$J_k(\lambda)=\begin{bmatrix}\lambda & 1 & & & \\ & \lambda & 1 & O & \\ & & \ddots & \ddots & \\ & & O & \ddots & 1\\ & & & & \lambda\end{bmatrix}$$

또한 조르당 블록의 합으로 구성된 다음과 같은 형태의 $J\in M_n(\mathbb{C})$를 조르당 행렬(Jordan matrix)이라고 한다.

$$J=\begin{bmatrix}J_{m_1}(\lambda_1) & & & O\\ & J_{m_2}(\lambda_2) & & \\ & & \ddots & \\ O & & & J_{m_k}(\lambda_k)\end{bmatrix},\quad m_1+m_2+\cdots+m_k=n$$

이때 조르당 행렬에 나타나는 고유값 λ_i는 서로 다를 필요는 없음에 유의한다.

그러면

$$A\left[\cdots\ (\boldsymbol{y}_1 \boldsymbol{y}_2 \cdots\ \boldsymbol{y}_{p_j}) \cdots\right] = \left[\cdots\ (\boldsymbol{y}_1 \boldsymbol{y}_2 \cdots\ \boldsymbol{y}_{p_j}) \cdots\right] \begin{bmatrix} * & \vdots & & & O \\ \cdots & \cdot & \cdots & \cdot & \\ & \vdots & J_{p_j}(\lambda_j) & \vdots & \\ & \cdot & \cdots & \cdot & \cdots \\ O & & & \vdots & * \end{bmatrix}$$

형태의 블록행렬로 정리될 수 있다. 따라서 $S = \left[\cdots\ (\boldsymbol{y}_1 \boldsymbol{y}_2 \cdots\ \boldsymbol{y}_{p_j}) \cdots\right]$로 두면

$$S^{-1}AS = \begin{bmatrix} * & \vdots & & & O \\ \cdots & \cdot & \cdots & \cdot & \\ & \vdots & J_{p_j}(\lambda_j) & \vdots & \\ & \cdot & \cdots & \cdot & \cdots \\ O & & & \vdots & * \end{bmatrix} := J_A$$

형태의 조르당 행렬 J_A로 전환된다. 이때 J_A를 A의 **조르당 표준형**(Jordan canonical form)이라고 한다. J_A에서 각 조르당 블록은 대각원소를 모두 같은 고유값으로 하는 상부삼각행렬이고 하나의 고유값에 대응하는 조르당 블록은 여러 개일 수도 있다. 특히 A가 n개의 일차독립인 고유벡터를 갖는다면 A의 조르당 표준형 J_A는 모두 n개의 1×1 조르당 블록으로 구성되어 J_A는 대각행렬이 된다. 또한 A의 고유값이 모두 실수이면 고유벡터와 극대 연쇄에 따른 기저의 구성도 모두 실수벡터로 구성되므로 S도 실수행렬이다. 참고를 위해 이를 다음과 같이 정리한다.

정리 7.13 조르당 표준형(Jordan canonical form)

$A = M_n(\mathbb{C})$이면 다음을 만족하는 가역행렬 $S \in M_n(\mathbb{C})$가 존재한다.

$$S^{-1}AS = \begin{bmatrix} J_{m_1}(\lambda_1) & & & O \\ & J_{m_2}(\lambda_2) & & \\ & & \ddots & \\ O & & & J_{m_k}(\lambda_k) \end{bmatrix} := J_A,\ m_1 + m_2 + \cdots + m_k = n$$

J_A는 대각선을 따른 조르당 블록의 순환에 따라 유일하며 조르당 블록을 이루는 고유값은 서로 다를 필요가 없다. 또한 A가 오직 실수의 고유값을 갖는 행렬이면 S도 실행렬로 구성된다.

예제 7.13 다음 행렬 A의 조르당 표준형을 구하라.

$$A=\begin{bmatrix}-3 & 1 & 2\\ -8 & 3 & 4\\ -4 & 1 & 3\end{bmatrix}$$

풀이 A의 특성다항식은 $p(\lambda)=|\lambda I_3-A|=(\lambda-1)^3$이므로 A의 고유값은 $\lambda=1$(3중근)이다.

행렬 $A-I_3$는 $(A-I_3)^2=O$을 만족하고, $\lambda=1$에 대응하는 고유공간은

$$(A-I_3)\boldsymbol{x}=\begin{bmatrix}-4 & 1 & 2\\ -8 & 2 & 4\\ -4 & 1 & 2\end{bmatrix}\begin{bmatrix}x_1\\ x_2\\ x_3\end{bmatrix}=\begin{bmatrix}0\\0\\0\end{bmatrix}$$

$$\Rightarrow\ -4x_1+x_2+2x_3=0$$

$$\Rightarrow\ N(A-I_3)=SP\left\langle \boldsymbol{u}_1=\begin{bmatrix}1\\0\\2\end{bmatrix},\ \boldsymbol{u}_2=\begin{bmatrix}0\\2\\-1\end{bmatrix}\right\rangle$$

이다. 이때 $(A-I_3)^2=O$이므로 $\lambda=1$의 고유공간에 속하지 않는 $\mathbb{C}^3$의 기저를 $\boldsymbol{x}_1=\begin{bmatrix}-1\\0\\0\end{bmatrix}$으로 택하면

$$\begin{bmatrix}-4 & 1 & 2\\ -8 & 2 & 4\\ -4 & 1 & 2\end{bmatrix}\begin{bmatrix}-1\\0\\0\end{bmatrix}=\begin{bmatrix}4\\8\\4\end{bmatrix}:=\boldsymbol{x}_2$$

는 고유공간에 속하고 $\{\boldsymbol{x}_1,\ (A-I_3)\boldsymbol{x}_1=\boldsymbol{x}_2\}$는 극대 연쇄를 이룬다. 이제 $\boldsymbol{x}_2$에 고유공간의 기저 $\boldsymbol{u}_2$를 보완하여 $\boldsymbol{y}_1=\boldsymbol{x}_2$, $\boldsymbol{y}_2=\boldsymbol{x}_1$, $\boldsymbol{y}_3=\boldsymbol{u}_2$가 되도록 재배열하면 $\{\boldsymbol{y}_1,\ \boldsymbol{y}_2,\ \boldsymbol{y}_3\}$는 $\mathbb{C}^3$의 기저를 이루고

$$S=[\boldsymbol{y}_1\ \boldsymbol{y}_2\ \boldsymbol{y}_3]=\begin{bmatrix}4 & -1 & 0\\ 8 & 0 & 2\\ 4 & 0 & -1\end{bmatrix}$$

에 대해

$$S^{-1}AS=\begin{bmatrix}1 & 1 & 0\\ 0 & 1 & 0\\ 0 & 0 & 1\end{bmatrix}:=J_A$$

가 되어 A의 조르당 표준형 J_A를 얻는다. ■

예제 7.14 다음 행렬 A의 조르당 표준형을 구하라.

$$A = \begin{bmatrix} 2 & 3 & 0 \\ 0 & 1 & 2 \\ 0 & -1 & 4 \end{bmatrix}$$

풀이 A의 특성다항식은 $p(\lambda) = |\lambda I_3 - A| = (\lambda-2)^2(\lambda-3)$이므로 A의 고유값은 $\lambda_1 = 2$(중근), $\lambda_2 = 3$이다.

- $\lambda_1 = 2$의 대수적 중복도는 $a_{\lambda_1} = 2$이고, 이에 대한 고유공간은 $\boldsymbol{u}_1 = \begin{bmatrix} 1 \\ 0 \\ 0 \end{bmatrix}$에 의해 생성되므로 λ_1에 대한 기하적 중복도는 $g_{\lambda_1} = 1$이다. 이때 $N\left((A-\lambda_1 I_3)^2\right)$은 벡터 $\boldsymbol{x}_1 = \begin{bmatrix} 0 \\ 2 \\ 1 \end{bmatrix}$에 의해 생성되고

$$(A-\lambda_1 I_3)\boldsymbol{x}_1 = \begin{bmatrix} 0 & 3 & 0 \\ 0 & -1 & 2 \\ 0 & -1 & 2 \end{bmatrix}\begin{bmatrix} 0 \\ 2 \\ 1 \end{bmatrix} = \begin{bmatrix} 6 \\ 0 \\ 0 \end{bmatrix} := \boldsymbol{x}_2$$

는 λ_1의 고유공간 $N(A-\lambda_1 I_3)$에 속하므로 $\{\boldsymbol{x}_1, \boldsymbol{x}_2\}$는 극대 연쇄를 이룬다.

- $\lambda_2 = 3$의 고유공간은 $\boldsymbol{u}_2 = \begin{bmatrix} 3 \\ 1 \\ 1 \end{bmatrix}$에 의해 생성된다.

이제 극대 연쇄를 고려하여 $\boldsymbol{y}_1 = \boldsymbol{x}_2$, $\boldsymbol{y}_2 = \boldsymbol{x}_1$, $\boldsymbol{y}_3 = \boldsymbol{u}_2$로 재배열하면 $\{\boldsymbol{y}_1, \boldsymbol{y}_2, \boldsymbol{y}_3\}$는 $\mathbb{R}^3$의 기저를 이루고

$$S = [\boldsymbol{y}_1\ \boldsymbol{y}_2\ \boldsymbol{y}_3] = \begin{bmatrix} 6 & 0 & 3 \\ 0 & 2 & 1 \\ 0 & 1 & 1 \end{bmatrix}$$

에 대해

$$S^{-1}AS = \begin{bmatrix} 2 & 1 & 0 \\ 0 & 2 & 0 \\ 0 & 0 & 3 \end{bmatrix} := J_A$$

가 되어 A의 조르당 표준형 J_A를 얻는다. ■

예제 7.15 다음 행렬 A의 조르당 표준형을 구하라.

$$A = \begin{bmatrix} 7 & 1 & -2 & 1 \\ 1 & 4 & 1 & 1 \\ 2 & -1 & 5 & 2 \\ 2 & -1 & -1 & 8 \end{bmatrix}$$

풀이 A의 특성다항식은 $p(\lambda) = |\lambda I_4 - A| = (\lambda - 6)^4$이므로 A의 고유값은 $\lambda = 6$ (4중근)이다. 따라서 대수적 중복도는 $a_\lambda = 4$이고, 이에 대한 고유공간은 두 개의 벡터 $\boldsymbol{u}_1 = [1,\ 1,\ 1,\ 0]^t$, $\boldsymbol{u}_2 = [-1,\ 0,\ 0,\ 1]^t$에 의해 생성되므로 기하적 중복도는 $g_\lambda = 2$이다.

$$(A - 6I_4) = \begin{bmatrix} 1 & 1 & -2 & 1 \\ 1 & -2 & 1 & 1 \\ 2 & -1 & -1 & 2 \\ 2 & -1 & -1 & 2 \end{bmatrix},$$

$$(A - 6I_4)^2 = \begin{bmatrix} 0 & 0 & 0 & 0 \\ 3 & 3 & -6 & 3 \\ 3 & 3 & -6 & 3 \\ 3 & 3 & -6 & 3 \end{bmatrix},$$

$$(A - 6I_4)^3 = O$$

이때 $N\big((A - 6I_4)^2\big)$은 세 개의 일차독립인 벡터

$$\boldsymbol{v}_1 = [-1,\ 1,\ 0,\ 0]^t,\ \boldsymbol{v}_2 = [2,\ 0,\ 1,\ 0]^t,\ \boldsymbol{v}_3 = [-1,\ 0,\ 0,\ 1]^t$$

에 의해 생성되므로 여기에 $\boldsymbol{x}_1 = [1,\ 0,\ 0,\ 0]^t$을 보완하여 $\mathbb{R}^4$의 기저를 구성한다. $\boldsymbol{x}_1$에 대한 극대 연쇄를 생성하면

$$(A - 6I_4)\boldsymbol{x}_1 = [1,\ 1,\ 2,\ 2]^t := \boldsymbol{x}_2 \in N((A - 6I_3)^2),$$
$$(A - 6I_4)^2\boldsymbol{x}_1 = (A - 6I_4)\boldsymbol{x}_2 = [0,\ 3,\ 3,\ 3]^t := \boldsymbol{x}_3 \in N((A - 6I_4))$$

이다. 여기에 $N((A - 6I_4))$의 기저 $\boldsymbol{u}_1$을 보완하여 $\mathbb{R}^4$의 기저를 구축한 뒤 극대 연쇄를 고려하여 $\boldsymbol{y}_1 = \boldsymbol{x}_3$, $\boldsymbol{y}_2 = \boldsymbol{x}_2$, $\boldsymbol{y}_3 = \boldsymbol{x}_1$, $\boldsymbol{y}_4 = \boldsymbol{u}_1$으로 배열하면

$$S = [\boldsymbol{y}_1\ \boldsymbol{y}_2\ \boldsymbol{y}_3\ \boldsymbol{y}_4] = \begin{bmatrix} 0 & 1 & 1 & 1 \\ 3 & 1 & 0 & 1 \\ 3 & 2 & 0 & 1 \\ 3 & 2 & 0 & 0 \end{bmatrix}$$

에 대해

$$S^{-1}AS=\begin{bmatrix}6&1&0&0\\0&6&1&0\\0&0&6&0\\0&0&0&6\end{bmatrix}:=J_A$$

가 되어 A의 조르당 표준형 J_A를 얻는다. ■

조르당 행렬

$$J=\begin{bmatrix}J_{m_1}(\lambda_1)&&&O\\&J_{m_2}(\lambda_2)&&\\&&\ddots&\\O&&&J_{m_k}(\lambda_k)\end{bmatrix},\quad m_1+m_2+\cdots+m_k=n$$

은 다음과 같은 행렬의 기본 특성을 명확히 반영하는 일정한 구조를 가지고 있다.

- 조르당 블록의 수 k는 J의 일차독립인 고유벡터의 수이다.
- $k=n$일 때 그때에 한해 J는 대각행렬이다.
- 주어진 고유값에 대응하는 조르당 블록의 수는 그 고유값의 기하적 중복도이고, 고유값에 대응하는 모든 조르당 블록의 차수의 합은 대수적 중복도와 일치한다.

예를 들어 예제 7.14에서 A는 일차독립인 두 개의 고유벡터를 가지므로 J_A는 2개의 조르당 블록으로 구성된다. 한편 $\lambda_1=2$에 대한 기하적 중복도 $g_{\lambda_1}=1$이므로 $\lambda_1=2$에 대한 조르당 블록은 1개이고 대수적 중복도 $a_{\lambda_1}=2$이므로 J_A는 $J_2(\lambda_1)=\begin{bmatrix}2&1\\0&2\end{bmatrix}$형태의 조르당 블록을 포함한다.

예제 7.15에서 $a_\lambda=4,\ g_\lambda=2$이므로 J_A는 $\lambda=6$을 대각원으로 하는 두 개의 조르당 블록으로 구성된다. 따라서 J_A에 부합하는 후보로는

$$\left[\begin{array}{ccc:c}6&1&0&0\\0&6&1&0\\0&0&6&0\\\hdashline0&0&0&6\end{array}\right],\quad\left[\begin{array}{cc:cc}6&1&0&0\\0&6&0&0\\\hdashline0&0&6&1\\0&0&0&6\end{array}\right]$$

을 들 수 있다. 만약 두 번째 행렬이 A의 조르당 표준형이라면

$$J_A-6I_4=\left[\begin{array}{cc:cc}0&1&0&0\\0&0&0&0\\\hdashline0&0&0&1\\0&0&0&0\end{array}\right],\quad(J_A-6I_4)^2=O$$

이고, $S^{-1}AS=J_A$로부터

$$A-6I_4=S(J_A-6I_4)S^{-1} \Rightarrow (A-6I_4)^2=S(J_A-6I_4)^2S^{-1}=O$$

가 되어 예제 7.15에서 확인한 바대로 $(A-6I_4)^2 \neq O$와 배치된다.

따라서 J_A는 첫 번째 행렬로 귀결된다.

닮음인 두 행렬의 조르당 표준형은 서로 같고, 그 역도 성립한다.

정리 7.14

$A,\ B \in M_n(\mathbb{C})$라 하자.

A와 B가 닮음일 필요충분조건은 대응하는 조르당 표준형이 서로 같은 것이다.

(단, 기저의 순서를 바꾸어 얻어진 조르당 표준형은 동일한 것으로 간주한다.)

| 증명 | A와 B가 서로 닮음이면 $A=PBP^{-1}$인 가역행렬 P가 존재한다. A와 B의 조르당 표준형 J_A와 J_B에 대해

$$S_A^{-1}AS_A=J_A,\ S_B^{-1}BS_B=J_B$$

인 가역행렬 S_A와 S_B가 존재하므로

$$\begin{aligned} J_A &= S_A^{-1}AS_A=S_A^{-1}(PBP^{-1})S_A=S_A^{-1}P(S_BJ_BS_B^{-1})P^{-1}S_A \\ &= (S_A^{-1}PS_B)J_B(S_B^{-1}P^{-1}S_A) \end{aligned}$$

가 되어 $S=S_B^{-1}P^{-1}S_A$에 대해 $S^{-1}J_BS=J_A$이다. 이것은 J_B의 조르당 표준형이 J_A가 됨을 뜻한다. 그런데 J_B는 이미 조르당 표준형이므로 $J_B=S^{-1}J_BS=J_A$이다.

역으로 $J_A=J_B$라고 하자. 그러면 $S_A^{-1}AS_A=J_A,\ S_B^{-1}BS_B=J_B$인 가역행렬 S_A와 S_B가 존재하므로

$$A=S_AJ_AS_A^{-1}=S_AJ_BS_A^{-1}=S_A(S_B^{-1}BS_B)S_A^{-1}=(S_AS_B^{-1})B(S_BS_A^{-1})$$

이고 $P=S_BS_A^{-1}$에 대해 $A=P^{-1}BP$이다. 따라서 A와 B는 서로 닮음이다. ■

정사각행렬 A의 항으로 이루어진 다항식

$$p(A) = c_m A^m + c_{m-1} A^{m-1} + \cdots + c_1 A + c_0 I_n$$

을 A의 행렬다항식(matrix polynomial)이라고 한다. 모든 정사각행렬이 자신의 특성다항식을 만족한다는 다음의 케일리-해밀턴 정리는 행렬다항식의 계산이나 역행렬을 구하는데 긴요하게 쓰일 수 있다.

정리 7.15 케일리-해밀턴 정리(Cayley-Hamilton theorem)

$A \in M_n(\mathbb{C})$의 특성다항식을 $p(\lambda) = |\lambda I_n - A|$라고 하면 $p(A) = O$이다.

| 증명 |

$$p(\lambda) = |\lambda I_n - A| = (\lambda - \lambda_1)^{n_1}(\lambda - \lambda_2)^{n_2} \cdots (\lambda - \lambda_r)^{n_r}$$

이라고 하면

$$p(A) = (\lambda_1 I_n - A)^{n_1}(\lambda_2 I_n - A)^{n_2} \cdots (\lambda_r I_n - A)^{n_r}$$

이다. 정리 7.12에 의해

$$\mathbb{C}^n = H_1 \oplus H_2 \oplus \cdots \oplus H_r,$$
$$H_j = N\big((\lambda_j I_n - A)^{n_j}\big), \ \dim H_j = n_j, \ (j = 1, \cdots, r).$$

따라서 각 j에 대해 $(\lambda_j I_n - A) : H_j \to H_j$이고 $(\lambda_j I_n - A)^{n_j}$는 H_j에서 영사상 O이다.

이제 $p(A)$에서 행렬의 곱의 순서를 바꿀 수 있으므로

$$p(A) = f(A)(\lambda_j I_n - A)^{n_j}$$

라 쓰면 $f(A)$는 $(\lambda_j I_n - A)^{n_j}$를 제외한 행렬의 곱이다. 따라서

$$p(A) = f(A)(\lambda_j I_n - A)^{n_j} = O : H_j \to H_j$$

이다. ■

$A \in M_n(\mathbb{C})$의 특성다항식을

$$p(\lambda) = |\lambda I_n - A| = \lambda_n + c_{n-1}\lambda^{n-1} + \cdots + c_1\lambda_1 + c_0$$

라고 하면 케일리-해밀턴 정리에 의해

$$p(A) = A^n + c_{n-1}A^{n-1} + \cdots + c_1 A + c_0 I_n = O$$

이므로 거듭제곱 A^k, $(k \geq n)$를 I_n, A, A^2, $\cdots$, A^{n-1}의 일차결합으로 나타낼 수 있다.

또한 A가 정칙이면 A의 역행렬을 구하기 위해 다음과 같이 케일리-해밀턴 정리를 이용할 수 있다. 위 특성다항식으로부터 주어진 행렬다항식에 의해

$$\left(A^{n-1} + c_{n-1}A^{n-2} + \cdots + c_1 I_n\right)A = -c_0 I_n$$

이고, $c_0 = p(0) = |0I_n - A| = (-1)^n|A| \neq 0$이므로

$$A^{-1} = -\frac{1}{c_0}\left(A^{n-1} + c_{n-1}A^{n-2} + \cdots + c_1 I_n\right).$$

예제 7.16 다음 행렬 A에 대해서 A^2, A^3, A^4, A^{-1}을 구하라.

$$A = \begin{bmatrix} 1 & 2 \\ 3 & 4 \end{bmatrix}$$

풀이 A의 특성다항식은 $p(\lambda) = |\lambda I_2 - A| = \lambda^2 - 5\lambda - 2$이므로 케일리-해밀턴 정리에 의해 $p(A) = A^2 - 5A - 2I_2 = O$이다. 따라서

$$A^2 = 5A + 2I_2,$$

$$A^3 = A(A^2) = 5A^2 + 2A = 5(5A + 2I_2) + 2A = 27A + 10I_2,$$

$$A^4 = A(A^3) = 27A^2 + 10A = 27(5A + 2I_2) + 10A = 145A + 54I_2$$

이고,

$$A^{-1} = \frac{1}{2}(A - 5I_2) = \frac{1}{2}\begin{bmatrix} -4 & 2 \\ 3 & -1 \end{bmatrix} = \begin{bmatrix} -2 & 1 \\ \frac{3}{2} & -\frac{1}{2} \end{bmatrix}$$

이다. ■

일반적으로 정사각행렬 $A \in M_n(\mathbb{C})$에 대해 $m(A) = O$가 되는 최고차의 계수가 1인 최소차수의 다항식 $m(\lambda)$를 A의 **최소다항식**(minimal polynomial)이라고 한다.

정리 7.16

$A \in M_n(\mathbb{C})$의 최소다항식 $m(\lambda)$는 특성다항식 $p(\lambda)$의 약수이다.

증명 A의 특성다항식 $p(\lambda)$에 대하여 $m(\lambda)$의 차수 $= k < n = p(\lambda)$의 차수라면

$$p(\lambda) = q(\lambda)m(\lambda) + r(\lambda), \ (0 \le r(\lambda)\text{의 차수} < k)$$

에 의해

$$p(A) = q(A)m(A) + r(A) = O \Rightarrow r(A) = O$$

이므로 만약 $r(\lambda) \neq 0$이라면 $r(\lambda)$의 최고차항의 계수로 $r(\lambda)$를 나눈 다항식은 최고차항의 계수가 1이고 최소다항식 $m(\lambda)$보다 차수가 낮고 $r(A) = O$가 되어 $m(\lambda)$가 최소다항식이라는데 모순이다. 따라서 $r(\lambda) = 0$이 되어 $p(\lambda) = q(\lambda)m(\lambda)$이므로 $m(\lambda)$는 $p(\lambda)$의 약수이다. ■

예제 7.17 예제 7.15에 주어진 행렬 A의 최소다항식과 특성다항식을 구해 비교하라.

풀이 A의 특성다항식은 $p(\lambda) = (\lambda - 6)^4$이고, $(A - 6I_4)^2 \neq O$이고 $(A - 6I_4)^3 = O$이므로 A의 최소다항식은 $m(\lambda) = (\lambda - 6)^3$이다. ■

예제 7.18 행렬 $A = \begin{bmatrix} 1 & 1 \\ 2 & 1 \end{bmatrix}$에 대해 행렬다항식 $f(A) = A^4 - A^3 + 2A^2 + A + 4I_2$를 구하라.

풀이 A의 특성다항식은 $p(\lambda) = \lambda^2 - 2\lambda - 1$이므로 케일리-해밀턴 정리에 의해 $p(A) = A^2 - 2A - I_2 = O$이다. 한편,

$$f(\lambda) = (\lambda^2 + \lambda + 5)p(\lambda) + 12\lambda + 9$$

이므로

$$\begin{aligned} f(A) &= (A^2 + A + 5I_2)p(A) + 12A + 9I_2 \\ &= 12A + 9I_2 \\ &= 12\begin{bmatrix} 1 & 1 \\ 2 & 1 \end{bmatrix} + 9\begin{bmatrix} 1 & 0 \\ 0 & 1 \end{bmatrix} \end{aligned}$$

$$= \begin{bmatrix} 21 & 12 \\ 24 & 21 \end{bmatrix}.$$ ■

7.4 • 연습문제

1. 다음 행렬에서 일차독립인 고유벡터의 수를 구하라.

(1) $\begin{bmatrix} 1 & 1 & 0 & 0 & 0 \\ 0 & 1 & 1 & 0 & 0 \\ 0 & 0 & 1 & 0 & 0 \\ 0 & 0 & 0 & 2 & 1 \\ 0 & 0 & 0 & 0 & 2 \end{bmatrix}$ (2) $\begin{bmatrix} 2 & 1 & 0 & 0 & 0 \\ 0 & 2 & 0 & 0 & 0 \\ 0 & 0 & 2 & 0 & 0 \\ 0 & 0 & 0 & 4 & 1 \\ 0 & 0 & 0 & 0 & 4 \end{bmatrix}$

(3) $\begin{bmatrix} 3 & 1 & 0 & 0 & 0 \\ 0 & 3 & 0 & 0 & 0 \\ 0 & 0 & 5 & 0 & 0 \\ 0 & 0 & 0 & 5 & 0 \\ 0 & 0 & 0 & 0 & 7 \end{bmatrix}$ (4) $\begin{bmatrix} 2 & 0 & 0 & 0 & 0 \\ 0 & 2 & 0 & 0 & 0 \\ 0 & 0 & 2 & 0 & 0 \\ 0 & 0 & 0 & 3 & 1 \\ 0 & 0 & 0 & 0 & 3 \end{bmatrix}$

2. 다음 각 행렬의 조르당 표준형을 구하라.

(1) $\begin{bmatrix} 1 & 1 \\ 1 & 1 \end{bmatrix}$ (2) $\begin{bmatrix} 3 & 1 & 2 \\ 0 & 3 & 0 \\ 0 & 0 & 3 \end{bmatrix}$

(3) $\begin{bmatrix} 2 & 1 & 1 \\ 1 & 2 & 1 \\ 1 & 1 & 2 \end{bmatrix}$ (4) $\begin{bmatrix} -3 & -1 & 0 \\ 1 & 0 & 1 \\ 5 & -2 & 0 \end{bmatrix}$

(5) $\begin{bmatrix} 1 & 1 & 1 & 0 \\ 0 & 3 & 0 & 0 \\ 0 & 0 & 1 & 1 \\ 0 & 0 & 0 & 3 \end{bmatrix}$ (6) $\begin{bmatrix} 2 & 0 & 0 & 0 \\ 2 & -1 & 0 & 0 \\ 0 & 1 & -1 & 0 \\ 2 & 3 & 0 & 3 \end{bmatrix}$

(7) $\begin{bmatrix} 1 & 0 & 0 & 0 & 0 & 0 \\ 0 & 1 & 0 & 0 & 0 & 0 \\ 0 & 1 & 1 & 0 & 1 & 0 \\ 0 & 1 & 0 & 1 & 0 & 0 \\ 1 & 0 & 0 & 0 & 1 & 0 \\ 0 & -1 & 0 & 0 & -1 & 1 \end{bmatrix}$ (8) $\begin{bmatrix} 5 & -1 & 1 & 1 & 0 & 0 \\ 1 & 3 & -1 & -1 & 0 & 0 \\ 0 & 0 & -1 & -1 & 0 & 0 \\ 0 & 0 & 0 & 4 & -1 & -1 \\ 0 & 0 & 0 & 0 & 3 & 1 \\ 0 & 0 & 0 & 0 & 1 & 3 \end{bmatrix}$

3. 선형사상 T의 행렬에 대한 조르당 표준형을 선형사상 T의 조르당 표준형이라고 한다. 다음과 같이 정의된 선형사상 $T : \mathbb{R}^3 \to \mathbb{R}^3$의 조르당 표준형을 구하라.

$$T(x_1,\ x_2,\ x_3) = (2x_1 + 3x_2,\ x_2 + 2x_3,\ -x_2 + 4x_3)$$

4. $D : P_3 \to P_3$가 미분 $D(p(t)) = p'(t)$에 의해 정의되는 선형사상이라고 하면 표준기저 $B = \{1,\ t,\ t^2,\ t^3\}$에 대해 D의 행렬은 $[D]_B = \begin{bmatrix} 0 & 1 & 0 & 0 \\ 0 & 0 & 2 & 0 \\ 0 & 0 & 0 & 3 \\ 0 & 0 & 0 & 0 \end{bmatrix}$이다. 이 행렬에 대한 최소다항식, 특성다항식과 조르당 표준형을 구하라.

5. 선형사상 $T : \mathbb{C}^5 \to \mathbb{C}^5$의 특성다항식과 최소다항식이 각각

$$-(\lambda - 3)^5,\ (\lambda - 3)^3$$

이고 고유값 2에 대응하는 고유공간이 2차원일 때 T의 조르당 표준형을 구하라.

6. 다음 두 행렬의 조르당 표준형을 구하고 두 행렬이 닮음이 아님을 보여라.

$$A = \begin{bmatrix} 1 & 1 & 1 \\ -1 & -1 & -1 \\ 1 & 1 & 0 \end{bmatrix},\quad B = \begin{bmatrix} 1 & 1 & 1 \\ -1 & -1 & -1 \\ 1 & 0 & 0 \end{bmatrix}$$

7. $A^3 = I_6$인 행렬 $A \in M_6(\mathbb{C})$에 대해 가능한 A의 조르당 표준형을 구하라.

8. $A \in M_5(\mathbb{C})$에 대해 특성다항식이 $p(\lambda) = (\lambda + 1)^3(\lambda - 2)^2$이고, 최소다항식이 $m(\lambda) = (\lambda + 1)^2(\lambda - 2)$일 때 A의 모든 가능한 조르당 표준형을 구하라.

9. 다음 각 행렬의 최소다항식을 구하라.

(1) $\begin{bmatrix} 3 & -1 & 0 \\ 1 & -1 & 2 \\ 0 & 2 & 0 \end{bmatrix}$ (2) $\begin{bmatrix} 2 & -4 & 2 & 2 \\ -2 & 0 & 1 & 3 \\ -2 & -2 & 3 & 3 \\ -2 & -6 & 3 & 7 \end{bmatrix}$

10. $A = \begin{bmatrix} a & b \\ c & d \end{bmatrix}$에 대해서 다음을 구하라.

(1) A가 대각화가능하기 위한 필요충분조건을 구하라.

(2) 직접 계산에 의해서 A의 다항식 $p(\lambda)$에 대해서 $p(A)=O$임을 보여라.

11. 행렬 $A=\begin{bmatrix}1&0&1\\0&2&0\\0&0&2\end{bmatrix}$에 대해서 A^{-1}과 $A^5+3A^4+A^3-A^2+4A+6I_3$를 구하라.

7.5 행렬의 특이값분해와 유사역원

7.3절에서 우리는 정사각행렬의 대각화를 위한 스펙트럼 분해에 대해 알아보았다. 유사한 방법으로 정사각행렬이 아닌 경우에도 행렬의 스펙트럼 분해의 아이디어를 확장하는 것이 가능하다. 이를 행렬의 **특이값분해**(singular value decomposition)라고 하며 일반적인 행렬의 유사역원 등 여러 응용문제를 해결하는 중요한 도구로 활용할 수 있다. 특이값분해를 흔히 SVD 분해로 간결하게 줄여 쓰기도 한다.

행렬의 특이값분해는 정사각행렬의 스펙트럼 분해와 유사하다. A가 대칭이면 $A=PDP^t$인 대각행렬 D와 직교행렬 P가 존재한다. 이때 D가 모두 영이 아닌 대각원소를 갖는다면 그 역은

$$A^{-1}=P^tD^{-1}P$$

로 쉽게 구할 수 있다. 특히 A가 대칭이면 A의 유사역원은 대각행렬 D의 유사역원 D'을 이용하여 직교행렬 P에 대해서 $A'=PD'P^{-1}$로 어렵지 않게 구할 수 있다. 특이값분해를 이용하여 이를 확장하는 결과를 얻을 수 있다.

정리 7.17 특이값분해(SVD decomposition)

$A \in M_{m,n}$에 대해 다음을 만족하는 직교행렬 $Q_1 \in M_m$과 $Q_2 \in M_n$가 존재한다.

$$A = Q_1 \Sigma Q_2^t, \ (\Sigma \in M_{m,n})$$

Σ는 AA^t의 양의 고유값을 순서대로 배열하여 $\sigma_1 \geq \sigma_2 \geq \cdots \geq \sigma_p > 0$라 할 때

$$\Sigma = \mathrm{diag}(\sqrt{\sigma_1}, \sqrt{\sigma_2}, \cdots, \sqrt{\sigma_p}, 0, \cdots, 0) \in M_{m,n}$$

로 구성된 대각행렬이다.

| 증명 | A^tA는 $n \times n$ 대칭행렬이므로 A^tA는 실수인 음이 아닌 고유값을 갖는다. A^tA의 고유값을 순서대로 배열하여 $\{\sigma_1 \geq \sigma_2 \geq \cdots \geq \sigma_n\}$이라 하고 $\boldsymbol{x}_1, \boldsymbol{x}_2, \cdots, \boldsymbol{x}_n$을 대응하는 정규직교인 고유벡터라고 하자. 이때 A^tA가 p개의 양의 고유값을 가진다고 가정하면

$$\sigma_1 \geq \sigma_2 \geq \cdots \geq \sigma_p > 0, \ \sigma_{p+1} = \cdots = \sigma_n = 0$$

이다. 그러면 직교행렬 $Q_2 = [\boldsymbol{x}_1 \ \boldsymbol{x}_2 \cdots \ \boldsymbol{x}_n]$에 대해서

$$Q_2^t(A^tA)Q_2 = \mathrm{diag}(\sigma_1, \cdots, \sigma_p, 0, \cdots, 0) \in M_n$$

이다. 여기서 $\boldsymbol{y}_i = \dfrac{A\boldsymbol{x}_i}{\sqrt{\sigma_i}}, \ (i = 1, 2, \cdots, p)$라고 두면 $\boldsymbol{y}_i \in \mathbb{R}^m$이고, $1 \leq i, j \leq p$에 대해

$$\langle \boldsymbol{y}_i, \boldsymbol{y}_j \rangle = \frac{1}{\sqrt{\sigma_i}\sqrt{\sigma_j}} \langle A\boldsymbol{x}_i, A\boldsymbol{x}_j \rangle = \frac{1}{\sqrt{\sigma_i}\sqrt{\sigma_j}} \langle A^tA\boldsymbol{x}_i, \boldsymbol{x}_j \rangle$$
$$= \frac{1}{\sqrt{\sigma_i}\sqrt{\sigma_j}} \langle \sigma_i \boldsymbol{x}_i, \boldsymbol{x}_j \rangle = \sqrt{\frac{\sigma_i}{\sigma_j}}\, \delta_{ij}$$

이므로 $\{\boldsymbol{y}_1, \boldsymbol{y}_2, \cdots, \boldsymbol{y}_p\}$는 $\mathbb{R}^m$에서 정규직교벡터이다. 이제 직교화 과정을 통해 이를 $\mathbb{R}^m$의 정규직교기저 $\{\boldsymbol{y}_1, \boldsymbol{y}_2, \cdots, \boldsymbol{y}_m\}$으로 확장한 후 직교행렬 $Q_1 = [\boldsymbol{y}_1 \ \boldsymbol{y}_2 \cdots \ \boldsymbol{y}_m]$을 택하면 $1 \leq i \leq p$에 대해

$$AA^t\boldsymbol{y}_i = AA^t\left(\frac{A\boldsymbol{x}_i}{\sqrt{\sigma_i}}\right) = \frac{1}{\sqrt{\sigma_i}} A(A^tA)\boldsymbol{x}_i$$

$$= \frac{1}{\sqrt{\sigma_i}} A\sigma_i \boldsymbol{x_i} = \sqrt{\sigma_i}\, A\boldsymbol{x_i}$$

$$= \sigma_i \frac{A\boldsymbol{x_i}}{\sqrt{\sigma_i}} = \sigma_i \boldsymbol{y_i}$$

가 성립한다. 따라서 $\{\sigma_1, \cdots, \sigma_p\}$는 AA^t의 고유값이고 $\{\boldsymbol{y_1}, \cdots, \boldsymbol{y_p}\}$는 대응하는 고유벡터이다. 한편 $p < i \le m$에 대해서

$$SP\langle \boldsymbol{y_1}, \cdots, \boldsymbol{y_p} \rangle = SP\langle A\boldsymbol{x_1}, \cdots, A\boldsymbol{x_p} \rangle = R(A),$$
$$SP\langle \boldsymbol{y_{p+1}}, \cdots, \boldsymbol{y_m} \rangle \subset R(A)^\perp$$

이므로

$$\boldsymbol{y_i} \in R(A)^\perp = N(A^t),\ (i = p+1, \cdots, m)$$

이다. 따라서

$$AA^t\boldsymbol{y_i} = \boldsymbol{0},\ (i = p+1, \cdots, m)$$

이 성립한다. 그러므로 0은 중복도 $m-p$인 AA^t의 고유값이고 $\boldsymbol{y_{p+1}}, \cdots, \boldsymbol{y_m}$은 AA^t의 대응하는 고유벡터이다. 이에 따라

$$Q_1^t(AA^t)Q_1 = \mathrm{diag}(\sigma_1, \cdots, \sigma_p, 0, \cdots, 0) \in M_m$$

이 성립한다.

이제 $Q_1^tAQ_2$를 살펴보자. 먼저 $1 \le i \le p$에 대해서

$$\left(Q_1^tAQ_2\right)_{(ij)} = \left(Q_1^{(i)}\right)AQ_2^{(j)} = \langle \boldsymbol{y_i},\ A\boldsymbol{x_j} \rangle$$
$$= \frac{1}{\sqrt{\sigma_i}} \langle A\boldsymbol{x_i},\ A\boldsymbol{x_j} \rangle = \frac{1}{\sqrt{\sigma_i}} \langle \boldsymbol{x_i},\ A^tA\boldsymbol{x_j} \rangle$$
$$= \frac{1}{\sqrt{\sigma_i}} \langle \boldsymbol{x_i},\ \sigma_j\boldsymbol{x_j} \rangle = \sqrt{\sigma_j}\,\delta_{ij}$$

이다. $i > p$에 대해서는 $AA^t\boldsymbol{y_i} = \boldsymbol{0}$이므로 $A^t\boldsymbol{y_i} \in N(A)$, 또한 $A^t\boldsymbol{y_i} \in R(A^t) = N(A)^\perp$이므로 $A^t\boldsymbol{y_i} = \boldsymbol{0},\ (i > p)$가 성립한다. 따라서

$$\left(Q_1^tAQ_2\right)_{(ij)} = \langle \boldsymbol{y_i},\ A\boldsymbol{x_j} \rangle = \langle A^t\boldsymbol{y_i},\ \boldsymbol{x_j} \rangle = 0,\ (i = p+1, \cdots, m)$$

이다. 결과를 종합하면

$$Q_1^t A Q_2 = \mathrm{diag}(\sqrt{\sigma_1}, \cdots, \sqrt{\sigma_p}, 0, \cdots, 0) \in M_{m,n}$$

가 되어 정리가 성립한다. ■

행렬 Σ의 양인 주대각성분들을 행렬 A의 **특이값**(singular value)이라고 한다.

정리 7.17의 증명에서

$$SP\langle \boldsymbol{x}_1, \cdots, \boldsymbol{x}_p \rangle = R(A^t), \ SP\langle \boldsymbol{x}_{p+1}, \cdots, \boldsymbol{x}_n \rangle = N(A)$$

이고,

$$SP\langle \boldsymbol{y}_1, \cdots, \boldsymbol{y}_p \rangle = R(A), \ SP\langle \boldsymbol{y}_{p+1}, \cdots, \boldsymbol{y}_m \rangle = N(A^t)$$

이다. 따라서 직교행렬 Q_1과 Q_2는 $\mathbb{R}^m$과 $\mathbb{R}^n$을 각각

$$\mathbb{R}^m = R(A) \oplus N(A^t), \ \mathbb{R}^n = R(A^t) \oplus N(A)$$

으로의 직교분해를 제공한다. A의 특이값분해가 $A = Q_1 \Sigma Q_2^t$일 때 $\boldsymbol{x} \in \mathbb{R}^n$에 대해서

$$A\boldsymbol{x} = \sum_{i=1}^{p} \sqrt{\sigma_i} \langle \boldsymbol{x}, \boldsymbol{x}_i \rangle \boldsymbol{y}_i = \sum_{i=1}^{p} \sqrt{\sigma_i} \langle \boldsymbol{x}, \boldsymbol{x}_i \rangle \frac{A\boldsymbol{x}_i}{\sqrt{\sigma_i}} = A\left(\sum_{i=1}^{p} \langle \boldsymbol{x}, \boldsymbol{x}_i \rangle \boldsymbol{x}_i \right)$$

이므로 특이값분해는 $\boldsymbol{x}$의 $R(A^t)$위로의 정사영을 $R(A)$ 위로 보내는 변환과정을 나타낸다. 또한 이 관계로부터 A의 특이값분해를

$$A = \sqrt{\sigma_1}\, \boldsymbol{y}_1 \boldsymbol{x}_1^t + \sqrt{\sigma_1}\, \boldsymbol{y}_2 \boldsymbol{x}_2^t + \cdots + \sqrt{\sigma_p}\, \boldsymbol{y}_p \boldsymbol{x}_p^t$$

로 나타낼 수 있다.

행렬 A의 계수는 중복도를 포함하여 특이값의 수와 같다. $\mathrm{rank}(A) = p$일 때

$$Q_1^{(1)} = [\boldsymbol{y}_1 \cdots \boldsymbol{y}_p], \ Q_1^{(2)} = [\boldsymbol{y}_{p+1} \cdots \boldsymbol{y}_m]$$

라 두고,

$$Q_2^{(1)} = [\boldsymbol{x}_1 \cdots \boldsymbol{x}_p], \ Q_2^{(2)} = [\boldsymbol{x}_{p+1} \cdots \boldsymbol{x}_n]$$

이라 두면 대각행렬 $\Sigma_1 = \begin{bmatrix} \sqrt{\sigma_1} & 0 & \cdots & 0 \\ 0 & \sqrt{\sigma_2} & \cdots & 0 \\ \vdots & \vdots & \ddots & \vdots \\ 0 & 0 & \cdots & \sqrt{\sigma_p} \end{bmatrix}$에 대해서 $\Sigma = \begin{bmatrix} \Sigma_1 & \vdots & O \\ \cdots & \cdot & \cdots \\ O & \vdots & O \end{bmatrix}$인 블록행렬로

나타나므로 특이값분해를 블록행렬의 곱으로 풀어쓰면

$$A = Q_1 \Sigma Q_2^t = \left[Q_1^{(1)} \ \vdots \ Q_1^{(2)} \right] \begin{bmatrix} \Sigma_1 & \vdots & O \\ \cdots & \cdot & \cdots \\ O & \vdots & O \end{bmatrix} \begin{bmatrix} Q_2^{(1)t} \\ \cdots\cdots \\ Q_2^{(2)t} \end{bmatrix} = Q_1^{(1)} \Sigma_1 Q_2^{(1)t}$$

로 간결하게 정리할 수 있다. 이를 A의 **특이값분해에 대한 축약 형식**(compact form of the singular value decomposition)이라고 한다. 직교행렬 Q_2는 $\mathbb{R}^n$에서 A^tA의 고유벡터를 $\mathbb{R}^n$에서의 정규직교기저를 이루는 벡터로 확장하여 얻어진 것이므로 Q_2의 설정은 유일하지 않다. 마찬가지로 Q_1의 설정도 유일하지 않다. 그러나 $Q_1^{(1)}$과 $Q_2^{(1)}$은 유일하며 따라서 A의 특이값분해에 대한 축약 형태는 유일하다. 이 형식을 여러 응용문제에서 유용하게 활용할 수 있다.

복소행렬 $A \in M_{m,n}(\mathbb{C})$의 특이값분해는 실수행렬의 경우와 유사하게

$$A = Q_1 \Sigma Q_2^*, \ (\Sigma \in M_{m,n})$$

인 유니타리 행렬 $Q_1 \in M_m(\mathbb{C})$와 $Q_2 \in M_n(\mathbb{C})$가 존재하는 것으로 확장할 수 있다.

예제 7.19 행렬 $A = \begin{bmatrix} \sqrt{3} & 2 \\ 0 & \sqrt{3} \end{bmatrix}$의 특이값분해를 구하라.

풀이 행렬

$$A^tA = \begin{bmatrix} 3 & 2\sqrt{3} \\ 2\sqrt{3} & 7 \end{bmatrix}$$

의 고유값은 $\sigma_1 = 9$, $\sigma_2 = 1$이고, 대응하는 단위 고유벡터는

$$x_1 = \frac{1}{2}\begin{bmatrix} 1 \\ \sqrt{3} \end{bmatrix}, \quad x_2 = \frac{1}{2}\begin{bmatrix} -\sqrt{3} \\ 1 \end{bmatrix}$$

이다. 또한

$$y_1 = \frac{1}{\sqrt{\sigma_1}} A x_1 = \frac{1}{2}\begin{bmatrix} \sqrt{3} \\ 1 \end{bmatrix}, \quad y_2 = \frac{1}{\sqrt{\sigma_2}} A x_2 = \frac{1}{2}\begin{bmatrix} -1 \\ \sqrt{3} \end{bmatrix}$$

이므로 직교행렬

$$Q_2 = [x_1 \ x_2] = \frac{1}{2}\begin{bmatrix} 1 & -\sqrt{3} \\ \sqrt{3} & 1 \end{bmatrix}, \quad Q_1 = [y_1 \ y_2] = \frac{1}{2}\begin{bmatrix} \sqrt{3} & -1 \\ 1 & \sqrt{3} \end{bmatrix}$$

과 대각행렬 $\Sigma = \text{diag}(\sqrt{\sigma_1},\ \sqrt{\sigma_2}) = \begin{bmatrix} 3 & 0 \\ 0 & 1 \end{bmatrix}$에 대해서 A의 특이값분해는

$$A = Q_1 \Sigma Q_2^t = \begin{bmatrix} \frac{\sqrt{3}}{2} & -\frac{1}{2} \\ \frac{1}{2} & \frac{\sqrt{3}}{2} \end{bmatrix} \begin{bmatrix} 3 & 0 \\ 0 & 1 \end{bmatrix} \begin{bmatrix} \frac{1}{2} & \frac{\sqrt{3}}{2} \\ -\frac{\sqrt{3}}{2} & \frac{1}{2} \end{bmatrix}$$

이다. ■

예제 7.20 행렬 $A = \begin{bmatrix} 1 & 1 \\ 1 & 1 \\ 0 & 0 \end{bmatrix}$의 특이값분해를 구하라.

풀이 $A^t A = \begin{bmatrix} 2 & 2 \\ 2 & 2 \end{bmatrix}$의 고유값은 $\sigma_1 = 4,\ \sigma_2 = 0$이고, 대응하는 단위고유벡터는 $\boldsymbol{x}_1 = \frac{1}{\sqrt{2}} \begin{bmatrix} 1 \\ 1 \end{bmatrix},\ \boldsymbol{x}_2 = \frac{1}{\sqrt{2}} \begin{bmatrix} 1 \\ -1 \end{bmatrix}$이다. 또한 양인 특이값은 $\sqrt{\sigma_1} = 2$가 유일하므로 먼저 $\boldsymbol{y}_1 = \frac{A\boldsymbol{x}_1}{\sqrt{\sigma_1}} = \frac{1}{\sqrt{2}} \begin{bmatrix} 1 \\ 1 \\ 0 \end{bmatrix}$을 구성하고 Q_1의 나머지 행벡터는 $N(A^t)$의 정규직교기저를 형성하여야 한다.

$N(A^t)$의 기저는 $\boldsymbol{v}_2 = \begin{bmatrix} 1 \\ -1 \\ 0 \end{bmatrix},\ \boldsymbol{v}_3 = \begin{bmatrix} 0 \\ 0 \\ 1 \end{bmatrix}$이므로 이를 정규직교화해서

$$\boldsymbol{y}_2 = \frac{1}{\|\boldsymbol{v}_2\|} \boldsymbol{v}_2 = \frac{1}{\sqrt{2}} \begin{bmatrix} 1 \\ -1 \\ 0 \end{bmatrix},\ \boldsymbol{y}_3 = \frac{1}{\|\boldsymbol{v}_3\|} \boldsymbol{v}_3 = \begin{bmatrix} 0 \\ 0 \\ 1 \end{bmatrix}$$

로부터 직교행렬 $Q_1 = [\boldsymbol{y}_1\ \boldsymbol{y}_2\ \boldsymbol{y}_3]$을 설정하면 A의 특이값분해는

$$A = Q_1 \Sigma Q_2^t = \begin{bmatrix} \frac{1}{\sqrt{2}} & \frac{1}{\sqrt{2}} & 0 \\ \frac{1}{\sqrt{2}} & -\frac{1}{\sqrt{2}} & 0 \\ 0 & 0 & 1 \end{bmatrix} \begin{bmatrix} 2 & 0 \\ 0 & 0 \\ 0 & 0 \end{bmatrix} \begin{bmatrix} \frac{1}{\sqrt{2}} & \frac{1}{\sqrt{2}} \\ \frac{1}{\sqrt{2}} & -\frac{1}{\sqrt{2}} \end{bmatrix}$$

이다. ■

행렬 A의 특이값분해를 이용해서 A의 유사역원 A'을 구할 수 있다.

정리 7.18

$A \in M_{m,n}$의 특이값분해가 정리 7.17과 같이 주어져 있을 때 A의 유사역원 A'은

$$A' = Q_2 \Sigma' Q_1^t$$

로 주어진다. 여기서 Σ'은 Σ의 유사역원으로서 다음의 대각행렬이다.

$$\Sigma' = \operatorname{diag}\left(\frac{1}{\sqrt{\sigma_1}}, \cdots, \frac{1}{\sqrt{\sigma_p}}, 0, \cdots, 0\right) \in M_{n,m}$$

| 증명 | $A = Q_1 \Sigma Q_2^t$이면 $A^t A = Q_2 \Sigma^t \Sigma Q_2^t$이다. 직교행렬 Q에 대해서

$$\|Q\boldsymbol{x}\|^2 = \langle Q\boldsymbol{x}, Q\boldsymbol{x}\rangle = \langle \boldsymbol{x}, Q^t Q\boldsymbol{x}\rangle = \langle \boldsymbol{x}, \boldsymbol{x}\rangle = \|\boldsymbol{x}\|^2$$

이 성립하므로 주어진 $\boldsymbol{b} \in \mathbb{R}^m$에 대해

$$\begin{aligned}\|A^t A\boldsymbol{x} - A^t\boldsymbol{b}\|^2 &= \|Q_2 \Sigma^t \Sigma Q_2^t \boldsymbol{x} - Q_2 \Sigma^t Q_1^t \boldsymbol{b}\|^2 \\ &= \|\Sigma^t \Sigma Q_2^t \boldsymbol{x} - \Sigma^t Q_1^t \boldsymbol{b}\|^2 \\ &= \|\Sigma^t \Sigma \boldsymbol{v} - \Sigma^t Q_1^t \boldsymbol{b}\|^2, \ (\boldsymbol{v} = Q_2^t \boldsymbol{x})\end{aligned}$$

이다. 따라서 대각행렬 Σ의 유사역원

$$\Sigma' = \operatorname{diag}\left(\frac{1}{\sqrt{\sigma_1}}, \cdots, \frac{1}{\sqrt{\sigma_p}}, 0, \cdots, 0\right) \in M_{n,m}$$

에 대해서 $\boldsymbol{v} = \Sigma' Q_1^t \boldsymbol{b}$가 최소제곱문제의 최적해가 되고 최소제곱문제의 최적해 $\boldsymbol{x}^*$는 $Q_2^t \boldsymbol{x}^* = \boldsymbol{v}$로부터 $\boldsymbol{x}^* = Q_2 \Sigma' Q_1^t \boldsymbol{b}$로 주어진다. 따라서 A의 유사역원은

$$A' = Q_2 \Sigma' Q_1^t$$

이고 최적해는 $\boldsymbol{x}^* = Q_2 \Sigma' Q_1^t \boldsymbol{b} = A'\boldsymbol{b}$로 주어진다. ■

정리 7.18에 따라 A의 특이값분해를 구하면 A'을 결정하는 문제는 Σ'을 결정하는 단순한 문제로 전환된다. 예를 들어 예제 7.19에서 행렬 $A = \begin{bmatrix} \sqrt{3} & 2 \\ 0 & \sqrt{3} \end{bmatrix}$의 유사역원은

$$A' = Q_2\Sigma' Q_1^t = \begin{bmatrix} \frac{1}{2} & -\frac{\sqrt{3}}{2} \\ \frac{\sqrt{3}}{2} & \frac{1}{2} \end{bmatrix} \begin{bmatrix} \frac{1}{3} & 0 \\ 0 & 1 \end{bmatrix} \begin{bmatrix} \frac{\sqrt{3}}{2} & \frac{1}{2} \\ -\frac{1}{2} & \frac{\sqrt{3}}{2} \end{bmatrix}$$

$$= \begin{bmatrix} \frac{\sqrt{3}}{3} & -\frac{2}{3} \\ 0 & \frac{\sqrt{3}}{3} \end{bmatrix}$$

이다.

A'의 실제적인 계산을 위해 직교행렬을 구성할 때 Σ'의 영이 아닌 대각원의 부분이 유의미하게 작용하므로 블록행렬의 곱으로 해석하면 A^tA의 양의 고유값에 대응하는 정규직교인 고유벡터 $\{\boldsymbol{x}_1, \boldsymbol{x}_2, \cdots, \boldsymbol{x}_p\}$와 이에 대응하는 벡터 $\{\boldsymbol{y}_1, \boldsymbol{y}_2, \cdots, \boldsymbol{y}_p\}$를 가지고 Q_1과 Q_2를 구성하여 유사역원을 구하도록 한다. A'이 A의 유사역원임을 검증하기 위해서 $A^tAA' = A^t$가 만족되는지를 확인한다.

예제 7.21 행렬 $A = \begin{bmatrix} 1 & 1 \\ 0 & 1 \\ 1 & 0 \end{bmatrix}$의 유사역원을 구하라.

풀이 $A^tA = \begin{bmatrix} 2 & 1 \\ 1 & 2 \end{bmatrix}$의 고유값은 $\sigma_1 = 3$, $\sigma_2 = 1$이고, 대응하는 단위고유벡터는 $\boldsymbol{x}_1 = \frac{1}{\sqrt{2}}\begin{bmatrix} 1 \\ 1 \end{bmatrix}$, $\boldsymbol{x}_2 = \frac{1}{\sqrt{2}}\begin{bmatrix} 1 \\ -1 \end{bmatrix}$이다. 또한

$$\boldsymbol{y}_1 = \frac{1}{\sqrt{\sigma_1}}A\boldsymbol{x}_1 = \frac{1}{\sqrt{6}}\begin{bmatrix} 2 \\ 1 \\ 1 \end{bmatrix}, \quad \boldsymbol{y}_2 = \frac{1}{\sqrt{\sigma_2}}A\boldsymbol{x}_2 = \frac{1}{\sqrt{2}}\begin{bmatrix} 0 \\ -1 \\ 1 \end{bmatrix}$$

이므로 $\Sigma = \mathrm{diag}(\sqrt{3}, 1)$이고, A의 유사역원은

$$A' = Q_2\Sigma' Q_1^t = [\boldsymbol{x}_1\ \boldsymbol{x}_2]\,\Sigma'\,[\boldsymbol{y}_1\ \boldsymbol{y}_2]^t$$

$$= \begin{bmatrix} \frac{1}{\sqrt{2}} & \frac{1}{\sqrt{2}} \\ \frac{1}{\sqrt{2}} & -\frac{1}{\sqrt{2}} \end{bmatrix} \begin{bmatrix} \frac{1}{\sqrt{3}} & 0 \\ 0 & 1 \end{bmatrix} \begin{bmatrix} \frac{2}{\sqrt{6}} & \frac{1}{\sqrt{6}} & \frac{1}{\sqrt{6}} \\ 0 & -\frac{1}{\sqrt{2}} & \frac{1}{\sqrt{2}} \end{bmatrix}$$

$$= \frac{1}{3}\begin{bmatrix} 1 & -1 & 2 \\ 1 & 2 & -1 \end{bmatrix}$$

이다. 계산을 통해 $A^tAA' = A^t$가 만족됨을 확인할 수 있다. ■

행렬 $A \in M_{m,n}$의 모든 열이 일차독립이면 A^tA는 가역이므로 A의 유사역원은

$$A' = (A^tA)^{-1}A^t$$

로 주어진다. 예제 7.21에서 $A = \begin{bmatrix} 1 & 1 \\ 0 & 1 \\ 1 & 0 \end{bmatrix}$의 열은 일차독립이고 $A^tA = \begin{bmatrix} 2 & 1 \\ 1 & 2 \end{bmatrix}$이므로 $(A^tA)^{-1}A^t$의 직접 계산을 통해 A'을 구할 수 있다. 따라서

$$A' = (A^tA)^{-1}A^t = \frac{1}{3}\begin{bmatrix} 2 & -1 \\ -1 & 2 \end{bmatrix}\begin{bmatrix} 1 & 0 & 1 \\ 1 & 1 & 0 \end{bmatrix} = \frac{1}{3}\begin{bmatrix} 1 & -1 & 2 \\ 1 & 2 & -1 \end{bmatrix}$$

로서 결과가 예제 7.21의 경우와 서로 일치한다.

특히, A^tA가 가역일 경우 그 역을 구하기 위해서 필요에 따라 케일리-해밀턴 정리를 이용하면 쉽게 계산을 수행할 수 있다.

예제 7.22 행렬 $A = \begin{bmatrix} 1 & 2 \\ 2 & 1 \\ -3 & 1 \\ -1 & -3 \end{bmatrix}$의 유사역원을 구하라.

풀이 $B := A^tA = \begin{bmatrix} 15 & 4 \\ 4 & 15 \end{bmatrix}$의 특성다항식은 $p(\lambda) = \lambda^2 - 30\lambda + 209$이므로 케일리-해밀턴 정리에 의해

$$p(B) = B^2 - 30B + 209I_2 = O$$

을 만족한다. 이로부터 $B\left(\frac{1}{209}(30I_2 - B)\right) = I_2$이므로 B의 역행렬은

$$B^{-1} := (A^tA)^{-1} = \frac{1}{209}(30I_2 - B) = \frac{1}{209}\begin{bmatrix} 15 & -4 \\ -4 & 15 \end{bmatrix}$$

을 얻는다. 따라서

$$A' = (A^tA)^{-1}A^t = \frac{1}{209}\begin{bmatrix} 7 & 26 & -49 & -3 \\ 26 & 7 & 27 & -41 \end{bmatrix}$$

이다. ■

행렬의 특이값분해에 따른 유사역원 A'은 다음 네 가지 성질을 만족함을 직접 계산에 의해 쉽게 확인할 수 있다.

$$AA'A = A,\ A'AA' = A',\ (AA')^t = AA',\ (A'A)^t = A'A$$

역으로 다음의 $A \in M_{m,\,n}$에 대해서 다음의 네 가지 조건을 만족하는 행렬방정식의 해는 유일하게 존재함을 보일 수 있다. 이 조건은 AA'과 $A'A$를 각각 $R(A)$와 $R(A^t)$로 직교정사영한 것에 해당하며 이 조건을 유사역원에 대한 무어-펜로즈 조건(Moore-Penrose condition)이라고 한다. 일반적으로는 무어-펜로즈 조건을 만족하는 행렬방정식의 해 X를 주어진 행렬 A의 유사역원으로 정의할 수 있다.

(1) $AXA = A$	(2) $XAX = X$
(3) $(AX)^t = AX$	(4) $(XA)^t = XA$

아울러 유사역원에 관한 다음의 성질은 행렬의 연산을 수행할 때 유용하게 활용할 수 있다.

$$(A')' = A,\ (A^t)' = (A')^t,\ (A^tA)' = A'(A')^t$$

조건이 나쁜 행렬의 역행렬을 안정화함으로서 데이터 해석의 신뢰도를 높이기 위한 목적으로 행렬의 특이값분해를 적용할 수 있다. 예를 들어

$$A = \begin{bmatrix} 1+\dfrac{2\epsilon}{\sqrt{10}} & 1-\dfrac{2\epsilon}{\sqrt{10}} \\ 2-\dfrac{\epsilon}{\sqrt{10}} & 2+\dfrac{\epsilon}{\sqrt{10}} \end{bmatrix}$$

은 $\epsilon > 0$이 아주 작은 수일 때 특이행렬 $\begin{bmatrix} 1 & 1 \\ 2 & 2 \end{bmatrix}$의 작은 변동을 나타내는 행렬이다.

A의 행렬식은 $|A| = \sqrt{10}\,\epsilon > 0$이 되어 A는 정칙이지만 A^{-1}은 ϵ의 변화에 매우 민감하다. A의 특이값분해를 구해보자.

$$A^tA = \begin{bmatrix} 5+\dfrac{\epsilon^2}{2} & 5-\dfrac{\epsilon^2}{2} \\ 5-\dfrac{\epsilon^2}{2} & 5+\dfrac{\epsilon^2}{2} \end{bmatrix}$$

의 고유값은 $\sigma_1 = 10 > \sigma_2 = \epsilon^2$이고 대응하는 단위고유벡터는 $\boldsymbol{x}_1 = \dfrac{1}{\sqrt{2}}\begin{bmatrix} 1 \\ 1 \end{bmatrix}$, $\boldsymbol{x}_2 = \dfrac{1}{\sqrt{2}}\begin{bmatrix} 1 \\ -1 \end{bmatrix}$이므로

$$Q_2 = [\boldsymbol{x}_1\ \boldsymbol{x}_2] = \frac{1}{\sqrt{2}}\begin{bmatrix} 1 & 1 \\ 1 & -1 \end{bmatrix},\ \Sigma = \begin{bmatrix} \sqrt{10} & 0 \\ 0 & \epsilon \end{bmatrix}$$

이다. 또한

$$\boldsymbol{y}_1 = \frac{A\boldsymbol{x}_1}{\sqrt{\sigma_1}} = \frac{1}{\sqrt{5}}\begin{bmatrix}1\\2\end{bmatrix}, \quad \boldsymbol{y}_2 = \frac{A\boldsymbol{x}_2}{\sqrt{\sigma_2}} = \frac{1}{\sqrt{5}}\begin{bmatrix}2\\-1\end{bmatrix}$$

이므로

$$Q_1 = [\boldsymbol{y}_1\ \boldsymbol{y}_2] = \frac{1}{\sqrt{5}}\begin{bmatrix}1 & 2\\2 & -1\end{bmatrix}$$

이다. 따라서 A의 특이값분해는

$$A = Q_1\Sigma^{-1}Q_2^t = \frac{1}{\sqrt{10}}\begin{bmatrix}1 & 2\\2 & -1\end{bmatrix}\begin{bmatrix}\sqrt{10} & 0\\0 & \epsilon\end{bmatrix}\begin{bmatrix}1 & 1\\1 & -1\end{bmatrix}$$

이고, 그 역은

$$\begin{aligned}A^{-1} &= Q_2\Sigma^{-1}Q_1^t = \frac{1}{\sqrt{10}}\begin{bmatrix}1 & 1\\1 & -1\end{bmatrix}\begin{bmatrix}\frac{1}{\sqrt{10}} & 0\\0 & \frac{1}{\epsilon}\end{bmatrix}\begin{bmatrix}1 & 2\\2 & -1\end{bmatrix}\\ &= \begin{bmatrix}0.1+\frac{2}{\sqrt{10}\,\epsilon} & 0.2-\frac{1}{\sqrt{10}\,\epsilon}\\ 0.1-\frac{2}{\sqrt{10}\,\epsilon} & 0.2+\frac{1}{\sqrt{10}\,\epsilon}\end{bmatrix}\end{aligned}$$

이 되어 $A^{-1}\boldsymbol{b}$는 데이터 $\boldsymbol{b}$의 작은 변화에도 매우 민감한 결과를 낳게 되어 매우 불안정하다. 이를 안정화시키기 위해 A^{-1}을 구하는 대신에 ϵ을 $\epsilon=0$으로 두고 이에 대한 A의 유사역원 A'을 구하면

$$A' = Q_2\Sigma' Q_1^t = \frac{1}{\sqrt{10}}\begin{bmatrix}1 & 1\\1 & -1\end{bmatrix}\begin{bmatrix}\frac{1}{\sqrt{10}} & 0\\0 & 0\end{bmatrix}\begin{bmatrix}1 & 2\\2 & -1\end{bmatrix} = \frac{1}{10}\begin{bmatrix}1 & 2\\1 & 2\end{bmatrix}$$

이고 $A'\boldsymbol{b}$는 안정적인 국면을 유지하게 된다. 이때 주어진 데이터 $\boldsymbol{b} = \begin{bmatrix}b_1\\b_2\end{bmatrix}$에 대해 최소제곱해

$$\boldsymbol{x}^* = A'\boldsymbol{b} = \frac{b_1+2b_2}{10}\begin{bmatrix}1\\1\end{bmatrix}$$

는 $\begin{bmatrix}1\\1\end{bmatrix}$에 평행하므로 해는 원래의 시스템 $A\boldsymbol{x}=\boldsymbol{b}$의 거의 평행한 두 직선에 수직인 방향에서 얻어진다. 따라서 특이값분해를 통해 ϵ을 고의로 0으로 둠으로서 문제의 해에 대한 안정적인 방향을 도출할 수 있다.

일반적으로는 내재적으로 불안정한 계산을 안정화하고 노이즈를 걸러냄으로서 오차를 줄이기 위해 특이값분해를 이용할 수 있다. A의 특이값을 조사하여 바람직하지 않은 특이값을 선택적으로 가려내어 이를 적절하게 0으로 설정하고 유사역원을 수행함으로서 불안정한 요소가 확산되지 않도록 조절할 수 있다. 이는 특히 데이터에 대한 적합곡선을 찾아 데이터를 해석하는 문제 등에 유효하게 활용할 수 있다.

7.5 • 연습문제

1. 다음 각 행렬의 특이값분해를 구하라.

(1) $\begin{bmatrix} 1 & 0 \\ 0 & 2 \end{bmatrix}$ (2) $\begin{bmatrix} 1 & 1 \\ 0 & 0 \end{bmatrix}$

(3) $\begin{bmatrix} 1 & 1 \\ 2 & 2 \end{bmatrix}$ (4) $\begin{bmatrix} 1 & 1 \\ 1 & 1 \end{bmatrix}$

(5) $\begin{bmatrix} 1 & 2 \\ 2 & 1 \\ 0 & 0 \\ 0 & 0 \end{bmatrix}$ (6) $\begin{bmatrix} 2 & 0 & 0 \\ 0 & 2 & 1 \\ 0 & 1 & 2 \\ 0 & 0 & 0 \end{bmatrix}$

2. 행렬 $A = \begin{bmatrix} 2 & 5 & 4 \\ 6 & 3 & 0 \\ 6 & 3 & 0 \\ 2 & 5 & 4 \end{bmatrix}$의 특이값분해가 다음과 같다.

$$A = \begin{bmatrix} \frac{1}{2} & \frac{1}{2} & \frac{1}{2} & \frac{1}{2} \\ \frac{1}{2} & -\frac{1}{2} & -\frac{1}{2} & \frac{1}{2} \\ \frac{1}{2} & -\frac{1}{2} & \frac{1}{2} & -\frac{1}{2} \\ \frac{1}{2} & \frac{1}{2} & -\frac{1}{2} & -\frac{1}{2} \end{bmatrix} \begin{bmatrix} 12 & 0 & 0 \\ 0 & 6 & 0 \\ 0 & 0 & 0 \\ 0 & 0 & 0 \end{bmatrix} \begin{bmatrix} \frac{2}{3} & \frac{2}{3} & \frac{1}{3} \\ -\frac{2}{3} & \frac{1}{3} & \frac{2}{3} \\ \frac{1}{3} & -\frac{2}{3} & \frac{2}{3} \end{bmatrix}$$

(1) 특이값분해를 이용하여 $N(A)$와 $R(A^t)$의 정규직교기저를 구하라.

(2) 특이값분해를 이용하여 $N(A^t)$와 $R(A)$의 정규직교기저를 구하라.

(3) A의 유사역원 A'을 구하라.

3. $A \in M_{m,n}$의 특이값분해가 $A = Q_1 \Sigma Q_2^t$, $(\Sigma \in M_{m,n})$이고 $\text{rank}(A) = r$, $(r < n)$이라 하면 Q_2를 구성하는 벡터의 집합 $\{\boldsymbol{x}_1, \boldsymbol{x}_2, \cdots, \boldsymbol{x}_r\}$이 $R(A^t)$의 정규직교기저가 됨을 보여라.

4. 대칭행렬 $A \in M_n$의 고유값이 $\lambda_1, \lambda_2, \cdots, \lambda_n$이면 A의 특이값은 $|\lambda_1|, |\lambda_2|, \cdots, |\lambda_n|$임을 보여라.

5. $A \in M_n$에 대해 AA^t와 A^tA는 서로 닮음행렬임을 보여라.

6. 다음에 주어진 각 행렬의 특이값분해를 구하고 이를 이용하여 A의 고유값을 구하라.

(1) $A = \begin{bmatrix} 1 & 3 \\ 3 & 1 \end{bmatrix}$　　(2) $A = \begin{bmatrix} 3 & 0 & 0 \\ 0 & 1 & 2 \\ 0 & 2 & 1 \end{bmatrix}$

7. 하나의 행벡터 $\boldsymbol{u} \in \mathbb{R}^n$로 이루어진 행렬의 유사역원을 구하라.

8. 다음 각 행렬의 특이값분해와 유사역원을 구하라.

(1) $\dfrac{1}{15}\begin{bmatrix} -13 & -16 \\ 2 & 14 \\ -22 & 4 \end{bmatrix}$　　(2) $\dfrac{1}{55}\begin{bmatrix} 54 & 28 \\ 74 & 18 \\ -21 & -72 \end{bmatrix}$

(3) $\begin{bmatrix} 0 & 1 & 1 \\ 1 & 1 & 0 \end{bmatrix}$　　(4) $\begin{bmatrix} 1 & 0 & 1 & 1 \\ 1 & 0 & -1 & 0 \\ 1 & 1 & 0 & 1 \end{bmatrix}$

9. 케일리-해밀턴 정리를 적용하여 다음 행렬의 유사역원을 구하라.

(1) $\begin{bmatrix} 4 & -1 & 1 \\ 2 & 3 & 0 \\ 6 & 2 & 1 \end{bmatrix}$　　(2) $\begin{bmatrix} 2 & 0 & -1 \\ 1 & 3 & -3 \\ 0 & 1 & -1 \\ -1 & 1 & 0 \end{bmatrix}$

10. 특이값분해를 이용해서 다음 각 연립일차방정식의 최소제곱해를 구하라.

(1) $\begin{cases} x_1 + x_2 = 1 \\ 2x_1 + 2x_2 = 0 \\ -x_1 - x_2 = 2 \end{cases}$　　(2) $\begin{cases} x_1 + x_2 = 1 \\ 2x_1 = 0 \\ -x_1 + 3x_2 = 2 \end{cases}$

(3) $\begin{cases} x_1 + x_2 - x_3 = 1 \\ x_1 + x_2 - x_3 = 3 \\ -x_1 - x_2 + 3x_3 = 2 \end{cases}$　　(4) $\begin{cases} x_3 + 2x_4 = 1 \\ x_1 + 2x_2 + 2x_3 + 3x_4 = 2 \end{cases}$

11. $A \in M_{m,\,n}$의 특이값분해가 $A = Q_1 \Sigma Q_2^t$로 주어져 있을 때 다음 각 행렬의 특이값분해를 Q_1, Σ와 Q_2를 이용하여 구하라.

(1) $(A^tA)^{-1}$ (2) $(A^tA)^{-1}A^t$

(3) $A(A^tA)^{-1}$ (4) $A(A^tA)^{-1}A^t$

12. 행렬의 특이값분해에 따른 유사역원 A'이 다음의 무어-펜로즈 조건을 만족함을 보여라.

$$AA'A = A,\ A'AA' = A',\ (AA')^t = AA',\ (A'A)^t = A'A$$

13. 무어-펜로즈 조건을 만족하는 행렬방정식의 해는 유일함을 보여라.

14. 다음에 주어진 각 행렬 A에 대해서 최소제곱유사역원 $A' = Q_2\Sigma' Q_1^t$가 주어진 벡터 $\boldsymbol{b} \in \mathbb{R}^2$에 대해서 $A\boldsymbol{x} = \boldsymbol{b}$에 관한 최소제곱문제의 해로 변환시키는지 그래프를 그려 예시하라. 또한 (2)에 주어진 행렬에 대해 0에 가장 가까운 특이값이 어떻게 역행렬을 구하는 과정을 안정화시키는지 보여라.

(1) $A = \begin{bmatrix} 1 & 1 \\ 0 & 0 \end{bmatrix}$ (2) $A = \begin{bmatrix} 1.002 & 0.998 \\ 1.999 & 2.001 \end{bmatrix}$

찾아보기

ㅅ

ㅇ

ㅌ

ㅍ

ㅎ

선형대수학과 응용

지은이 김홍철
펴낸이 조경희
펴낸곳 경문사
펴낸날 2014년 3월 5일 1판 1쇄
2018년 9월 1일 1판 3쇄
등 록 1979년 11월 9일 제313-1979-23호
주 소 04057, 서울특별시 마포구 와우산로 174
전 화 (02)332-2004 팩스 (02)336-5193
이메일 kyungmoon@kyungmoon.com
facebook facebook.com/kyungmoonsa

값 22,000원

ISBN 978-89-6105-749-3